"十二五"国家重点出版物出版规划项目
湖北省学术著作出版专项资金资助项目

钻井液与岩土工程浆材

Drilling Fluid and Geotechnical Slurry Material

乌效鸣 蔡记华 胡郁乐 编著

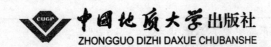

图书在版编目(CIP)数据

钻井液与岩土工程浆材/乌效鸣,蔡记华,胡郁乐编著. —武汉:中国地质大学出版社,2014.7
ISBN 978-7-5625-2459-5

Ⅰ.①钻…
Ⅱ.①乌…②蔡…③胡…
Ⅲ.①钻井液②建筑工程-灌浆加固
Ⅳ.①TE254②TU753.8

中国版本图书馆 CIP 数据核字(2013)第 206729 号

钻井液与岩土工程浆材	乌效鸣 蔡记华 胡郁乐 编著
责任编辑:徐润英	责任校对:戴 莹
出版发行:中国地质大学出版社(武汉市洪山区鲁磨路388号)	邮政编码:430074
电 话:(027)67883511　　传 真:(027)67883580	E-mail:cbb@cug.edu.cn
经 销:全国新华书店	http://www.cugp.cug.edu.cn
开本:787 毫米×1092 毫米 1/16	字数:530 千字　印张:20.75
版次:2014 年 7 月第 1 版	印次:2014 年 7 月第 1 次印刷
印刷:荆州鸿盛印务有限公司	印数:1—3 000 册
ISBN 978-7-5625-2459-5	定价:52.00 元

如有印装质量问题请与印刷厂联系调换

前　言

　　本世纪以来,深部取心科学钻探、复杂地层钻孔安全、油气井储层有效保护、煤层气/可燃冰/页岩气钻采、水平及多分支井高精度控制、非开挖定向钻铺管规避风险、地基处理与基础工程新工法应用等对钻井液和工程浆材的技术提出了更高的要求,需要更加重视理论与实践相结合。近年来,在工程浆液的分析选型、材料配方、设计计算、机具配套等方面均取得了较多的新成果和好经验。吸纳新技术,不断完善钻井液与岩土工程浆材学科体系,是本书编著的初衷之一。

　　在内容组成和章节安排上,我们力图在读书效果上形成既便于掌握理论又能密切联系实际的特点。乌效鸣对全书拟定构架,并编写第一章、第三章和第四章;蔡记华编写第二章、第五章和第八章;胡郁乐编写第六章、第七章和第九章。另外,约有20余名研究生参与了本书的支撑实验、野外调研、信息查询、推导计算和绘图校对等工作。

　　由于编著者的水平有限,书中难免会有不当和错误之处,恳请读者批评指正。

编著者
2013 年 8 月

目 录

第一章 概 述 …………………………………………………………………… (1)
第一节　钻井液的使用范畴与功用 …………………………………………… (1)
第二节　钻井液的分类与循环方式 …………………………………………… (4)
第三节　地下固结浆材的应用领域 …………………………………………… (6)
第四节　钻井液及岩土工程浆材简史 ………………………………………… (7)

第二章 钻井液性能与处理剂 …………………………………………………… (13)
第一节　粘土矿物晶体构造、电性与造浆粘土选用 ………………………… (13)
第二节　粘土水化分散与钻井液体系稳定原理 ……………………………… (23)
第三节　钻井液的密度、固相含量和含砂量 ………………………………… (29)
第四节　钻井液的流变性 ……………………………………………………… (32)
第五节　钻井液的滤失性能 …………………………………………………… (50)
第六节　钻井液的润滑性能 …………………………………………………… (56)
第七节　钻井液处理剂 ………………………………………………………… (59)

第三章 钻井液配方设计 ………………………………………………………… (75)
第一节　钻井液配方设计概要 ………………………………………………… (75)
第二节　钻井泥浆的分类及定名 ……………………………………………… (76)
第三节　松散与水敏地层泥浆 ………………………………………………… (80)
第四节　高压与涌水层加重钻井液 …………………………………………… (89)
第五节　无粘土钻井液 ………………………………………………………… (93)
第六节　漏失地层随钻堵漏泥浆 ……………………………………………… (102)
第七节　抗高(低)温钻井液 …………………………………………………… (106)

第四章 钻井液应用分析与计算 ………………………………………………… (116)
第一节　钻井液现场设施和配制及监控 ……………………………………… (116)
第二节　钻井液循环泵量设计与调控 ………………………………………… (120)
第三节　循环压力分析与减阻措施 …………………………………………… (126)
第四节　悬排钻渣能力分析 …………………………………………………… (133)
第五节　钻井液的除砂固控 …………………………………………………… (141)

  第六节 润滑、冷却、冲蚀与泥包结垢问题 …………………………………… (147)
  第七节 井底液力作用 …………………………………………………………… (153)

第五章 气体型钻井循环介质 …………………………………………………………… (158)
  第一节 气体型钻井循环介质的基本特征 ……………………………………… (158)
  第二节 空气和雾钻井 …………………………………………………………… (159)
  第三节 钻井泡沫 ………………………………………………………………… (161)
  第四节 充气钻井液 ……………………………………………………………… (170)
  第五节 可循环微泡沫钻井液 …………………………………………………… (174)

第六章 护壁堵漏与固井 ………………………………………………………………… (178)
  第一节 井眼-地层压力与井壁稳定 ……………………………………………… (178)
  第二节 复杂地层与机理分析 …………………………………………………… (184)
  第三节 钻井水泥和水泥外加剂 ………………………………………………… (190)
  第四节 护壁与堵漏 ……………………………………………………………… (204)
  第五节 钻孔灌浆和固井水泥浆 ………………………………………………… (217)

第七章 化学灌注浆材 ……………………………………………………………………… (230)
  第一节 水玻璃浆液 ……………………………………………………………… (232)
  第二节 聚氨酯类材料 …………………………………………………………… (235)
  第三节 环氧树脂注浆材料 ……………………………………………………… (241)
  第四节 脲醛树脂类注浆材料 …………………………………………………… (244)
  第五节 丙烯酸盐类注浆材料 …………………………………………………… (246)
  第六节 其他化学注浆材料 ……………………………………………………… (249)
  第七节 双液注浆工艺及材料 …………………………………………………… (251)

第八章 完井液与压裂液 …………………………………………………………………… (256)
  第一节 保护油气层技术概论 …………………………………………………… (256)
  第二节 保护油气层的钻井液类型及其应用 ………………………………… (262)
  第三节 压裂液 …………………………………………………………………… (277)

第九章 基础工程浆液 ……………………………………………………………………… (280)
  第一节 成桩和成槽稳定液 ……………………………………………………… (280)
  第二节 地下浇筑混凝土 ………………………………………………………… (288)
  第三节 岩土加固静压注浆液 …………………………………………………… (301)
  第四节 高压喷射作业浆液 ……………………………………………………… (318)

参考文献 ……………………………………………………………………………………… (324)

第一章 概 述

第一节 钻井液的使用范畴与功用

钻井液是钻进过程中所必需的工作流体。钻井液技术是钻探工程的主要技术之一,有时甚至是保障钻探工程最为关键的技术环节。可以说,各种地下钻进工作都离不开钻井液,所以钻井液的使用范畴非常广泛,包括地矿勘查钻探、石油天然气钻井、地下水和地热探采、工程地质勘察、基础工程施工以及非开挖铺管等,涉及国民经济建设中的冶金、有色、煤炭、非金属、化工、核工业、建材、石油、气藏能源、地下水、地热、建筑基础、道路桥梁、管道建设、地质灾害防治、地球科学等众多领域。钻井液在某些场合也有其他称呼,如在岩心钻探中常被称做"冲洗液",在基础工程施工中又称为"稳定液",而在油气井钻开储层时则称为"完井液"。

作为钻井液的紧密同属,压裂液在石油、天然气、煤层气、地下水、地热等流体资源以及盐、石膏、天然碱、芒硝等可溶性矿种的钻采中经常用到。在钻井完成后,向井底注入专门的高压液体,压开地下产层,并形成较大尺寸的裂缝,是增加地下流体资源和可溶性矿种产量的重要手段。

钻井液在钻进过程中所体现的基本功用是悬排钻渣、保护井壁、冷却钻头和润滑钻具。这四个方面的功用是绝大多数钻井工作所不可缺少的基本需求。

1. 悬排钻渣

悬排钻渣(图1-1)是将钻头破碎下来的钻渣及时排出井眼,是维系持续钻进的基本要求。在井内流动的钻井液可以将钻屑有效地冲离井底并悬携至地面。这样才能保持井底洁净,钻头才能够不断地接触刻磨底部新露岩石,实现连续进尺;同时也避免了钻屑在井眼中的聚塞和阻卡。如果没有钻井液悬排钻渣,大概连续钻进1m都困难。

2. 保护井壁

钻井液保护井壁主要由两种不同的作用机理体现。一是压力平衡稳定井眼,二是粘性粘结联牢井壁。钻孔成眼后,其裸露井壁上所受的作用力可能打破原有的力学平衡。而钻井液的压强对井壁产生的作用力可以维系到或接近于原有地层压力,从而避免或减轻井壁的受力失衡,防止井壁失稳破坏(图1-2)。对于高压地层,加大钻井液密度,使之与地层较高压力相抵,抑制井眼缩径和井涌;反之对于低压地层,则配制低密度钻井液,减轻对地层的压力,防止涨裂井壁和漏失钻井液。这就是钻井液压力平衡稳定井眼的原理。

对于松散破碎地层,钻井液的粘性可以有效地粘结井壁散粒和散块,从而预防井壁的散落和坍塌。虽然钻井液作为衡流体,达不到固化凝结井壁散体的程度,但其可观的粘性对散粒体之间的粘附联接却能起到明显的稳定井壁的作用。

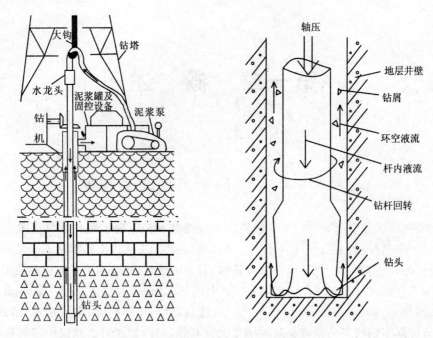

图 1-1 钻井液悬排钻渣示意图

3. 冷却钻头

我们审视井底钻头部位:几百千克以上的轴压施加在钻头上,以每分钟上百转的转速回转碎岩。这所产生的摩擦力是相当大的,摩擦生热的程度必然很高。如果没有钻井液的冷却作用,一分钟不到就会发生烧钻。所以,必须通过钻井液不断地流经钻头部位,将这些热量及时带走。

4. 润滑钻具

钻井液通过润滑作用减小钻具与井壁之间的摩擦。这种润滑作用的好处突出表现在减小了钻杆回转时的摩耗和损伤,由此可以延长钻杆的使用寿命,减少断钻杆的事故率。其次是润滑直接降低回转扭矩,节约动力消耗,降低设备负荷。尤其在深井、弯曲井条件下,润滑性不好会使有害的长程摩擦扭矩比井底钻头碎岩所需的有功扭矩大几十倍甚至更多。另外,钻井液润滑性好还能降低岩块楔卡在钻杆和井壁之间的摩擦力,有助于减少卡钻事故;在下套管和非开挖铺管时能显著减小阻力。进一步的研究还表明,润滑性好有助于降低钻井液流动的摩阻。

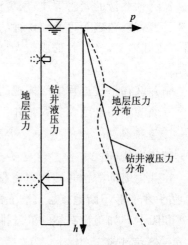

图 1-2 钻井液平衡地层压力稳定井壁

在一些特定场合下,钻井液还有多种不同的特殊功用,如驱动井底动力机、喷射碎岩、输送岩心岩样、传递井底信号等。

(1)现代钻井技术越来越多地用到井底动力机(图 1-3),如螺杆马达、液动(或气动)潜孔锤、涡轮钻具。这些井底动力机均是依靠流动的钻井液作为动力驱动介质。

(2)在软岩和中等硬度岩层钻进中,利用钻井液在井底的喷射力来辅助破碎岩石,是一些

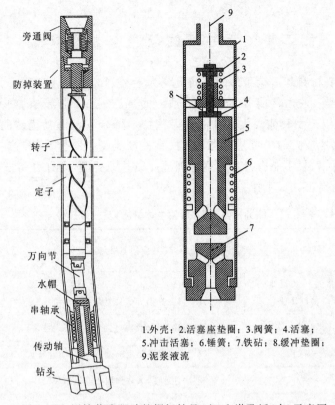

1.外壳；2.活塞座垫圈；3.阀簧；4.活塞；
5.冲击活塞；6.锤簧；7.铁砧；8.缓冲垫圈；
9.泥浆液流

图1-3 用钻井液驱动的螺杆钻具(左)和潜孔锤(右)示意图

钻井工程中常采用的加快钻进速度的技术措施。

(3)钻井液携带至地面的岩屑、油、气、水等信息，可以显示井下地层含储情况，称之为"钻井液录井"或"岩屑录井"。反循环连续取岩心、取岩样则靠钻井液的液压力或液动力把岩心或岩样从孔底经钻杆内输送到地表(图1-4)。这是全新的钻探取心方法，与传统方法相比，大大减少了岩心在井底长久磨蚀的程度，省却了提、捞岩心的作业时间，在钻探质量和效益上有着更强的生命力，受到世界许多国家的重视。

(4)通过钻井液的液力波动，能将井底的工程信息和地质信息传递到地面。泥浆脉冲随钻检测MWD就是现代化钻井技术之一。它不仅能将井底的温度、压强、转速、震动甚至轴压和扭矩等信息传递上来，还能传递地下岩石和地层性质的信息。

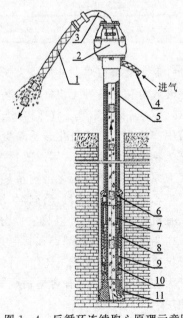

图1-4 反循环连续取心原理示意图
1.排出胶管；2.水龙头；3.弯管；4.进气管；5.井外杆(管)；6.钻具接头；7.内杆(管)；8.调节仓；9.分流节；10.截心器；11.钻头

第二节 钻井液的分类与循环方式

钻井液按其主要材料和适应条件的不同可分为七类,如表1-1所示。其中,泥浆是一个细分类型众多的大类。它的性能可调范围宽,适应面广泛,是用量最大的钻井液类型,约占钻井液总用量的70%以上。其他六类钻井液在一些特定场合下也有其优越的适应特点。在钻探工程中,应该根据地质条件和工艺环境来选择钻井液类型,使之应对恰当,最大程度地提高钻进效率和安全性。如果不能有针对性地合理选择钻井液类型,则有可能张冠李戴,使钻井液功能发挥不当,甚至损害钻探工作。

表1-1 钻井液类型划分(按主体材料)及一般选择原则

类型名称	主要材料	适应的地层与环境	在钻井液中约占比例(%)
泥浆(细分多类)	粘土+水(或油)+多种处理剂	松散破碎、水敏、溶蚀、压力异常等地层以及高温等多种复杂条件环境	70
聚合物溶液	聚合物+水	松散破碎及部分易水化地层(非压力异常)	5
清水	清水	较坚硬且完整稳定的地层(非压力异常)	5
盐溶液	多类盐+水	溶蚀性地层(大多仅限于非压力异常)	5
油与乳化液	多种油、乳化液	坚硬、强研磨性地层(非压力异常)	5
气体	空气、氮气等	低压地层、缺水环境;配方简易	5
泡沫	发泡剂+稳泡剂+水	低压地层、缺水环境;悬渣好、排量省、粉尘低、兼堵漏	5

从化学性质上又可以将钻井液分为无机浆液和有机浆液两大类。

无机浆液成分包括各种无机盐、碱、酸等化合物,如Na_2CO_3、$NaOH$、$NaCl$、$CaSO_4$、$CaCl_2$、Na_2SiO_3、$Al_2(SO_4)_3$、$FeCl_3$等。它们的分子量一般较小,分子结构也比较简单,靠无机化学反应在钻井液中产生作用。无机化合物除少数(如Na_2SiO_3等)单独或主体作为工程浆液外,大部分均是作为钻井液的添加剂,用以改善钻井液的使用性能。

有机浆液原料取自于有机化合物及其衍生物,如钠羧甲基纤维素、水解聚丙烯酰胺、煤碱液、瓜尔胶、羟乙基淀粉、魔芋粉、铬制剂、磺化沥青、脲醛树脂、十二烷基硫酸钠、OP-10等,品种繁多。从有机化学组成上可以将它们分为单宁类、木质素类、腐植酸类、纤维素类、丙烯酸类、聚醚类、树脂类、表面活性剂类和其他共聚物类等。有机浆材的分子量较大,分子结构也比较复杂。有机浆材既可单独或主体作为钻井液,也可作为其他钻井液的添加剂。例如以PAM有机大分子为主,可以配制具有合适粘度等性能的无粘土钻井液,而它又可以作为泥浆的处理剂来附加使用。

钻井液也可按物理性状分类。世间物质的基本状态有三种,即液态、气态和固态。少数情况下,钻井液以单一的物质成分和物质状态出现:纯液态的如清水、化学溶液、油类等;纯气态的如空气、氮气、二氧化碳气体等。但是,大部分情况下钻井液都是以两种或两种以上的混合物质或混合状态出现,即表现为分散体系。泥浆、泡沫、乳状液等均是典型的分散体系。如果按两种或两种以上物态混合，钻井液可有液/固、液/液、液/气、气/液、气/液/固等类型。

若从压缩性考虑，钻井液又可分为不可压缩和可压缩两大类型。一般含气体量较多的浆液在外界压力下体积会缩小，因此属于可压缩类型的工程浆液。可压缩浆液的比重较小，在一些低压地层等岩土工程场合需要用到。同时，可压缩钻井液在流动中表现出来的性能参数较为复杂。

钻井液循环有三种方式，即全孔正循环、全孔反循环和孔底局部反循环。

全孔正循环时，钻井介质由地面的泥浆泵或压风机泵入地面高压胶管，经钻杆柱内孔到井底，由钻头水口返出，经由钻杆与孔壁的环状空间上返至孔口，流入地表循环槽、净化系统或注入除尘器中，再由泥浆泵或压风机泵入井中，不断循环，如图1-5(a)所示。全孔正循环系统简单，孔口不需要密封装置，这种循环方式在各种钻探中得到广泛应用。

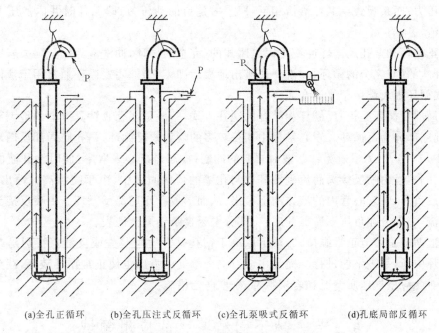

(a)全孔正循环　(b)全孔压注式反循环　(c)全孔泵吸式反循环　(d)孔底局部反循环

图1-5　钻井循环方式示意图

全孔反循环时，钻井介质的流经方向正好与正循环相反。钻井介质经孔口进入钻杆与孔壁的环状空间，沿此通道流经孔底，然后沿钻杆内孔返至地表，经地面管路流入地表循环槽和净化系统中，再行循环。

全孔反循环又具体分为压注式和泵吸式两种方式。压注式[图1-5(b)]所用的泵类型与全孔正循环相同，但孔口必须密封，才能使钻井介质压入孔内，这就需要专门的孔口密封装置。这种装置还同时必须允许钻杆柱能自由回转和上下移动；泵吸式[图1-5(c)]采用抽吸泵，将钻井液从钻杆内孔中抽出进行循环，不需要特殊的孔口密封装置。

全孔反循环与全孔正循环比较，有以下特点和区别：

(1)由于反循环钻井液从钻杆柱内孔上返至地表，流经的断面较小，因而上返速度较大，且过流断面规则，有利于在不大的泵量下将大颗粒岩屑携带出孔外，在大口径水井钻进、灌注桩钻进和空气钻进中，为了能较好地携带出岩屑，常采用全孔反循环洗井方式。

(2) 在固体矿床钻探中采用反循环方式，可将岩心从钻杆中带至地表，用以实现反循环连续取心钻进。

(3) 反循环的流向与岩心进入岩心管的方向是一致的，可使岩心管内的破碎岩矿心处于悬浮状态，避免了岩矿心自卡和冲跑，从而有利于岩矿心采取率的提高。

(4) 在相同情况下，反循环所需的泵量比正循环小，因此对井壁的冲刷程度较小；同时，流动阻力损失也较小。

(5) 钻头旋转使破碎下来的钻渣离心向外，这与正循环在钻头部位的液流方向一致，而与反循环的流向相反。从这一点来看，正循环有利于孔底清碴。

(6) 压注式反循环所需的孔口装置复杂。

(7) 正循环和压注式反循环在井内产生的是正的动压力，即循环时井内的压力大于停泵时的静液柱压力；而泵吸式反循环恰恰相反，产生的是负的动压力，即循环时井内的压力小于停泵时的静液柱压力。

全孔正循环和全孔反循环冲洗可以是闭式的（完全的循环，冲洗液经沉淀除去岩屑后重复使用）和开式的（非完全的循环，冲洗介质排出地表后即废弃）。闭式循环通常用于液体冲洗介质，而开式循环则大都用于气体介质。

孔底局部反循环是正、反循环相结合的洗井方式，一般是在孔底钻具以上的绝大部分为正循环，而孔底部分为反循环。岩心钻探中用得较多的喷射式反循环，是孔底局部反循环的典型例子[图1-5(d)]。为了避免钻井液对岩心的冲刷，提高岩矿心采取率，此时钻井液由钻杆柱内孔送到孔底，经由喷反接头而流到钻杆柱与孔壁的环状间隙中，由于喷嘴高速喷出液流，在其附近形成负压，将岩心管内的液体向上吸出，从而形成孔底局部反循环。由喷反接头流入环空中的液流，一部分在负压下流经孔底，一部分上返携带钻屑至地表。

钻井液循环是否能正常维持，客观上取决于钻孔是否发生漏失或反涌。特别是严重漏失会造成循环中断，钻进不能进行。而涌水或石油天然气的喷出也使正常循环破坏，甚至出现重大事故。对此应根据地质情况和岩层特性，采取防治措施。

第三节　地下固结浆材的应用领域

地下固结浆材，又称为岩土工程固结浆材，在钻探钻井工程、基础施工、地基处理、地质灾害防治、矿山开采止水等不同领域中有着广泛的用途。

在各种地质条件下钻井，经常会遇到诸如砂、砾、卵石、破碎带、裂隙、溶洞等复杂状况，仅用钻井液往往达不到安全施工的效果，需采取专门的护壁堵漏材料来固结稳定井壁，防止钻井液漏失和地下水涌入。否则，将会因为井壁失稳破坏以及井内漏涌严重而使钻进工作无法进行。例如，在地质勘查钻探和矿山钻掘工程时经常会遇到厚大的构造破碎带及强风化地层；在地下水钻采、地质灾害治理和基础工程施工时经常会钻经流砂层或卵砾石层；在油气井开发或工程地质勘察过程中会遇到极不稳定的软土或泥页岩等。对此，采用固结封堵型的护壁堵漏材料来对付这些复杂地层成为关键技术措施。

油气钻井中的固井作业要用水泥将井壁与套管之间的环状间隙固封，以维护油气井的稳固并隔离含水层。

在基础工程施工、地质灾害治理等领域，钻进的最终目的是要强化地层加固岩土、稳定坡体,如钻孔灌注桩、压力注浆、高压旋喷、粉体喷射、灌浆锚杆和土钉墙等。在这些工程中,不仅需要钻井或钻进,而且要在钻井完成后或在钻进的同时向井内或孔内注入可以固化的浆液,用以固结、强化地层和岩土。另外,在基础工程的地下墙施工中,还经常采用挖槽灌筑法来形成坚实的基础,即先挖槽再下入钢筋笼,然后向槽内浇注混凝土。

在矿山钻掘工程中,快速止水堵漏是不可缺少的安全技术措施,其中关键问题之一就是如何选配和使用合适的快速堵漏浆材。另外,在软弱地面安放钻机设备和钻塔时,井场地基需要加固。出于安全考虑,在许多情况下,钻孔后需要封孔。这些都需要用到能够固结的浆材。类似的钻井和岩土工程中的许多辅助性工作(如工程基建等)也需要用到各种固结型浆材。

显然,地下固结浆材在地质、矿产、油气、冶金、煤炭、资源、环境、交通、建筑等部门的相关工程中具有重要的作用。地下固结浆材应用分类如表1-2所示。

表1-2 地下固结浆材应用分类表

分类	用途	品名举例	主要作用
钻井护壁堵漏与固井浆材	钻孔护壁堵漏浆材 固井浆液 封孔浆液 快速止水浆液	水泥、化学凝固剂、多种类惰性粒料	稳固孔壁、防止漏失和涌水 使套管与井眼地层固结稳定 灌封钻孔孔眼 快速封堵矿井与坑道内的漏水
注浆液	静压注浆液 高压旋喷、深层搅拌浆液 粉体喷射材料 灌浆锚杆 土钉墙浆液	水泥、石灰、化学材料等	浆液以渗透、挤密等方式固结强化地层 浆液与地下岩土混合成桩 干粉料与地下土、水混合固结地层 使锚杆和岩土固结,稳固地层 使土钉和岩土固结,稳固地层
浇注混凝土	地下连续墙浆材 灌注桩成桩浆材 井场地基加固浆材 基建等工程辅助浆材	水泥、混凝土材料	混凝土与钢筋在槽内固化成地下墙 混凝土与钢筋在孔内固化成地下桩 加固井场地基 加固井场道路等辅助工作

第四节 钻井液及岩土工程浆材简史

钻井最初是用清水作为洗井介质,1914—1916年正式使用"泥浆"。这一阶段实际就是清水过渡到自然"泥浆"阶段。通过实践证明,自然"泥浆"确有携带岩屑、净化井底、控制地层压力等作用,人们认识到它的有益作用,逐渐有意识地应用它。但这种"泥浆"仅适用于浅地层及简单的地层。其缺点是滤失量高,易使粘土水化膨胀,引起井塌及井眼扩大等问题,对油层有损害作用,静置后性能不稳定,易形成水土分层。人们从实践中一方面认识到"泥浆"的有益作用,同时也发现存在的问题,从而进一步改善和发展了钻井"泥浆"体系。

首先,从钻井液系列的发展情况来看,水基钻井液经历了从分散钻井液到不分散钻井液等发展阶段。分散钻井液包括细分散钻井液、粗分散钻井液。下面分别加以介绍。

细分散钻井液主要用于浅井阶段。它由粘土、水和处理剂组成。通常加入纯碱、烧碱、单宁酸钠或煤碱剂控制其粘度和滤失量。这些无机和有机处理剂的主要作用是,将钻井液中的粘土颗粒和地层中泥、页岩分散，使它们成为胶体状态，保持胶体的稳定性。细分散钻井液存在以下一些严重的缺点：

(1)不能有效地控制造浆。遇到大段泥、页岩层，钻井液变稠，为了稀释和降低钻井液密度又需加水，加水后往往又需加土和处理剂调整其性能，这样多次反复处理钻井液，大大地增加了材料消耗，使钻井液成本增加。

(2)抗盐、抗钙性能差。遇到石膏层、岩盐层、高压盐水层，粘度会急剧增加，滤失量也迅速上升，极易引起井下产生复杂问题。

(3)钻井液滤液中存在的钠离子及分散剂，对储层粘土矿物具有水化膨胀、分散及运移作用，会降低储层渗透率，严重地损害油气层。

(4)抗温性能差，不宜在深井及超深井中使用。

为了克服上述缺点，产生并发展了粗分散钻井液。粗分散钻井液（钙处理钻井液及盐水钻井液均属此类）具有抗钙、抗温性能，能抑制粘土水化膨胀，而且比细分散钻井液对油层的损害小，这类钻井液是以 Ca^{2+} 或较大浓度的 Na^+ 作为絮凝剂，以铁铬木质素磺酸盐作为稀释剂，以煤碱剂或羧甲基纤维素作为有机降滤失剂。由于这几种处理剂综合处理的结果，形成适度絮凝而又相对稳定的粗分散体系。

这类钻井液的缺点是，不能有效地控制钻井液中的固相含量和密度，不能完善地解决大段泥、页岩层的井壁稳定问题，不能满足保护油气层的要求。

上述钻井液的状况大体处于 20 世纪 20 年代末到 40 年代钻井液工艺的发展阶段，不少的钻井液研究成果已应用于现场。1921—1922 年研究并采用了加重剂氧化铁和重晶石。1926 年提出膨润土作为悬浮剂的专利。1931—1937 年试制了钻井液测量仪器。1930 年试制成功了稀释剂单宁酸钠。1944—1945 年把 Na-CMC（钠羧甲基纤维素）用于钻井液，同时研制成功 Ca-木质素磺酸盐。1955 年研制成功铁铬木质素磺酸盐。

随着井深的增加，钻遇高温高压地层，钻井新工艺新技术有了进一步发展。例如深井钻井、喷射钻井、近平衡钻井、定向钻井和聚晶金刚石钻头钻井等技术的运用和发展，促使钻井液体系和固控装备不断向前发展。首先表现在完善与增多了钻井液类型，其中最突出的是不分散低固相钻井液，它在 20 世纪 60 年代到 70 年代最有效地促进了钻井液技术的发展。深井钻井液、石膏钻井液、氯化钾钻井液以及 PDC 钻头用的乳化钻井液都是由于钻井生产的需要，在此阶段发展起来的。

不分散低固相钻井液是为了提高钻井速度，改善井身质量及保护油气层发展起来的新型钻井液。从钻井的实践中认识到，将个别井中钻井液的固相含量限制在较低范围内，甚至于发展无粘土相钻井液对于提高钻速、发现油气层是极为有利的。因此，人们将有机高分子化合物聚丙烯酰胺（英文缩写为 PAM）引入钻井液中，用它及其衍生物作为化学絮凝剂，使钻屑与劣质粘土不分散，使它们易于在地面产生沉淀而清除，使钻井液中保持少量水化性能好的膨润土（4% 以下）。不分散低固相钻井液是聚合物钻井液的一种。

聚合物钻井液是水基钻井液发展最迅速的一类。不少学者对其进行了研究，概括起来主要有以下四个方面：①如何提高钻速问题；②低固相的实现和机理；③处理剂及体系的发展与应用；④稳定井壁，抑制钻屑水化膨胀，防止储层损害的问题。

研究发展的结果，聚合物钻井液的主要类型为水解聚丙烯酰胺体系、氯化钾（KCl）聚合物钻井液体系、醋酸钾（KAc）水解聚丙烯酰胺体系、磷酸氢铵[$(NH_4)_2HPO_4$]水解聚丙烯酰胺体系、磷酸钾盐非离子型聚合物体系、聚丙烯及聚乙二醇共聚物(COP/PPG)体系,以及聚阳离子体系。

国外较完善的阳离子聚合物钻井液主要是 M-I 公司的 MCAT 阳离子聚合物钻井液体系,该体系包括高分子阳离子聚合物(MCAT)和低分子阳离子聚合物(ACAT-A),另外还有几种非离子型聚合物所组成的钻井液体系。这是防塌方面新型水基钻井液类型的发展趋势。

油基钻井液是另外一大类钻井液体系,它一般用于大段泥、页岩,易塌易卡的复杂地层,高温深井,海洋钻井及保护油气层等方面。最早约在 20 世纪 20 年代就用原油作为洗井介质,但其流变性及滤失量不易控制。40 年代到 50 年代,发展形成了以柴油为连续介质的油基钻井液及油包水乳化钻井液。为了克服其影响钻速及成本高的缺点,在 70 年代又发展了低胶性油包水钻井液。油基钻井液大部分用于海洋定向井、丛式井及油气层取心。由于各国对环境保护的重视,对海洋排毒的严格限制,近十年来,在海洋形成了以低毒矿物油为连续介质的低毒油包水钻井液。近期在定向井和水平井中又大量使用全油钻井液。

1994 年 8 月美国《石油工艺》杂志报道:90 年代,由于聚合物钻井液的迅速发展,曾经出现过聚合物钻井液将代替油基钻井液的说法。将聚合物体系与油基钻井液在十余个方面进行对比,即热稳定性、地层稳定性、保护油层、润滑性、可钻性、环境保护、防卡、防污染、防腐蚀、流变性及防漏,最后结论是在抗污染、防腐蚀、保持井眼稳定又能省时地起下钻具、扩眼及冲洗等方面聚合物体系不如油基钻井液,特别是不如酯基钻井液,而且成本比油基钻井液及酯基钻井液高。因此,在近十年内聚合物水基钻井液似乎还不能完全代替油基钻井液。有学者在对比中提出了值得重视的聚合物体系。例如在热稳定性方面有改性的聚丙烯酸酯三元聚合物及乙烯基酰胺/乙烯基磺酸盐共聚物;在地层稳定性及保护油层方面提出混合金属层状氢氧化物(MMH)、混合金属硅酸盐(MMS)。也有的公司研制了甘油的钻井液、完井液,它具有良好的抑制性、润滑性和絮凝等作用。

含气体的可压缩钻井流体也是一大类钻井液体系。它包括空气或天然气、雾、泡沫和充气钻井流体。这类流体主要应用于低压易漏地层、严重缺水地区、强水敏性地层及永冻地区($-80℃\sim-20℃$)。20 世纪 30 年代气体型钻井流体就开始应用于石油钻井,泡沫流体从 50 年代开始研究并较为广泛地应用于钻井,以后连续地应用于洗井和修井。在 70 年代开始以氮气配制泡沫,在酸化及压裂中应用,最近以 CO_2 配制的泡沫流体或单独使用 CO_2 液体,在压裂方面发挥了巨大作用。

其次是固控设备的发展。目前固控设备已有振动筛、除泥器、除砂器、离心机、清洁器等,形成了系列。最近又在研发三到四台振动筛和多台离心机组成的整体装置,并正在向不用除砂器和除泥器的方向过渡。现在正在研制另一种更有前途的固控技术,它是动态细颗粒清除系统。原先是为清除钻井液池中固相而设计的,这种系统可用以处理由振动筛、除砂器、除泥器和离心机排出的细砂,并将钻井用水回送到钻井液体系中。密闭回路钻井液系统(常用于油基钻井液体系)常常在成本高和环境很敏感地区的井上使用。

原材料和化学剂的发展是搞好钻井液工作的基础。20 世纪 80 年代,国外已发展到 18 类处理剂。从 1981 年到 1989 年,处理剂品种由 1 864 种增加到 2 606 种,而实际产品不过 200 种。从这些年的统计数据来看,除加重剂外,以增粘剂、降滤失剂、降粘剂和页岩抑制剂四类产品增加最多。

微机在钻井液技术中的应用在美国也有相当快的发展。一般钻井液公司都有计算中心及可储存上万口井的数据库,随时可调出钻井液实际数据,且设有许多终端,可进行人机对话。只要输入基本要求及具体条件,就可及时得到各种设计方案及处理措施。

岩土固结浆液是应注浆、锚杆等地基处理和边坡加固工程而产生的。近二百年以来,这些浆液的材料配方在法国、日本等国发展非常迅速。

两千年前的古罗马人已用石灰、火山灰作混凝土建造了万神殿圆屋顶。现代的水泥混凝土起源于英国。以后,法国人制成钢筋混凝土和预应力锚具,奠定了预应力混凝土的基础。经过近二百年在建筑材料中的实践应用,混凝土的科学技术在理论上已成为一个独立的体系,在工艺上有许多创新和变革,地位也越来越重要,其应用范围从地上建筑到地下建筑,从海港码头发展到海上漂浮物,成为人类时代的一种不可缺少的工程材料。

史料记载,公元前 250 年左右,秦蜀郡太守李冰开凿盐井时,已经采用向井内注水的方法来排除岩屑,这就是钻井液的最初使用。一直延续到 20 世纪初,清水作为钻井液伴随着钻井作业经历了漫长的岁月。

我国用泥浆作为钻井液始于 1937 年。在四川油矿勘探钻进巴 1 井时,使用井场附近田间的粘土,喷射水流使之分散成浆。当时对钻井液原材料的使用、配制及性能控制均很简单、粗糙。1941—1942 年,为了制止井喷,玉门油矿从用铁矿粉到用重晶石粉等,成功地配制了密度为 $1.80 g/cm^3$ 的钻井液。与此同时,台湾油矿勘探处为了提高钻井液质量,寻找了当地出产的相思树皮和石榴树叶等作为原料,经蒸煮浓缩后作为钻井液的稀释剂;利用海草煮液加入苛性钠生成藻酸钠,用来调整钻井液粘度。

20 世纪 40 年代,甘肃油矿在矿场工程室内设立了"泥浆"试验室,这是我国第一个"泥浆"研究机构,由工程师黄先驯负责。黄先驯自行配制了一套"泥浆"研究设备,如天平、漏斗粘度计、"泥浆"检验仪器等,有关钻井液原料、性能都能试验。在 1947 年采用单宁酸钠处理钻井液成功以后,又在 1948 年试验成功糊化淀粉钻井液,经钻 123 号井时试用性能良好。

总体上看,我国解放前的钻井事业比较落后,在钻井液方面,只是从"黄泥加水"的自然泥浆发展为使用单宁碱液等少量添加剂处理泥浆,泥浆性能测试仪器也十分简陋。

自新中国成立后至 60 年代中期,是社会主义建设的开始时期,随着经济建设的大规模进行,钻井事业有了很大的发展,与之相应的钻井液技术也有了较大发展,发展的规律与世界发展规律相似。最初是钠基(淡水)为基础的细分散钻井液,在井浅、地层较简单的情况下,有它的优越性,可就地取材、成本低,密度可在较大幅度范围内调整,通过化学处理,其性能也能保持稳定。但钻遇复杂地层,如大段泥、页岩层,厚岩盐层,石膏层及其他可溶性盐类地层,这类钻井液抗污染能力差,粘度和切力急剧增加,滤失量增大,维持稳定性能比较困难。于是发展了石灰、石膏及氯化钙为絮凝剂的钙处理钻井液及盐水钻井液。由于它们具有抗钙侵盐侵及粘土侵、流动性好和性能较稳定的优点,在我国得到了广泛的应用。这样,泥浆类型就由细分散泥浆发展到粗分散抑制泥浆。与此同时,我国开始研究深井泥浆,泥浆处理剂特别是有机处理剂出现了多种产品,如煤碱剂、野生植物制剂等。1962 年前后,制成羧甲基纤维素(CMC),1965 年后研制成铁铬木质素磺酸盐(FCLS)等。泥浆性能测试已经有成套的仿苏式仪器供应。

20 世纪 60 年代末 70 年代初,我国钻井液工作又上了一个新台阶。高分子有机处理剂和表面活性剂的品种越来越多,经验也越来越丰富,在几个地区相继钻成了若干口超深井,成功地发展和推广了低固相铁铬盐混油钻井液、低固相铁铬盐盐水钻井液及低固相弱酸性饱和盐水钻井液。有的地区还根据地层特点,就地取材,创造了符合本地区特点的钻井液,如使用野生植物作为钻井液处理剂来配制钻井粉,以及使用褐煤氯化钾钻井液、褐煤石膏钻井液等。

20世纪70年代中期到80年代中期,钻井技术和钻井液工艺在对外开放吸收世界先进技术的政策鼓舞下有了较快的发展。此期间推广了聚丙烯酰胺不分散低固相泥浆;研制了包括抗高温处理剂、生物聚合物处理剂、油包水乳化加重钻井液以及抑制性强、流变性好、性能稳定的防塌体系在内的多种新型处理剂。这样,钻井液在减阻润滑、护壁堵漏、提高钻速、排渣净化和增强自身稳定性方面发挥出更强的功能。至1985年,钻井液处理剂已达到16类114种。同时,在钻井液技术管理方面逐步实现标准化、规范化,更新了全部泥浆性能测试仪器,推广了固相控制设备。

20世纪80年代末至90年代以来,我国钻井液技术又有了较大的发展。泡沫、充气泥浆等低密度钻井液研究成功并得到推广,克服了低压地层、缺水地区钻进的困难;两性离子型聚合物钻井液、阳离子聚合物钻井液、钾盐钻井液、钾石灰钻井液的应用,有效地解决了一些地区井壁失稳的老大难问题;聚合物磺化钻井液等的应用,改善了高温高压条件下钻井液的性能,减少了井下复杂情况的发生,深井和超深井钻速明显提高,降低了钻井液的费用;钻井液的流变模式如钻井液在大、小口径钻孔中的循环行为的研究在不断深入;泥浆在循环过程中的各种性能参数的自动检测系统和电子计算机智能专家系统已开始试用于钻井液的控制;水平井钻井液技术围绕水平井五大难题——携屑机理、防止岩屑床的形成和重晶石的沉淀、井壁稳定力学与化学因素耦合的研究、保护油层技术、钻井液润滑性及防卡均取得了系统的研究成果,理论日趋成熟;泥浆净化、固相控制工作受到重视,许多钻机配备了振动筛、除砂器、除泥器及罐式循环系统,深井及超深井还配备了离心机,钻井液含砂量明显降低;为解决泥浆护壁堵漏与提高油、气、水产层渗透率这一突出矛盾,在暂堵剂研究的基础上,运用生物技术研制出的具有暂堵特性的钻井液在我国最新问世。

我国在水泥与化学浆液护井方面,近20年取得了明显的技术进步。为了克服水泥浆凝固时间长、早期强度低、可灌性差、成功率低等缺点,人们从各方面进行了探索。其一是研制改变水泥性能的各种添加剂,如速凝早强剂、分散剂(减水剂)、降失水剂、抗污染剂、比重降低剂等,目前已研制出既保证有足够流动度而凝固时间又相当短的复合速凝剂。它们已成功地用于生产实际,其中有显著降低水灰比又不延长凝固时间的高效分散剂,如萘磺酸甲醛高缩合物类、水溶性古马隆树脂磺酸钠等,无论在硅酸盐型或硫铝酸盐型水泥方面都取得了较好的效果。目前,正在试用的FA水泥减重剂,可使水泥浆比重降低到 1.25~1.40,它的推广使用既提高了堵漏效果,又降低了水泥浆的消耗量。这些新型添加剂的使用,再配合水泥灌注工艺的改进,已使常用的硅酸盐型水泥浆堵漏的成功率显著提高,候凝期明显缩短。不少地质勘探部门已把泥浆和水泥浆并列为对付复杂地层的两种常规"武器"。

在对普通水泥浆进行改性工作的同时,一些院校和生产单位与工厂协作,研制能更好地满足钻孔注浆要求的新型水泥,经过两三年的努力,终于研制成功了硫铝酸盐型地勘水泥。它具有速凝、早强、微膨胀和抗腐蚀性能好等一系列优点,几年来经过国内几百个单位的使用证实,这种水泥是很有发展前途的。今后如能在稳定产品性能、降低生产成本和延长使用期限等方面加以提高,将会发挥更大的作用。

在改进注浆材料的同时,通过多年的实践,也成功地总结出一整套水泥灌注方法。除常规的平衡注浆法以外,根据不同的地层条件,还分别采用分段注浆法、加压注浆法、充填注浆法、网袋注浆法、井口输入压力平衡注浆法、输送器注浆法等。这些灌注工艺的成功使用,明显地扩大了水泥浆的应用范围,提高了使用成功率。

在测定水泥浆性能仪器的研制方面,近年来已推广使用了凝结时间测定仪、小型压力机和流动度盘等简易仪器,同时正在研制并开始应用模拟孔内温度、压力条件的水泥浆稠化时间测定仪等。

20世纪70年代以来,国内在化学注浆方面曾使用过脲醛树脂、氰凝浆液、301聚酯等,这些注浆材料虽有不少优点,但由于原料来源不广、成本过高或具有毒性等条件的限制,除脲醛树脂仍然使用外,其余均未得到推广。

当前的护壁堵漏工作,已向着综合治理和理论研究同时并重的方向发展。套管、泥浆、水泥、化学浆液在各自有利的条件下取长补短综合使用,已为人们所采纳。特别是粘土、水泥和高分子聚合物交叉使用、互相渗透配成的新型护堵材料,以其独特的优点为人们所重视。采用各种惰性的和活性的充填材料与泥浆、水泥的联合使用,在提高护堵效果方面已取得了显著的效果。

加强漏失层的地质状态、漏失机理、测漏方法的研究,已成为十分迫切的问题。国内一些科研单位、高等院校和从事护壁堵漏的工作者,近年来相继研究成功了多种钻孔测漏仪和流速流向仪,还对漏失层的分类方法及其相应的堵漏措施进行了探索、研发和应用。

综上所述,结合我国钻探工程需要的各类新型钻井液和和工程浆材不断涌现,技术水平正迈向世界先进行列。随着钻探工程和岩土工程应用的深度和广度的不断增大,钻井液与岩土工程浆材的研究、开发和应用具有更好的发展前景。

第二章　钻井液性能与处理剂

第一节　粘土矿物晶体构造、电性与造浆粘土选用

钻井液是由粘土、水(或油)和少量处理剂混合形成,具有可调控的粘度、密度和降滤失等性能,在相当多的情况下能够满足悬浮和携带岩屑、稳定井壁、防止漏失、冷却润滑钻具等基本钻进需要,并且来源广泛,成本较低,配制使用方便。

粘土作为钻井液的重要组成成分,其晶体构造与性质对钻井液性能有十分重要的影响。粘土主要是由粘土矿物(含水的铝硅酸盐)组成的。某些粘土除粘土矿物外,还含有不定量的非粘土矿物,如石英、长石等。许多粘土还含有非晶质的胶体矿物,如蛋白石、氢氧化铁、氢氧化铝等。大多数粘土颗粒的粒径小于 $2\mu m$,它们在水中有分散性、带电性、离子交换性及水化性,这些性能都是在处理与配制钻井液时需要考虑的因素。

一、粘土矿物的分类和化学组成

粘土矿物主要分为四个族类,它们均属于含水铝硅酸盐,并有一定量的金属氧化物。典型粘土矿物的化学组成含量如表2-1所示。

(1)高岭石族。代表性矿物为高岭石,其他矿物包括埃洛石、地开石、珍珠陶土等,含高岭石矿物为主的粘土称为高岭土。

(2)蒙脱石族。代表性矿物为蒙脱石,其他矿物包括绿脱石、拜来石、皂石等,含蒙脱石矿物为主的粘土称为膨润土或蒙脱土。

(3)水云母族。代表性矿物为伊利石(伊利水云母),其他矿物包括绢云母、水白云母等,含伊利石矿物为主的粘土称为伊利土或水云母土。

(4)海泡石族。代表性矿物为海泡石,其他矿物包括凹凸棒石、坡缕缟石等,相应的粘土分别称为海泡石粘土、凹凸棒粘土和坡缕缟石粘土。

从表2-1中可以大致看出这些粘土矿物在化学组分上的特点和差别:高岭石的三氧化铝(Al_2O_3)含量较高,蒙脱石的二氧化硅(SiO_2)含量较高,伊利石的钾离子含量较高,而海泡石族的 H_2O 含量较高。另外,三氧化二铁(Fe_2O_3)、氧化镁(MgO)、氧化钙(CaO)等的含量也各有不同。依据化学成分的含量,可以初步确定粘土的种类。

二、粘土矿物的两种基本构造单元

一个粘土颗粒是由许多层粘土矿物晶胞(片)堆叠而成,而粘土矿物晶胞又是由晶胞的最小构造单元组成。不同种类的粘土矿物,它们的最小构造单元都是一样的。但是,基本构造单元之间的连接方式和晶胞结合形式不同,因而形成不同粘土矿物各自的特点。

表 2-1 典型粘土矿物的化学组成含量表

粘土矿物		各种化学成分的含量(%)							
名称	产地	SiO_2	Al_2O_3	Fe_2O_3	CaO	MgO	Na_2O	K_2O	H_2O
高岭石	江西浮梁高岭	45.58	37.22	—	0.46	0.07	0.45	1.70	13.39
	江苏苏州阳山	47.00	38.04	0.51	0.16	0.22	—	—	13.53
蒙脱石 膨润土	辽宁黑山	68.74	20.00	0.70	2.93	2.17	—	0.20	6.80
	浙江临安	71.29	14.17	1.75	1.62	2.22	1.92	1.78	4.24
	美国怀俄明	55.44	20.14	3.67	0.50	2.49	2.76	0.60	14.70
	山东滩县	71.34	15.14	1.97	2.43	3.42	0.31	0.43	5.06
	新疆夏子街	63.70	16.43	5.45	0.28	2.24	2.57	1.94	5.57
伊利石 水云母	(不详)	52.22	25.91	4.59	0.16	2.84	0.17	6.09	7.14
	湖南澧县	64.21	20.13	2.12	0.26	0.52	—	—	8.27
凹凸棒石	美国乔治亚	53.64	8.76	3.36	2.02	9.05	—	0.75	20.00
	江苏盱眙	55.35	8.43	5.06	0.15	9.73	0.18	1.85	17.14
海泡石	江西乐平	61.30	0.57	0.73	0.15	29.70	0.16	0.19	7.10
	南澳大利亚	52.43	7.05	2.24	—	15.08	—	—	19.93

粘土矿物的基本构造单位是硅氧四面体和铝氧八面体。

硅氧四面体的结构如图2-1所示,每个四面体的中心是一个硅原子,它与4个氧原子以相等的距离相连,4个氧原子分别在四面体的4个顶角上。从单独的四面体看,4个氧还有4个剩余的负电荷,因此各个氧还能和另一个邻近的硅离子相结合。依此,四面体在平面上相互连接,形成四面体层。

铝氧八面体的结构如图2-2所示,每个八面体的中心是1个铝原子,它与3个氧原子和3个氢氧原子以等距离相连。3个氧原子和3个氢氧原子分别在八面体的六个顶角上。由于还

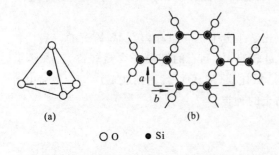

图 2-1 硅氧四面体及其晶层示意图
(a)硅氧四面体;(b)硅氧四面体六角环片状结构的平面投影

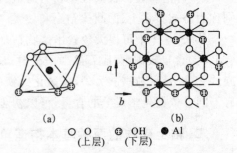

图 2-2 铝氧八面体及其晶层示意图
(a)铝氧八面体;(b)铝氧八面体片状结构的平面投影

有剩余电荷,氧原子还能和另一个临近的铝离子相结合。依此,八面体在平面上相互联结,形成八面体层。

硅氧四面体层和铝氧八面体层是不同粘土矿物所共同具有的基本晶层。但是,这两种基本晶层在不同粘土矿物中的结合方式是不同的,因而主要导致了不同粘土矿物在造浆等性能上的差异。

还有一个影响粘土矿物造浆等性能的重要因素是同晶置换,它是指在晶格构架不变的情况下,四面体中的硅(+4)被低价离子铝(+3)或铁(+3)置换,八面体中的铝(+3)被低价离子镁(+2)等置换。同晶置换导致粘土颗粒带负电,而粘土颗粒的负电性是影响其性能的重要因素。一般情况下,同晶置换是由粘土原生条件所决定的,不同粘土矿物的同晶置换程度有着明显的差异。

三、典型粘土矿物的晶体构造

1. 高岭石(Kaolinite)

高岭石的化学式是 $Al_4[Si_4O_{10}][OH]_8$,晶体构造是由一层硅氧四面体和一层铝氧八面体组成,两层间由共同的氧原子联结在一起组成晶胞,如图 2-3 所示。

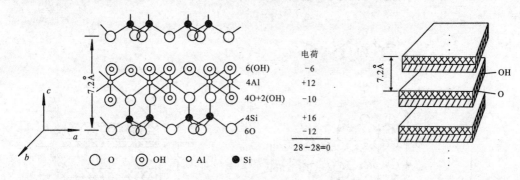

图 2-3 高岭石的结构特点

高岭石矿物,即高岭石粘土颗粒是由上述晶胞在 c 轴方向上一层一层重叠,而在 a 轴和 b 轴方向上延伸而形成的。由于晶胞是由一层硅氧四面体和一层铝氧八面体组成,故称为 1:1 型粘土矿物。其相邻两晶胞底面的距离为 $7.2×0.1nm(0.1nm=1Å)$。另外,其晶体构造单位中电荷是平衡的。

高岭石重叠的晶胞之间是氢氧层与氧层相对,形成结合力较强的氢键,因而晶胞间联结紧密,不易分散。故高岭石粘土颗粒一般多为许多晶胞的集合体,与下面分析的蒙脱石相比颗粒较粗,小于 $2\mu m$ 的颗粒含量仅占 10%~40%。

高岭石矿物晶体结构比较稳定,即晶格内部几乎不存在同晶置换现象,仅有表层 OH^- 的电离和晶体侧面断键才造成少量的电荷不平衡,因而其负电性较小。由于负电性很小,致使这种粘土矿物吸附阳离子的能力低,所以水化等"活性"效果差。

由上可知,高岭石矿物由于晶胞间联接紧密,可交换的阳离子少,故水分子不易进入晶胞之间,因而不易膨胀水化,造浆率低,每吨粘土造浆量低于 $3m^3$。同时因可交换的阳离子量少,粘土接受处理的能力差,不易改性或用化学处理剂调节钻井液性能。因此,一般不用高岭石做配浆土。

从井壁稳定性的角度来看,如果钻进遇到高岭石类粘土或富含高岭石的泥质岩层时,一般井壁不易膨胀而缩径,但易产生剥落掉块。对此必须予以重视,及时采取措施加以解决。

2. 蒙脱石(Montmorillonite)

蒙脱石的化学式是$(Al_{1.67}Mg_{0.33})[Si_4O_{10}][OH]_2·nH_2O$。其晶体构造是由两层硅氧四面体中间夹有一层铝氧八面体组成一个晶胞,四面体和八面体由共用的氧原子联结(图2-4)。同样,在c方向重叠,沿a、b方向延伸,形成蒙脱石粘土颗粒。由于蒙脱石矿物的晶胞是由两层硅氧四面体和一层铝氧八面体组成,故称为2∶1型粘土矿物。其晶胞底面距为$9.6×0.1nm$,吸水后可达$21.4×0.1nm$。

蒙脱石矿物晶体构造的特点之一是,重叠的晶胞之间是氧层与氧层相对,其间的作用力是弱的分子间力。因而晶胞间联结不紧密,易分散成微小颗粒,甚至可以分离至一个晶胞的厚度,一般小于$1\mu m$的颗粒达50%以上。从形状上看,晶胞片的长度往往为其厚度的几十倍,是薄片状的颗粒。

蒙脱石矿物晶体构造的另一特点是同晶置换现象很多,即铝氧八面体中的铝被镁、铁、锌等所置换,置换量可达20%~35%。硅氧四面体中的硅也可被铝所置换,置换量较小,一般小于5%。因此,蒙脱石晶胞带较多的负电荷,其阳离子交换容量大,可达$80\sim150mmol/(100g$粘土$)$。

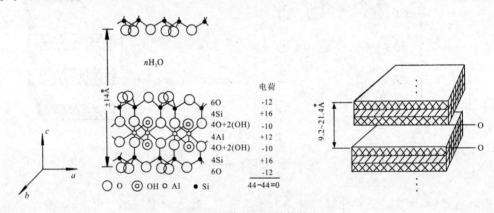

图2-4 蒙脱石的结构特点

(左图中右侧数值是叶蜡石结构中电荷的数值,不是蒙脱石的数值)

由上可以分析出,蒙脱石粘土由于晶胞间联接不紧密,可交换的阳离子数目多,故水分子易进入晶胞之间,粘土易水化膨胀,分散性好,造浆率高,每吨粘土造浆量可达$12\sim16m^3$。同时,因可以吸引较多的阳离子,故"活性"大,接受处理的能力强,易改性或用化学处理剂调节钻井液性能,是优质的造浆粘土矿物。

从钻井的井壁稳定性看,如果钻进中遇到蒙脱石类粘土或富含蒙脱石的泥质岩层时,易产生膨胀缩径甚至孔壁垮塌等孔内复杂情况。

3. 伊利石(Illite)

伊利石又称伊利水云母,其化学式是$K(Al,Fe,Mg)_2[(Si,Al)_4O_{10}][OH]_2·nH_2O$。伊利石的结构总体上与蒙脱石相似,即也是由两层硅氧四面体中间夹一层铝氧八面体组成晶胞,故也是2∶1型粘土矿物。不同之处是伊利石两晶胞之间存在较多的钾离子(K^+),因而使其性能与蒙脱石有较大差别。

伊利石晶胞之间钾离子的直径为 $2.66×0.1nm$，与硅氧四面体六角环的空穴内径相当，故钾离子进入空穴后不易出来，它的嵌合作用使上下两层晶胞联接得很紧，水分子也难以进入其中。因此这种粘土不易分散。

伊利石晶格内部也有同晶置换现象，如硅氧四面体中有 1/6 的硅(Si)可被铝(Al)置换，使晶胞呈现负电性，因而有一定的离子交换能力。但它吸附钾离子后，由于钾离子不易电离出去，使其失去"活性"，交换能力降低。

上述结构特点的制约使伊利石的造浆能力低，且难以改性和用化学处理剂调节钻井液性能。

伊利石是最丰富的粘土矿物，存在于所有的沉积年代中，而在古生代沉积物中占优势。在钻进中钻到伊利石粘土或富含伊利石的泥质岩层时，常常发生剥落掉块，需采用抑制粘土分散的钻井液。

粘土矿物的晶体构造，特别是其表面构造和钻井液关系最密切，因为粘土和水及处理剂的作用主要在表面上进行，因此，了解粘土矿物的性质应着重从晶体构造了解粘土表面的性质。三种粘土矿物的特点如图 2-5 所示。

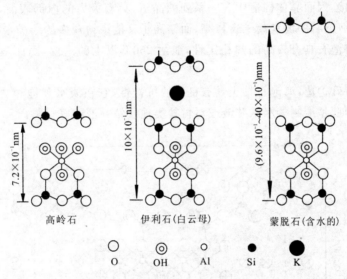

图 2-5　高岭石、伊利石和蒙脱石的晶体构造特点对比

4. 绿泥石(Chlorite)

绿泥石晶层是由如叶蜡石似的三层型晶片与一层水镁石晶片交替组成的，如图 2-6 所示。硅氧四面体中的部分硅被铝取代产生负电荷，但是其净电荷数是很低的。水镁石层有部分 Mg^{2+} 被 Al^{3+} 取代，因此带正电荷，这些正电荷与上述负电荷平衡，其化学式为：

$$2[(Si,Al)_4(Mg,Fe)_3O_{10}(OH)](Mg,Al)_6(OH)_{12}$$

通常绿泥石无层间水，而某种降解的绿泥石中一部分水镁石晶片被除去了，因此，有某种程度的层间水和晶格膨胀。绿泥石在古生代沉积物中含量丰富。

5. 海泡石

海泡石族矿物俗称抗盐粘土，层链状构造的含水铝镁硅酸盐。其中包括海泡石、凹凸棒石、坡缕缟石(又名山软木)。

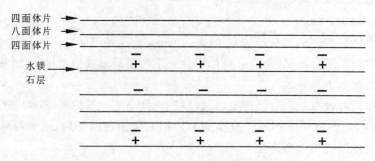

图 2-6 绿泥石晶体构造图

海泡石族粘土矿物的化学式是：$Mg_8[Si_{12}O_{30}][OH]_4(OH_2)_4 \cdot 8H_2O$，为含水镁铝硅酸盐。它也是 2∶1 型粘土矿物，但颗粒的片状程度没有蒙脱石那么明显，而是呈棒状，从微观结构看属于双链状构造。在常规条件下，海泡石的造浆性能不如蒙脱石，但由于具有特殊的结构构造，使其在高温下体现出良好的稳定性。图 2-7 是坡缕缟石晶体构造示意图。

首先，在海泡石中，硅氧四面体所组成的六角环都依上下相反的方向对列，而相互间被其他的八面体所连接，因而晶体构造中有一系列的晶道，具有极大的内部表面，水分子可以进入内部孔道；其次，海泡石中的镁离子含量高，而镁离子又能束缚众多的结晶水。因此，由于水的散热效应等，使海泡石具有较高的热稳定性，能耐 260℃ 以上的高温，因而适于配制深井和地热井钻井液。

另外，由于特殊构造，海泡石粘土具有良好的抗盐性，它在淡水和饱和盐水中的水化膨胀情况几乎一样，因此是配制盐水钻井液或对付盐类地层钻井液的好材料。

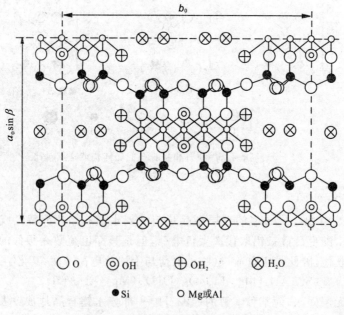

图 2-7 坡缕缟石晶体构造示意图

为了更直观地比较高岭石、蒙脱石、伊利石和海泡石四种粘土矿物的特点，列表如下（表 2-2）。

表 2-2 四种粘土矿物的性能比较表

矿物名称	化学成分	晶胞结构类型	晶层排列	晶胞间引力	晶胞间距(Å)	阳离子交换容量	比重	造浆性能
高岭石	$Al_4[Si_4O_{10}][OH]_8$	1:1	OH层与O层相对	氢键引力强	7.2	3~5	2.58~2.67	不易分散
蒙脱石	$(Al_{1.67}Mg_{0.33})[Si_4O_{10}]$ $[OH]_2 \cdot nH_2O$	2:1	O层与O层相对	分子间引力弱	9.6~21.4	80~150	2.35~2.74	易分散造浆率高
伊利石	$K(Al,Fe,Mg)_2$ $\cdot [(Si,Al)_4O_{10}][OH]_2$ $\cdot nH_2O$	2:1	OH层与O层相对,层间有K^+	引力较强	10.0	10~40	2.65~2.69	不易分散
海泡石	$Mg_8[Si_{12}O_{30}][OH]_4$ $\cdot (OH_2)_4 \cdot 8H_2O$	2:1	双链状结构		12.9	20~30	—	耐高温抗盐

综合表中的结果,蒙脱石是最好的钻井液配制材料;海泡石族在常温等一般条件下造浆性能比蒙脱石差,但在耐高温、抗盐侵方面具有较好的稳定性;高岭石与伊利石的造浆性能差。

四、粘土的电性

1. 电性

从电泳现象得到证明,粘土颗粒在水中通常带有负电荷。粘土带电荷是使粘土具有一系列电化学性质的基本原因,同时对粘土的各种性质都发生影响。例如,粘土吸附阳离子的多少决定了其所带负电荷的数量。此外,钻井液中的无机、有机处理剂的作用,钻井液胶体的分散、絮凝等性质,也都受到粘土电荷的影响。

粘土晶体因环境的不同或环境的变化,可能带有不同的电性,或者说带有不同的电荷。粘土晶体的电荷可分为永久负电荷、可变负电荷、正电荷三种,它们产生的原因如下:

(1)永久负电荷。永久负电荷是由于粘土在自然界形成时发生晶格取代作用所产生的。例如,粘土的硅氧四面体中四价的硅被三价的铝取代,或者铝氧八面体中三价的铝被二价的镁、铁等取代,粘土就产生了过剩的负电荷。这种负电荷的数量取决于晶格取代作用的多少,而不受 pH 值的影响。因此,这种电荷称为永久负电荷。

(2)可变负电荷。粘土所带电荷的数量随介质的 pH 值改变而改变,这种电荷叫做可变负电荷。产生可变负电荷的原因比较复杂,可能有以下几种原因:在粘土晶体端面上与铝联接的 OH 基中的 H 在碱性或中性条件下解离;粘土晶体的端面上吸附了 OH^-、SiO_3^{2-} 等无机阴离子或吸附了有机阴离子聚电解质等。

粘土永久负电荷与可变负电荷的比例和粘土矿物的种类有关,蒙脱石的永久负电荷最高,约占负电荷总和的 95%,伊利石约占 60%,高岭石只占 25%。

(3)正电荷。不少研究者指出,当粘土介质的 pH 值低于 9 时,粘土晶体端面上带正电荷。兹逊(P. A. Thiessen)用电子显微镜照相观察到高岭石边角上吸附了负电性的金溶胶,由此证明了粘土端面上带有正电荷。

粘土的正电荷与负电荷的代数和即为粘土晶体的净电荷数。由于粘土的负电荷一般多于正电荷,因此,粘土一般都带负电荷。

2. 阳离子交换容量

如前所述,粘土一般都带负电荷。为了保持电中性,粘土必然从分散介质中吸附等电量的阳离子。这些被粘土吸附的阳离子可以被分散介质中的其他阳离子所交换,因此,称为粘土的交换性阳离子。几种常见阳离子在浓度相同的条件下交换能力顺序是:$Li^+ < Na^+ < K^+ < NH_4^+ \leqslant Mg^{2+} < Ca^{2+} < Ba^{2+}$。

粘土的阳离子交换容量是指分散介质 pH 值为 7 的条件下,粘土所能交换下来的阳离子总量,包括交换性盐基和交换性氢。阳离子交换容量以 100g 粘土所能交换下来的阳离子毫摩尔数来表示,代号为 CEC(Cation Exchange Capacity)。

粘土矿物因种类不同,其阳离子交换容量有很大差别,例如,蒙脱石的阳离子交换容量一般为 70~130mmol/(100g 粘土),伊利石约为 20~40mmol/(100g 粘土)。上述两种矿物的阳离子交换现象 80% 以上发生在层面上。高岭石的阳离子交换容量仅为 3~15mmol/(100g 粘土),而且大部分发生在晶体的端面上。各种粘土矿物的阳离子交换容量如表 2-3 所示。

表 2-3 各种粘土矿物的阳离子交换容量

矿物名称	CEC/[mmol/(100g 粘土)]
蒙脱石	70~150
蛭石	100~200
伊利石	20~40
高岭石	2~5
绿泥石	10~40
凹凸棒石(海泡石)	10~35
钠膨润土(新疆夏子街)	82.30
钙膨润土(山东高阳)	103.70
钙膨润土(山东潍坊小李家)	74.03
钙膨润土(四川渠县李渡)	100.00

3. 影响粘土阳离子交换容量大小的因素

影响粘土阳离子交换容量大小的因素有粘土矿物的本性、粘土的分散度和分散介质的酸碱度。

(1)粘土矿物的本性。若粘土矿物的化学组成和晶体构造不同,阳离子交换容量会有很大差异。因为引起粘土阳离子交换的因素是晶格取代和氢氧根中的氢的解离所产生的负电荷,其中晶格取代愈多的粘土矿物,其阳离子交换容量也愈大。

(2)粘土的分散度。当粘土矿物化学组成相同时,其阳离子交换容量随分散度(或比表面)的增大而变大。特别是高岭石,其阳离子交换主要是由于裸露的氢氧根中氢的解离产生电荷所引起的,因而颗粒愈小,露在外面的氢氧根愈多,交换容量显著增加(表 2-4)。蒙脱石的阳离子交换主要是由于晶格取代所产生的电荷,由于裸露的氢氧根中氢的解离所产生的负电荷所占比例很小,因而受分散度的影响较小。

表 2-4 高岭石的阳离子交换容量与颗粒大小的关系

颗粒大小(μm)	20~40	5~10	2~4	0.5~1	0.25~0.5	0.1~0.25	0.05~0.1
CEC/[mmol/(100g 粘土)]	2.4	2.6	3.6	3.8	3.9	5.4	9.5

（3）溶液的酸碱度。在粘土矿物化学组成和其分散度相同的情况下，在碱性环境中，阳离子交换容量变大，如表2-5所示。

表 2-5 酸碱条件对阳离子交换容量的影响

矿物名称	CEC	
	pH=2.5~6	pH>7
高岭石	4	10
蒙脱石	95	100

随介质 pH 值增高，阳离子交换容量增加的原因是：铝氧八面体中 Al—O—H 键是两性的，在强酸性环境中氢氧根易解离，土表面可带正电荷；在碱性环境中氢易解离，使土表面负电荷增加；此外，溶液中氢氧根增多，它以氢键吸附于粘土表面，使土表面的负电荷增多，从而增加粘土的阳离子交换容量。

五、造浆粘土的选用与质量评价

粘土在工业和民用上有许多用途，如铸造中的造砂型、冶金中的团矿等都需要一定质量的粘土。钻井泥浆是粘土在水中的分散体系，从钻井工程的工艺要求出发，需要采用较为优质的膨润土造浆，即需选用以含蒙脱石为主的钠膨润土为造浆材料。

国内外富含蒙脱石的大型优质膨润土矿有不少，如我国的新疆夏子街、山东高阳、辽宁黑山、浙江余杭，美国的怀俄明以及南澳大利亚等地都有高纯度的大型膨润土矿床。泥浆公司和粘土粉生产厂家从这些地方采取粘土矿原料，做适当的加工，形成造浆粘土的正规产品。

自然界中的粘土广泛存在。许多情况下，钻井现场及其附近就有或多或少含蒙脱石的粘土。如果钻井对泥浆性能要求不是很高，完全可以就地取土配制泥浆，并通过添加处理剂来改善泥浆性能。当然，一些蒙脱石含量很少或杂质很多的劣质土是不可取的，因为这些土难以造浆。

如果钻井通过的地层本身就富含造浆粘土，那么就可以利用"地层造浆"，即先用一定量的清水作为钻井液，清水在井内自动水化分散被钻头破碎下来的粘土形成泥浆，直接循环使用。

无论是就地取土、地层造浆还是购买正规粘土粉产品，都存在判别粘土是否适于造浆或检验粘土造浆质量的问题。因此，对粘土原料应该进行科学的鉴定和评价。

1. 粘土矿物的鉴定

粘土矿物的鉴定是确定粘土矿物的种类，检查其是否属于以蒙脱石为主的膨润土。由于粘土矿物的粒级一般在几微米以下，因此鉴定的方法主要有以下两大类型：

（1）矿物鉴定方法。差热分析法、失重分析法、X衍射法、红外光谱法、化学分析法、电子扫描显微镜法。

(2)物化性能测定法。吸蓝量试验、膨胀试验、胶质价试验、pH 值试验、阳离子交换容量测定。

这些方法属于化学分析和仪器分析范围,它们的工作原理和操作规范可参阅相关专业书籍。

以差热分析方法为例。粘土矿物在加热时会失去水分,质量减轻。一般粘土矿物中含有三种水:自由水、吸附水和晶格水(粘土矿物结晶构造中的一部分水,一般温度升高到 300℃以上才能失去)。通过对粘土矿物加热时所发生变化的分析,不仅能够说明因脱水和结晶构造所引起的吸热反应的特征,还能指示温度升高时因形成新的物象所引起的放热反应。差热分析的结果以热效应对炉温的连续曲线的形式绘出。曲线中的波谷表示吸热反应,波峰则表示放热反应。曲线离基线的偏差反映试样温度与炉温之差,是热效应强度的量度。几种粘土矿物的差热曲线如图 2-8 所示。

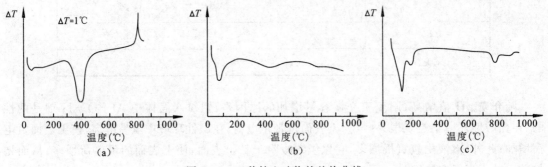

图 2-8 三种粘土矿物的差热曲线

高岭石在 400℃～500℃[图 2-8(a)]开始失去结晶水,表现强烈、尖锐的吸热谷,这时,高岭石结构破坏形成非结晶质的偏高岭石。950℃～1 050℃时有一放热峰,这是由于偏高岭石重结晶所产生的;伊利石[图 2-8(b)]在 100℃～200℃吸附水逸出,呈宽缓的吸热谷。550℃～650℃排出结晶水呈现较宽的吸热谷。850℃～950℃继续排出结晶水,晶格破坏,有一较弱的吸热线。900℃～1 000℃有一明显的放热峰;蒙脱石[图 2-8(c)]有三个特征吸热谷和一个放热峰;第一吸热谷在 100℃～300℃指尖,是逸出吸附水的反应,因相对湿度和层间可交换性阳离子不同,可表现为单谷、双谷或三谷。550℃～750℃为第二吸热谷,是排出结晶水的反应,平缓且宽。900℃～1 000℃出现第三吸热谷,晶体结构破坏,紧接着出现一个放热峰,表示矿物重结晶形成尖晶石和石英等。

2. 造浆粘土的评价

综合国内外对膨润土的研究成果,评价造浆膨润土优劣的测试项目包括:①蒙脱石含量;②胶质价和膨胀倍数;③阳离子交换容量、盐基总量和盐基分量;④可溶性盐含量;⑤造浆率;⑥流变性和滤失性。

对造浆粘土的评价方法之一是按照造浆性能要求确定粘土的造浆率。所谓造浆率,是指配得表观粘度为 15mPa·s 的泥浆时,每吨粘土造浆的立方数,计量单位为 m^3/t。它直接表示泥浆造浆效率的高低,以此评价泥浆的宏观性能。造浆率的具体测定规范是:在定量的蒸馏水中加入定量的膨润土粉,经搅拌 20min 后密封静止 24h,使之充分预水化,然后搅拌 5min,用六速旋转粘度计测 600r/min 时的读数,当读数为 30 即对应表观粘度为 15mPa·s 时,依加土量计算造浆率:

$$B = \frac{1\,000 V_w}{W_s} + \frac{1}{M_s} \tag{2-1}$$

式中：B——造浆率(m^3/t)；V_w——水的体积(m^3)；W_s——土的重量(kg)；M_s——土的比重。

显然，一次性定量配出的被测泥浆不可能正好为表观粘度 $\eta_A=15mPa·s$，因此应该预估水、土加量范围，配制 2～3 种不同水、土比的泥浆，分别测定它们的 η_A 值，然后用两点或三点连线法插值或顺延出造浆率值。

测定造浆率之前，对被测粘土的加工处理应该按照统一要求进行，使粘土的细度、水分含量、含砂量等指标处于标准范围，以保证造浆率测定的准确性。

应该指出，表观粘度虽然比较重要地反映了泥浆的性能，但是并不能唯一表明泥浆性能，更严格的造浆率指标还应该结合泥浆的失水量、屈服值、塑性粘度等指标来进行评价。国外造浆用商品膨润土的质量标准，主要是 API 标准即美国石油协会标准。国内 GB/T 5005—2010《钻井液材料规范》对钻井膨润土、未处理膨润土、OCMA 级膨润土、凹凸棒石、海泡石等的质量标准分别作出了规定，如表 2-6 所示。

表 2-6 各种粘土质量标准

	项目	钻井膨润土	未处理膨润土	OCMA 级膨润土	凹凸棒石	海泡石
悬浮液	粘度计 600r/min 读数	≥30	—	≥30	≥30	≥30
	动塑比[Pa/(mPa·s)]	≤1.5	≤0.75	≤3.0	—	—
	滤失量(mL)	≤15	≤12.5	≤16.0	—	—
75μm 筛余(质量分数)(%)		≤4.0	—	≤2.5	≤8.0	

据 GB/T 5005—2010。

第二节 粘土水化分散与钻井液体系稳定原理

一、粘土的水化分散机理

粘土的水化是指粘土颗粒吸附水分子，粘土颗粒表面形成水化膜，粘土晶格层面间的距离增大，产生膨胀以至分散的过程。粘土水化的结果即形成泥浆。粘土的水化效果对粘土的造浆性能和土质地层孔壁的稳定有重要影响。

1. 粘土矿物的水分

粘土矿物的水分按其存在的状态可以分为结晶水、吸附水、自由水三种类型。

(1) 结晶水。这种水是粘土矿物晶体构造的一部分。只有温度高于 300℃ 时，结晶受到破坏，这部分水才能释放出来。

(2) 吸附水。由于分子间引力和静电引力，具有极性的水分子可以吸附到带电的粘土表面上，在粘土颗粒周围形成一层水化膜，这部分水随粘土颗粒一起运动，所以也称为束缚水。

(3) 自由水。这部分水存在于粘土颗粒的孔穴或孔道中，不受粘土的束缚，可以自由地运动。

2. 粘土水化的原因

粘土颗粒与水或含电解质、有机处理剂的水溶液接触时，粘土便产生水化膨胀。引起粘土

水化膨胀的原因有:

(1)粘土表面直接吸附水分子。粘土颗粒与水接触时,由于以下原因而直接吸附水分子:①粘土颗粒表面有表面能,依热力学原理粘土颗粒必然要吸附水分子和有机处理剂分子到自己的表面上来,以最大限度地降低其自由表面能;②粘土颗粒因晶格置换等而带负电荷,水是极性分子,在静电引力的作用下,水分子会定向地浓集在粘土颗粒表面;③粘土晶格中有氧及氢氧层,均可以与水分子形成氢键而吸附水分子。

(2)粘土吸附的阳离子的水化。粘土表面的扩散双电层中,紧密地束缚着许多阳离子,由于这些阳离子的水化而使粘土颗粒四周形成厚的水化膜。这是粘土颗粒通过吸附阳离子而间接地吸附水分子而水化。

3. 影响粘土水化的因素

(1)粘土矿物本身的特性。粘土矿物因其晶格构造不同,水化膨胀能力也有很大差别。蒙脱石粘土矿物,其晶胞两面都是氧层,层间联结是较弱的分子间力,水分子易沿着硅氧层面进入晶层间,使层间距离增大,引起粘土的体积膨胀。伊利石粘土矿物晶体结构与蒙脱石矿物相同,但因层间有水化能力小的 K^+ 存在,K^+ 镶嵌在粘土硅氧层的六角空穴中,把两硅氧层锁紧,故水不易进入层间,粘土不易水化膨胀。高岭石粘土矿物,因层间易形成氢键,晶胞间联接紧密,水分子不易进入,故膨胀性小。同时伊利石晶格置换现象少,高岭石几乎无晶格置换现象,阳离子交换容量低,也使粘土的水化膨胀差。

(2)交换性阳离子的种类。粘土吸附的交换性阳离子不同,形成的水化膜厚度也不相同,即粘土水化膨胀程度也有差别。例如交换性阳离子为 Na^+ 的钠蒙脱石,水化时晶胞间距可达 4nm,而交换性阳离子为 Ca^{2+} 的钙蒙脱石,水化时晶胞间距只有 1.7nm。

(3)水溶液中电解质的浓度和有机处理剂含量。水溶液中电解质浓度增加,因离子水化与粘土水化争夺水分子,使粘土直连吸附水分子的能力降低。其次阳离子数目增多,挤压扩散层,使粘土的水化膜减薄。总体上使粘土的水化膨胀作用减弱。盐水泥浆和钙处理泥浆对孔壁的抑制作用就是依据这个原理。

4. 粘土水化膨胀的过程

粘土的水化膨胀过程经历两个阶段,即表面水化膨胀和渗透水化膨胀。

(1)由表面水化引起的膨胀。这是短距离范围内的粘土与水的相互作用,这个作用进行到粘土层间有四个水分子层的厚度,其厚度约为 1nm。在粘土的层面上,此时作用的力有层间分子的范德华引力、层面带负电和层间阳离子之间的静电引力、水分子与层面的吸附能量(水化能),其中以水化能最大。

(2)由渗透水化引起的膨胀。当粘土层面间的距离超过 1nm 时,表面吸附能量已经不是主要的了,此后粘土的继续膨胀是由渗透压力和双电层斥力所引起的。随着水分子进入粘土晶层间,粘土表面吸附的阳离子便水化而扩散到水中,形成扩散双电层,由此,层间的双电层斥力便逐渐起主导作用而引起粘土层间距进一步扩大。其次粘土层间吸附有众多的阳离子,层间的离子浓度远大于溶液内部的浓度。由于浓度差的存在,粘土层可看成是一个渗透膜,在渗透压力作用下水分子便继续进入粘土层间,引起粘土的进一步膨胀。增加溶液的含盐量,由于浓度差减小,粘土膨胀的层间距便缩小,这也是使用溶解性盐以降低钻井液和坍塌页岩中液体之间的渗透压的原理。

由渗透水化而引起的膨胀可使粘土层间距达到 12nm。在渗透膨胀范围内,每克粘土大约可吸收10g水,体积可增加20~25倍(对应地,在表面水化范围内,每克粘土大约可吸收0.5g水,体积可增加一倍)。粘土水化膨胀达到平衡距离(层间距大约为12nm)的情况下,在剪切力作用下晶胞便分离,粘土分散在水中,形成粘土悬浮液。

二、粘土-水界面的扩散双电层

为了更加深入地揭示粘土水化、分散、造浆的本质,掌握钻井液性能调节的基本胶体化学原理,引入扩散双电层理论对粘土-水界面的行为机理进行分析。

1. 双电层成因与结构

由于粘土颗粒在碱性水溶液中带负电荷(在端部则多带正电荷),必然要吸附与粘土颗粒带电符号相反的离子——阳离子到粘土颗粒表面附近(界面上的浓集),形成粘土颗粒表面的一层负电荷与反离子的正电荷相对应的电层,以保持电的中性(平衡)。粘土颗粒吸附阳离子使阳离子在粘土颗粒表面浓集的同时,由于分子热运动和浓度差,又引起阳离子脱离界面的扩散运动,粘土颗粒对阳离子的吸附及阳离子的扩散运动两者共同作用的结果,在粘土颗粒与水的界面周围阳离子呈扩散状态分布,即形成扩散双电层。更值得指出的是,这种扩散层本质性地分成两部分——吸附层与扩散层,其结构如图2-9所示,引入Stern在1924年提出的扩散双电层理论对粘土-水界面的行为机理进行分析。

(1)吸附层。吸附层是指靠近粘土颗粒表面较近的一薄层水化阳离子,其厚度一般只有几个Å。这一薄层水化阳离子,由于与粘土颗粒表面距离近,阳离子的密度大,静电吸引力强,被吸附的阳离子与粘土颗粒一起运动难以分离。

(2)扩散层。扩散层是吸附层外围起直到溶液浓度均匀处为止(离子浓度差为零),由水化阳离子及阴离子组成的较厚的离子层。这部分阳离子由于本身的热运动,自吸附层外围开始向浓度较低处扩散,因而与粘土颗粒表面的距离较远,静电引力逐渐减弱(呈二次方关系减弱),在给泥浆体系接入直流电源时,这层水化离子不能与粘土颗粒一起向电源正极而相反向电源负极运动。扩散层中阳离子分布是不均匀的,靠近吸附层多,

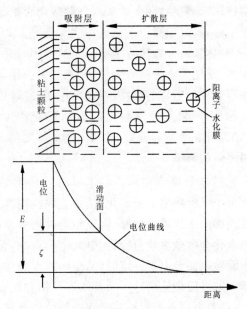

图2-9 粘土表面的扩散双电层

而远离吸附层则逐渐减少,扩散层的厚度依阳离子的种类和浓度的不同,约为10~100Å。

(3)滑动面。它是吸附层和扩散层之间的一个滑动面。这是由于吸附层中的阳离子与粘土颗粒一起运动,而扩散层中的阳离子则有一滞后现象而呈现的滑动面。

(4)热力电位E。它是粘土颗粒表面与水溶液中离子浓度均匀处之间的电位差。热力电位的高低取决于粘土颗粒所带的负电量。热力电位愈高,表示粘土颗粒表面带的负电量愈多,能吸附的阳离子数目也愈多。

(5)电动电位ζ。它是滑动面处与水溶液离子浓度均匀处的电位差。电动电位取决于粘

土颗粒表面负电量与吸附层内阳离子正电量的差值。电动电位愈高,表示在扩散层中被吸附的阳离子愈多,扩散层愈厚。

2. 影响电动电位ζ的外在因素

电动电位的大小受以下几方面因素的影响:

(1)阳离子的种类。阳离子的种类决定了阳离子电价的高低和阳离子的水化能力。当粘土颗粒吸附高价阳离子时,由于一个离子带的电荷多,粘土颗粒表面的总电荷量一定时,吸附层中被阳离子中和的电量多,于是电动电位低,扩散层中的阳离子数目少,扩散层及粘土表面的水化膜薄,粘土颗粒易于聚结。若粘土颗粒吸附的是低价阳离子,吸附层中被阳离子中和的电量少,电动电位高,扩散层中的阳离子数目多,扩散层以及水化膜厚,粘土颗粒不易聚结。例如,钙膨润土用碳酸钠处理,Na^+取代Ca^{2+},因Na^+为一价离子,且水化能力强,粘土颗粒周围的扩散层以及水化膜厚,泥浆趋于分散稳定。相反,配制好的泥浆使用时受钙侵,Ca^{2+}取代粘土表面吸附的Na^+,由于Ca^{2+}是二价离子,水化能力弱,因而粘土颗粒的水化膜变薄,泥浆由分散转化为聚结而失去稳定性。

(2)阳离子浓度。阳离子(例如Na^+)虽水化能力强,粘土颗粒水化膜厚,泥浆稳定,但Na^+浓度有一合适的范围,若Na^+浓度过大,同样会使泥浆由分散转为聚结。这是因为:①阳离子浓度大,阳离子挤入吸附层的机会增大,结果使电动电位降低,扩散层以及水化膜变薄(即所谓挤压双电层),分散体系由分散转化为聚结;②阳离子浓度大,阳离子数目多,阳离子本身水化不好,同时阳离子水化而夺去粘土直接吸附的水分子,因而使粘土颗粒周围的水化膜变薄,分散体系由分散转为聚结。泥浆使用时受盐(NaCl)侵,是由于Na^+过多,起了压缩双电层的作用,使泥浆由分散转为聚结,甚至失去稳定性。又如钙膨润土用纯碱改性处理时,碳酸钠存在有最佳加量,加量过大则起反作用,造浆量降低,泥浆性能变坏。

此外,泥浆的分散稳定或聚结还受阴离子的影响,如钙膨润土改性而加入钠盐,加入Na_2CO_3而粘土颗粒分散,若加入NaCl,则粘土颗粒聚结。故泥浆处理加入无机盐时,必须考虑阴离子的影响。

3. 双电层理论对粘土水化的应用分析

由于吸附的阳离子水化,使粘土颗粒周围形成水化膜。电动电位愈高,扩散层愈厚,粘土颗粒周围的水化膜也愈厚,阻隔作用的增强使粘土颗粒在运动时愈不易因碰撞而粘结,粘土颗粒的水化分散效果便愈稳定;电动电位愈高,粘土颗粒之间的斥力愈大,分散性就愈强。因此,粘土颗粒表面带电量一定时,粘土颗粒在悬浮液中的水化分散稳定性主要取决于电动电位的高低。双电层理论的这一重要结论对钻井而言,具有以下两个方面的实际应用意义。

(1)双电层理论对钻井泥浆应用的指导意义在于:①原生膨润土矿多为钙膨润土,造浆时加入一价钠盐,提供Na^+,因离子交换吸附,扩散双电层中阳离子由Ca^{2+}转为Na^+,ζ电位升高,扩散层增厚,粘土分散,泥浆稳定。②泥浆受钙侵时,Ca^{2+}的浓度增大,扩散双电层中Na^+转为Ca^{2+},ζ电位下降,扩散层变薄,粘土颗粒聚结,泥浆失去稳定性。③为处理泥浆而加入低价阳离子电解质时,应严格控制加量,过量会起压缩扩散层的副作用,同时必须考虑阴离子的影响。④可以通过加入低价或高价阳离子无机处理剂来调节泥浆的分散或适度聚结,用以配制不同种类(分散的或适度聚结的)的泥浆。

(2)从井壁稳定的角度来看,双电层理论也有重要的指导意义:若所钻地层的膨润土含量较高,在外界阳离子的作用下,ζ电位升高,水化分散性增强,易使井壁水化分散,给钻井工作带来井眼缩径、垮塌等不利影响。因此,在石油天然气钻井、基础工程钻掘及其他遇到泥岩、页岩、粘土等地层钻进时,采取压缩双电层、降低ζ电位的措施,能使井壁、槽壁的稳定性增强。

4. 正电荷扩散双电层

在酸性和中性的粘土悬浮液中,粘土片端部的 Al—OH 和 Si—O 键的 OH^- 和 O^{2-},因电离或断键而离去,于是粘土颗粒的端部便带正电荷,形成带正电荷的扩散双电层。因为正电荷与粘土层面所带的负电荷相比是较少的,故就整个粘土颗粒而言,所带的净电荷是负的。

粘土颗粒表面所带电荷的性质与溶液 pH 值有关。当 pH 值由酸性转为碱性且 pH 值不断升高时,带正电荷的端部也可转为带负电荷;而当 pH 值降低,溶液的酸性增大时,粘土颗粒层面带的负电荷也可转为带正电荷。因此,为使粘土颗粒带稳定的负电荷,形成稳定的带负电荷扩散双电层,必须使粘土悬浮液处于碱性状态,即 pH 值必须大于 7,一般要求为 8.0～9.0,有时要求 pH 值高达 10 以上。

三、粘土在水中的分散状态

制备钻井液用的粘土,可能是优质膨润土,即以蒙脱石为主的粘土;也可能是混合型普通粘土,并且钻井液中还加有不同种类、不同数量的处理剂,因而粘土-水分散体系中粘土颗粒呈不同的形态存在。总的可分为分散、絮凝、聚结三种形态。因粘土种类

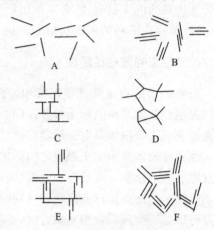

图 2-10 粘土在水中的分散状态示意图
A. 分散不絮凝;B. 聚结,但不絮凝;C. 边-面结合,仍分散;D. 边-边结合,絮凝;E. 边-面结合,聚结且絮凝;F. 边-边结合,聚结且絮凝

不同,表面带电情况不同,其结合形式也有所不同,如图 2-10 所示。颗粒之间的联接有三种情形:面-面接触,边-面接触和边-边接触。以蒙脱石为主的膨润土,粘土含量低时可呈 A 的状态,随着土含量的增加向 C 和 E 型发展。而以高岭石为主的劣土,则从含量低时的 B 型向 D、F 型发展。钻进时含有岩屑的钻井液,其中固体颗粒的存在状态比较复杂,可能是图中各种形式的综合,即同时存在分散、絮凝或分散、聚结等形态。

四、泥浆的稳定性

泥浆分散体系的稳定是指它能长久保持其分散状态,各微粒处于均匀悬浮状态而不破坏的特性。它包含两方面的含意,即沉降稳定性和聚结稳定性。

(一)泥浆的沉降稳定性

沉降稳定性又称动力稳定性,是指在重力作用下泥浆中的固体颗粒是否容易下沉的特性。泥浆中固体颗粒的沉降决定于重力和阻力的关系。当重力和阻力相等时,颗粒均速下沉。若颗粒为球形,按 Stokes 定律,其沉降速度为:

$$v = \frac{2r^2(\rho - \rho_0)g}{9\eta} \tag{2-2}$$

式中:r——球形颗粒的半径(cm);ρ、ρ_0——颗粒和分散介质的密度(g/cm^3);η——分散介质的粘度($0.1Pa \cdot s$);g——重力加速度(m/s^2)。

采用式(2-2)计算，必须符合以下三个条件：①球形颗粒的运动要十分缓慢，周围液体呈层流分布；②颗粒间距离是无限远，即颗粒间无相互作用；③液相是连续介质。

由式(2-2)可看出：沉降速度与颗粒半径的平方、颗粒和介质的密度差成正比，与介质粘度成反比。尤以颗粒的大小对沉降速度的影响最大。

由式(2-2)计算出，颗粒大于 $1\mu m$ 便不能长时间处于均匀悬浮状态。用普通粘土配制的泥浆，其中的粘土颗粒大都在 $1\mu m$ 以上，故不加处理剂难以获得稳定的泥浆。因此，要提高泥浆分散体系的沉降稳定性，必须缩小粘土颗粒的尺寸，即应采用优质粘土造浆，以提高其分散度，其次应提高液相的密度和粘度。

(二)泥浆的聚结稳定性

泥浆的聚结稳定性是指泥浆中的固相颗粒是否容易自动降低其分散度而聚结变大的特性。泥浆分散体系中的粘土颗粒间同时存在着相互吸引力和相互排斥力，这两种相反作用力便决定着泥浆分散体系的聚结稳定性。

泥浆分散体系中粘土颗粒之间的排斥力是由于粘土颗粒都带有负电荷，粘土颗粒表面存在双电层和水化膜。具有同种电荷（负电荷）的粘土颗粒彼此接近或碰撞时，静电斥力使两颗粒不能继续靠近而保持分离状态。同时，粘土颗粒四周的水化膜也是两颗粒彼此接近或聚结的阻碍因素。当两颗粒相互靠近时，必须挤出夹在两颗粒间的水分子或水化离子，进一步靠近时便要改变双电层中离子的分布。要产生这些变化就需要做功。这个功等于指定距离时的排斥能或排斥势能。排斥势能 (V_R) 决定于颗粒所带的电荷，同时是相互间距离的函数。它大致是随着颗粒间距离的增加呈指数下降，故可近似地写成：

$$V_R \approx \frac{1}{2}\varepsilon r\varphi_0^2 \exp(-KH_0) \tag{2-3}$$

式中：ε——溶剂的介电常数；r——球形颗粒的半径；φ_0——颗粒表面的电位；H_0——两球形颗粒球面最短距离；K——离子氛半径的倒数，$1/K$ 可看作为双电层厚度的量度。

泥浆分散体系中粘土颗粒之间的吸引力是范德华引力。范德华引力是色散力、极性力和诱导偶极力之和。对两个原子来说，其大小与两原子间的距离的 7 次方成反比（或对吸引能来说是 6 次方）。但泥浆中的粘土颗粒是由大量分子组成的集合体，它们之间的吸引势能大约与颗粒表面间距离的 2 次方成反比。若为球形颗粒，体积相等，当两颗粒接近到两球表面间距离 H_0 比颗粒半径 r 小得多时，则两颗粒间的吸引势能 (V_A) 为：

$$V_A = -\frac{A}{12}\frac{r}{H_0} \tag{2-4}$$

式中：A——Hamaker 常数，负号表示吸引能。

由上看出，排斥能和吸引能都是颗粒间距离的函数，只是变化规律不同。若势能以距离为函数作图，可得势能曲线，如图 2-11 所示。

两颗粒间的势能是排斥势能和吸引势能之和，即：

$$V = V_A + V_R \tag{2-5}$$

从图 2-11 的势能曲线看出，势能曲线的形状决定于 V_A 和 V_R 的相对大小。$V_{(1)}$ 是排斥力大于吸引

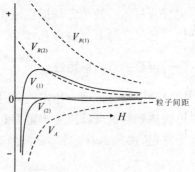

图 2-11 势能曲线 $V_{(1)}$ 和 $V_{(2)}$ 与吸引势能、排斥势能之间的关系

力的势能曲线,这时颗粒可保持稳定而不聚结。$V_{(2)}$则表示在任何距离下排斥力都不能克服颗粒之间的引力,因此便会聚结而产生沉降。曲线$V_{(1)}$上有一最高点,叫斥力势垒,颗粒的动能值只有超过这一点才能引起聚结,所以势垒的高低往往标志着分散体系稳定性的大小。

第三节 钻井液的密度、固相含量和含砂量

钻井液的性能是钻井液的组成以及各组分间相互物理化学作用的宏观反映,它是反映钻井液质量的具体参数。钻井液性能及其变化直接影响着机械钻速、钻头寿命、孔壁稳定、孔内净化和预防孔内问题等一系列钻井工艺问题。

钻井液的主要性能有钻井液的密度、固相含量、钻井液的流变特性(粘度和切力)、钻井液的滤失性能(滤失量和泥饼厚度)以及含砂量、润滑性、胶体率和pH值等。钻井液的流变性、滤失性和润滑性将在本章后续几节中详细讨论。

钻井液的密度是指单位体积钻井液的质量,常用g/cm^3(或kg/m^3)表示。在钻井工程上,钻井液密度和泥浆比重(mud weight)是两个等同的术语。其英制单位通常为lbm/gal(即磅/加仑,或写做ppg),$1g/cm^3=8.33lbm/gal$。

钻井液密度的大小主要取决于钻井液中固相的质量,而钻井液中固相的质量则是造浆粘土质量和钻屑质量之和。在有加重剂等其他固相物质加入的时候,加重剂等物质的质量也须计入。表2-7给出了常见钻井液处理剂的密度。

钻井液的固相含量是指钻井液中固体颗粒占的质量或体积百分数。钻井液中的固相包括有用固相和无用固相,前者如粘土、重晶石等,后者为钻屑。钻井液中的固相,按固相密度来划分,可分为重固相(重晶石密度为$4.5g/cm^3$,赤铁矿密度为$6.0g/cm^3$,方铅矿密度为$6.9g/cm^3$等)和轻固相(粘土密度一般为$2.3\sim2.6g/cm^3$,岩屑密度一般在$2.2\sim2.8g/cm^3$之间)。

钻井液含砂量是指钻井液中不能通过200目筛网,即粒径大于$74\mu m$的砂粒占钻井液总体积的百分数。在现场应用中,该数值越小越好,一般要求控制在0.5%以下。

采用造浆率高的膨润土配制钻井液,粘土含量(重量/体积)在4%~6%范围内便可达到要求的粘度,此时钻井液密度在$1.03\sim1.05g/cm^3$之间。相反,若用造浆率低的粘土配浆,要达到同样的粘度,粘土用量要达20%~30%以上,此时钻井液密度高达$1.15g/cm^3$以上。目前对优质钻井液,在粘度符合要求时,钻井液中的固相含量应控制在4%左右(体积含量),此时钻井液密度在$1.05\sim1.08g/cm^3$。

钻井液的密度、固相含量和含砂量对钻井有重要意义和影响。

表2-7 常见钻井液处理剂的密度

处理剂	密度(g/cm^3)
凹凸棒土	2.89
水	1.00
柴油	0.86
膨润土	2.60
砂	2.63
钻屑	2.60
API重晶石	4.20
$CaCl_2$	1.96
NaCl	2.16

一、钻井液密度、固相含量和含砂量对钻井的影响

1. 钻井液密度对钻井的影响

钻井液密度是确保安全、快速钻井和保护油气层的一个十分重要的参数。通过钻井液密度的变化,可调节钻井液在井筒内的静液柱压力,以平衡地层孔隙压力,亦用于平衡地层构造应力,避免井塌的发生。

井眼(钻孔)形成后,地应力在井壁上的二次分布所产生的指向井内引起井壁岩石向井内移动的应力,称为井壁(地层)坍塌应力 $P_{塌}$。$P_{塌}$ 一旦产生($P_{塌} \geqslant 0$),井壁岩石必然逐渐掉(挤)入井中(垮塌)。

钻井过程中 $P_{塌}$ 可以也只能用井内钻井液液柱压力($P_{液}$)来有效地平衡,$P_{液} \geqslant P_{塌}$ 时则井壁保持稳定;$P_{液} < P_{塌}$ 时,则发生井塌。

除了 $P_{塌}$ 之外,裸眼井段还有地层流体压力($P_{地}$)和地层破裂压力 $P_{破}$($P_{漏}$)等两个地层压力。钻进过程中,人为施加的是泥浆压力 $P_{液}$。当 $P_{液} > P_{破}$($P_{漏}$)则发生井漏;当 $P_{液} < P_{地}$ 时,则发生井涌或井喷。

因此,钻井液安全密度窗口(即安全钻进时的钻井液密度范围)$\Delta P = P_{破} - P_{地}$($P_{塌}$)。

2. 钻井液密度和固相含量对钻速的影响

(1)随着钻井液密度的增加,钻速下降,特别是钻井液密度大于 $1.06 \sim 1.08 \text{ g/cm}^3$ 时,钻速下降尤为明显。

(2)钻井液的密度相同,固相含量愈高则钻速愈低。因此钻井液密度相同时,加重钻井液的钻速要比普通钻井液高,因为加重钻井液的固相含量低。

(3)钻井液的密度和固相含量相同,但固相的分散度不同,则固相颗粒分散得愈细的钻井液钻速愈低。因此,不分散体系的钻井液其钻速要比分散体系的钻井液高,如图 2-12 所示。

根据 100 口井统计资料作出的钻井进尺、钻头使用数量及钻井天数与钻井液固相含量的关系曲线如图 2-13 所示。虽然这些曲线不能用来预计某口井的钻速,但是可以表明固相含量对钻速影响的大概趋势。从图 2-13 可以看出,当固相含量为零(即为清水)时钻速最高;随着固相含量增大,钻速显著下降,特别是在较低固相含量范围内钻速下降更快。当固相含量超过 10%(体积分数)之后,对钻速的影响就相对较小了。

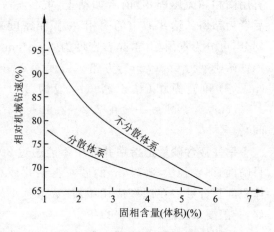

图 2-12 钻井液固相含量对钻速的影响

有些研究者得出小于 $1 \mu m$ 的颗粒对钻速的影响比大于 $1 \mu m$ 颗粒的影响大 12 倍。因此,为提高钻进效率,不仅应降低钻井液的密度和固相含量,而且应降低固相的分散度,即应采用不分散低固相钻井液。

3. 含砂量对钻井的影响

钻井液中的无用固相(主要为岩屑)含量会给钻进造成很大的危害。①无用固相含量高,

钻井液的流变特性变坏,流态变差。不仅使孔内净化不好而引起下钻阻卡,而且可能引起抽吸、压力激动等,造成漏失或井塌。②钻井液中无用固相含量高,泥饼质量变坏(泥饼疏松,韧性低),泥饼厚。这样,不仅失水量大,引起孔壁水化崩塌,而且易引起泥皮脱落造成孔内事故。③钻井液无用固相含量高,对管材、钻头、水泵缸套、活塞拉杆磨损大,使用寿命短。

因此,在保证地层压力平衡的前提下,应尽量降低钻井液密度和固相含量,特别是无用固相的含量。

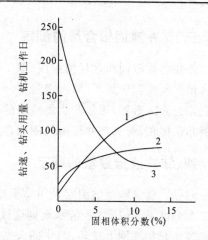

图2-13 固相含量对钻速、钻头用量和钻机工作日的影响

1.钻头用量(个);2.钻机工作日(天);3.钻速(ft/d)(1ft=0.304 8m)

二、钻井液密度的测量与调整

测量钻井液密度的仪器目前用得最多的是比重秤,其结构如图2-14所示。测量时,将钻井液装满于钻井液杯中,加盖后使多余的钻井液从杯盖中心孔溢出。擦干钻井液杯表面后,将杠杆放在支架上(主刀口坐在主刀垫上)。移动游码,使杠杆成水平状态(水平泡位于中央)。读出游码左侧的刻度,即为钻井液的比重值。可以把这种方法的原理形象地归结为"杠杆原理"。测量钻井液比重前,要用清水对仪器进行校正。如读数不在1.0处,可用增减装在杠杆右端小盒中的金属颗粒或其他重物来调节。

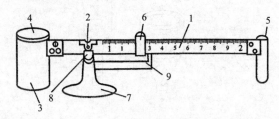

图2-14 钻井液比重秤构造图

1.秤杆;2.主刀口;3.泥浆杯;4.杯盖;5.校正筒;6.游码;7.底座;8.主刀垫;9.挡壁

表2-8 常见加重剂的密度范围

加重剂	密度范围(g/cm³)
重晶石	4.2～4.6
石灰石	2.7～2.9
菱铁矿	3.7～3.9
方铅矿	7.5～7.6
钛铁矿	>3.0
铁矿粉	4.9～5.3

加入重晶石等加重材料是提高钻井液密度最常用的方法。表2-8给出了常见加重剂的密度范围。在加重前,应调整好钻井液的各种性能,特别要严格控制低密度固相的含量。一般情况下,所需钻井液密度越高,则加重前钻井液的固相含量及粘度、切力应控制得越低。加入可溶性无机盐也是提高密度较常用的方法。如在保护油气层的清洁盐水钻井液中,通过加入NaCl,可将钻井液密度提高至1.20g/cm³左右。

为实现平衡压力钻井或欠平衡压力钻井,有时需要适当降低钻井液的密度。通常降低密度的方法有以下几种:①最主要的方法是用机械和化学絮凝的方法清除无用固相,降低钻井液的固相含量;②加水稀释,但往往会增加处理剂用量和钻井液费用;③混油,但有时会影响地质录井和测井解释;④钻低压油气层时可选用充气钻井液等。

三、钻井液固相含量的测定

使用钻井液固相含量测定仪(图4-15),可用蒸馏的方法快速测定钻井液中固相及油、水的含量。实验程序如下:取一定量(20mL)钻井液置于蒸馏管内,用电加热,高温将其蒸干,水蒸气则进入冷凝器,用量筒收集冷凝的液相,然后称出干涸在蒸馏器中固相的重量,读出量筒中液相的体积,计算钻井液中的固相含量,其单位为重量或体积百分比。

四、钻井液含砂量的测定

对钻井液含砂量的测定采用筛析原理,如图4-16所示。测量时将钻井液杯倒入玻璃刻度瓶至刻度100mL,注入清水至刻度线,用手堵住瓶口用力振荡,然后倒入筛网筒过滤,筛完后将漏斗套在筛网上反转,漏斗插入刻度瓶,将不能通过筛网的砂子用清水冲洗进刻度瓶中,读出砂子沉淀的体积刻度。

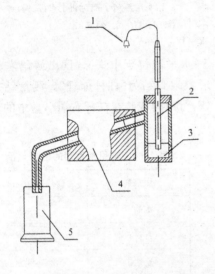

图2-15 钻井液固相含量测定仪
1.蒸馏器;2.加热棒;3.电线接头;4.冷凝器;5.量筒

图2-16 钻井液含砂量测定
1.过滤筒;2.漏斗;3.玻璃量杯

第四节 钻井液的流变性

钻井液流变性(Rheological properties of drilling fluids),是指在外力作用下,钻井液发生流动和变形的特性,其中流动性是主要的方面。通常是用钻井液的流变曲线和塑性粘度(Plastic Viscosity)、动切力(Yield Point)、静切力(Gel Strength)、表观粘度(Apparent Viscosity)等流变参数来描述钻井液的流变性。钻井液流变性在解决下列钻井问题时起着十分重要的作用:①携带岩屑,保证井底和井眼的清洁;②悬浮岩屑与重晶石;③提高机械钻速;④保持井眼规则和保证井下安全。此外,钻井液的某些流变参数还直接用于钻井环空水力学的有关计算。因此,对钻井液流变性的深入研究,以及对钻井液流变参数的优化设计和有效调控是钻井液技术的一个重要方面。

一、流体的基本流型及其特点

(一)流体流动的基本概念

1. 剪切速率和剪切应力

液体与固体的重要区别之一是液体具有流动性,也就是说,加很小的力就能使液体发生变形,而且只要力作用的时间相当长,很小的力就能使液体发生很大的变形。以河水在水面的流速分布为例,可以观察到越靠近河岸,流速越小,河中心处流速最大,河面水的流速分布如图2-17所示。同样,管道中水的流速分布是中心处流速最大,越向周围流速越小,靠近管壁处流速为零。流速剖面形状为抛物线。从立体来看,它像一个套筒望远镜或拉杆天线,如图2-18所示。

水中各点的流速不同,可以设想将其分成许多薄层。通过管道中心线上的点作一条流速的垂线,自中心线上的点沿垂线向管壁移动位置,随着位置的变化流速也在发生变化。通常用剪切速率(或称流速梯度)来描述液流中各层的不同流速。如果在垂直于流速的方向上取一段无限小的距离 dx,流速由 v 变化到 $v+dv$,则比值 dv/dx 表示在垂直于流速方向上单位距离流速的增量即是剪切速率,可用符号 γ 来表示。若剪切速率大,则表示液流中各层之间流速的变化大;反之,流速的变化则小。在 SI 单位制中,流速的单位为 m/s,距离的单位为 m,所以剪切速率的单位为 s^{-1}。钻井液在循环过程中,由于它在各个部位的流速不同,因此剪切速率也不相同。流速越大之处剪切速率越高,反之则越低。一般情况下,沉砂池处剪切速率最低,大约在 $10\sim 20 s^{-1}$;环形空间为 $50\sim 250 s^{-1}$;钻杆内为 $100\sim 1\,000 s^{-1}$;钻头喷嘴处最高,大约在 $10\,000\sim 100\,000 s^{-1}$。

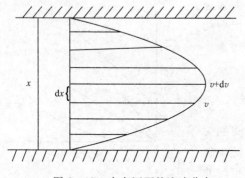

图2-17 水在河面的流速分布

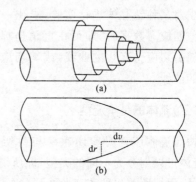

图2-18 在圆形管路中水的流速分布
(a)流速分布示意图;(b)流速分布曲线

液流中各层的流速不同,故层与层之间必然存在着相互作用。由于液体内部内聚力的作用,流速较快的液层会带动流速较慢的相邻液层,而流速较慢的液层又会阻碍流速较快的相邻液层。这样在流速不同的各液层之间会发生内摩擦作用,即出现成对的内摩擦力(即剪切力),阻碍液层剪切变形。通常将液体流动时所具有的抵抗剪切变形的物理性质称做液体的粘滞性。

为了确定内摩擦力与哪些因素有关,牛顿通过大量的实验研究提出了液体内摩擦定律,通常称为牛顿内摩擦定律。液体流动时,液体层与层之间的内摩擦力(F)的大小与液体的性质

及温度有关,与液层间的接触面积(S)和剪切速率(γ)成正比,而与接触面上的压力无关,即:

$$F = \eta S \gamma \quad (2-6)$$

内摩擦力 F 除以接触面积 S 即得液体内的剪切应力 τ,剪切应力可理解为单位面积上的剪切力,即:

$$\tau = F/S = \eta \gamma \quad (2-7)$$

以上两式中,η 是量度液体粘滞性大小的物理量,通常称为粘度。η 的物理意义是产生单位剪切速率所需要的剪切应力。η 越大,表示产生单位剪切速率所需要的剪切应力越大。粘度是液体的性质,不同液体有不同的 η 值。η 还与温度有关,液体的粘度一般随温度的升高而降低。

在 SI 单位制中,τ 的单位是 Pa,γ 的单位是 s^{-1},η 的单位是 Pa·s。由于 Pa·s 单位太大,在实际应用中一般用 mPa·s 表示液体的粘度。例如,在 20℃ 时,水的粘度 $\eta = 1.0087$ mPa·s。在工程应用中,η 的常用单位为厘泊(cp),1cp=1mPa·s。

式(2-7)是牛顿内摩擦定律的数学表达式,通常将剪切应力与剪切速率的关系遵从牛顿内摩擦定律的流体,称为牛顿流体;未遵从牛顿内摩擦定律的流体,称为非牛顿流体。水、酒精等大多数纯液体、轻质油、低分子化合物溶液以及低速流动的气体等均为牛顿流体,高分子聚合物的浓溶液和悬浮液等一般为非牛顿流体。大多数钻井液都属于非牛顿流体。

2. 流变模式和流变曲线

剪切应力和剪切速率是流变学中的两个基本概念,钻井液流变性的核心问题就是研究各种钻井液的剪切应力与剪切速率之间的关系。这种关系可以用数学关系式表示,也可以作出图线来表示。若用数学关系式表示,称为流变方程,习惯上又称为流变模式,如式(2-7)就是牛顿流体的流变模式。若用图线来表示,就称为流变曲线。

当对某种钻井液进行实验,求出一系列的剪切速率与剪切应力数据时,即可在直角坐标图上作出剪切速率随剪切应力变化的曲线,或剪切应力随剪切速率变化的曲线。

(二)流体的基本流型

按照流体流动时剪切速率与剪切应力之间的关系,流体可以划分为不同的类型,即所谓流型。除牛顿流型外,根据所测出的流变曲线形状的不同,又可将非牛顿流体的流型归纳为塑性流型、假塑性流型和膨胀性流型。四种基本流型的流变曲线如图 2-19 所示。符合这四种流型的流体分别叫做牛顿流体、塑性流体、假塑性流体和膨胀性流体。

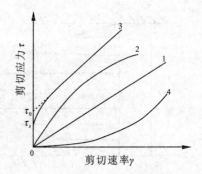

图 2-19 四种基本流型的曲线
1. 牛顿流体;2. 塑性流体;
3. 假塑性流体;4. 膨胀性流体

前面已提到,牛顿流体是流变性最简单的流体。流变方程为式(2-7),其意义是,当牛顿流体在外力作用下流动时,剪切应力与剪切速率成正比。从牛顿流体的流变方程和流变曲线可以看出,这类流体有如下特点:当 $\tau > 0$ 时,$\gamma > 0$,因此只要对牛顿流体施加一个外力,即使此力很小,也可以产生一定的剪切速率,即开始流动。此外,其粘度不随剪切速率的增减而变化。

膨胀性流体比较少见。从图 2-19 可发现其流动特点是:稍加外力即发生流动;粘度随剪切速率(或剪切应力)增加而增大,静置时又恢复原状。与假塑性流体相反,其流变曲线凹向剪切应力轴。这种流体在静止状态时所含有的颗粒是分散的。当剪切应力增大时,部分颗粒会纠缠在一起形成网架结构,使流动阻力增大。

因为目前广泛使用的多数钻井液为塑性流体和假塑性流体,下面将重点讨论这两种类型的非牛顿流体。

1. 塑性流体

高粘土含量的钻井液、高含蜡原油和油漆等都属于塑性流体。与牛顿流体不同,塑性流体当 $\gamma = 0$ 时,$\tau \neq 0$。也就是说,它不是加很小的剪切应力就开始流动,而是必须加一定的力才开始流动,这种使流体开始流动的最低剪切应力(τ_s)称为静切应力(又称静切力、切力或凝胶强度)。从图2-19中塑性流体的流变曲线可以看出,当剪切应力超过 τ_s 时,在初始阶段剪切应力和剪切速率的关系不是一条直线,表明此时塑性流体还不能均匀地被剪切,粘度随剪切速率增大而降低(图2-19中曲线段)。继续增加剪切应力,当其数值大到一定程度之后,粘度不再随剪切速率增大而发生变化,此时流变曲线变成直线(图2-19中直线段)。此直线段的斜率称为塑性粘度(表示为 η_p 或 PV)。延长直线段与剪切应力轴相交于一点 τ_0,通常将 τ_0(亦可表示为 YP)称为动切力或屈服值。塑性粘度和动切力是钻井液的两个重要流变参数。

引入动切力之后,塑性流体流变曲线的直线段即可用下面的直线方程进行描述:

$$\tau = \tau_0 + \eta_p \gamma \tag{2-8}$$

此式即是塑性流体的流变模式。因是宾汉首先提出的,该式常称为宾汉模式(Bingham Model),并将塑性流体称为宾汉塑性流体。

塑性流体表现上述流动特性是与它的内部结构分不开的。例如,水基钻井液主要由粘土、水和处理剂所组成。粘土矿物具有片状或棒状结构,形状很不规则,颗粒之间容易彼此连接在一起形成空间网架结构。研究表明,粘土颗粒可能出现如图2-20所描述的三种不同连接方式,即面-面(Face to Face)、端-面(Edge to Face)和端-端(Edge to Edge)连接。

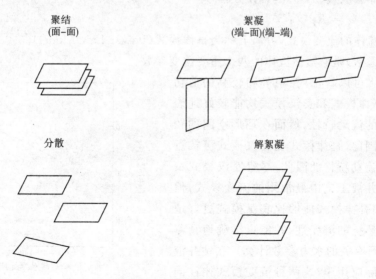

图2-20 粘土颗粒连接方式

三种不同的连接方式将产生不同的结果。面-面连接会导致形成较厚的片,即颗粒分散度降低,这一过程通常称为聚结(Aggregation);而端-面与端-端连接则形成三维的网架结构,特别是当粘土含量足够高时,能够形成布满整个空间的连续网架结构,胶体化学上称为凝胶结构,这一过程通常称为絮凝(Flocculation)。与聚结和絮凝相对应的相反过程分别叫做分散(Dispersion)和解絮凝(Deflocculation),如图 2-20 所示。

一般情况下,钻井液中的粘土颗粒都在不同程度上处在一定的絮凝状态。因此,要使钻井液开始流动,就必须施加一定的剪切应力,破坏絮凝时形成的这种连续网架结构。这个力即静切应力,由于它反映了所形成结构的强弱,因此又将静切应力称为凝胶强度。

在钻井液开始流动以后,由于初期的剪切速率较低,结构的拆散速度大于其恢复速度,拆散程度随剪切速率增加而增大,因此表现为粘度随剪切速率增加而降低(图 2-19 中塑性流体的曲线段)。随着结构拆散程度增大,拆散速度逐渐减小,结构恢复速度相应增加。因此,当剪切速率增至一定程度,结构破坏的速度和恢复的速度保持相等(即达到动态平衡)时,结构拆散的程度将不再随剪切速率增加而发生变化,相应地粘度亦不再发生变化(图 2-19 中塑性流体的直线段)。该粘度即钻井液的塑性粘度。因为该参数不随剪切应力和剪切速率而改变,所以对钻井液的水力计算是很重要的。从宾汉模式可以得出:$\eta_p = (\tau - \tau_0)/\gamma$,塑性粘度的单位为 mPa·s。

2. 假塑性流体

某些钻井液、高分子化合物的水溶液以及乳状液等均属于假塑性流体。其流变曲线是通过原点并凸向剪切应力轴的曲线(图 2-19)。这类流体的流动特点是:不存在静切应力,即施加极小的剪切应力就能产生流动,它的粘度随剪切应力的增大而降低。假塑性流体和塑性流体的一个重要区别在于:塑性流体当剪切速率增大到一定程度时,剪切应力与剪切速率之比为一常数,在这个范围,流变曲线为直线;而假塑性流体剪切应力与剪切速率之比总是变化的,即在流变曲线中无直线段。

假塑性流体服从式(2-9)的幂律方程,即:

$$\tau = K\gamma^n \tag{2-9}$$

该式为假塑性流体的流变模式,习惯上称为幂律模式(Power Law Model)。式中的 n(流性指数)和 K(稠度系数)是假塑性流体的两个重要流变参数。

从图 2-21 可以看出,在中等和较高的剪切速率范围内,幂律模式和宾汉模式均能较好地表示实际钻井液的流动特性,然而在环形空间的较低剪切速率范围内,幂律模式比宾汉模式更接近实际钻井液的流动特性。因此,尽管宾汉模式一直是国内外钻井液工艺中最常用的流变模式,但目前认为,采用幂律模式能够比宾汉模式更好地表示钻井液在环空的流变性,并能更准确地预测环空压降和进行有关的水力参数计算。在钻井液设计和现场实际应用中,这两种流变模式往往同时使用。为了进一步提高幂律模式的应用效果,一种经修正的幂律模式,即赫-巴三参数流变模式也已经引入对钻井液流变性的研究中,其数学表达式和各参数的物理意义将在后面进行讨论。

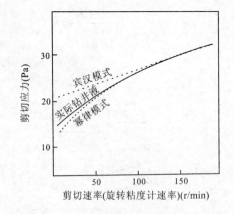

图 2-21 幂律模式与宾汉模式的比较

二、钻井液流变参数的测量与调控

钻井液的流变参数除前面已提及的塑性粘度、动切力、静切力、流性指数和稠度系数外,还包括漏斗粘度、表观粘度、剪切稀释性、动塑比和触变性等。本节将继续讨论各种流变参数的物理意义,介绍其测量与计算方法,以及对它们进行调整控制的原理和手段。此外,还将对卡森流变模式、赫-巴三参数流变模式及其参数进行简明扼要的讨论。

(一)钻井液常用的流变参数及其调控方法

1. 漏斗粘度

钻井液的漏斗粘度(Funnel Viscosity)由于测定方法简便,可直观反映钻井液粘度的大小,至今几乎每个井队仍配备有漏斗粘度计。

漏斗粘度与其他流变参数的测定方法不同。其他流变参数一般使用按 API 标准设计的旋转粘度计,在某一固定的剪切速率下进行测定,而漏斗粘度使用一种特制的漏斗粘度计来测量。漏斗粘度计的外观如图 2-22 所示。测定步骤如下:

(1)用钻井液量杯的上端(500mL)与下端(200mL)准确量取 700mL 钻井液。将左手食指堵住漏斗口,使钻井液通过筛网后流入漏斗中。

(2)将钻井液量杯 500mL 的一端置于漏斗口的下方,在松开左手食指的同时,右手按动秒表。注意在钻井液流出过程中应始终使漏斗保持直立。

(3)持钻井液量杯 500mL 的一端流满时,按下秒表记录所需时间。

所记录的时间即漏斗粘度,其单位为 s。漏斗粘度计的准确度常用纯水进行校正。在常温下,纯水的漏斗粘度为 15 ± 0.2s。需注意,由于体积计量单位的不同,国外所用漏斗粘度计的尺寸与国内有所区别。国外使用的漏斗称为马氏(Marsh)漏斗,是将 1 夸脱(约 946mL)钻井液的流出时间称为漏斗粘度。

在钻井液从漏斗口流出的过程中,随着漏斗中液面逐渐降低,流速不断减小,因此不能在某一固定的剪切速率下进行粘度测定。正是因为这一原因,使漏斗粘度不能像从旋转粘度计测得的数据那样作数学处理,也无法与其他流变参数进行换算。漏斗粘度只能用来判别在钻井作业期间各个阶段粘度变化的趋向,它不能说明钻井液粘度变化的原因,也不能作为对钻

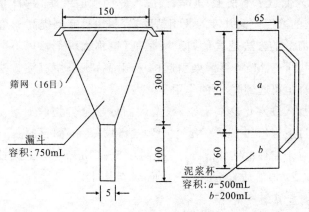

图 2-22 漏斗粘度计

(单位:mm)

液进行处理的依据。即便如此,漏斗粘度至今仍然与其他流变参数结合在一起,共同表征钻井液的流变性。

2. 塑性粘度和动切力

从宾汉模式可知,塑性粘度是塑性流体的性质,它不随剪切速率而变化。研究表明,塑性粘度反映了在层流情况下,钻井液中网架结构的破坏与恢复处于动平衡时,悬浮的固相颗粒之间、固相颗粒与液相之间以及连续液相内部的内摩擦作用的强弱。

影响塑性粘度的因素主要有:

(1)钻井液中的固相含量。这是影响塑性粘度的主要因素。一般情况下,随着钻井液密度升高,由于固体颗粒逐渐增多,颗粒的总表面积不断增大,所以颗粒间的内摩擦力也会随之而增加。

(2)钻井液中粘土的分散程度。当粘土含量相同时,其分散度愈高,塑性粘度愈大。

(3)高分子聚合物处理剂。钻井液中加入高分子聚合物处理剂会提高液相粘度,从而使塑性粘度增大。显然,其浓度愈高,塑性粘度愈高;相对分子质量愈大,塑性粘度愈高。

动切力(屈服值)是塑性流体流变曲线中的直线段在 τ 轴上的截距 τ_0。它反映了钻井液在层流流动时粘土颗粒之间及高分子聚合物分子之间相互作用力的大小,即形成空间网架结构能力的强弱。因此,凡是影响钻井液形成结构的因素,均会影响 τ_0 值。其主要因素可归纳为:

(1)粘土矿物的类型和浓度。在常见的粘土矿物中,蒙脱石最容易水化膨胀和分散,并形成网架结构。随着钻井液中蒙脱石浓度的增加,塑性粘度上升比较缓慢,但动切力上升很快。相对而言,高岭石和伊利石等粘土矿物对动切力的影响较小。由此可见,当钻井液需要提高动切力时,可选用膨润土。

(2)电解质。在钻进过程中,如果有一定量的 $NaCl$、$CaSO_4$、水泥等无机电解质进入钻井液,均会引起钻井液絮凝程度增大,从而增加动切力。

(3)降粘剂。大多数降粘剂的作用原理都是吸附到粘土颗粒的端面上,使端面带一定的负电荷,于是拆散网架结构。因此,降粘剂的作用主要是降低动切力,而不是降低塑性粘度。

在实际应用中,调整钻井液宾汉模式流变参数的一般方法可概括为:

(1)降低 η_p。通过合理使用固控设备、加水稀释或化学絮凝等方法,尽量减少固相含量。

(2)提高 η_p。加入低造浆率粘土、重晶石、混入原油或适当提高 pH 值等均可提高 η_p。另外增加聚合物处理剂的浓度使钻井液的液相粘度提高,也可起到提高 η_p 的作用。

(3)降低 τ_0。最有效的方法是适量加入降粘剂(也称稀释剂),以拆散钻井液中已形成的网架结构。如果是因 Ca^{2+}、Mg^{2+} 等污染引起的 τ_0 升高,则可用沉淀方法除去这些离子。此外,用清水或稀浆稀释也可起到降 τ_0 的作用。

(4)提高 τ_0。可加入预水化膨润土浆,或增大高分子聚合物的加量。对于钙处理钻井液或盐水钻井液,可通过适当增加 Ca^{2+}、Na^+ 浓度来达到提高 τ_0 的目的。

国外资料指出,对于非加重钻井液,η_p 应控制在 $5\sim12 mPa \cdot s$,τ_0 应控制在 $1.4\sim14.4 Pa$。不同密度钻井液的 η_p、τ_0 值的适宜范围将在后面章节中讨论。

3. 流性指数和稠度系数

在幂律模式中,指数 n 表示假塑性流体在一定剪切速率范围内所表现出的非牛顿性的程度,因此通常将 n 称为流性指数。水、甘油等牛顿流体的 n 值等于 1,此时式(2-9)等同于式

(2-7)。钻井液的 n 值一般均小于 1。n 值越小,表示钻井液的非牛顿性越强。从图 2-23 不难看出,随 n 值减小,曲线的曲率变大,表明流体的流变性偏离牛顿流体越来越远。流性指数是一个无因次量。一般希望有较低的 n 值,以确保钻井液具有良好的剪切稀释性能,K 值则与钻井液的粘度、切力联系在一起。显然,它与流体在剪切速率为 $1s^{-1}$ 时的粘度有关。K 值愈大,粘度愈高,因此一般将 K 值称为稠度系数。对于钻井液,K 值可反映其可泵性。若 K 值过大,将造成重新开泵困难。若 K 值过小,又将对携岩不利。因此,钻井液的 K 值应保持在一个合适的范围内。在 SI 单位制中,K 值的单位为 $Pa \cdot s^n$。

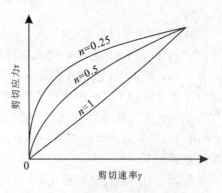

图 2-23 流性指数与假塑性流体流变曲线的关系

钻井液的 K 值主要受体系中固体含量和液相粘度的影响,同时也受结构强度的影响。当固体含量或聚合物处理剂的浓度增大时,K 值相应增大;n 值则主要受形成网架结构因素的影响,如加入高分子聚合物,或加入适量无机电解质时,会使形成的网架结构增强,n 值便相应减小。

一般情况下,降低 n 值有利于携带岩屑、清洁井眼。降低 K 值类似于降低钻井液的粘度,有利于提高钻速;提高 K 值类似于增大钻井液的粘度,这有利于清洁井眼和消除井塌引起的井下复杂情况,因此,K 值并非越低越好,有时需要适当提高 K 值。

降低 n 值最常用的方法是加入 XC 生物聚合物等流性改进剂,或在盐水钻井液中添加预水化膨润土。降低 K 值最有效的方法是通过加强固相控制或加水稀释以降低钻井液中的固相含量。若需要适当提高 K 值时,可添加适量聚合物处理剂,或将预水化膨润土加入盐水钻井液或钙处理钻井液中(K 值提高,n 值下降),也可加入重晶石粉等惰性固体物质(K 值提高,n 值基本不变)。

4. 表观粘度和剪切稀释性

从图 2-19 所示的流变曲线可看出,对于非牛顿流体,剪切应力和剪切速率的比值不是一个常数,这就意味着不能用同一粘度值来描述它在不同剪切速率下的流动特性。因此,有必要引入表观粘度这一概念。

表观粘度又称为有效粘度(Effective Viscosity)。它是在某一剪切速率下,剪切应力与剪切速率的比值,即:

$$\eta_a = \tau/\gamma \tag{2-10}$$

式中 η_a 表示表观粘度。当 τ 和 γ 的单位分别为 Pa 和 s^{-1} 时,η_a 的单位为 $Pa \cdot s$。由于该单位太大,使用不便,因此常使用 $mPa \cdot s$。

由宾汉方程,塑性流体的表观粘度可表示为:

$$\eta_a = \eta_p + \tau_0/\gamma \tag{2-11}$$

由幂律方程,假塑性流体的表观粘度可表示为:

$$\eta_a = K\gamma^{n-1} \tag{2-12}$$

塑性流体和假塑性流体的表观粘度随着剪切速率的增加而减低的特性称为剪切稀释性 (Shear Thinning Behavior)。例如,在钻头水眼处,剪切速率高达 $10\,000 \sim 100\,000 s^{-1}$,钻井液变得很稀;而在环形空间,当剪切速率为 $50 \sim 250 s^{-1}$ 时,钻井液又变得比较稠。这种剪切稀释特性是一种优质钻井液必须具备的性能，因为它既能充分发挥钻头的水马力，有利于提高钻速，而在环形空间又能很好地携带钻屑。如果 η_a 随 γ 增加而降低的幅度越大，则认为剪切稀释性越强。

从式(2-11)可以看出，塑性流体的表观粘度等于塑性粘度与由动切力和剪切速率所决定的那部分粘度(即 τ_0/γ)之和。因此可以认为，表观粘度是流体在流动过程中所表现出的总粘度。对于钻井液来说，它既包括流体内部由于内摩擦作用所引起的粘度，又包括粘土颗粒之间及高分子聚合物分子之间由于形成空间网架结构所引起的粘度。在有的文献中，将后一种粘度称为结构粘度。如前所述，塑性粘度这一部分是不随剪切速率而变化的，但随着剪切速率增加，所谓结构粘度这一部分却不断减小，当剪切速率达到很高数值(如钻头水眼处)时，这部分粘度将趋近于零。

常用动切力与塑性粘度的比值(简称动塑比)表示剪切稀释性的强弱。为了能够在高剪率下有效地破岩和在低剪率下有效地携带岩屑，要求钻井液具有较高的动塑比。根据现场经验和平板型层流流核直径的有关计算，一般情况下将动塑比控制在 0.36~0.48Pa/mPa·s 是比较适宜的。

当采用幂律模式表征钻井液的流变性时，n 值的大小也可反映剪切稀释性的强弱。由式(2-12)可知，当 $n=1$ 时，$\eta_a=K$，表明此时的表观粘度是一个与剪切速率无关的常数，此时的流体为牛顿流体。从图 2-23 可看出，随流性指数 n 值逐渐减小，流体的流动性偏离牛顿流体越来越远，η_a 随 γ 增加而降低的幅度也不断增大，即剪切稀释性趋于增强。一般认为，为了保证钻井液能有效地携带岩屑，将 n 值保持在 0.4~0.7 是较为适宜的。

5. 切力和触变性

钻井液的切力是指静切应力。其胶体化学实质是胶凝强度，即表示钻井液在静止状态下形成的空间网架结构的强度。其物理意义是，当钻井液静止时破坏钻井液内部单位面积上的结构所需的剪切力，单位为 Pa。前面在讨论塑性流体的流动特性时曾引用了 τ_s 这一参数，实际上 τ_s 是静切应力的极限值，即真实意义上的胶凝强度。但结构强度的大小与时间因素有关，要想测得 τ_s，必须花费相当长的时间。显然，在生产现场测定该值是不现实的，于是人们规定用初切力和终切力来表示静切应力的相对值。

初切力是钻井液在经过充分搅拌后静置 1min(或 10s)测得的静切力(简称为初切)；终切力是钻井液在经过充分搅拌后静置 10min 测得的静切力(简称为终切)。

所谓钻井液的触变性(Thixotropy Bahavior)，是指搅拌后钻井液变稀(即切力降低)，静置后又变稠的这种性质。一般用终切与初切之差相对表示钻井液触变性的强弱。

钻井工艺要求钻井液应具有良好的触变性，在停止循环时，切力能迅速地增大到某个适当的数值，既有利于钻屑的悬浮，又不至于恢复循环时开泵泵压过高。经验表明，一般情况下，能够有效悬浮重晶石的静切力为 1.44Pa。

影响钻井液静切力的主要因素有粘土矿物的类型、含量及分散性；所选用的聚合物处理剂及其浓度；无机电解质及其浓度等。其调控方法与动切力的调控方法基本一致。

钻井液的触变性与其所形成结构的强弱和方式有关。如果膨润土含量过高，往往会导致最终的凝胶强度过高，并且这种结构的强度受粘土颗粒的 ζ 电位和吸附水化膜厚度的影响较大。如果主要是由于高分子聚合物在粘土颗粒上吸附架桥而形成的网架结构，一般形成速度快，强度又不是很大，类似于较快的弱凝胶。因此，低固相不分散聚合物钻井液的切力和触变性比较容易满足钻井工艺的要求。

(二)流变参数的测量与计算

1. 旋转粘度计的构造及工作原理

旋转粘度计由电动机、恒速装置、变速装置、测量装置和支架箱体五部分组成。恒速装置和变速装置合称旋转部分。在旋转部件上固定一个外筒,即外筒旋转。测量装置由测量弹簧部件、刻度盘和内筒组成。内筒通过扭簧固定在机体上,扭簧上附有刻度盘,如图2-24所示。通常将外筒称为转子,内筒称为悬锤。

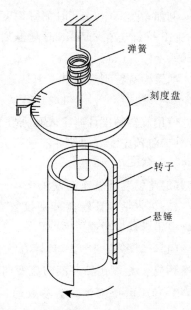

图2-24 旋转粘度计测量装置示意图

测定时,内筒和外筒同时浸没在钻井液中,它们是同心圆筒,环隙1mm左右。当外筒以某一恒速旋转时,它就带动环隙里的钻井液旋转。由于钻井液的粘滞性,使与扭簧连接在一起的内筒转动一个角度。于是,钻井液粘度的测量就转变为内筒转角的测量。转角的大小可从刻度盘上直接读出,所以这种粘度计又称为直读式旋转粘度计。

转子和悬锤的特定几何结构决定了旋转粘度计转子的剪切速率与其转速之间的关系。按照范氏(Fann)仪器公司设计的转子、悬锤组合(两者的间隙为1.17mm),剪切速率与转子钻速的关系为:

$$1 \text{转/分(常用 r/min 表示)} = 1.703 \text{s}^{-1} \quad (2-13)$$

旋转粘度计的刻度盘读数 θ(θ为圆周上的度数,不考虑单位)与剪切应力 τ(单位为Pa)成正比。当设计的扭簧系数为 3.87×10^{-5} 时,两者之间的关系可表示为:

$$\tau = 0.511\theta \quad (2-14)$$

Fann35A型六速粘度计是目前最常用的多速型粘度计,国内也有类似产品。该粘度计的六种转速和与之相对应的剪切速率如下:600r/min(1022s^{-1})、300r/min(511s^{-1})、200r/min(340.7s^{-1})、100r/min(170.3s^{-1})、6r/min(10.22s^{-1})和3r/min(5.11s^{-1})。

2. 表观粘度的测量与计算

某一剪切速率下的表观粘度可用下式表示:

$$\eta_a = \tau/\gamma = (0.511\theta_N/1.703N)(1000) = (300\theta_N)/N \quad (2-15)$$

式中:N——表示转速(r/min);θ_N——表示转速为 N 时的刻度盘读数;η_a——表观粘度(mPa·s)。

利用式(2-15),可将任意剪切速率(或转子的转速)下测得的刻度盘读数换算成表观粘度,常用的六种转速的换算系数如表2-9所示。

表2-9 将旋转粘度计刻度盘读数换算成表观粘度的换算系数

钻速(r/min)	600	300	200	100	6	3
换算系数	0.5	1.0	1.5	3.0	50.0	100.0

例如，在300 r/min时测得刻度盘的读数为36，则该剪切速率下的表观粘度等于$36 \times 1.0 = 36 \text{mPa} \cdot \text{s}$；若在6r/min时测得刻度盘的读数为4.5，则该剪切速率下的表观粘度等于$4.5 \times 50.0 = 225 \text{mPa} \cdot \text{s}$。

如果没有特别注明某一剪切速率，一般是指测定600r/min时的表观粘度，即：

$$\eta_a = (1/2)\theta_{600} \tag{2-16}$$

使用旋转粘度计测定表观粘度和其他流变参数的试验步骤如下：

(1) 将预先配好的钻井液进行充分搅拌，然后倒入量杯中，使液面与粘度计外筒的刻度线相齐。

(2) 将粘度计转速设置在600r/min，待刻度盘稳定后读取数据。

(3) 再将粘度计转速分别设置在300r/min、200r/min、100r/min、6r/min和3r/min，待刻度盘稳定后读取数据。

(4) 计算各流变参数，计算方法将在下面讨论。必要时，通过将刻度盘读数换算成τ，将转速换算成γ，绘制出钻井液的流变曲线。

3. 宾汉塑性流体流变参数的测量与计算

由测得的600 r/min和300 r/min的刻度盘读数，可分别利用以下两式求得塑性粘度(η_a)和动切力(τ_0)：

$$\eta_p = \theta_{600} - \theta_{300} \tag{2-17}$$

$$\tau_0 = 0.511(\theta_{300} - \eta_p) \tag{2-18}$$

以上两式中，η_p的单位为$\text{mPa} \cdot \text{s}$，$\tau_0$的单位为Pa。其推导过程如下：

如前所述，塑性粘度是塑性流体流变曲线中直线段的斜率，600r/min和300r/min所对应的剪切应力应该在直线段上。因此：

$$\eta_p = (\tau_{600} - \tau_{300})/(\gamma_{600} - \gamma_{300})$$
$$= [0.511(\theta_{600} - \theta_{300})/(1\,022 - 511)](1\,000) = \theta_{600} - \theta_{300}$$

依据宾汉模式，$\tau_0 = \tau - \eta_p \gamma$。

因此：
$$\tau_0 = \tau_{600} - \eta_p \gamma_{600}$$
$$= 0.511\theta_{600} - (\theta_{600} - \theta_{300})(1\,022)/(1\,000) = 0.511(2\theta_{300} - \theta_{600})$$

此外，宾汉塑性流体的静切力用以下方法测得：将经充分搅拌的钻井液静置10s（或1min），在3r/min的剪率下读取刻度盘的最大偏转值；再重新搅拌钻井液，静置10min后重复上述步骤并读取最大偏转值。最后进行以下计算：

$$初切(\tau_{初}) = 0.511\theta_3 (10\text{s 或 1min}) \tag{2-19}$$

$$终切(\tau_{终}) = 0.511\theta_3 (10\text{min}) \tag{2-20}$$

式中，$\tau_{初}$和$\tau_{终}$的单位均为Pa。

4. 假塑性(幂律)流体流变参数的测量与计算

同样地，由测得的600r/min和300r/min的刻度盘读数，可分别利用以下两式求得幂律模式的两个流变参数，即流性指数(n)和稠度系数(K)：

$$n = 3.322 \lg(\theta_{600}/\theta_{300}) \tag{2-21}$$

$$K = (0.511\theta_{300})/511^n \tag{2-22}$$

式中，n——无因次量；K的单位为$\text{Pa} \cdot \text{s}^n$。

(三)卡森流变模式

1.卡森方程及其参数的物理意义

卡森(Casson)模式是1959年由卡森首先提出的,最初主要应用于油漆、颜料和塑料等工业中。1979年,美国人劳增(Lauzon)和里德(Reid)首次将卡森模式用于钻井液流变性的研究中。研究和应用结果表明,卡森模式不但在低剪切区和中剪切区有较好的精确度,还可以利用低、中剪切区的测定结果预测高剪切速率下的流变特性。

卡森模式是一个经验式,又称为卡森方程,其一般表达式为:

$$\tau^{1/2} = \tau_c^{1/2} + \eta_\infty^{1/2} \gamma^{1/2} \qquad (2-23)$$

式中:τ_c——卡森动切力(或称卡森屈服值)(Pa);η_∞——极限高剪切粘度(mPa·s);τ——剪切应力(Pa);γ——剪切速率(s^{-1})。

如果用平方根坐标系作图,卡森流变曲线是一条直线。其斜率$\tan\alpha = \eta_\infty^{1/2}$,截距为$\tau_c^{1/2}$,如图2-25所示。

卡森方程中两个流变参数的物理意义和影响因素分别是:

卡森动切力τ_c表示钻井液内可供拆散的网架结构强度。从流变曲线上可看出,τ_c是流体开始流动时的极限动切力,其大小可反映钻井液携带与悬浮钻屑的能力。

既然τ_c是钻井液网架结构强度的量度,因此凡是能够影响胶体体系电化学性质的物质(如降粘剂、电解质、絮凝剂等)、体系中的固相含量以及外界条件(如温度、压力)等都可能影响τ_c值。高固相含量钻井液的τ_c值一般较高。加入降粘剂和清水可以降低

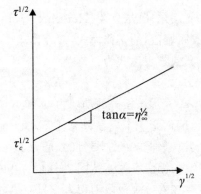

图2-25 卡森流变曲线的两种形式

τ_c,加入适量电解质和絮凝剂均可以提高τ_c值。实测结果表明,τ_c一般低于宾汉动切力τ_0,而与初始静切力较为接近。

极限高剪切粘度η_∞简称为高剪粘度。它表示钻井液体系中内摩擦作用的强度,常用来近似表示钻井液在钻头喷嘴处紊流状态下的流动阻力,因此有的文献中将其称为水眼粘度。从流变曲线来看,η_∞在数值上等于剪切速率为无穷大时的有效粘度。

流体流动时,η_∞值的大小是流体中固相颗粒之间、固相颗粒与液相之间以及液相内部的内摩擦作用强度的综合体现。因此,固相类型及含量、分散度和液相粘度等都将对η_∞产生影响。从η_∞的物理意义来看,它类似于宾汉模式中的塑性粘度,但在数值上它往往比塑性粘度小得多,这主要是由于在高剪切速率范围内宾汉模式会出现较大的偏差。试验表明,降低η_∞有利于降低高剪切速率下的压力降,提高钻头水马力,也有利于从钻头切削面上及时地排除岩屑,从而提高机械钻速。具有良好剪切稀释性能的低固相聚合物钻井液的η_∞值一般较低,大约为2~6mPa·s;而密度较高的分散钻井液,其η_∞值常超过15mPa·s。

卡森模式的另一特性参数是剪切稀释指数I_m。该参数可用下式求得:

$$I_m = [1 + (100\tau_c/\eta_\infty)^{1/2}]^2 \qquad (2-24)$$

该值为无因次量,用于表示钻井液剪切稀释性的相对强弱。实际上它是转速为1r/min时的有

效粘度 η_1 与 η_∞ 的比值。I_m 越大,则剪切稀释性越强。分散钻井液的 I_m 一般小于200,而不分散聚合物钻井液和适度絮凝的抑制性钻井液的 I_m 值常在 300～600 之间,高者可达 800 以上。但 I_m 值过大会使泵压升高,造成开泵困难。

室内和现场试验均表明,卡森模式可适用于各种类型的钻井液。该模式的主要特点在于它能够近似地描述钻井液在高剪切速率下的流动性,从而弥补传统模式的不足。

2. 卡森流变参数的测量与计算

卡森流变参数 τ_c 和 η_∞ 同样使用旋转粘度计测得,测量时的转速一般选用 600r/min 和 100r/min(分别相当于剪切速率 $1\,022\text{s}^{-1}$ 和 170s^{-1})。经推导,其计算式如下:

$$\tau_c^{1/2} = 0.493[(6\theta_{100})^{1/2} - \theta_{600}^{1/2}] \tag{2-25}$$

$$\eta_\infty^{1/2} = 1.195(\theta_{600}^{1/2} - \theta_{100}^{1/2}) \tag{2-26}$$

式中,τ_c 的单位为 Pa;η_∞ 的单位为 mPa·s。

(四) 赫谢尔-巴尔克莱三参数流变模式

赫谢尔-巴尔克莱(Herschel-Bulkely)三参数流变模式简称赫-巴模式,又称为带有动切力(或屈服值)的幂律模式,或经修正的幂律模式。1977年该模式首次用于钻井液流变性的研究。其数学表达式为:

$$\tau = \tau_y + K\gamma^n \tag{2-27}$$

式中,τ_y 表示该模式的动切力,n 和 K 的意义与幂律模式相同。由于在幂律模式基础上增加了 τ_y,因而是一个三参数流变模式。

引入该模式的主要目的,是为了在较宽剪切速率范围内,能够比传统模式更为准确地描述钻井液的流变特性。从图 2-21 中可见,实际钻井液的流变曲线一般都不通过原点,即或多或少都存在着一个极限动切力。只有当外力达到或超过这一极限动切力之后,流体才开始流动。宾汉动切力 τ_0 是一外推值,它一般会高于实际钻井液的极限动切力,而幂律模式流变曲线通过原点,极限动切力为零,因此这两种传统模式均不能反映实际钻井液的这一特性。此外,有相当多的钻井液,特别是聚合物钻井液都具有一定的假塑性,在较低剪切速率范围内,其实际流变曲线与宾汉模式流变曲线的偏差较大,而与幂律模式流变曲线较为接近。因此,采用赫-巴模式应该是一种比较理想的选择。但是,由于该模式比传统模式多了一个参数,不如传统模式应用方便,特别是由此而导出的水力学计算式相当繁琐,因此限制了它在现场的广泛应用。目前,该模式仅在对流变参数测量精度要求较高时或室内研究中使用。

该模式的参数 τ_y 是钻井液的实际动切力,表示使流体开始流动所需的最低剪切应力。它并不是一个外推值,因此与宾汉动切力 τ_0 的意义完全不同。τ_y 值的大小主要与聚合物处理剂的类型和浓度有关,此外固相含量对它也有一定影响。

通常由旋转粘度计 3r/min 时测得的刻度盘读数 θ_3 可以近似地确定 τ_y 值。再加上 600r/min 和 300r/min 的读数(θ_{600} 和 θ_{300}),便可由以下三式分别求得 τ_y、n 和 K:

$$\tau_y = 0.511\theta_3 \tag{2-28}$$

$$n = 3.322\lg[(\theta_{600} - \theta_3)/(\theta_{300} - \theta_3)] \tag{2-29}$$

$$K = 0.511(\theta_{300} - \theta_3)/511^n \tag{2-30}$$

式中,τ_y 的单位为 Pa;n 为无因次量;K 的单位为 Pa·s^n。

三、钻井液流变性与钻井作业的关系

(一)钻井液流变性与井眼净化的关系

钻井液的主要功用之一就是清洗井底并将岩屑携带到地面上来。钻井液清洗井眼的能力除取决于循环系统的水力参数外,还取决于钻井液的性能,特别是其中的流变性能。根据喷射钻井的理论,岩屑的清除分为两个过程,一是岩屑被冲离井底,二是岩屑从环形空间被携至地面。岩屑被冲离井底的问题涉及到钻头选型和井底流场的研究,属于钻井工程的范畴,这里只讨论钻井液携带岩屑的问题。

1. 层流携带岩屑的原理

首先讨论钻井液携带岩屑的基本原理。一方面钻井液携带岩屑颗粒向上运动,另一方面岩屑颗粒由于重力作用向下滑落。在环形空间里,钻井液携带岩屑颗粒向上运动的速度取决于流体的上返速度与颗粒自身滑落速度二者之差,即:

$$v_p = v_f - v_s \tag{2-31}$$

式中:v_p——岩屑的净上升速度(m/s);v_f——钻井液的上返速度(m/s);v_s——岩屑的滑落速度(m/s)。

上式两边同除以 v_f,可得:

$$v_p/v_f = 1 - (v_s/v_f) \tag{2-32}$$

通常将 v_p/v_f 称做携带比,并用该比值表示井筒的净化效率。显然,提高携带比的途径是:提高钻井液在环空的上返速度 v_f,降低岩屑的滑落速度 v_s。但如果综合考虑钻井的成本和效益,上返速度不能大幅度提高。因此,如何尽量降低岩屑的滑落速度对携岩至关重要。研究表明,岩屑的滑落速度除与岩屑尺寸、岩屑密度、钻井液密度和流态等因素有关外,还与钻井液的有效粘度成反比。

为了研究岩屑在井筒内上升的过程,曾用玻璃井筒进行实验观察,实验中用扁平的圆形铝片代替岩屑。结果表明,当钻井液处于不同流态时,岩屑上升的机理是不相同的。从图 2-26 可以看出,层流时钻井液的流速剖面为一抛物线,中心线处流速最大,两侧流速逐渐降低,而靠近井壁或钻杆壁处的速度为零。这样,片状岩屑在上升过程中各点受力是不均匀的,中心处流速高,作用力大,靠近两侧流速低,作用力小。正如图中所示,力 $F_4 > F_2$,$F_3 > F_1$,致使有一个力矩作用在岩屑上,使岩屑翻转侧立,向环空两侧运移。此时,有的岩屑贴在井壁上形成厚的"假泥饼",有的向下滑移。由于两侧液面的阻力,岩屑下滑至一定距离后又会进入流速较高的中心部位而向上运移。如此周而复始,岩屑经过曲折的路径才被带出井口(图 2-27)。

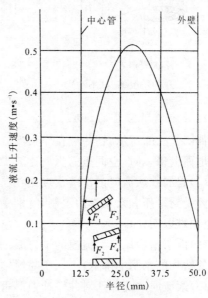

图 2-26 片状岩屑在层流时的受力情况

显然,岩屑的这种转动现象对携岩是不利的,不仅延长了岩屑从井底返至地面的时间,而且容易使一些岩屑返不出地面,造成起钻遇卡、下钻遇阻、下钻下不到井底等复杂情况。

实验表明,岩屑翻转现象与岩屑的形状有关,当岩屑厚度与其直径之比小于 0.3 或大于 0.8 时才会出现转动,此范围之外的岩屑将会比较顺利地携带出来。

实验结果还表明,钻柱转动对层流携带岩屑是有利的,因为钻柱转动改变了层流时液流的速度分布状况,使靠近钻柱表面的液流速度加大,岩屑以螺旋形上升,如图 2-28 所示。此时,岩屑的转动现象仅出现在靠近井壁的那一侧。

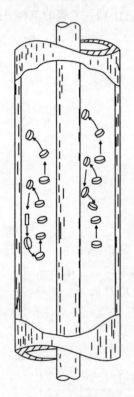 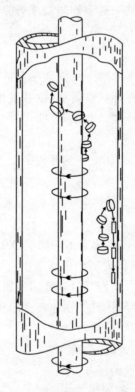 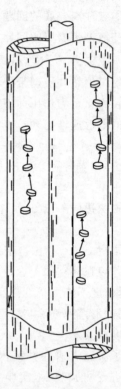

图 2-27　片状岩屑在层流时上升的情况(钻柱不动)　　图 2-28　旋转钻柱对片状岩屑在层流中上升的影响　　图 2-29　片状岩屑在紊流时上升的情况(钻柱不动)

2. 紊流携带岩屑的原理

如图 2-29 所示,钻井液在作紊流流动时,岩屑不存在转动和滑落现象,几乎全部都能携带到地面上来,环形空间里的岩屑比较少。但是紊流携岩也有一些缺点,主要表现在:

(1)岩屑在紊流时的滑落速度比在层流时大,这就要求钻井液的上返速度高,泵的排量大。但这要受到泵压和泵功率的限制,特别是当井眼尺寸较大、井较深以及钻井液粘度、切力较高时,更加难以实现。

(2)由于沿程压降与流速的平方成正比,功率损失与流速的立方成正比,所以用紊流携岩还会使钻头的水马力降低,不利于喷射钻井。

(3)紊流时的高流速对井壁冲蚀严重,不能很好地形成泥饼,容易引起易塌地层井壁垮塌。

研究表明,当塑性流体从塞流向层流逐渐转化时,中间要经过一种平板型层流。在这种流态下,液流周围呈层流流动状态,中央是一个速度剖面较为平齐的等速核,即流核。于是,用平板型层流来代替尖峰型层流即可达到上述目的(图2-30)。

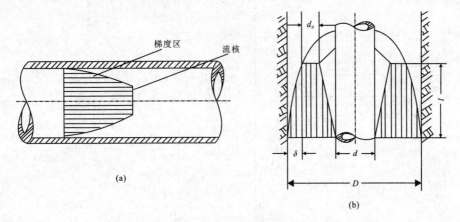

图2-30 钻井液的平板型层流流动状态
(a)管柱内;(b)井眼环形空间

3. 平板形层流的实现

水力学计算结果表明,塑性流体层流时流核直径可由下式计算:

$$d_0 = \frac{\tau_0/\eta_p(D-d)}{24v_f + 3\tau_0/\eta_p(D-d)} \tag{2-33}$$

式中:d_0——流核直径(cm);D——井径(cm);d—钻杆或钻铤外径(cm);其他符号的物理意义和单位同前。

从上式可以看出,在一定尺寸的环形空间里,流动剖面平板化的程度,也就是流核直径的大小与动塑比τ_0/η_p及上返速度v_f有关。其中τ_0/η_p的影响程度更大,该比值越高,则平板化程度越大。按式(2-33)计算流核尺寸的一个实例如图2-31所示,它充分说明该比值对钻井液在环形空间流态的影响。由此可见,通过调节钻井液的流变性能,增大τ_0/η_p,便可使钻井液的流核尺寸增大,从尖峰型层流转变为平板型层流。如果钻井液按假塑性流型来考虑,还可得到环形空间流态与钻井液流性指数n之间的关系,如图2-32所示。将以上两图进行比较后不难看出,减小n值如同提高τ_0/η_p,也可使环空液流逐渐转变为平板型层流。

相对于尖峰型层流和紊流来说,平板型层流具有以下特点:

(1)可实现用环空返速较低的钻井液有效地携带岩屑。现场经验表明,在多数情况下,即便是使用低固相钻井液,将环空返速保持在0.5~0.6m/s就可满足携岩的要求。这样既能使泵压保持在合理范围,又能够降低钻井液在钻柱内和环空的压力损失,使水力功率得到充分、合理的利用。

(2)解决了低粘度钻井液能有效携岩的问题,为普遍推广使用低固相不分散聚合物钻井液提供了流变学上的依据。尽管粘度较低,但只要保证τ_0/η_p较高,使环空液流处于平板型层流状态,再加上具有一定的环空返速,在一般情况下便能做到有效地携岩,保持井眼清洁。

(3)避免了钻井液处于紊流状态时对井壁的冲蚀,有利于保持井壁稳定。一般认为,就有效地携带岩屑而言,将钻井液的τ_0/η_p保持在0.36~0.48Pa/(mPa·s)或n值保持在0.4~0.7时是比较适宜的。如τ_0/η_p过小,会导致尖峰型层流;如该比值过大,往往会因τ_0值的增大引起泵压显著升高。将n值的适宜范围定为0.4~0.7,也是同样的道理。当然,为了减小岩

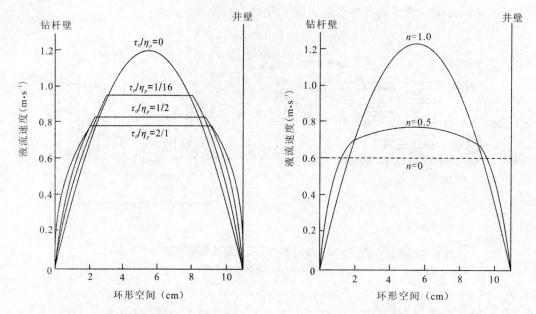

图 2-31 动塑比对环形空间中钻井液流态的影响　图 2-32 流性指数 n 对环形空间中钻井液流态的影响

屑的滑落速度,钻井液的有效粘度也不能太低。对于低固相聚合物钻井液,将其 η_p 保持在 6~12mPa·s 是较为适宜的。

为了使钻井液的 τ_0/η_p 达到 0.36~0.48Pa/(mPa·s)的要求,常采取以下措施和方法：

(1)选用 XC 生物聚合物、HEC、PHP 和 FA367 等高分子聚合物作为主处理剂,并保持其足够的浓度。它们在体系中所形成的结构使 τ_0 值增大,钻井液的液相粘度也会相应有所增加(即 η_p 值同时有所增大),但由于 τ_0 值的增幅往往要大得多,故有利于动塑比的提高。

(2)通过有效地使用固控设备,除去钻井液中的无用固相,降低固体颗粒浓度,以达到降低 η_p、提高 τ_0/η_p 的目的。

(3)在保证钻井液性能稳定的情况下,通过适量地加入石灰、石膏、氯化钙和食盐等电解质,以增强体系中固体颗粒形成网架结构的能力,因为凡是有利于空间网架结构增强的物质都能使动切力 τ_0 值增大。

(二)钻井液流变性与井壁稳定的关系

前面已提到,紊流液流对井壁有较强的冲蚀作用,容易引起易塌地层垮塌,不利于井壁稳定。其原因是紊流时液流质点的运动方向是紊乱的和无规则的,而且流速高,具有较大的动能。因此,在钻井液循环时,一般应保持在层流状态,而尽量避免出现紊流。要做到这一点,需要比较准确地计算钻井液在环空的临界返速。对于非牛顿流体,一般采用综合雷诺数 R_e 来判别流态。将钻井液作为塑性流体考虑,当综合雷诺数 $R_e > 2\,000$ 时为紊流。因此,如按 $R_e = 2\,000$,即可推导出计算临界返速的公式,即:

$$v_c = \frac{100\eta_p + 10\sqrt{100\eta_p + 2.52 \times 10^{-3}\rho\tau_0(D-d)^2}}{\rho(D-d)} \qquad (2-34)$$

式中: v_c ——临界返速(cm/s); η_p ——塑性粘度(Pa·s); τ_0 ——动切力(Pa); ρ ——钻井液

密度(g/cm³);D——井径(cm);d——钻杆或钻铤外径(cm)。

计算出临界返速之后,则可对钻井液的流态进行判断。若实际环空返速大于临界返速为紊流,反之则为层流。

从式(2-34)可以看出,临界返速在很大程度上受钻井液的密度、塑性粘度和动切力的影响。以三种不同密度的钻井液为例,由该式所求得的临界返速如表2-10所示。计算结果表明,随着钻井液密度、塑性粘度和动切力的减小,临界流速明显降低,即更容易形成紊流。因此,在调整钻井液流变参数和确定环空运速时,既要考虑携岩问题,同时又要考虑到钻井液的流态,使井壁保持稳定。

表2-10 钻井液密度和流变参数对临界返速的影响

D(cm)	d(cm)	ρ(g·cm⁻³)	η_p(mPa·s)	τ_0(Pa)	v_c(m·s⁻¹)
21.59	12.7	1.20	23	60	3.76
21.59	12.7	1.09	9.4	26	2.55
21.59	12.7	1.06	6	20	2.25

(三)钻井液流变性与悬浮岩屑、加重剂的关系

钻进过程中,在接单根或设备出现故障时,钻井液会多次停止循环。此时,要求钻井液体系内能迅速形成空间网架结构,将岩屑和加重剂悬浮起来,或以很慢的速度下沉;而开泵时,泵压又不能上升太高,以防憋漏地层。提供悬浮能力的决定因素是钻井液的静切力和触变性。

悬浮岩屑和加重剂所需要的静切力可以用以下方法进行近似计算。假设岩屑和加重剂颗粒为球形,根据它们的重力与钻井液对它们的浮力和竖向切力相平衡的关系可以得到:

$$(1/6)\pi d^3 \rho_岩 g = (1/6)\pi d^3 \rho g + \pi d^2 \theta \qquad (2-35)$$

式中:d——岩屑或加重剂颗粒的直径(m);$\rho_岩$——岩屑或加重剂的密度(kg/m³);ρ——钻井液的密度(kg/m³);θ——钻井液的静切力(Pa);g——重力加速度,取$g=10$m/s²。

所以,需要的静切力为:

$$\theta = [d(\rho_岩 - \rho)g]/6 \qquad (2-36)$$

(四)钻井液流变性与井内液柱压力激动的关系

所谓井内液柱压力激动是指在起下钻和钻进过程中,由于钻柱上下运动、泥浆泵开动等原因,使得井内液柱压力发生突然变化(升高或降低),给井内增加一个附加压力(正值或负值)的现象。

1. 起下钻时的压力激动

由于钻柱具有一定的体积,当钻柱入井时,井内钻井液要向上流动;起出钻柱时,井内钻井液便向下流动以填补钻柱在井内所占的空间。钻井液向上或向下流动,都要给予一定的压力以克服其沿程的阻力损失。这个压力是由于起下钻所引起的,它作用于井内钻井液,使它能够流动;与此同时也通过井内液柱作用于井壁和井底,这种突然给予井内的附加压力就是起下钻引起的压力激动。下钻时压力激动为正值,起钻时则为负值。起下钻压力激动值的大小主要

取决于起下钻速度、井深、井眼尺寸、钻头喷嘴尺寸和钻井液的流变参数(主要是粘度、切力和触变性)。压力激动值在井深1 500m时可能达到2~3MPa,在井深5 000m时可能达到7~8MPa,因而对此是不能忽视的。

2. 开泵时的压力激动

由于钻井液具有触变性,停止循环后,井内钻井液处于静止状态,其中粘土颗粒所形成的空间网架结构强度增大,切力升高,开泵泵压将超过正常循环时所需要的压力,造成压力激动。开泵时使用的排量越大,所造成压力激动的值会越高。当钻井液开始流动后,结构逐渐被破坏,泵压逐渐下降。随着排量的增大,结构的破坏与恢复达到平衡,这时泵压便处于比较稳定的工作泵压值。

压力激动对钻井是有害的。它破坏了井内液柱压力与地层压力之间的平衡,破坏了井壁与井内液柱之间的相对稳定,容易引起井漏、井喷或井塌。影响压力激动的因素是多方面的,其中与钻井液的粘度、切力密切相关。当其他条件相同时,随着钻井液粘度、切力的增大,压力激动会更加严重。因此,特别是钻通高压地层、容易漏失地层或容易坍塌地层时,一定要控制好钻井液的流变性,在起下钻和开泵的操作上不宜过猛,开泵之前最好先活动钻具,以防止因压力激动而引起的各种井下复杂情况。

(五)钻井液流变性与提高钻速的关系

钻井液的流变性是影响机械钻速的一个重要因素。研究表明,这种影响主要表现为钻头喷嘴处的紊流流动阻力对钻速的影响。如前所述,有的文献将这种流动阻力简称为水眼粘度。由于钻井液具有剪切稀释作用,在钻头喷嘴处的流速极高,一般在150m/s以上,剪切速率达到$10\,000s^{-1}$以上。在如此高的剪切速率下,紊流流动阻力变得很小,因而液流对井底冲击力增强,更加容易渗入钻头冲击井底岩层时所形成的微裂缝中,有利于减小岩屑的压持效应和井底岩石的可钻强度,从而有利于提高钻速。通过使用剪切稀释性强的优质钻井液,如低固相不分散聚合物钻井液,尽可能降低钻头喷嘴处的紊流流动阻力,是提高机械钻速的一条有效途径。当钻井液的η_∞接近于清水粘度时,可获得最大的机械钻速。

第五节 钻井液的滤失性能

一、滤失造壁性的概念

在井中液体压力差的作用下,钻井液中的自由水通过井壁孔隙或裂隙向地层中渗透,称为钻井液的滤失。滤失钻井液的同时,钻井液中的固相颗粒附着在井壁上形成泥皮(泥饼),称为造壁(图2-33)。

井中的压力差是造成钻井液滤失的动力,它是由于井中钻井液的液压力与地层孔、裂隙中流体的液压力不相等而形成的。井壁地层的孔隙、裂隙是钻井液滤失的通道条件,它的大小和密集情况是由地层岩土性质客观决定的。地层中除了较大的裂隙和空隙外,一般地层的孔、裂隙较小,只允许钻井液中的自由水通过,而粘土颗粒周围的吸附水随着粘土颗粒及其他固相附着在井壁上构成泥皮,不再渗入地层。

井壁上形成泥皮后,渗透性减小,减慢钻井液的继续滤失。若钻井液中的细粒粘土多且

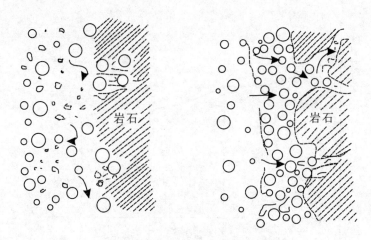

图 2-33　钻井液滤失造壁性示意图

水化效果好,则形成的泥皮致密而且薄,钻井液滤失便小。反之,钻井液中的粗颗粒多且水化效果差,则形成的泥皮疏松而且厚,钻井液的滤失便大。很明显,泥皮厚度(更严格地说应是滤余物质)是随滤失量增大而增加的。

钻井液在井内的滤失处在两种不同的背景条件下。一种是水泵停止循环,泥皮不受液流冲刷,井内的液压力只是钻井液柱静水压力,这时的滤失称为静滤失(Static Filtration);另一种是水泵循环,泥皮受到冲刷,井内的液压力是钻井液静水柱压力与流动阻力损失之和,这时的滤失称为动滤失(Dynamic Filtration)。根据实际钻井工序,这两种滤失是交替进行的。

另外,在钻头破碎孔底岩石、形成新的自由面的瞬间,钻井液接触新的自由面,还未形成或很少形成泥皮,钻井液中的自由水以很高的速率向新鲜岩面滤失,这时的滤失称为瞬时滤失(Spurt Filtration)或初滤失。

静滤失时,泥皮逐渐增厚,滤失速率逐渐减小。因此时压力较小,泥皮较厚,静滤失速率比动滤失小。

动滤失时,泥皮不断在增厚,同时又不断被冲刷掉,当增厚速率与被冲刷速率相等时,泥皮厚度动态恒定,滤失速率也就基本不变。

以钻孔某一孔深处的孔壁为讨论对象,该处孔壁的滤失全过程,从钻头钻经此处开始,发生短暂的瞬时滤失之后,即形成动滤失、静滤失的不断循环反复,直至钻井完成。该处孔壁的滤失速率随时间的变化规律如图 2-34 所示。

二、滤失量影响因素分析

分析滤失量的影响因素及其相互之间的关系,以静滤失为讨论基础。

钻井液的静滤失是一个渗滤过程,因此遵循达西渗流定律。在此假设:地层的渗透率和泥皮的渗透率均是常数,且前者远大于后者;泥皮是平面型的,其厚度与钻孔直径相比很小。泥皮的厚度随时间的增加而逐渐增大。按达西定律则有:

$$Q_t = \frac{dV_f}{dt} = \frac{KA\Delta P}{h\mu} \tag{2-37}$$

式中:Q_t——滤失速率(cm^3/s);K——泥皮的渗透率(μm^2);A——渗滤面积(cm^2);ΔP——渗

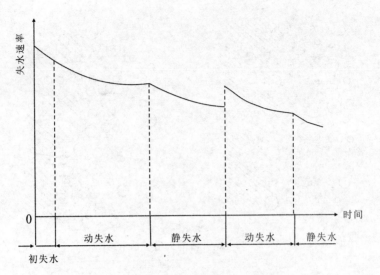

图 2-34 井壁滤失速率变化规律

滤压力(10^5Pa);h——泥皮厚度(cm);μ——滤液粘度(mPa·s);V_f——滤失液体的体积,即滤失量(cm³);t——渗滤时间(s)。

当一定量钻井液完全滤失掉时,则有下面的关系:

$$V_m = h \cdot A + V_f; \quad V_t = h \cdot A \cdot C_c \tag{2-38}$$

式中:V_m——过滤的钻井液体积(cm³);V_t——泥皮中固体颗粒堆积的体积(cm³);C_c——泥皮中固体颗粒的体积百分数。

C_m 为钻井液中固体颗粒的体积百分数,即 $C_m = \dfrac{V_t}{V_m} = \dfrac{h \cdot A \cdot C_c}{h \cdot A + V_f}$,由上式可得:

$$h = \frac{V_f}{A\left(\dfrac{C_c}{C_m} - 1\right)} \tag{2-39}$$

将式(2-39)代入式(2-38)中,得:

$$\frac{dV_f}{dt} = \frac{KA^2\left(\dfrac{C_c}{C_m} - 1\right)\Delta P}{V_f \mu} \tag{2-40}$$

整理后有:

$$V_f dV_f = \frac{KA^2(C_c - 1)\Delta P}{\mu} dt$$

积分后得:

$$\frac{V_f^2}{2} = \frac{KA^2\left(\dfrac{C_c}{C_m} - 1\right)\Delta P t}{\mu}$$

即:

$$V_f = A\sqrt{\frac{2K\left(\dfrac{C_c}{C_m} - 1\right)\Delta P t}{\mu}} \tag{2-41}$$

由式(2-41)可以看出,单位渗滤面积的滤失量($\dfrac{V_f}{A}$)与泥皮的渗透率 K、固相含量因素

$(\frac{C_c}{C_m}-1)$、滤失压差 ΔP、渗滤时间 t 等因素的平方根成正比,与滤液粘度的平方根成反比。虽然式(2-41)是静态状况下的滤失量关系式,但它能比较有效地反映影响滤失的大部分因素,其数学推导过程确切,便于建立统一的衡量标准。

从式(2-41)可以看出,滤失量 V_f 与渗滤时间的平方根成正比。因此,如果不考虑瞬时滤失,绘制出滤失量与渗滤时间平方根的关系是通过原点的一条直线。因此,7.5min 的滤失量将是 30 min 滤失量的一半,通常用7.5min滤失量乘以 2 作为 API 滤失量。但钻井液实验结果表明,绘出的直线并不通过原点,而相交于纵轴上某一点,形成一定的截距。从图 2-35 可以看出,在泥饼形成之前,存

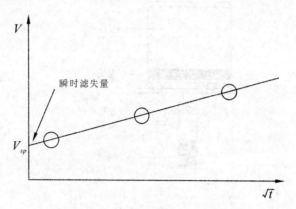

图 2-35 滤失量与滤失时间的关系

在一瞬时滤失量 V_{sp}。如果瞬时滤矢量大到可以测量的话,就应根据式(2-42)确定 API 标准滤失量。最好作一如图 2-35 所示的滤失量和滤失时间平方根关系的曲线,用线上的两个点外推出更长时间的滤失量并确定瞬时滤失量。

$$V_{30} = 2(V_{7.5} - V_{sp}) + V_{sp} \tag{2-42}$$

关于动滤失,主要是在静滤失的基础上加入对泥皮冲刷的影响,由于模拟环境与各种井内复杂的动态情况存在差异,建立统一的解析模型比较困难。现在,国内外已有一些动滤失衡量的理论正在不断地发展。从对泥皮的动冲刷力考虑应该着重在两个问题上进行深入研究:①钻井液循环和钻具回转引起对泥皮的液动冲刷,特别注意流速场分布在泥皮界面处流速的大小和流态;②钻井液在泥皮界面上相对滑动的润滑性和粘滞阻力。

从以上讨论中可以分析钻井液降滤失的主要途径为:①平衡或减小井液与地层孔隙流体之间的压差;②选用优质造浆粘土和有关处理剂,增加水化膜厚度;③增加钻井液中粘土的含量;④选用能提高水溶液粘度的处理剂,增加钻井液滤液粘度;⑤加快在复杂地层段的钻进速度,减少井壁裸露时间;⑥减少钻井液循环对井壁的冲刷。

三、钻井液滤失量的测量

1. 静滤失仪

API 滤失量测定仪(图 2-36)是最常用的评价钻井液滤失量的装置,其渗滤面积为 $45.8 cm^2$,实验压差为 $0.69 MPa$(100psi),测试温度一般为室温,滤失时间 30min,滤失材料为符合标准的直径为 90mm 的滤纸。

而高温高压滤失量测定仪(图 2-37),国内使用的主要是模拟 Baroid 公司 GGS-42 型,实验条件为压差 3.5MPa、温度 150℃,测量时间 30min,其滤失面积比常温 API 滤失仪小一半。因此,测得的滤失量应该乘以 2,才是钻井液的实际高温高压滤失量。

2. 动滤失仪

如图 2-38 所示,仪器最高压差为 10MPa,相对滤器表面产生的流速梯度范围在 0~

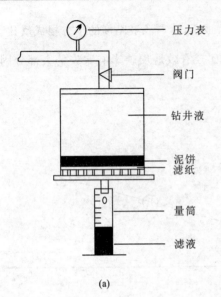

图 2-36 API 静滤失仪
(a)示意图；(b)实物图

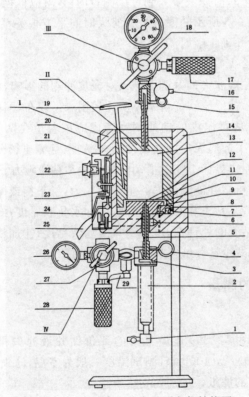

图 2-37 高温高压滤失量测定仪结构图

1—三通阀；2—接收器；3—密封圈；4—固定销；5—连通阀杆；6—加热棒；7—定位销；8—锥端紧固螺钉；9—泥浆杯盖；10—"O"型密封圈；11—高压滤纸 988；12—过滤网；13—泥浆杯；14—加热杯；15—定位销；16—三通阀；17—气压筒壳；18—压力表四通阀；19—温度表；20—标牌；21—罩盒；22—温度调节钮；23—调温器；24—氖灯；25—三芯防水电线；26—压力表；27—四通阀；28—气压筒壳；29—安全阀；Ⅰ—加热总成；Ⅱ—泥浆杯总成；Ⅲ—进气总成；Ⅳ—泄压总成

500^{-1}之间自由变换。底部装有滤纸过滤孔,侧壁有两个岩心滤孔,可装岩心长3~18cm。既可测得钻井液在滤纸上的动、静滤失量,又能在不同渗透率的岩心上测得动、静滤失数据。

四、钻井液滤失性能与钻井作业的关系

1. 钻井液滤失量与钻井作业的关系

对于裂缝性地层、硬脆性地层、活性泥页岩地层等,滤失量过大会引起地层粘土矿物水化膨胀分散、剥落掉块等井壁不稳定现象;如果是油气层,滤液侵入会引

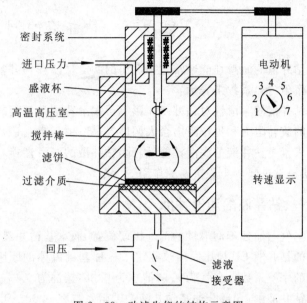

图 2-38 动滤失仪的结构示意图

起储层粘土矿物膨胀,减小油气流动通道,降低油气层渗透率。

钻井液固相的侵入会堵塞储层孔隙,降低储层渗透率,总之都会造成油气层损害,降低油气层产能,造成能源的巨大浪费。

鉴于以上原因,我们希望钻井液滤失量越小越好。由于要考虑钻井液的流动性、成本等因素,钻井液的滤失量不可能很小。因此,只能根据井深、岩层渗透性、井身结构等具体情况综合考虑。

2. 地层对钻井液滤失性能的要求

在实际钻进过程中,钻井液的滤失量是不断变化的。总的原则是:浅层可以稍大,深层必须减小;非储层可以稍大,储层必须减小。

对于大斜度井、大位移井、水平井等特殊工艺井,不仅要求钻井液滤失量低,还要求泥饼具有良好的润滑性,防止粘附卡钻、键槽卡钻等。

另外,适当的滤失量对提高机械钻速是有利的,瞬时滤失量较大时,钻头下面的已经被钻头破碎的岩石在各个方向上的压力能够迅速达到平衡,使岩屑能及时离开井底,减轻压持效应,提高钻头的破岩效率。

在钻开油气层时,应尽力控制滤失量,以减轻对油气层的损害。一般情况下,此时的API滤失量应小于5mL,模拟井底温度的HTHP滤失量应小于15mL。

钻遇易坍塌地层时,滤失量需严格控制,API滤失量最好不大于5mL;对一般地层,API滤失量应尽量控制在10mL以内,HTHP滤失量不应超过20mL。

当然,钻井液滤失量的大小与钻井液选型、地层渗透率、钻井液成本有关,不能一切照搬上述指标。

第六节 钻井液的润滑性能

钻井液的润滑性能通常包括泥饼的润滑性能和钻井液这种流体自身的润滑性两方面,一般用摩阻(擦)系数来表示。

钻井液的润滑性对钻井工作影响很大。特别是钻超深井、大斜度井、水平井和丛式井时,钻柱的旋转阻力和提拉阻力会大幅度提高。由于影响钻井扭矩和阻力以及钻具磨损的主要可调节因素是钻井液的润滑性能,因此,钻井液的润滑性能对减少卡钻等井下复杂情况,保证安全、快速钻进起着至关重要的作用。

一、钻井液的润滑性能

空气与油处于润滑性的两个极端位置,而水基钻井液的润滑性处于其间。用Baroid公司生产的钻井液EP极压润滑仪测定了三种基础流体的摩阻系数(钻井液摩阻系数相当于物理学中的摩擦系数),空气为0.5,清水为0.35,柴油为0.07。

钻井液中,大部分油基钻井液的摩阻系数在0.08~0.09之间,各种水基钻井液的摩阻系数在0.20~0.35之间,如加有柴油或各类润滑剂,则可降到0.10以下。这就是在定向井、大位移井或复杂井中经常混油的原因。对大多数水基钻井液来说,摩阻系数维持在0.20左右时可认为是合格的。

但这个标准并不能满足水平井的要求,对水平井则要求钻井液的摩阻系数应尽可能保持在0.08~0.10范围内,以保持较好的摩阻控制。

因此,除油基钻井液外,其他类型钻井液的润滑性能很难满足水平井钻井的需要,但可以选用润滑剂改善其润滑性能。

从提高钻井经济技术指标来讲,润滑性能良好的钻井液具有以下优点:
(1)减小钻具的扭矩、磨损和疲劳,延长钻头轴承的寿命。
(2)减小钻具的摩擦阻力,缩短起下钻时间。
(3)能用较小的动力来转动钻具。
(4)能防粘附卡钻,防止钻头泥包。

二、钻井液润滑性的影响因素

1. 粘度、密度和固相的影响

随着钻井液固相含量、密度增加,通常其粘度、切力等也会相应增大。这种情况下,钻井液的润滑性能也会相应变差。这时其润滑性能主要取决于固相的类型及含量。砂岩和各种加重剂的颗粒具有特别高的研磨性能。

因此,尽量用低固相钻井液,是改善和提高钻井液润滑性能最重要的措施之一。

2. 滤失性、岩石条件、地下水和滤液pH值

致密、表面光滑、薄的泥饼具有良好的润滑性能。降滤失剂和其他改进泥饼质量的处理剂(比如磺化沥青)主要是通过改善泥饼质量来改善钻井液的防磨损和润滑性能。

井底温度、压差、地下水和滤液的pH值等因素也会在不同程度上影响润滑剂和其他处理剂的作用效能,从而影响泥饼的质量,对钻井液的润滑性能产生影响。温度对处理剂的影响更大一些,比如磺化沥青,在小于等于软化点时效果最好,温度高于其软化点后,沥青产生软化呈溶液状态,失去其参与形成泥饼润滑钻具的功效,所以深井不宜采用低软化点沥青。

3. 有机高分子处理剂的影响

许多高分子处理剂都有良好的降滤失、改善泥饼质量、减少钻具摩擦阻力的作用。

4. 润滑剂

试验表明,使用清水作钻井液,摩擦阻力是较大的(摩阻系数0.35)。而往清水中加入千分之一至千分之几的润滑剂(主要是表面活性剂)后,润滑性能会得到明显改善,表现为钻具回转工作电流下降很多。因此,使用润滑剂是改善钻井液润滑性能、降低摩擦阻力的主要途径。

钻井液润滑剂品种一般可分为两大类,即液体类和固体类。前者如矿物油、植物油、原油、表面活性剂等,后者如石墨、塑料小球、玻璃小球等。

三、钻井液润滑剂

1. 对钻井液润滑剂的要求

(1)润滑剂必须能润滑金属表面,并在其表面形成边界膜和次生结构。

(2)应与基浆有良好的配伍性,对钻井液的流变性和滤失性不产生不良影响。

(3)不降低岩石破碎的效率。

(4)具有良好的热稳定性和耐寒稳定性。

(5)不腐蚀金属,不损坏密封材料。

(6)不污染环境,易于生物降解,价格合理,且来源充足。

2. 钻井液中常用的润滑剂

(1)惰性固体润滑剂。塑料小球,其组成为二乙烯苯与苯乙烯的共聚物。该产品具有较高的抗压强度,是一种无毒、无嗅、无荧光显示、耐酸、耐碱、抗温、抗压的透明球体,在钻井液中呈惰性,不溶于水和油类,密度为 $1.03 \sim 1.05 g/cm^3$,可耐温205℃以上。小球粒度分布为:10~30目的占45%~50%,30~120目的占50%~55%。该润滑剂一般可降低扭矩35%左右,降低起下钻阻力20%左右,配伍性好。缺点是成本较高。

玻璃小球代替塑料小球也达到了类似的效果。目前已证明玻璃小球能降低扭矩与阻力。玻璃小球由于可能起到类似球轴承作用或可能因埋入泥饼,从而降低了泥饼的摩擦系数。塑料小球和玻璃小球这类固体润滑剂由于受固体尺寸的限制,在钻井过程中很容易被固控设备清除,而且在钻杆的挤压或拍打下有破坏、变形的可能,因此在使用上受到了一定的限制。

石墨粉作为润滑剂具有抗高温、无荧光、降摩阻效果明显、加量小、对钻井液性能无不良影响等特点。弹性石墨无毒、无腐蚀性,在高浓度下不会阻塞泥浆马达;即使在高剪切速率下,它也不会在钻井液中发生明显的分散。能够用于各种钻井液中,具有降低扭矩、摩阻和减少磨损的作用。弹性石墨作为固体润滑剂,尤其适用于使用常规液体润滑剂效果不大的石灰基钻井液。

(2)液体类润滑剂。该类产品主要有原油、矿物油、植物油和表面活性剂等。液体类润滑剂又可分为油性剂和极压剂,前者主要在低负荷下起作用,通常为酯或羧酸;后者主要在高负荷下起作用,通常含有硫、磷、硼等活性元素。往往这些含活性元素的润滑剂兼有两种作用,既是油性剂,又是极压剂。

性能良好的润滑剂必须具备两个条件：一是分子的烃链要足够长（一般碳链 R 在 $C_{12}\sim C_{18}$ 之间），不带支链，以利于形成致密的油膜；二是吸附基要牢固地吸附在粘土和金属表面上，以防止油膜脱落。

3. 润滑剂的作用机理

(1) 惰性固体的润滑机理。固体润滑剂能够在两接触面之间产生物理分离，其作用是在摩擦表面上形成一种隔离润滑薄膜，从而达到减小摩擦、防止磨损的目的。多数固体类润滑剂类似于细小滚珠，可以存在于钻具与井壁之间，将滑动摩擦转化为滚动摩擦，从而可大幅度降低扭矩和阻力。

(2) 沥青类处理剂的润滑机理。沥青类处理剂主要用于改善泥饼质量和提高其润滑性。沥青类物质亲水性弱，亲油性强，可有效地涂敷在井壁上，在井壁上形成一层油膜。这样，既可减轻钻具对井壁的摩擦，又可减轻钻具对井壁的冲击作用。由于沥青类处理剂的作用，井壁岩石由亲水转变为憎水，所以，可阻止滤液向地层渗透。

(3) 液体润滑剂的润滑机理。矿物油、植物油、表面活性剂等主要是通过在金属、岩石和粘土表面形成吸附膜，使钻具与井壁岩石接触（或水膜接触）产生的固-固摩擦，改变为活性剂非极性端之间或油膜之间的摩擦（图 2-39），或者通过表面活性剂的非极性端还可再吸附一层油膜（图 2-40），从而使回转钻具与岩石之间的摩阻力大大降低，减少钻具和其他金属部件的磨损，降低钻具的回转阻力。

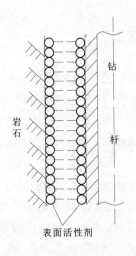
图 2-39 表面活性剂水溶液的润滑机理

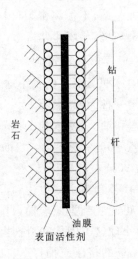
图 2-40 油包水乳化钻井液的润滑机理

四、钻井液润滑性能的评价方法

目前实际应用的主要有滑板式泥饼摩阻系数测定仪、NF-2 型泥饼粘附系数测定仪、钻井液极压润滑仪（简称 EP 润滑仪）、润滑性能评价仪、泥饼针入度计、井眼摩擦模拟装置以及多种卡钻系数测定仪等。目前广泛使用极压润滑仪。多数润滑性能测定仪通常以摩擦系数、粘附系数、扭矩及转动动力作为评价钻井液润滑性能的指标。

1. 滑板式泥饼摩阻系数测定仪

滑板式泥饼摩阻系数测定仪是一种简易的测量泥饼摩阻系数的仪器。在仪器台面倾斜的条件下,放在泥饼上的滑块受到向下的重力作用,当滑块的重力克服泥饼的粘滞力后开始滑动。测量开始时,将由滤失试验得到的新鲜泥饼放在仪器台面上,滑块压在泥饼中心停放5min。然后开动仪器,使台面升起,直至滑块开始滑动时为止。读出台面升起的角度。此升起角度的正切值即为泥饼的粘滞系数。仪器台面的转动速度为 5.5～6.5r/min,该仪器的测量精度为 0.5°。

2. NF-2 型泥饼粘附系数测定仪

NF-2 型泥饼粘附系数测定仪是一种模拟性的试验分析仪器,主要用于监测钻井中钻具与井壁钻井液间的摩擦系数,以便及时选用合理钻井液,改善其润滑性能,防止卡钻事故的发生,为确保快速、安全钻井提供准确而可靠的数据。

3. 钻井液极压(EP)润滑仪

极压润滑仪可以测量钻井液的润滑性能和评价润滑剂降低扭矩的效果,以及预测在该条件下金属部件的磨损速率。该润滑试验仪是用一个钢环模拟钻具,给它施以一定的载荷,使它紧压在起井壁作用的金属材料上。摩擦过程在钻井液中进行,摩擦环旋转时产生惯性力,从而使钻井液流动。在固定的转速下转动钢环,记录钢环和金属材料间的接触压力、力矩和仪表上的读数,经换算可得到评价液体的摩擦阻力值。

4. 高温高压粘附仪

高温高压粘附仪(GNF)可以测定泥饼的粘附系数,粘附系数越小,润滑性越好。仪器的特点是可以加温加压,实验最高温度 150℃,实验压差 3.5MPa。实验首先测定钻井液的高温高压滤失量,形成泥饼。高温高压粘附仪的滤失面积刚好与高温高压失水仪的滤失面积相等,所以测定粘附系数的同时,可以测定钻井液的高温高压滤失量。

第七节 钻井液处理剂

钻井液配浆原材料是指在配浆中用量较大的基本组分,例如膨润土、水、油和重晶石等。处理剂是用于改善和稳定钻井液性能而加入的化学添加剂。处理剂是钻井液的核心组分,很少的加量就会对钻井液性能产生很大的影响。配浆原材料与处理剂之间无严格的界限。

按组成划分,通常分为钻井液原材料、无机处理剂、有机处理剂和表面活性剂四大类。无机处理剂可分为氯化物、硫酸盐、碱类、碳酸盐、磷酸盐、硅酸盐、重铬酸盐和混层金属氢氧化物(正电胶类)等。有机处理剂分为天然产品、天然改性产品和有机合成化合物。按其化学组分又可分为腐植酸类、纤维素类、木质素类、单宁酸类、沥青类、淀粉类和聚合物类等。

按功能划分,我国钻井液标准化委员会将配浆材料和处理剂共分为以下十六类:①降滤失剂(Filtration Reducer);②增粘剂(Viscosifier);③乳化剂(Emulsifier);④页岩抑制剂(Shale Inhibitor);⑤堵漏剂(Lost circulation materials);⑥降粘剂(Thinner);⑦缓蚀剂(Corrosion Inhibitor);⑧粘土类(Clay);⑨润滑剂;⑩加重剂(Weighting Agent);⑪杀菌剂(Bactericide);⑫消泡剂(Defoamer);⑬泡沫剂(Foaming Agent);⑭絮凝剂(Flocculant);⑮解卡剂(Pipe-Freeing Agent);⑯其他类(Others)等。

在配制和使用钻井液时,并不要求同时使用这十六类处理剂。某些处理剂在钻井液中同时具有几种作用。例如,有的降失水剂同时兼有增粘或降粘作用,絮凝剂同时兼有增粘剂作用等。

一、常用的无机处理剂

1. 纯碱（Na_2CO_3）

碳酸钠（Sodium Carbonate），又称苏打粉（Soda Ash），分子式为 Na_2CO_3。白色粉末，易溶于水，水溶液呈碱性，pH 值为 11.5，纯碱在水中容易电离和水解。溶液中主要存在 Na^+、CO_3^{2-}、HCO_3^- 和 OH^- 离子，其反应式为：

$$Na_2CO_3 = 2Na^+ + CO_3^{2-}$$
$$CO_3^{2-} + H_2O = HCO_3^- + OH^-$$

纯碱能通过离子交换和沉淀作用使钙粘土变为钠粘土：

$$Ca-粘土 + Na_2CO_3 \rightarrow Na-粘土 + CaCO_3 \downarrow$$

从而改善粘土的水化分散性能，因此加入适量纯碱可使新浆的滤失量下降，粘度、切力增大。但过量的纯碱会导致粘土颗粒发生聚结，使钻井液性能受到破坏。其合适加量需通过实验确定。在钻水泥塞或钻井液受到钙侵时，加入适量纯碱使 Ca^{2+} 沉淀成 $CaCO_3$，从而使钻井液性能变好。

$$Na_2CO_3 + Ca^{2+} = CaCO_3 \downarrow + 2Na^+$$

2. 烧碱（NaOH）

烧碱（Caustic Soda）即氢氧化钠（Sodium Hydroxide）。其外观为乳白色晶体，密度为 $2 \sim 2.2 \text{ g/cm}^3$，易溶于水，溶解时放出大量热。溶解度随温度升高而增大，水溶液呈强碱性。烧碱容易吸收空气中的水分和二氧化碳，并与二氧化碳作用生成碳酸钠，存放时应注意防潮加盖。NaOH 主要用于调节钻井液的 pH 值，与单宁、褐煤等酸性处理剂一起配合使用，使之分别转化为单宁酸钠、腐植酸钠等有效成分。还可用于控制钙处理钻井液中 Ca^{2+} 的浓度等。

3. 石灰（CaO）

生石灰即氧化钙（Calcium Oxide），分子式为 CaO。吸水后变成熟石灰，即氢氧化钙 $Ca(OH)_2$（Calcium Hydroxide）。CaO 在水中的溶解度较低，常温下为 0.16%，其水溶液呈碱性。

在钙处理钻井液中，石灰用于提供 Ca^{2+}，以控制粘土的水化分散能力，使之保持在适度絮凝的状态；在油包水乳化钻井液中，CaO 用于使烷基苯磺酸钠等乳化剂转化为烷基苯磺酸钙，并调节 pH 值。

4. 石膏（$CaSO_4$）

化学名称为硫酸钙（Calcium Sulfate）。有生石膏（Gypsum，$CaSO_4 \cdot 2H_2O$）和熟石膏（Anhydrite，$CaSO_4$）两种。白色粉末，常温下溶解度较低（约为 0.2%），但稍大于石灰。在钙处理钻井液中，石膏与石灰的作用大致相同，都用于提供适量的 Ca^{2+}。其差别在于石膏提供的钙离子浓度比石灰高一些。

5. 氯化钙（$CaCl_2$）

氯化钙（Calcium Chloride）通常含有六个结晶水。其外观为无色斜方晶体，密度为 1.68g/cm^3，易潮解，且易溶于水。在钻井液中，$CaCl_2$ 主要用于配制防塌性能较好的高钙钻井液。用 $CaCl_2$ 处理钻井液时常常引起 pH 值降低。

6. 氯化钠（NaCl）

氯化钠（Sodium Chloride）俗名食盐，为白色晶体，常温下密度约为 2.20g/cm³。纯品不易潮解，但含 $MgCl_2$、$CaCl_2$ 等杂质的工业食盐容易吸潮。常温下在水中的溶解度较大（20℃时为 36.0 g/100g 水），随着温度的升高，溶解度略有增大。氯化钠主要用于配制盐水钻井液和饱和盐水钻井液，以防止岩盐井段溶解，并抑制井壁泥岩水化膨胀。为保护油气层，可用于配制无固相清洁盐水钻井液，或作为水溶性暂堵剂使用。

7. 氯化钾（KCl）

氯化钾（Potassium Chloride）为白色立方晶体，常温下密度为 1.98g/cm³。易溶于水，且溶解度随温度升高而增加。KCl 是一种常用的无机盐类页岩抑制剂，具有较强的抑制页岩渗透水化的能力。若与聚合物配合使用，可配制成具有强抑制性的钾盐聚合物防塌钻井液。KCl 的防塌机理主要是晶格固定作用。

8. 硅酸钠（$Na_2O \cdot nSiO_2$）

硅酸钠（Sodium Silicate）俗名水玻璃。分子式中的 n 值称为水玻璃的模数，即二氧化硅与氧化钠的分子个数之比。n 值越大，碱性越弱。现场使用的水玻璃的密度为 1.5～1.6 g/cm³，pH 值为 11.5～12，能溶于水和碱性溶液，在钻井液中可以部分水解生成胶态沉淀：

$$Na_2O \cdot nSiO_2 + (y+1)H_2O \rightarrow nSiO_2 \cdot yH_2O \downarrow + 2NaOH$$

当水玻璃溶液的 pH 值降至 9 以下时，整个溶液会变成半固体状的凝胶。其原因是水玻璃发生缩合作用生成较长的带支键的 —Si—O—Si— 链，这种长链能形成网状结构而包住溶液中的自由水，使体系失去流动性。利用这一特点，可以将水玻璃与石灰、粘土和烧碱等配成石灰乳堵漏剂，注入已确定的漏失井段进行胶凝堵漏。

遇 Ca^{2+}、Mg^{2+} 和 Fe^{3+} 等高价阳离子会产生沉淀：

$$Ca^{2+} + Na_2O \cdot nSiO_2 \rightarrow CaSiO_3 \downarrow + 2Na^+$$

硅酸钠对泥页岩的水化膨胀有较强的抑制作用，故有较好的防塌性能。硅酸盐钻井液是防塌钻井液的类型之一，在国内外应用中均取得很好的效果。配制硅酸盐的成本较低，且对环境无污染。

9. 重铬酸钠和重铬酸钾（$Na_2Cr_2O_7 \cdot 2H_2O$，$K_2Cr_2O_7$）

重铬酸钠（Sodium Dichromate）又叫红矾钠，外观为红色或橘红色针状晶体，常温下密度为 2.35g/cm³，有强氧化性，易溶于水（25℃时溶解度为 190g/100g 水）。重铬酸钾（Potassium Dichromate）又称红矾钾，外观为橙红色三斜晶体，常温下密度为 2.68g/cm³，有强氧化性，不潮解，易溶于水（25℃时溶解度为 96.9g/100g 水）。以上两种重铬酸盐的化学性质相似，其水溶液均可发生水解而呈酸性：

$$Cr_2O_7^{2-} + H_2O \rightarrow 2CrO_4^- + 2H^+$$

加碱时平衡反应右移，故在碱性溶液中主要以 CrO_4^- 的形式存在。在钻井液中 CrO_4^- 能与有机处理剂起复杂的氧化还原反应，生成的 Cr^{3+} 极易吸附在粘土颗粒表面，又能与多官能团的有机处理剂生成络合物（如木质素磺酸铬、铬腐植酸等）。在抗高温深井钻井液中，常加入少量重铬酸盐以提高钻井液的热稳定性。但铬酸盐有毒，因而限制了它的广泛使用。

综上所述，无机处理剂在钻井液中的作用机理主要有：①离子交换吸附；②调控钻井液的 pH 值；③沉淀作用；④络合作用；⑤与有机处理剂生成可溶性盐；⑥抑制溶解的作用。

二、常用的有机处理剂

(一)降粘剂

降粘剂又称为解絮凝剂(Deflocculants)和稀释剂(Thinners)。钻井液在使用过程中,常常由于温度升高、盐侵或钙侵、固相含量增加或处理剂失效等原因,使钻井液形成的网状结构增强,钻井液粘度、切力增加。若粘切过大,会造成开泵困难、钻屑难以除去,严重时会导致各种井下复杂情况。

因此,在钻井液使用和维护过程中,经常需要加入降粘剂,以降低体系的粘度和切力,使其具有适宜的流变性。

钻井液降粘剂的种类很多。根据其作用机理的不同,可分为两种类型,即分散型稀释剂和聚合物型稀释剂。在分散型稀释剂中主要有单宁类和木质素磺酸盐类,聚合物型稀释剂主要包括共聚型聚合物降粘剂和低分子聚合物降粘剂等。

1. 单宁、栲胶类稀释剂

单宁(Tannins),是含于植物体内的能将生皮鞣制成皮革的多元酚衍生物,具有酚类物质的通性,能溶于水。栲胶(regetable tannin extract)是用以单宁为主要成分的物料提取制成的浓缩产品。用水浸提植物鞣料时,除产生单宁外,还有与单宁一起溶解于水的、但不具有鞣革能力的非单宁以及不溶物。因此,栲胶是由单宁、非单宁和不溶物组成的。

单宁广泛存在于植物的根、茎、叶、皮、果壳和果实中,是一大类多元酚的衍生物,属于弱有机酸。栲胶是用以单宁为主要成分的植物物料提取制成的浓缩产品,外观为棕黄到棕褐色的固体或浆状体,一般含单宁 20%～60%。用天然植物提取、制备的工业用单宁具有以下性质:①单宁为弱酸(由酚羟基引起),可溶于水。其水溶液呈酸性,味苦涩。在碱性环境中生成单宁酸盐才能起稀释作用;②单宁酸钠在高浓度的 $NaCl$、$CaCl_2$、Na_2SO_4 等无机盐溶液中会发生盐析或生成沉淀。因此,单宁碱液的抗盐、钙能力较差;③由于单宁酸含有酯键,在 $NaOH$ 溶液中易水解,高温水解加剧,降粘能力减弱。因此,单宁碱液抗温能力在 100℃～120℃之间,仅用于浅井或中深井。

单宁的水解产物在 $NaOH$ 溶液中生成双五倍子酸钠和五倍子酸钠,统称为单宁酸钠或单宁碱液,即单宁在钻井液中的有效成分,简化符号为 NaT。

为了提高单宁酸钠的使用效果,通过单宁与甲醛和亚硫酸钠进行磺甲基化反应可制备磺甲基单宁(SMT)。还可再进一步与 $Na_2Cr_2O_7$ 发生氧化与螯合反应制得磺甲基单宁的铬螯合物。这两种产品的热稳定性和降粘性能比单宁酸钠有明显提高,抗温可达 180℃～200℃。磺甲基栲胶(SMK)为同类产品。磺甲基单宁为棕褐色粉末,易溶于水,水溶液呈碱性。在钻井液中一般加 0.5%～1%就获得较好的稀释效果。其适用的 pH 值范围在 9～11 之间。其抗 Ca^{2+} 可达 1 000g/L,而抗盐性较差,当含盐量超过 1%时稀释效果就明显下降。

单宁酸钠苯环上相邻的双酚羟基可通过配位键吸附在粘土颗粒断键边缘的 Al^{3+} 处,而剩余的—ONa 和—COONa 均为水化基团,它们又能给粘土颗粒带来较多的负电荷和水化层,使粘土颗粒端面处的双电层斥力和水化膜厚度增加,从而拆散和削弱了粘土颗粒间通过端-面和端-端连接而形成的网架结构,使粘度和切力下降。

$$\text{粘土颗粒Al} \underset{O}{\overset{O\text{—}H}{<}} \underset{}{\bigcirc}\text{—}COO^-Na^+$$

因此,单宁类降粘剂主要是通过拆散结构而起降粘作用。也就是说,降低的主要是动切力 τ_0,而对塑性粘度 η_P 的影响较小。若要降低 η_P,应主要通过加强钻井液固相控制来实现。

由于降粘剂主要在粘土颗粒的端面起作用,因此用量一般较少。当加大其用量,单宁碱液也会在一定程度上起降滤失的作用。这是由于随着结构的拆散和粘土颗粒双电层斥力和水化程度的增强,有利于形成更为致密的泥饼。

2. 聚合物降粘剂

聚合物降粘剂主要是低分子量的丙烯酰胺类或丙烯酸类聚合物,主要用于聚合物钻井液。

研制和开发聚合物型降粘剂主要出自以下原因:常规的分散型降粘剂只能有效地降低钻井液的动切力(即所谓结构粘度),而不能使塑性粘度降低,因而导致钻井液的动塑比减小,同时还会使钻井液抑制钻屑分散的能力削弱;而聚合物型降粘剂能使动切力、塑性粘度同时降低,与此同时还能增强钻井液抑制地层造浆的能力,从而可为聚合物钻井液真正实现低固相和不分散创造条件。

XY-27 是分子量约为 2 000 的两性离子聚合物稀释剂,在其分子链中同时含有阳离子基团、阴离子基团和非离子基团,属于乙烯基单体多元共聚物。其主要特点是,既是降粘剂又是页岩抑制剂。与分散型降粘剂相比,它只需很少的加量(通常为 0.1%～0.3%)就能取得更好的降粘效果。常与两性离子包被剂 FA-367 及两性离子降滤失剂 JT-888 等配合使用,构成目前国内广泛使用的两性离子聚合物钻井液体系。在其他钻井液体系,包括分散钻井液体系中也能有效地降粘。它还兼有一定的降滤失作用,能同其他类型处理剂互相兼容。可以配合使用磺化沥青或磺化酚醛树脂类等处理剂,改善泥饼质量,提高封堵效果和抗温能力。

XY-27 的降粘作用机理如下:由于分子链中引入了阳离子基团,能与粘土发生离子型吸附,又由于是线性低分子量聚合物,故它比高分子聚合物能更快、更牢固地吸附在粘土颗粒上。而且 XY-27 的特有结构使它与高聚物之间的交联或络合机会增加,从而使其比阴离子聚合物降粘剂有更好的降粘效果。

两性离子降粘剂还具有一定的抑制页岩水化的作用,这是因为分子链中的有机阳离子基团吸附于粘土表面之后,可中和粘土表面的一部分负电荷,削弱了粘土的水化作用。尽管其分子量较低,仍能对粘土颗粒进行包被,不减弱体系抑制性。

试验表明,在含有 FA-367 的膨润土浆中,只需加入少量 XY-27,钻井液的粘度、切力就急剧下降,且滤失量降低,泥饼变得致密。

(二)降滤失剂

降滤失剂又称为滤失控制剂、降失水剂。在钻井过程中,钻井液的滤液侵入地层会引起泥页岩水化膨胀,严重时导致井壁不稳定和各种井下复杂情况,钻遇产层时还会造成油气层损害。加入降失水剂的目的,就是要通过在井壁上形成低渗透率、柔韧、薄而致密的滤饼,尽可能降低钻井液的滤失量。

降滤失剂是钻井液处理剂的重要剂种,主要分为纤维素类、腐植酸类、丙烯酸类、淀粉类和树脂类等。

1. 纤维素类降滤失剂

纤维素是由许多环式葡萄糖单元构成的长链状高分子化合物,其结构式可表示为:

式中:n 为纤维素的聚合度。由纤维素为原料可以制得一系列钻井液降滤失剂。目前使用最多的是钠羧甲基纤维素(Sodium Carboxymethyl Cellulose),简称 CMC。

钠羧甲基纤维素 Na-CMC 的性能有:

(1) 聚合度(n)。天然纤维素的聚合度约为 10 000 左右,降解后为 200~600,仍属长链高分子化合物。聚合度是决定 Na-CMC 粘度的主要因素。在定温下,同浓度的 Na-CMC 溶液,其粘度随聚合度的增大而增大。一般把 Na-CMC 分为高、中、低粘度三种产品。

(2) 取代度(α)。取代度又称醚化度,即纤维素葡萄糖链节上羟基经醚化后被 —CH_2COONa 取代的程度。取代度是决定 Na-CMC 水溶性的主要因素。取代度与水溶性的关系是:①$\alpha<0.3$,不溶于水;②$\alpha\approx0.4\sim0.5$,难溶于水;③$\alpha>0.5$,易溶于水。

(3) 吸附性能。Na-CMC 的分子链中有大量羟基和贰键存在,能与粘粒表面的氧(O—)和羟基(OH)发生氢键吸附;而—CH_2COONa 使粘粒表面形成溶剂水化膜,起稳定粘粒、降低滤失量的作用(图 2-41)。

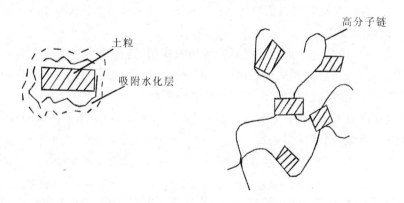

图 2-41 CMC 在粘土颗粒上的吸附方式

(4)溶解性能。Na-CMC 能很好地溶于水中,其溶解度随温度的升高而增大。CMC 的碱金属盐都易溶于水,CMC 的高价金属盐(Al^{3+}、Fe^{3+} 等)难溶于水,CMC 的碱土金属盐(Ca^{2+}、Mg^{2+} 等)溶解度较大,因此 Na-CMC 的抗盐、抗钙能力强,适合于配制盐水钻井液和钙处理钻井液。

(5)热稳定性。Na-CMC 在 180℃ 的温度下会因开始降解以致不能使用。这主要是由于葡萄糖链节上甙键结构开始断裂,使 Na-CMC 的聚合度下降,丧失热稳定性。

钠羧甲基纤维素的聚合度是决定其分子量和水溶液粘度的主要因素。不同聚合度的 CMC 水溶液的粘度有很大差别。聚合度越高,其水溶液的粘度越大。工业上常根据其水溶液粘度大小,将 CMC 分为以下三个等级:

(1)高粘 CMC:在 25℃ 时,1% 水溶液的粘度为 400~500mPa·s。一般用作低固相钻井液的悬浮剂、封堵剂及增稠剂。其取代度为 0.6~0.65,聚合度大于 700。

(2)中粘 CMC:在 25℃ 时,2% 水溶液粘度为 50~270mPa·s。用于一般钻井液,既起降滤失作用,又可提高钻井液的粘度。其取代度为 0.8~0.85,聚合度为 600 左右。

(3)低粘 CMC:在 25℃ 时,2% 水溶液粘度小于 50mPa·s。主要用作加重钻井液的降滤失剂,以免引起粘度过大。其取代度为 0.8~0.9,聚合度 500 左右。

CMC 的降滤失机理如下:①存在两类基团。CMC 在钻井液中电离生成长链的多价阴离子。其分子链上的羟基和醚氧基为吸附基团,而羧钠基为水化基团;②增强粘土颗粒聚结稳定性。羟基和醚氧基通过与粘土颗粒表面上的氧形成氢键或与粘土颗粒断键边缘上的 Al^{3+} 之间形成配位键使 CMC 能吸附在粘土上;而多个羧钠基通过水化使粘土颗粒表面水化膜变厚,粘土颗粒表面 ζ 电位升高,从而阻止粘土颗粒之间因碰撞而聚结成大颗粒(护胶作用),并且多个粘土细颗粒会同时吸附在 CMC 的一条分子链上,形成布满整个体系的混合网状结构,提高其聚结稳定性,有利于保持钻井液中细颗粒的含量,形成致密的滤饼,降低滤失量;③水化层堵孔作用。具有高粘度和弹性的吸附水化层对泥饼的堵孔作用和 CMC 溶液的高粘度也可起降滤失的作用;④提高滤液的粘度。Na-CMC 是一种水溶性高聚物,水溶液的粘度随加入量的增大而增加。

2. 腐植酸类降滤失剂

腐植酸(Humic Acid)主要来源于褐煤。褐煤是一种未成熟的煤,燃烧值比较低,有效成分是腐植酸,好的褐煤腐植酸含量可达 70%~80%。腐植酸结构非常复杂,相对分子质量不均一。其主要官能团有酚羟基、羧酸基、醇羟基、醌基、甲氧基和羰基等,由于分子量较大,一般难溶于水,但易溶于碱溶液,生成腐植酸钠是作为钻井液降滤失剂的有效成分。水化作用较强的羧钠基等水化基团,使腐植酸钠不但具有很好的降滤失作用,还兼有一定的降粘作用。

(1)煤碱剂(腐植酸钠)(NaC)。采用碱抽提法生产腐植酸钠盐。工艺原理是基于腐植酸能与碱起中和反应生成可溶于水的腐植酸钠而与不溶残渣分离。由于腐植酸分子的基本骨架是碳—碳键和碳环结构,因此,NaC 的热稳定性相对好。NaC 遇大量钙侵时,生成微溶性的粗颗粒腐植酸钙沉淀而失效,此时应配合纯碱除钙。但加入适量 Ca^{2+} 有助于降低滤失量,可用于配制钙处理钻井液。NaC 的抗盐能力极差,盐侵量大于 2% 时,滤失量增大,泥饼疏松并增厚,钻井液性能变坏。

(2)铬褐煤(铬腐植酸)。重铬酸钠(钾)和褐煤的混合物(其中腐植酸与重铬酸盐的质量比为 3:1 或 4:1)在 80℃ 以上反应生成腐植酸的铬螯合物——铬褐煤。它既有降滤失作用,又有稀释作用,特别是它和铁铬盐配合使用时有良好的协同作用。由铁铬盐-铬腐植酸和表面活性剂组成的钻井液曾在6 280m的高温深井和易塌地层中使用,具有很高的热稳定性和较强的抑制性。

(3)硝基腐植酸钠。硝基腐植酸钠可用3mol左右的稀硝酸与褐煤在40℃～60℃以下反应制成,配比为腐植酸:硝酸=1:2。其突出特点是,抗盐能力大大增强。钻井液经硝基腐植酸钠处理,加入20%～30%NaCl后仍能有效地控制滤失量和粘度。具有良好的乳化作用和较高的热稳定性,抗钙能力也较强。

(4)磺甲基褐煤(SMC)。先用碱抽提法制取腐植酸钠,再制取磺甲基化剂,即羟甲基磺酸钠,它是由甲醛与碱金属的亚硫酸钠、亚硫酸氢钠或焦亚硫酸钠反应而得;最后进行磺甲基化反应,由于羟甲基磺酸钠分子中的—OH十分活泼,在一定条件下,它能与腐植酸苯环上的氢缩合而将磺甲基引在苯环上。主要特点是:热稳定性高。在200℃～220℃的高温下,能有效地控制淡水钻井液的滤失量和粘度。其缺点是:高温下抗盐能力较差,遇大量盐侵时需配合其他处理剂使用。

腐植酸类处理剂降滤失作用原理如下:①腐植酸盐类是一种含有多官能团的阴离子型大分子。吸附基团(—OH,OCH_3^-,=CO)能与粘粒上的—O、—OH进行氢键吸附,吸附于粘土颗粒表面上;②通过其水化基团:羧钠基(R-COONa)、酚钠基(R-ONa)、磺酸钠基($R-CH_2-SO_3Na$),使粘土颗粒表面上形成吸附溶剂化水膜,同时提高了粘粒的ζ电位,增加了粘土颗粒相互聚结的机械阻力和静电斥力,而且提高了聚结稳定性,使多级分散的钻井液易于保持和增加细粘土颗粒的含量,有利于形成致密泥饼,降低滤失量;③向腐植酸盐处理的钻井液内加入适量的Ca^{2+}(Ca^{2+}<300mg/L),能生成部分细颗粒胶状腐植酸钙沉淀,使泥饼变薄而韧,滤失量降低。故褐煤-氯化钙钻井液、褐煤-石膏钻井液有抑制粘土水化膨胀、防止泥页岩井壁坍塌的作用;④高浓度腐植酸使泥浆滤液的粘度增大,也有利于降低滤失量。

3. 丙烯酸类聚合物降滤失剂

丙烯酸类聚合物降滤失剂是低固相聚合物钻井液的主要处理剂类型之一。制备这类聚合物的主要原料有丙烯腈、丙烯酰胺、丙烯酸和丙烯磺酸等。根据所引入官能团、分子量、水解度和所生成盐类的不同,可合成一系列钻井液处理剂。其中较常用的降滤失剂有水解聚丙烯腈及其盐类、PAC系列产品和丙烯酸盐SK系列产品。

(1)水解聚丙烯腈(HPAN)。聚丙烯腈是制造腈纶(人造羊毛)的合成纤维材料,目前用于钻井液的大都是腈纶废丝经碱水解后的产物。外观为白色粉末,密度1.14～1.15g/cm³,代号为HPAN。聚丙烯腈是一种由丙烯腈(CH_2=CHCN)合成的高分子聚合物。其结构式为:

$$\left[\begin{array}{c} CH_2-CH \\ | \\ CN \end{array}\right]_n$$

式中:n为平均聚合度,大约为230～3 800,一般产品的平均分子量为12.5～20万。聚丙烯腈不溶于水,不能直接用于处理钻井液。只有经过水解生成水溶性的水解聚丙烯腈之后,才能在钻井液中起降滤失作用。在95℃～100℃温度下,聚丙烯腈在NaOH溶液中容易发生水解,生成的水解聚丙烯腈常用代号Na-HPAN表示。水解反应式可表示如下:

$$\left[CH_2-\underset{CN}{\underset{|}{CH}} \right]_n + xNaOH + yH_2O \longrightarrow$$

$$\left[CH_2-\underset{COONa}{\underset{|}{CH}} \right]_x \left[CH_2-\underset{CONH_2}{\underset{|}{CH}} \right]_y \left[CH_2-\underset{CN}{\underset{|}{CH}} \right]_n + xNH_3\uparrow$$

聚丙烯酸钠　　　　　聚丙烯酰胺　　　　　聚丙烯腈

($n=x+y+z$)

水解聚丙烯腈可看作是丙烯酸钠、丙烯酰胺和丙烯腈的三元共聚物。水解反应后产物中的丙烯酸单元和丙烯酸胺单元的总和与原料的平均聚合度之比$(x+y)/(x+y+z)$称为该水解产物的水解度。其分子链中的腈基(—CN)和酰胺基(—CONH$_2$)为吸附基团,羧钠基(—COONa)为水化基团。

水解聚丙烯腈性能主要取决于聚合度和分子中的羧钠基与酰胺基之比。聚合度较高时,降滤失性能比较强,并可增加钻井液的粘度和切力;而聚合度较低时,降滤失和增粘作用均相应减弱。为了保证其降滤失效果,羧钠基与酰胺基之比最好控制在2:1～4:1。由于Na-HPAN分子的主链为C—C键,并带有热稳定性很强的腈基,因此可抗200℃以上高温。该处理剂的抗盐能力也较强,但抗钙能力较弱。当Ca^{2+}浓度过大时,会产生絮状沉淀。

除Na-HPAN外,目前常用的同类产品还有水解聚丙烯腈钙盐(Ca-HPAN)和聚丙烯腈铵盐(NH$_4$-HPAN)。Ca-HPAN具有较强的抗盐、抗钙能力,在淡水钻井液和海水钻井液中都有良好的降滤失效果。NH$_4$-HPAN除了降滤失作用外,还具有抑制粘土水化分散的作用,因此常用作页岩抑制剂。

(2)丙烯酸盐SK系列产品。该系列产品为丙烯酸盐的多元共聚物,其外观为白色粉末,易溶于水,水溶液呈碱性,主要用作聚合物钻井液的降滤失剂,但不同型号的产品在性能上有所区别。

SK-1可用于无固相完井液和低固相钻井液,在配合用NaCl、CaCl$_2$等无机盐加重的过程中,主要起降滤失和增粘的作用。

SK-2具有较强的抗盐、抗钙能力,是一种不增粘的降滤失剂。

SK-3主要用在当聚合物钻井液受到无机盐污染后,作为降粘剂,同时可改善钻井液的热稳定性,降低高温高压滤失量。

(3)PAC系列产品。PAC系列产品是指各种复合离子型的聚丙烯酸盐(PAC)聚合物,是具有不同取代基的乙烯基单体及其盐类的共聚物。通过在高分子链节上引入不同含量的羧基、羧钠基、羧胺基、酰胺基、腈基、磺酸基和羟基等共聚而成。通过调整聚合物分子链节中各官能团的种类、数量、比例、聚合度及分子构型,可设计、研制出系列处理剂,以满足降滤失、增粘和降粘等要求。应用较广的是以下三种产品。

1)PAC141。丙烯酸、丙烯酰胺、丙烯酸钠和丙烯酸钙的四元共聚物。它在降滤失的同时,还兼有增粘作用,并且还能调节流型,改进钻井液的剪切稀释性能。该处理剂能抗180℃的高温,抗盐可达饱和。

2)PAC142。丙烯酸、丙烯酰胺、丙烯腈和丙烯磺酸钠的共聚物。在降滤失的同时,其增粘幅度比 PAC141 小。主要在淡水、海水和饱和盐水钻井液中用作降滤失剂。在淡水钻井液中,其推荐加量为 0.2%～0.4%;在饱和盐水钻井液中,推荐加量为 1.0%～1.5%。

3)PAC143。由多种乙烯基单体及其盐类共聚而成的水溶性高聚物。分子量为 150～200 万,分子链中含有羧基、羧钠基、羧钙基、酰胺基、腈基和磺酸基等多种官能团。该产品为各种矿化度的水基钻井液的降滤失剂,并且能抑制泥页岩水化分散。在淡水钻井液中的推荐加量为 0.2%～0.5%;在海水和饱和盐水钻井液中,推荐加量为 0.5%～2%。

4. 树脂类降滤失剂

树脂类降滤失剂是以酚醛树脂为主体,经磺化或引入其他官能团而制得。磺甲基酚醛树脂(SMP)是最常用的产品。

(1)磺甲基酚醛树脂(SMP)。SMP 是一种水溶性的不规则线型聚合物,为棕红色粉末,溶于水;分子的主链由亚甲基桥和苯环组成,又引入了大量磺酸基,故热稳定性强,可抗 180℃～200℃ 的高温;因引入磺酸基的数量不同,抗无机电解质的能力会有所差别。目前使用量很大的 SMP-1 型产品可用于矿化度小于 1×10^5 mg/L 的钻井液,而 SMP-2 型产品可抗盐至饱和,抗钙也可达 2 000mg/L,是主要用于饱和盐水钻井液的降滤失剂;SMP 还能改善滤饼的润滑性,对井壁也有一定的稳定作用;加量通常在 3%～5% 之间。

(2)磺化木质素磺甲基酚醛树脂缩合物(SLSP)。SLSP 与磺甲基酚醛树脂有相似的优良性能,但在原来树脂的基础上引入了一部分磺化木质素。所以 SLSP 在降低钻井液滤失量的同时,还有优良的稀释特性。生产该产品有利于解决造纸废液引起的环境污染问题,成本也有所下降。缺点是在钻井液中比较容易起泡,必要时需配合加入消泡剂。

(3)磺化褐煤树脂。它是褐煤中的某些官能团与酚醛树脂通过缩和反应所制得的产品。在缩和反应过程中,为了提高钻井液的抗盐、抗钙和抗温能力,还使用了一些聚合物单体或无机盐进行接枝和交联。该类降滤失剂中比较典型的产品有国外常用的 Resinex 和国内常用的 SPNH。

Resinex 是自 20 世纪 70 年代后期以来国外常用的一种抗高温降滤失剂,由 50% 的磺化褐煤和 50% 的特种树脂组成;产品外观为黑色粉末,易溶于水,与其他处理剂有很好的相容性;在盐水钻井液中抗温可达 230℃,抗盐可达 1.1×10^5 mg/L,抗钙 2 000mg/L;在降滤失的同时,基本上不会增大钻井液的粘度,在高温下不会发生胶凝。特别适于在高密度深井、超深井钻井液中使用。

SPNH 是以褐煤和腈纶废丝为主要原料,通过采用接枝共聚和磺化的方法制得的一种含有羟基、羰基、亚甲基、磺酸基、羧基和腈基等多种官能团的共聚物。SPNH 主要起降滤失作用,但同时还具有一定的降粘作用。其抗温和抗盐、抗钙能力均与 Resinex 相似。

5. 淀粉类降滤失剂

淀粉(Starch)的结构与纤维素相似,也属于碳水化合物,是最早使用的钻井液降滤失剂之一。在 50℃ 以下不溶于水,温度超过 55℃ 以上开始溶胀,形成半透明凝胶或胶体溶液。加碱也能使它迅速而有效地溶胀。可进行酯化、醚化、羧甲基化、接枝和交联反应,从而制得一系列改性产品。

加入淀粉不仅可以降低滤失量,而且还有助于提高钻井液中粘土颗粒的聚结稳定性。淀粉在淡水、海水和饱和盐水钻井液中均可使用。

淀粉的降失水机理一方面是吸收水分,减少了钻井液中的自由水;另一方面是形成的囊状物可进入泥饼缝隙中,从而堵塞水的通路,降低泥饼渗透性。

使用时,钻井液的矿化度最好大一些,并且 pH 值最好大于 11.5,否则容易发酵变质。若这两个条件均不具备,可加入适量的防腐剂。

在高温下,淀粉容易降解,效果变差。如温度超过 120℃,淀粉将完全降解而失效。国内外在温度较低、矿化度较高的环境下,已广泛使用淀粉作为降失水剂。在饱和盐水钻井液中,淀粉是经常使用的一种降滤失剂。

淀粉类降滤失剂主要改性产品有以下几种:

(1)羧甲基淀粉(Carboxymethyl Starch)是淀粉的改性产品,代号为 CMS。在碱性条件下,淀粉与氯乙酸发生醚化反应即制得羧甲基淀粉。从现场试验情况看,CMS 降失水效果好,而且作用速度快。在提粘方面,对塑性粘度影响小,而对动切力影响大,因而有利于携带钻屑。

(2)羟丙基淀粉(Hydroxy Propyl Starch)是在碱性条件下,淀粉与环氧乙烷或环氧丙烷发生醚化反应制得,羟丙基淀粉的代号为 HPS。由于分子链节上引入了羟基,其水溶性、增粘能力和抗微生物作用的能力都得到了显著改善。

(3)抗温淀粉 DFD-140 是一种白色或淡黄色的颗粒,分子链节上同时含有阳离子基团和非离子基团,而不含阴离子基团。DFD-140 抗温性能较好,在 4% 盐水钻井液中可以稳定到 140℃,在饱和盐水钻井液中可以稳定到 130℃。

(三)增粘剂

为了保证井眼清洁和安全钻进,钻井液的粘度和切力必须保持在一个合适的范围。在水基钻井液中,经常采用增粘剂。若只依靠膨润土提粘,会引起固相含量过高等问题。

增粘剂均为高分子聚合物。其分子链很长,在分子链之间容易形成网状结构,因此能显著地提高钻井液的粘度。增粘剂除了起增粘作用外,还往往兼作页岩抑制剂(包被剂)、降滤失剂及流型改进剂。因此,使用增粘剂既有利于改善钻井液的流变性,还有利于井壁的稳定。

1. XC 生物聚合物

XC 生物聚合物又称做黄原胶,是由黄原菌类作用于碳水化合物而生成的高分子链状多糖聚合物,分子量可高达 5×10^6,易溶于水。是一种适用于淡水、盐水和饱和盐水钻井液的高效增粘剂,加入很少的量(0.2%~0.3%)即可产生较高的粘度,并兼有降滤失作用。

它的另一显著特点是具有优良的剪切稀释性能,能够有效地改进流型(即增大动塑比,降低 n 值)。在高剪切速率下有利于提高机械钻速,而在环形空间的低剪切速率下又具有较高的粘度,有利于形成平板形层流,使钻井液携带岩屑的能力明显增强。

它抗温可达 120℃,但在 140℃ 温度下也不会完全失效。据报道,国外曾在井底温度为 148.9℃ 的油井中使用过。其抗盐、抗钙能力也十分突出,是配制饱和盐水钻井液的常用处理剂之一。

有时需与三氯酚钠等杀菌剂配合使用,因为在一定条件下,空气和钻井液中的各种细菌会使其发生酶变,从而降解失效。

2. 羟乙基纤维素

羟乙基纤维素(HEC)是一种水溶性的纤维素衍生物。外观为白色或浅黄色固体粉末。它无嗅、无味、无毒,溶于水后形成粘稠的胶状液。该处理剂是由纤维素和环氧乙烷经羟乙基化制成。其显著特点是在增粘的同时不增加切力,因此在钻井液切力过高致使开泵困难时常被选用;抗温能力可达120℃;增粘程度与时间、温度和含盐量有关。

(四)页岩抑制剂(防塌剂)

在钻井液中处理剂所起的作用主要有两个,一是维持钻井液性能稳定,二是保持井壁稳定。凡是能有效地抑制页岩水化膨胀和分散,主要起稳定井壁作用的处理剂均可称做页岩抑制剂,又称防塌剂。

1. 沥青类

(1)氧化沥青(Oxidized Asphalt)。将沥青加热并通入空气进行氧化后制得的产品。沥青经氧化后,沥青质含量增加,胶质含量降低,软化点上升。使用不同的原料并通过控制氧化程度可制备出软化点不同的氧化沥青产品。

为黑色均匀分散的粉末,难溶于水,多数产品的软化点为150℃~160℃,细度为通过60目筛的部分占85%。主要在水基钻井液中用作页岩抑制剂,并兼有润滑作用,一般加量为1%~2%。此外,还可分散在油基钻井液中起增粘和降滤失作用。

氧化沥青的防塌作用机理:在一定的温度和压力下软化变形,从而封堵裂隙,并在井壁上形成一层致密的保护膜。在选用该产品时,软化点是一个重要的指标,应使其软化点与所处理井段的井温相近。

(2)磺化沥青(Sulfonated Asphalt)。它实际上是磺化沥青的钠盐,代号为SAS。它是常规沥青用发烟H_2SO_4进行磺化后制得的产品。沥青经过磺化,引入了水化性能很强的磺酸基,使之从不溶于水变为可溶于水。磺化时应控制产品中含有的水溶性物质约占70%。为黑褐色膏状胶体或粉剂,软化点高于80℃,密度约为$1g/cm^3$。

磺化沥青的防塌机理:由于含有磺酸基,水化作用很强,当吸附在页岩晶层断面上时,可阻止页岩颗粒的水化分散;同时不溶于水的部分又能起到填充孔喉和裂缝的封堵作用,并可覆盖在页岩表面,改善泥饼质量。在钻井液中还起润滑和降低高温高压滤失量的作用,是一种多功能的有机处理剂。

(3)天然沥青和改性沥青。沥青粉的主要作用机理:当钻遇页岩地层时,若沥青的软化点与地层温度相匹配,在井筒内正压差作用下,沥青产品会发生塑性流动,挤入页岩孔隙、裂缝和层面,封堵地层层理与裂隙,提高对裂缝的粘结力,在井壁处形成具有护壁作用的内、外泥饼,起到稳定井壁的作用。

此外,为了提高其封堵与抑制能力,可将沥青类产品与其他有机物进行缩合。如磺化沥青与腐植酸钾的缩合物KAHM,俗称高改性沥青粉,在各类水基钻井液中均具有很好的防塌效果。

2. 腐植酸钾盐类

腐植酸的钾盐、高价盐及有机硅化物等均可用作页岩抑制剂,其产品有腐植酸钾、硝基腐植酸钾、磺化腐植酸钾、有机硅腐植酸钾、腐植酸钾铝、腐植酸铝和腐植酸硅铝等。其中腐植酸钾盐的应用更为广泛。

(1)腐植酸钾(KHm)。它是以褐煤为原料,用KOH提取而制得的产品。外观为黑褐色粉末,易溶于水,水溶液的pH值为9~10。主要用作淡水钻井液的页岩抑制剂,并兼有降粘和降滤失作用。抗温能力为180℃,一般加量为1%~3%。

(2)硝基腐植酸钾。它是用 HNO_3 对褐煤进行处理后,再用 KOH 中和提取而制得。为黑褐色粉末,易溶于水,水溶液的 pH 值为 8~10。其性能与腐植酸钾相似。它与磺化酚醛树脂的缩合物是一种无荧光防塌剂,代号为 MHP,适于在探井中使用。

(3)K21。它是硝基腐植酸钾、特种树脂、三羟乙基酚和磺化石蜡等的复配产品。为黑色粉末,易溶于水,水溶液呈碱性。是一种常用的页岩抑制剂,并能降粘和降低滤失量,抗温可达180℃。

(五)聚合物包被剂和选择性絮凝剂

高聚物絮凝剂可以使钻井液中的钻屑或劣质土处于不分散的絮凝状态,以使用机械设备将其清除,较好地解决了分散型钻井液体系所存在的钻屑分散和积累的问题。这里主要阐述聚丙烯酰胺(PAM)、部分水解聚丙烯酰胺(PHP 或 PHPA)和醋酸乙烯酯-顺丁烯二酸酐共聚物等絮凝剂。

1. 聚丙烯酰胺(PAM)

随聚丙烯酰胺分子量增大,絮凝能力、提粘效应、堵漏和防漏效果都会提高。由于缺少水化基团,目前已较少使用聚丙烯酰胺,主要使用它的衍生物。它是丙烯酰胺高聚物中组成最简单的产品,只能用作完全絮凝剂。

$$\left[CH_2 - \underset{CONH_2}{CH} \right]_n$$

分子链上的吸附基团—$CONH_2$ 的氢与粘粒表面上的氧产生氢键吸附。由于其分子链很长,可以同时吸附几个粘粒在其间架桥(多点吸附),而呈团块状絮凝物,造成动力稳定性下降而聚沉。

PAM 分子链上几乎全是酰胺基,故其表现出全絮凝的性质。

关于高聚物的絮凝作用机理,普遍接受的是"桥联理论"。聚丙烯酰胺及部分水解聚丙烯酰胺按其絮凝作用原理的不同,可以将它们分为以下两类:

(1)完全絮凝剂:在钻井液中加入 PAM 后,使所有的固相都发生絮凝沉淀,即既絮凝岩粉及劣土,又絮凝膨润土。

(2)选择性絮凝剂:按其作用的不同又可分为:①增效型选择性絮凝剂。在钻井液中只能絮凝岩粉和劣土,而不絮凝膨润土,同时还能增加钻井液的粘度;②非增效型选择性絮凝剂。在钻井液中只能絮凝岩粉和劣土,而不絮凝膨润土,同时对钻井液的粘度影响不大。

2. 部分水解聚丙烯酰胺(简称 PHPA 或 PHP)

水解后的聚丙烯酰胺性质发生一系列变化,引进羧酸根基团,使水解后分子链的亲水性增强,由于羧酸根基团之间的静电排斥作用,分子链在水溶液中的伸展程度增大。

$$\left[CH_2 - \underset{CONH_2}{CH} \right]_x \left[CH_2 - \underset{COONa}{CH} \right]_y$$

水解度(羧钠基与酰胺基的比例)是影响 PHPA 性能的重要参数。水解度增大,分子链伸展,在钻井液中桥联作用增强,因而对劣质土的絮凝作用增强。但水解度过大时,由于在粘土颗粒上的吸附作用减弱,对劣质土的絮凝作用反而降低。

水解度30%左右时絮凝能力最强。水解度增加,水溶液的粘度增大,因而高水解度的PHPA用于提粘、防漏和降滤失。例如,现场控制滤失量和提粘堵漏时就用水解度60%～70%的PHPA,而用作选择性絮凝剂时则用水解度20%～40%的PHPA。

PHP的絮凝机理与PAM完全不同。因为PHP的分子链上除—$CONH_2$外,还有相当数量的水化基团羧钠基(—COONa),而—COONa在水中可以电离,使其分子链带负电荷和水化。

对于不同类型的粘粒,它所表现出的吸附、絮凝能力也不同。膨润土的颗粒细,阳离子交换容量高,表面所带的永久负电荷多,斥力大,且分散度高,故它对膨润土粒子的吸附、絮凝能力降低,表现为不絮凝。而劣土颗粒粗,表面负电荷少,故它对劣土表现为吸附—架桥—絮凝。

3. 聚丙烯酸钙

聚丙烯酸钙不溶于水,使用时必须加Na_2CO_3或NaOH,使分子中的羧酸钙部分转化为羧酸钠,因此实际应用时分子中亦存在—COONa基。

分子量和各基团的比例是影响性能的重要因素。现场常用的产品是以分子量150～350万的聚丙烯酰胺为原料,加NaOH水解,当水解度达60%以上后,加$CaCl_2$溶液交联聚沉而制得的。聚丙烯酸钙是一种抗高Ca^{2+}、Mg^{2+}的降滤失剂,并能改善钻井液的流变性能。

4. 80A51

它是由丙烯酸和丙烯酰胺共聚制得的聚合物包被剂,并具有降滤失和流变性调节等功能。

5. 醋酸乙烯酯-顺丁烯二酸酐共聚物(VAMA)

它是一种选择性絮凝剂,对膨润土不絮凝,还可增效。对钻屑或劣质土则迅速絮凝,故常称为双功能聚合物。分子量在7万以下时,是很好的降粘剂,并具有较好的降滤失能力。

(六)堵漏剂

堵漏剂又称为堵漏材料,通常将其分为以下三种类型。

1. 纤维状堵漏剂

常用的有棉纤维、木质纤维、甘蔗碴和锯末等。由于其刚度较小,因而容易被挤入发生漏失的地层孔洞中。如果有足够多的这种材料进入孔洞,就会产生很大的摩擦阻力,从而起到封堵作用。但如果裂缝太小,纤维状堵漏剂无法进入,只能在井壁上形成假泥饼。一旦重新循环钻井液,就会被冲掉,起不到堵漏作用。因此,必须根据裂缝大小选择合适的纤维状堵漏剂的尺寸。

2. 薄片状堵漏剂

包括塑料碎片、赛璐珞粉、云母片和木片等。这些材料可能平铺在地层表面,从而堵塞裂缝。若其强度足以承受钻井液的压力,就能形成致密的泥饼。

3. 颗粒状堵漏剂

主要指坚果壳(即核桃壳)和具有较高强度的碳酸盐岩石颗粒。这类材料大多是通过挤入孔隙而起到堵漏作用。

堵漏剂种类繁多。与其他类型处理剂不同的是,大多数堵漏剂不是专门生产的规范产品,而是根据就地取材的原则选用的。堵漏剂的堵漏能力一般取决于它的种类、尺寸和加量。

各种常用堵漏剂的规格可参考第六章表6-16。

(七)泡沫剂(发泡剂)

泡沫及泡沫钻井液已广泛应用于石油天然气钻井,其特点是密度低,携岩能力强,保护油气层、水井及地热井的含水层,钻进速度快,是一种有发展前途的钻井液。

纯液体是很难形成稳定泡沫的,因为泡沫中作为分散相的气体所占的体积一般都超过90%,而极少量的液体作为外相被气泡压缩成薄膜,极易破灭。要使液膜稳定,必须加入第三种物质即泡沫剂。

泡沫剂可分成以下几类:

(1)表面活性剂。是常见的泡沫剂。例如十二烷基苯磺酸钠、十二醇硫酸钠以及硬脂酸钠等都有良好的发泡性能。这类物质的溶液表面张力很容易达到25mN/m左右。

(2)蛋白质类。例如蛋白质、明胶等,对泡沫有良好的稳定作用。这类物质虽然降低表面张力的能力有限,但可形成具有一定机械强度的薄膜。

(3)固体粉末类。像炭黑、微细矿粉等憎水固体粉末可聚集于气泡表面,形成稳定泡沫。

(4)其他类型。包括非蛋白质类的高分子化合物,如聚乙烯醇、甲基纤维素以及皂素等。

常见泡沫剂有:

(1)十二烷基苯磺酸钠。它属于阴离子型表面活性剂,极易起泡,但使用时必须加入稳泡剂才能获得比较稳定的泡沫。

(2)甜菜碱型泡沫剂。典型的如十二烷基二甲基甜菜碱,此类化合物溶于水呈透明溶液,发泡力强,是两性表面活性泡沫剂的代表。其抗盐、抗钙、抗温性能均较好。

(3)DF-1型泡沫剂。该泡沫剂是由阴离子型表面活性剂烷基苯磺酸钠,抗钙、镁能力强的改性阴离子表面活性剂脂肪醇聚氧乙烯醚硫酸钠和发泡能力强的脂肪醇硫酸钠配制而成的一种高效发泡剂。

DF-1型泡沫剂抗钙、镁、盐能力强,携岩能力好,且具有较强的抗温能力。

(八)粘土稳定剂

粘土矿物对油气层的损害主要表现为膨胀和运移两种方式。为使地层渗透性不受损害,必须使用化学处理剂稳定地层中的粘土矿物。

能防止粘土矿物膨胀的处理剂称为防粘土膨胀剂(防膨剂),能防止粘土微粒运移的处理剂称为防粘土微粒运移剂(防运移剂),两者都属粘土稳定剂。

目前,粘土稳定剂根据化学组成的不同可分为以下四大类:①无机盐、无机碱类,如 KCl、NH_4Cl、$CaCl_2$、$AlCl_3$、KOH 等;②无机聚合物类,如羟基铝、氯氧化锆;③阳离子表面活性剂类,如二甲基苄基烷基铵盐、烷基吡啶、三甲基烷基铵盐等;④有机阳离子聚合物类,若按其所含阳离子的不同可分为聚季铵盐、聚季磷盐和聚叔硫盐三大类。

其中,有机阳离子聚合物类稳定剂使用范围广,稳定效果好,有效时间长,既能抑制粘土的水化膨胀又能控制微粒的分散运移,且抗酸、碱、油、水的冲洗能力都较强。

有机阳离子聚合物对粘土的稳定机理如下:①电性"中和"抑制粘土的水化膨胀,阳离子聚合物链上的正电性原子或基团与粘土上的低价阳离子发生交换,大分子链上众多的正电性原子或基团"中和"了粘土晶层间和表面的负电荷,使晶层和颗粒间的静电斥力减小,晶层收缩而不易水化膨胀;②聚合物吸附层阻止粘土的水化作用,阳离子聚合物与粘土间强烈的静电引力、范德华力使大分子牢固地吸附在粘土和其他微粒上,形成一层吸附层,从而阻止了粘土的水化作用;③多点吸附控制了粘土及微粒的分散运移,聚合物长链可同时吸附到多个晶层与微粒上,从而抑制了粘土的分散和运移,正是由于阳离子聚合物的多点吸附,使吸附作用力强,在外力的作用下要同时脱附非常困难,加之阳离子聚合物本身的稳定性,所以可抗酸、碱、油、水的冲洗,即稳定具有长效性。

(九)其他钻井液/完井液处理剂

1. 甲酸盐钻井液处理剂

将甲酸(HCOOH)与 NaOH 或 KOH 在高温高压条件下进行反应,可生成甲酸钠、甲酸钾等盐类。

(1)HCOONa 和 HCOOK 饱和溶液的密度分别为 $1.34g/cm^3$ 和 $1.60g/cm^3$,因而所配制的甲酸盐钻井液具有较宽的密度范围。

(2)如需更高密度,还可使用甲酸铯(HCOOCs)钻井液,其最高密度可达 $2.3g/cm^3$。

2. 聚合醇类处理剂

聚合醇(又称多元醇)钻井液是 20 世纪 90 年代研制成功的一种新型防塌钻井液。此类钻井液是在原有聚合物钻井液基础上,再加入一定数量的聚合醇配制而成。聚合醇是一类非离子型的低分子量聚合物。它既具有一般聚合物的特性,又具有非离子表面活性剂的某些特性。其结构通式为 $(HOCH_2CH_2OH)_n$。主要产品有聚乙烯乙二醇、聚丙烯乙二醇和聚甘油等。

3. 甲基葡萄糖甙钻井液

MEG 是甲基葡萄糖甙的英文缩写。MEG 钻井液体系是近期研制成功的一种新型无环境污染的钻井液体系,其各种性能几乎可与油基钻井液相比拟,具有广泛的应用前景。

MEG 是葡萄糖的衍生物,无毒性且易于生物降解,糠虾半致死质量分数 96hLC50 值大于 500 000mg/L。

MEG 钻井液配方简单,配制和维护容易,并具有较强的页岩抑制性能、优异的润滑性能、良好的储层保护特性和体系稳定性。

第三章 钻井液配方设计

第一节 钻井液配方设计概要

钻井液配方设计是根据所钻地层条件(地质构造、地应力、岩石性质、地下流体状况等)和钻井工艺情况(钻进参数、设备能力、井身结构、钻具组配等),按钻井液被需求的功能,拟定其主要性能参数,选择相应的配浆材料并确定它们的加量比例。钻井液配方设计是钻井液技术的核心内容。

各种钻进情况下的钻进目的、地层特点和钻进工艺方法等差异甚大,因而对钻井液性能有明显不同的要求,设计重点也因此而不同。例如,在钻渣粗大及井壁松散的地层中,悬屑和防塌问题突出,泥浆的粘度和切力等流变性指标成为设计重点;在稳定的坚硬岩中钻进,泥浆设计的重点是针对钻头的冷却和钻具的润滑,而此时护壁和排粉等则处于次要位置。又如在遇水膨胀缩孔的地层中钻进,泥浆的设计重点则应放在降失水护壁上;对于压力敏感的地层,泥浆的密度设计又尤为重要。因此,针对特定的钻进情况,在全面设计中突出相应的性能参数要点,是做好泥浆设计的关键所在。

在钻井液性能设计中可能会遇到一些相互矛盾的情况,满足一些设计指标时,另一些指标则可能得不到满足。对此,应该抓住主要问题,兼顾次要问题,综合照顾全面性能。在一些要求不高的场合,可以酌情精简对钻井液性能的设计,适当放宽对一些相对次要指标的要求,以求得最终的低成本和高效率。

要达到优越的钻井液性能参数指标,选择并组合合适的配浆材料是设计中最为关键的事宜。本书及其他相关文献大量给出各种各样的钻井液配浆剂,每种都有其特定的控制钻井液某种或某些性能的功效,把它们组合在一起就有可能满足多项性能要求。要特别注意多种处理剂相互之间的影响,力求协调配伍,避免干扰抵消。最终,配方设计的优越与否,还要进一步依靠对各种处理剂的加量控制,严格准确的材料比例把握往往是好配方的要点。至此,可以概括出钻井液配方设计总体流程(图3-1)。

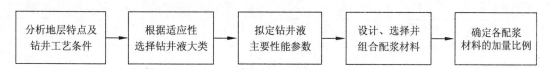

图3-1 钻井液配方设计总体流程

如本书第一章所述,钻井液分若干大类,各类适应的条件不同。设计时首先应确定钻井液的类属。其中钻井泥浆所用比例最大,是所有其他类总和的3倍多。泥浆的细分类型又有许多,并且与其他类型钻井液有密切的可转型关系。所以,钻井业界时常又将"钻井液"非正规地概称为"泥浆"。本章内容以钻井泥浆设计为主。

钻井泥浆是由粘土、水(或油)和处理剂混合形成的流体,具有可调控的粘性、密度和降失水等性能。在许多场合,它能够满足悬排钻渣、稳定井壁、防止漏失、冷却润滑钻具的基本钻进需要,并且来源广、成本低、配制使用方便,所以成为应用最广泛的钻井液。

第二节 钻井泥浆的分类及定名

由于考虑问题的侧重点不同,对钻井泥浆的分类方法较多,各有其应用特点。为了全面、清晰地把握钻井泥浆的体系分布,有必要对钻井泥浆的各种分类方法作出整理归纳。

一、水基与油基泥浆

配制泥浆用的基本液体是水或油,约占泥浆体积的85%以上。若以水为主即以水为连续相配制的泥浆,称为水基泥浆;若以油为主即以油为连续相配制的泥浆,称为油基泥浆。大部分钻井场合下,使用成本较低、配制方便、使用安全的水基泥浆。本书大部分内容均以水基泥浆为主要体系进行阐述,详见各相关章节。

油基泥浆,又称油基钻井液,早在20世纪20年代就曾开始使用(当时简单地使用原油)。发展迄今它的基本组成是油、水、有机粘土和油溶性化学处理剂,具有抗高温、抗盐钙侵、润滑性好、有利于井壁稳定、对油气层损害小等优点,但也存在成本过高、火灾隐患大、材料复配选择余地小和或存毒性等明显缺点,所以目前仅在少数特定场合下使用。油基泥浆又分为油包水乳化泥浆和全油基泥浆两种类型,前者油水比在50~80:20~50之间,后者含水量不超过6%。

从现今的油基泥浆发展趋势看,油包水乳化泥浆的应用比例相对较高。它是由基油和水相、乳化剂加润湿剂、有机土及亲油胶体、石灰与加重材料等组成。

基油采用柴油和低毒矿物油。要求腐蚀性低,其以苯胺点作为指标值必须高于60℃。为确保爆燃方面的安全,要求柴油的燃点高于93℃、闪点高于82℃。基油的粘度不宜过高,一般把握在0.5~6.0mPa·s之间,常用基油及其性能如表3-1所示。

表3-1 钻井液常用基油的物理性质

基油代号	颜色	密度 (kg/m³)	闪点 (℃)	苯胺点 (℃)	燃点 (℃)	终沸点 (℃)	芳烃含量 (%)	粘度 (mPa·s)	LC50值 (mg/L)
2号柴油	棕黄色	840	82	59	45	329	30~50	2.7	80 000
Mentor26	无色	838	93	71	26	306	16.4	2.7	>1 000 000
Mentor28	无色	845	120	79	15	321	19.0	4.2	>1 000 000
Escaid110	无色	790	79	76	54	242	0.9	1.6	>1 000 000
LVT	无色	800	71	66	73	262	10~13	1.8	>1 000 000
BP8313	无色	785	72	78	40	255	2.0	1.7	>1 000 000

淡水、盐水和海水均可用做油基泥浆的水相。但通常用含一定$NaCl$或$CaCl_2$量的盐水,其目的在于控制水相的活度,减弱对泥页岩地层的水化膨胀。

乳化剂和润湿剂是油基钻井液的关键材料,它们的合理应用是形成油包水体系的技术核心。硬脂酸钙、烷基磺酸钙、烷基苯磺酸钙、Span-80、环烷酸钙、石油磺酸铁、油酸、环烷酸酰胺、腐植酸酰胺等均是配制油基钻井液常用的乳化剂。

润湿剂又称润湿反转剂,用来使钻屑和重晶石等颗粒表面亲油以增加悬浮性,防止它们聚结在水相中沉降。常用的润湿剂有季铵盐(如十二烷基三甲基溴化铵)、卵磷脂、石油磺酸盐、DV-33、DW-A、EZ-Mul 等。

由于泥浆体系比无粘土钻井液更易于降失水、悬碴和提粘,因此油基泥浆是油基钻井液的主体。欲使土粉在油中化解成胶,油基泥浆的用土要采用亲油的有机土。这种土粉用亲油膨润土和润湿反转剂(季铵盐类阳离子表面活性剂)混配制成,在油包水介质中能充分分散而形成稳定泥浆。

与有机土相仿,能在油中化解成胶的材料还有氧化沥青、亲油褐煤粉、二氧化锰等,我们将这类材料称为亲油胶体。氧化沥青是将沥青经加热吹气氧化后与石灰混合而成的粉剂,用此配制的泥浆失水量小、增粘悬浮性强、抗高温、性能稳定,但钻速慢、易糊钻。

石灰也常为油基泥浆的必要组分。它用来提供有利于二元金属皂形成的 Ca^{2+},从而保证乳化剂充分发挥效能;同时也用来维持油基泥浆的 pH 值处于中碱性(8.5～10),以防腐蚀钻具,特别是防止地层中 CO_2 和 H_2S 气体所造成的酸蚀与泥浆污染。

重晶石粉与碳酸钙是油基泥浆的主体加重材料。在油基浆液中要配以足够的乳化剂和润湿剂,以保证重晶石等颗粒由亲水转变为亲油。当所需密度相对较小时(如小于 $1.68g/cm^3$),可用碳酸钙作为加重材料,它比重晶石更易于在油基中润湿且具有耐酸性,同时较有利于储保暂堵。

二、细分散、粗分散与低固相泥浆

按粘土在泥浆中的分散程度,又可将水基泥浆划分为细分散淡水泥浆、粗分散抑制性泥浆和不分散低固相泥浆。

细分散淡水泥浆是靠粘土在淡水中高度分散得到,是泥浆的早期类型。这类泥浆中的含盐量小于 1%,含钙量小于 $120×10^{-6}$,不含抑制性高聚物。其组成除粘土、碳酸钠和淡水外,为了满足钻井需要,往往还加有降失水剂和防絮凝剂(稀释剂)。依所加处理剂的不同,可有铁铬盐泥浆、木质素磺酸盐泥浆和腐植酸泥浆等。虽然这类泥浆在稳定性、流动性和对地层抑制性方面存在明显缺陷,但在一些以提高泥浆粘性为主的钻井场合还经常使用。而且,细分散淡水泥浆往往是配制其他类型泥浆的基础,一般先将它配制出然后再转化为其他类型泥浆。这样做是要保证造浆粘土的充分水化。

粗分散抑制性泥浆是在细分散泥浆的基础上,加入无机聚结剂使粘土颗粒适度变粗,同时加入有机护胶处理剂而形成的泥浆体系。它对井壁岩土的分散具有显著的抑制作用,体系自身的抗侵能力强从而性能稳定、流动性好从而钻进效率高,在钻井工程中越来越得到广泛的应用。这类泥浆的含盐或含钙量较高,具体又分为钙处理泥浆(含钙量大于 120mg/L,如石灰泥浆、石膏泥浆、氯化钙泥浆)、盐水泥浆(含盐量大于 1%,如盐水泥浆、海水泥浆、饱和盐水泥浆)和钾基泥浆(含钾量大于 1%,如氯化钾泥浆、PAM-KCl 泥浆、氢氧化钾-褐煤泥浆、氢氧化钾-磺酸盐泥浆、铝钾泥浆)。

不分散低固相泥浆是较新型的泥浆体系。低固相是指泥浆体系中的固相含量(造浆粘土和钻渣等所有固相)按体积计不超过 4%,即 $1m^3$ 浆中不超过 $40kg$,由此使得钻进的机械钻速提高,尤其是在硬岩钻进中效果更为明显。所谓不分散,有三层含义:①粘土颗粒因特殊处理剂作用而变得适度粗,体系稳定;②对进入泥浆体系的岩屑起选择性絮凝作用,不使其分散,有利于除砂净化泥浆;③对井壁不起分散作用而起抑制保护作用。目前,这种泥浆已成为我国不少钻井单位在较为稳定地层深部钻探中使用的主要泥浆类型。

三、按主要化学组成定名泥浆

冠以主要材料或关键处理剂名称来命名泥浆,也是钻井泥浆常见的分类方法,如各种聚合物泥浆、三磺体系泥浆、钾基泥浆、聚丙烯酰胺泥浆、腐植酸类泥浆、木质素磺酸盐泥浆、充气泡沫泥浆、非水基泥浆、饱和盐水泥浆、混油润滑泥浆、乳化冲洗液等。这种分类命名方法有利于按照主要配浆组分的材料类属进行选用。现将一些常用的按主要化学组成定名的泥浆体系列于表 3-2 中。

表 3-2 常用的按主要化学组成定名的泥浆体系表

泥浆体系名称	主剂材料特点	常用辅配材料	主要功能及特点
三磺钻井液	有机磺化改性	FCLS、ABS	抗高温、低滤失量,用于深井钻进
聚磺钻井液	聚合物改性材料复配	CMC、ABS	不分散低固相,抗高温同时具有较强的抑制性
海泡石钻井液	纤维状镁质粘土	CMC、SPNH	酸溶性,有很好的增粘、抗高温、抗盐特性
油基钻井液	柴油连续相乳化体系	SP-80	抗高温、抗污染、强润滑性好,抑制性强
钾基泥浆	富含钾离子盐类	CaO、FT-1	具有很强的水化抑制性及防塌作用
盐水泥浆	无机盐类	KCl、CMC	含盐量高,用于永冻、盐膏地层钻进
腐植酸泥浆	腐植酸各类盐类	CMC、PAM	具有防塌、稀释等作用,用于水敏地层钻进
乳化沥青泥浆	水中乳化分散沥青	KCl、CMC	封堵抑制及润滑作用,用于水敏、易塌地层
PAM 泥浆	高分子量 PAM	PHP、CMC	不分散低固相体系,很好的絮凝、防塌作用
硅酸盐钻井液	各种硅酸盐为主	CMC、SPNH	具有保护膜特性,很好的防塌、堵漏效果
植物胶钻井液	植物经提取处理形成	PAM、CMC	能控制液体流变性质,作为钻井液增稠剂
正电胶钻井液	混合层状氢氧化物	HPAN	剪切稀释性,解决地层携砂、井壁稳定问题
水包油乳化泥浆	水连续相乳化体系	CMC、OP-10	润滑减阻好,适于小口径深孔钻进
泡沫钻井液	低密度连续泡沫体系	LAS、CMC	低密度,用于低压地层、欠平衡钻进
充气泥浆	微泡沫分散体系	LAS、CMC	低密度,用于低压地层、欠平衡钻进
重晶石泥浆	高比重重晶石加重	CMC、XC	泥浆比重高,用于高压涌水地层钻进
Na-CMC 泥浆	阴离子纤维素醚类	PAM	很好的降滤失、提粘作用,除渣及护壁效果强
生物聚合物泥浆	生物合成高分子多糖	CMC、PAM	改善控制液体流变性,高效钻井液增稠剂
白垩钻井液	疏松土状石灰岩	CMC、XC	失水量较低,具有较好的稳定性

续表 3-2

泥浆体系名称	主剂材料特点	常用辅配材料	主要功能及特点
KP 共聚物泥浆	KHm、PAM、CMC 共聚	CMC	很好的防塌、稀释、抑制水化作用
聚丙烯腈泥浆	含羧酸、酰胺基基团	PAM、CMC	抗高温、抗盐,有降滤失、抑制及防塌作用
钙处理泥浆	絮凝粗分散稳定体系	HPAN、FCLS	抑制粘土水化分散、膨胀,有一定的抗盐能力
石膏-铁铬盐泥浆	絮凝-稀释体系	CMC	抗高温、抗盐,防塌抑制作用
石灰-磺酸盐泥浆	絮凝-稀释体系	CMC、FCLS	抗高温、抗盐,很好的防塌抑制性
氯化钙-褐煤泥浆	絮凝-稀释体系	CMC、FCLS	低粘、低切,防塌效果突出
氯化钾泥浆	分散型氯化钾	CMC、KOH	有效抑制页岩膨胀,维护孔壁稳定
铝钾泥浆	铝钾抑制作用体系	CMC、KOH	抑制页岩水化膨胀,维护孔壁稳定
PAM—KCl 泥浆	不分散钾基泥浆	$(NH_4)_2SO_4$、CMC	对泥页岩的抑制性很强,仅次于油基泥浆

四、按应用领域和主要功能分类泥浆

钻探工程的应用领域广泛,分布在我国约 16 个部门。不同的钻进目的且在不同的地层和环境条件下,所需钻井泥浆的主要功能也有着不同程度的区别。因此,对泥浆类型有时也会按钻井领域及其主要任务目标来划分、命名。例如:小口径岩心钻探冲洗液、石油天然气钻井液完井液、地下水和地热钻井泥浆、基桩钻孔泥浆和地下墙施工稳定液、非开挖铺管成孔泥浆等。

若按照不同特征功能,可将泥浆分为提粘型、稀释型、降失水型、抑制型、润滑减阻型、高密度型、低密度型、抗高温型、耐低温型、抗盐型等不同类型。当然,有些泥浆体系要同时满足多方面主要功能。对此也可将两种或两种以上功能合起来作为泥浆类型的名称,如提粘降失水型、稀释抗盐型等。

按主要功能划分泥浆类型,是针对不同复杂地层需要解决各种特征问题而产生的,例如:

(1)用于砂层、砾卵石层、破碎带等机械性分散等地层的泥浆,简称松散地层泥浆,主要功能体现为粘结护壁和携带大颗粒钻渣。

(2)用于土层、泥岩、页岩等水敏性地层的抑制性泥浆,简称水敏抑制性泥浆,主要功能体现为强降失水和抑制水敏。

(3)用于岩盐、钾盐、天然碱等水溶性地层的泥浆,简称水溶抑制性泥浆,主要功能体现为防止井壁溶解和泥浆自身抗盐。

(4)用于较为稳定、漏失较小的坚硬、强研磨性岩石钻进的泥浆,简称硬岩钻进冲洗液,主要功能体现为润滑、冷却、减阻。

(5)用于异常低压或异常高压地层的低比重泥浆或加重泥浆,主要功能体现为低密度或高密度平衡地层压力。

(6)用于超深井、地热井等高温条件下的抗高温泥浆,主要功能体现为高温下泥浆性能稳定。反之,用于低温条件下的耐低温泥浆的道理亦然。

表 3-2 也附带给出了不同材料泥浆体系所体现的主要功能,供应用时对照参考。以下几

节将按应对不同复杂地层泥浆分类这样的架构,具体展开讨论体现各种针对性功能的泥浆设计方法。

第三节 松散与水敏地层泥浆

一、松散破碎地层稠化泥浆

钻探工程中经常会遇到砂、砾、卵石层、岩石风化带和破碎带。此类岩石结构呈散粒或散块状态,散粒散块之间胶结弱或无胶结(图3-2),结构完整性很差,故称其为松散破碎地层。在此类层段中钻进,井壁极易掉块、坍塌,容易诱发卡钻、埋钻事故,而且钻屑颗粒较大,钻井液携带甚困难。松散破碎地层是钻进工作的一大障碍,往往会因此而使工程减慢、变差甚至中途报废。

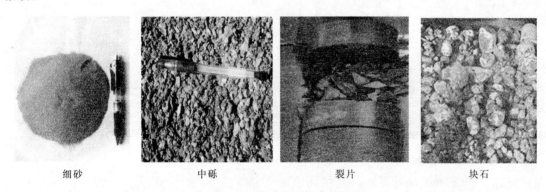

细砂　　　　　中砾　　　　　裂片　　　　　块石

图3-2 各种典型的松散破碎地层

运用钻井液技术来解决松散破碎地层钻进困难问题,是一项重要的工艺措施。将钻井泥浆的粘度和切力提高,可以有效粘结散状井壁,也有利于悬浮较大尺寸的钻屑。通过对比不同粘度钻井液浸泡的砂堆自然堆砌角度,可以清楚地认识到,提高粘度对防止松散破碎井壁垮塌具有重要的作用:用清水(粘度1mPa·s)浸泡的砂堆角度为30°,粘度为15mPa·s泥浆的为45°,粘度为30mPa·s泥浆的则可达到60°。

1. 地层松散程度的量化

地层越是松散破碎,维稳井壁的钻井液粘度就要求越高。可以说,地层的松散破碎程度是决定钻井液粘度设计值的主要因素。对地层松散破碎程度可以有若干种不同的度量方法。在此我们采用单轴抗压强度评价法,即以足够尺寸的井壁地层岩样的单轴抗压强度值 σ_s 作为衡量该地层松散破碎程度的指标,可称为散碎指数。根据实际数据统计,散碎程度可以分为极破碎($\sigma_s<0.1$MPa)、强破碎(0.1MPa$<\sigma_s<0.5$MPa)、中度破碎(0.5MPa$<\sigma_s<1.5$MPa)和较完整($\sigma_s>1.5$MPa)四个等级。

2. 泥浆粘度和切力值的设计

当岩层散碎程度已知且泥浆密度能与地层压力平衡时,钻井液应该采用多大粘度才能稳定井壁?根据实际工程经验、室内实验模拟和力学分析计算,我们建立所需泥浆的粘度与该类地层样品散碎指数之间的近似关系如下:

$$\eta_A = 0.5\sigma_s^2 - 12\sigma_s + 55 \tag{3-1}$$

式中：η_A——表观粘度(mPa·s)；σ_s——样品抗压强度(MPa)，即散碎指数。

例如已知某井壁岩样的散碎指数 σ_s 为 0.2MPa，带入式(3-1)计算得到应配泥浆粘度 η_A 为 41.00mPa·s；而 σ_s 为 2MPa 时，所需粘度仅为 17.00mPa·s。

提高泥浆切力不仅可以提高悬屑能力，也有助于粘结松散井壁。目前主要还是从悬屑考虑，依据散粒尺寸及其密度等确定泥浆切力。其有关论述详见第四章第四节。

3. 泥浆材料配方的确定

根据所需钻井液的粘度和切力选择配浆材料，确定加量比例。这是配方设计的主体内容。针对松散破碎地层，通过使用高分散度泥浆、增加泥浆中的粘土含量、加入大分子聚合物及交联剂以及适度絮凝等措施，来提高泥浆粘度和切力。视散碎程度，一般中、高粘度的经验值 η_p = 18~35mPa·s，对应的马氏漏斗粘度约为 27~65s；较大切力的经验值在 6~18Pa 范围内调整。

大分子聚合物是泥浆高效提粘的关键处理剂，带有水化基团且质地软，像合成高聚物（HPAM、HPAN、PAV 等）、纤维素（HV-CMC、HEC、HV-PAC 等）、天然植物胶（蒟蒻、田菁胶、瓜尔胶等）、生物聚合物（XC、Кедцан、ЪП-1 等），它们的分子量通常在 1 000 万以上，可使水溶液粘度大增。表 3-3 是部分大分子聚合物 5‰水溶液的粘度对比实验数据（更多信息可参见第二章第七节和本章第五节）。这些高效提粘剂在泥浆中的加量更小，一般只需 0.7‰以内，即可明显提高泥浆粘度。图 3-3 是在实验中用瓜尔胶提高基浆粘度时，其加量与泥浆粘度的对应关系实测曲线。

表 3-3 部分增粘剂水溶液的粘度对比实验数据表

样品名称		魔芋	雷硼	HEC	瓜尔胶	田菁胶	FIA-368	XC	PAC	HV-CMC	PAM1500
粘度计读值	Φ600	115.0	73.0	57.5	54.0	53.0	44.3	41.0	37.0	51.2	45.0
	Φ300	102.0	56.0	46.0	41.0	42.0	36.2	32.0	22.0	40.0	37.0
	Φ200	90.0	46.0	37.0	31.5	36.0	31.5	28.0	16.5	35.2	30.0
	Φ100	78.0	34.0	27.0	24.5	31.0	27.7	24.0	10.0	24.5	26.8
	Φ6	34.0	7.0	4.0	7.0	9.5	9.3	9.0	1.0	7.5	9.6
	Φ3	25.3	5.5	3.5	5.2	8.8	8.9	9.0	0.9	6.5	9.0

作为范例，以下给出一套针对松散破碎地层的稠化泥浆配方。该配方以提粘为主，材料配比简易，成本较低，在较多破碎层钻进中成功应用。如 2007 年曾用于非开挖铺管由武昌至汉口的定向钻穿越长江工程（全长 1 920m，扩孔直径 1 100mm），地层主要为风化破碎的白云岩以及第四系卵砾石和淤泥夹砂；也曾用于南岭于赣深部科学钻探孔的破碎煤线层段钻进（2012 年），有针对性地解决了破碎带钻孔垮塌难题。

8%~10%膨润土+0.5% Na_2CO_3 +0.5% $CaCl_2$ +0.1% HEC+1% LV-CMC

配方中 HEC 为主要提粘剂，其分子量大于 1 000 万，也可以用上面所列的其他高效提粘剂代替；LV-CMC 为降失水辅剂，对于有一定胶结性的松散地层，为防止泥浆中的自由水侵入孔壁地层而洗掉胶结物,应加入一定的降失水剂;$CaCl_2$ 为适度絮凝剂,用以提高泥浆的切力。为了提粘,膨润土的加量较高,并用 Na_2CO_3 进行充分水化分散。

该套泥浆性能:漏斗粘度 55s,表观粘度 35mPa·s,终切力 10Pa,失水量 13mL/30min。按式(3-1)计算,可以粘结稳定性指数 σ_s 仅为 0.3MPa 的强破碎地层。

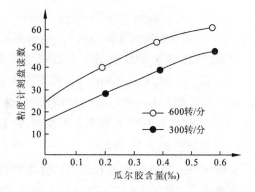

图 3-3 瓜尔胶含量对旋转粘度的影响

尽管泥浆粘度和切力越高越有利于粘结破碎的井壁并携出大颗粒钻屑,但受泵送能力和井内压力激动等因素限制,泥浆的粘稠程度不允许太大,有一定的上限值。这个限值根据不同的钻井工艺情况有较大的差别,如小口径绳索取心深孔钻探时一般粘度不能超过 35mPa·s,而较大口径油气钻井时的粘度允许达到 100mPa·s。当地层破碎松散严重到需要泥浆粘度超过限值时,只能采用停钻灌注固结浆材进行专门的护壁堵漏(详见第六章)。

二、降失水与抑制水敏泥浆

水敏性地层以泥岩、页岩、土层为主,其中存在着大量的粘土矿物,尤其是蒙脱石粘土的存在,使近井壁地层受到泥浆中自由水分的浸渗时,即发生粘土的吸水、膨胀、分散,导致钻孔井壁缩径、蠕垮。水敏性地层是钻进工作中最常见的难钻地层之一,极易造成井内事故,是钻井界长期以来致力于解决的钻井技术课题。

对于水敏性地层的井壁稳定,应用针对性的钻井液技术可以取得较好的效果。其最根本的配方思路为:①尽量减少钻井液对地层的渗水,也就是降低泥浆的失水量;②即便有"水"渗入井壁,这类流体也对泥质不产生或很少产生水敏或称抑制水敏。式(3-2)定量表达了降低失水量应把握的各项因素,再加上考虑抑制水敏措施,便构成配制降失水抑制性泥浆的机理与要点。

$$V_f = AK_m \sqrt{2K\Delta Pt \frac{1}{\mu}\left(\frac{C_c}{C_m} - 1\right)} \qquad (3-2)$$

式中:V_f——失水体积量;K——孔壁的渗透率;A——渗滤面积;ΔP——压差;μ——滤液粘度;t——渗滤时间;C_c——泥皮中固体颗粒的体积百分数;C_m——泥浆中固体颗粒的体积百分数;K_m——动失水系数。

(1)添加 Na-CMC、DFD 等中分子量(约 200 万)的降失水剂,增加粘土吸附水化膜的厚度,增大对自由水的渗透阻力,充分发挥泥饼的隔膜作用,可使失水量明显减少。

(2)采取"粗分散"方法使粘土颗粒适度絮凝,而非高度分散,从而使井壁岩土的分散性减弱,保持一定的稳定性。

(3)选优质土。由于水化效果好,粘土颗粒吸附了较厚的水化膜,泥饼密闭,泥浆体系中的自由水量大大减少,所以优质土泥浆的失水量远低于劣质土泥浆的失水量。

(4)提高基液粘度。泥浆中的"自由水"实际上是滤向地层的基液,其粘度愈高,向地层中渗滤的速率就愈低。

(5)调整泥浆密度,平衡地层压力。井眼中液体压力与地层中流体压力的差值是泥浆失水的动力,尽可能减少压力差,维持平衡钻进是降失水的有效措施。

(6)利用特殊离子对地层的"钝化"作用。一些特殊离子(如钾离子)的嵌合作用可以加强粘土颗粒之间的结合力,从而使井壁稳定性提高。

(7)利用大分子链网在井壁上的隔膜作用。泥浆中的大分子物质相互桥接,滤余后附着在井壁上形成阻碍自由水继续向地层渗漏的隔膜。

(8)利用微胶粒(如沥青微胶粒)的堵塞作用。在泥浆中添加与地层微隙尺寸相配伍的微小胶粒,堵塞渗漏通道,降低失水量。

(9)活度平衡。使钻井液化学性质与地层化学性质相近,减少相互之间的物质扩散交换程度。

与以上一种或多种机理相对应,针对水敏性地层的泥浆技术现已得到较快发展。下面列出一些相应的泥浆类型并例举一些典型配方。

1. 强降失水剂泥浆

这类泥浆中添加了足量的降失水剂,如 CMC、DFD、植物胶等。它们的分子量在中低范围(约 200~300 万),加量在 1‰~2‰。例:

$$5\% 膨润土 + 0.2\% 纯碱 + 1‰ \sim 2‰ LG + 1‰ \sim 2‰ CMC$$

该配方便利易行,应用广泛。例如 2006 年应用于河南省正阳地区 700~1 000m 深度的煤田钻探,解决了大段泥页岩的缩径、塌孔及卡钻问题。其关键技术要点是利用植物胶和 CMC 将泥浆的失水量由原来的 30mL 降到 12mL 以下,LG 植物胶还兼有强润滑性。

2. 钙处理泥浆

这类泥浆是粗分散泥浆的主要类型,有石膏-铁铬盐泥浆、氯化钙-褐煤泥浆等。它们利用钙离子遏制井壁泥页质的分散,同时提高泥浆自身的抗侵能力且流动性好。例:

$$7\% 钙基膨润土 + 0.3\% Na_2CO_3 + 0.6\% CaSO_4 + 1.5\% FCLS$$

其中 FCLS(铁铬木质素磺酸盐)是有机护胶剂,防止造浆粘土颗粒过度聚大。在有一定高价离子掺入时所测得的性能指标反映了这种泥浆的特色:失水量$\not>$15mL、终切力$\not>$6Pa、视粘度$\not>$21mPa·s。这类配方在油气钻井和地勘钻探中遇到泥页岩时大量使用。

3. 钾基泥浆

钾基泥浆有 PAM—KCl 泥浆、分散型氯化钾泥浆、氢氧化钾-褐煤泥浆、氢氧化钾-磺酸盐泥浆、铝钾泥浆等。它们的共同特征是含有钾离子,利用 K^+ 特殊结构尺寸的嵌合作用,可以锁联井壁泥页质成分使井壁稳定。例:

$$4.5\% 钙基膨润土 + 0.2\% Na_2CO_3 + 0.1\% \sim 0.2\% HPAM + 3\% \sim 12\% KCl$$

当钻遇泥页岩非常发育的地层时,在泥浆中加入钾离子是十分行之有效的防塌措施。这类泥浆的应用也非常广泛。其优越的特征指标是泥页岩样品在其中的膨胀量很小(仪器原理见本章第七节),稳定性指数仅次于油基泥浆。

4. 乳化沥青泥浆

乳化后的沥青多以胶体微粒(小于 0.1μm)呈现,可以充填地层微孔隙从而达到降失水的目的;且此类微胶粒具二亲性,附着在地层泥页岩上起到隔阻水分子侵害井壁的作用。例:

$$6\% 钙基膨润土 + 0.25\% Na_2CO_3 + 1\% 石油沥青 + 0.2\% 油酸钠 + 0.1\% 季铵盐$$

配方中的油酸钠、季铵盐是用来乳化和润湿沥青的,使其在水中能够分散成胶。泥浆体系具有相类似作用原理的还有有机土泥浆、褐煤粉泥浆和二氧化锰泥浆等。

此外,还有油基泥浆、有机阳离子聚合物泥浆、野生植物胶泥浆等,也是防治水敏地层的泥浆种类,各有具体的针对性和实用特色。为更好地防治水敏问题,现代钻井液技术往往将多种不同原理的配方组合起来,以发挥更强的降失水和抑制作用。

失水量的设计值取多少为好,很大程度上取决于地层的水敏程度。地层水敏性越强,失水量要求就越小,当失水量小到能够使水敏井壁不失稳即可。过分追求小失水,技术难度会增大且配浆成本也会过高。

关于地层水敏性强弱程度的度量,有多种不同的评价检测方法,如简单浸泡观测、膨胀量测定、吸水移液速度实验、电极导通时间实验、水敏指数评价法、蒙脱石矿物含量测定法、膨胀容实验、阳离子交换量测试、现场经验判断等,目前评价的量化指标各钻井单位还不完全统一。我们以水敏指数 I_w 作为指标,一般 $I_w \geq 0.66$ 为强水敏地层, $0.33 \leq I_w \leq 0.66$ 为中等水敏地层, $I_w \leq 0.33$ 为弱水敏地层。

建立泥浆的临界失水量即允许的最大失水量与地层水敏性指数之间的量化关系,主要根据大量的工程经验数据进行拟合。作为理论参考,此处提供一相应的计算公式:

$$FL_{max} = 36I_w^2 - 81I_w + 47 \tag{3-3}$$

式中: FL_{max} ——临界失水量(mL/30min); I_w ——水敏指数,无量纲。

三、水溶性地层抗盐泥浆

水溶性地层以氯化钠盐层为典型,其他还有钾盐、石膏、芒硝、天然碱等地层。这类岩层遇到钻井液中的水分时就会发生溶解,使井壁失稳,其结果经常造成井眼溶蚀超径(俗称大肚子)或蠕变塌井。同时,井壁溶解物质侵入钻井液中产生的化学污染和破坏十分厉害,经常造成泥浆稠塑化或析水化,严重影响正常使用。

图 3-4 反映了某普通淡水泥浆的性能随着其中 NaCl 含量的增加所发生的变化。可以看出:①NaCl 含量小于 1% 时(属淡水泥浆的范围),泥浆粘度和失水量的变化不大;②泥浆中含盐量大于 1% 后,粘度、切力和失水量迅速上升,当含盐量达某一值时,粘度、切力达到峰值;③含盐量超过该值后粘度和切力下降,失水量则继续增大;④pH值随含盐量的增加始终逐渐下降。泥浆性能的这种变化,可用前述的双电层原理解释:随着 NaCl 加入量的增加,泥浆中

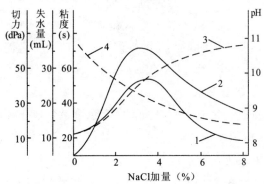

图 3-4 淡水泥浆加 NaCl 后的性能变化
1.粘度;2.切力;3.失水量;4.pH 值
(用 5% 单宁酸钠处理的普通粘土泥浆)

Na^+ 过多,压缩双电层,水化膜变薄,粘土颗粒由细分散向聚结转变,过渡期有一个强势的相互搭接,因而粘度、切力明显上升,但自由水增多,失水量并不减小。当粘土颗粒聚结继续发展后,分散度明显下降,致使粘度和切力下降,失水量快速上升。

在这里也可以得到一个启发:若按此例规律,对于含盐量 1%~3% 的泥浆,处理措施应着重于降低粘度和切力,而对于含盐量大于 3% 的泥浆,则更应注重于降失水。

用钻井液技术应对水溶性地层,主要从三个方面入手解决问题:一是降失水,失水量越小,井壁溶解就越少,对钻井液的侵蚀也越小,其相似原理和方法前面已经介绍过;二是降低滤液对地层的化学溶蚀性,例如在泥浆中加入与地层被溶物相近似或有抑制性的物质,使溶解度趋于饱和或活度降低而不易溶解井壁;三是增强泥浆体系自身的抗盐能力,例如采用耐盐的处理剂作为配浆材料,显著提高盐侵时钻井液性能的稳定性。

作为这些原理的应用体现,自20世纪80年代初至今,相继研配出抗盐油基钻井液、欠饱和盐水泥浆、聚合物饱和盐水钻井液、氯化钠钾过饱和水基泥浆、氯化钾聚磺饱和盐水泥浆、复合盐多元醇钻井液体系等,并建立了相应的包括维护技术在内的一系列配套技术,在实际钻井中取得成功应用。

盐水泥浆是粘土悬浮液中氯化钠含量大于1%或用咸水(海水)配制的泥浆。它是靠氯化钠的含量较大而促使粘土颗粒适度聚结并用有机保护胶维持此适度聚结的稳定粗分散泥浆体系。盐水泥浆的粘度低,切力小,流动性好,抗盐侵,抑制岩盐地层的溶解,抗粘土侵的能力强,抑制泥页岩水化膨胀、坍塌和剥落的效果好。例如深井钻厚层岩盐时,曾使用CMC-FCLS饱和盐水泥浆,其组成为基浆、纯碱1.5%、FCLS1.5%、烧碱(1/5浓度)0.3%、中粘CMC2%。泥浆性能是:密度$1.40\sim1.41g/cm^3$,漏斗粘度$30\sim50s$,失水量$3.5\sim4mL$,泥皮厚0.5mm,pH值$9\sim10$,维护时将各种处理剂的混合液与食盐一起加入,混合液的配比是:单宁:烧碱:CMC:FCLS:纯碱:水=8:16:10:40:10:100。

抗盐泥浆从材料组成上看,首先是大部分基液采用盐水溶液,不论是欠饱和、饱和还是过饱和,以此来降低对盐类地层的溶解度,并提高自身耐受盐侵的抵抗力。泥浆含盐浓度越高,对易溶井壁的抑制和自身的稳定性就越强。但是,相应的配浆难度也越大,矛盾在于其他配浆材料如粘土粉和各种功能处理剂的作用性能会受到盐侵影响。继而引出的关键技术就是采用耐盐处理剂、抗盐土以及处理剂与土的合理搭配。

一些用来提粘、降失水和降切的有机处理剂具有程度不同的抗盐能力,在盐水中仍能较好地溶解或分散。常用于盐层泥浆的处理剂有:降失水兼适度提粘的铬-磺甲基褐煤(SMC)、磺甲基酚醛树脂(SMP-I)、磺甲基酚醛树脂木质素(SLSP)、磺化褐煤树脂(SPNH)、饱和盐水钻井液降滤失剂(SPC)、Na-CMC复合剂、铁铬木质素磺酸盐(FCLS)、水解聚丙烯酰胺、水解聚丙烯腈、聚丙烯酸钙、聚丙烯酸钠,稀释兼降失水的磺甲基单宁(SMT)、磺甲基栲胶(SMK)及聚磺腐植酸(PFC)等,它们的详细分子结构见第二章第七节。

这些聚合物分子在高矿化度水溶液中可以保持较大的水动力学尺寸是它们共同的抗盐原理,具体体现在以下若干微观机理上:①保证有足够的分子量,提供充分的分子伸展余地;②增强高分子内的排斥力,使其每个分子体积扩张稳定;③聚合物分子链的刚性大,减少被压挤缩合的程度;④水化基团的水化能力强,在盐侵时仍能捕捉外部有限的水分子。从分子结构类型上又可分为抗盐功能单体共聚物、疏水缔合聚合物、两性共聚物、多元组合共聚物、共混共聚物等。

在耐盐粘土的选择上,当以海泡石族(如凹凸棒土)为佳。由于特殊的晶格构造(见第二章第一节),在盐水溶液中海泡石族粘土的直接水化分散性比蒙脱石膨润土要强许多倍。然而,蒙脱石粘土在复合了有关的抗盐处理剂后可扬长避短,泥浆的抗盐性能也能得到较大改善。机理在于利用被粘土吸附的抗盐处理剂的水化能力而间接吸附大量的水分子,同时粘土颗粒保留了端点结合网架和滤饼成型骨架作用。鉴于蒙脱石粘土来源广、价格低,它通过复合来配制抗盐泥浆,也作为一大类型得到应用。以下列出三种不同的抗盐泥浆典型配方。

[配方1] 凹凸棒土常密度欠饱和盐水泥浆,由南海西部石油公司提供:凹凸棒石2.0%~3.0%,膨润土(经预水化)2.0%~3.0%,聚阴离子纤维素4.0%~6.0%,铁铬盐3.0%~4.0%,钠褐煤1.5%~2.0%,中高粘CMC1.0%~3.0%,改性沥青、抗高温处理剂若干。

泥浆性能:密度$1.15\sim1.20\text{g/cm}^3$,塑性粘度$2.50\sim30.00\text{mPa}\cdot\text{s}$,动切力$7.20\sim9.60\text{Pa}$,API滤失量<5.00mL,HTHP滤失量15.00~20.00mL,pH值9.50~10.50,流性指数0.60左右,Cl^-浓度30 342mg/L。

[配方2] 膨润土高密度聚合物饱和盐水泥浆(中原油田曾在文东地区成功应用,井深4 000余米):钠膨润土$30\sim40\text{kg/m}^3$,纯碱$2\sim7\text{kg/m}^3$,烧碱$3\sim6\text{kg/m}^3$,氯化钠$360\sim370\text{kg/m}^3$,CMS$20\sim25\text{kg/m}^3$,高粘CMC$0\sim15\text{kg/m}^3$,SP(或SLSP或SPNH)$20\sim25\text{kg/m}^3$,KPAM(或CPA或MAN101或SK)$0.75\sim4\text{kg/m}^3$,磺化沥青$15\sim20\text{kg/m}^3$,磺化褐煤$0\sim10\text{kg/m}^3$,XW-7 $0\sim3\text{kg/m}^3$,磺化单宁$0\sim10\text{kg/m}^3$,铁铬木质素磺酸盐$0\sim10\text{kg/m}^3$,盐重结晶抑制剂$0\sim4\text{kg/m}^3$;加重剂为重晶石或铁矿粉,加量按所需泥浆密度计算;润滑剂和改性石棉视需而定。

泥浆性能:Cl^-浓度>185 000mg/L,密度$1.85\sim2.0\text{g/cm}^3$,粘度40~60s,滤失量2~4mL,初切力1.0~2.0Pa,终切力2.0~4.0Pa,含砂量<0.5%,pH值8~10,塑性粘度$35\sim75\text{mPa}\cdot\text{s}$,动切力15~22Pa,HTHP<15mL,泥饼摩擦系数<0.15,n值0.6~0.8,低密度固相含量<15%,亚甲基蓝含量15~30g/L。

[配方3] 膨润土低成本抗盐泥浆:3%膨润土淡水基浆+0.2%NaOH+0.1%纯碱+1.8%低粘Na-CMC+4% SMP-Ⅱ+3%水解聚丙烯腈钾盐+2%磺化沥青+30%NaCl,其中低粘Na-CMC和SMP-Ⅱ降滤失,水解聚丙烯腈钾盐具有很好的抑制性和造壁性,低粘Na-CMC和磺化沥青具有护胶作用,磺化沥青还解决润滑问题。该配方在河南舞阳2 000m盐膏地层钻井中成功应用。实践证明,该配方针对了地层的特点,防止了井下事故的发生,减少了环境的污染且降低了钻井液的成本。

配制使用浓度较高的盐水泥浆时,可以采取两种不同的操作程序。一种是按最终浓度要求一次性直接配浆到位,将其泵入井中循环,即刻全部置换井中原浆为较高浓度的盐水泥浆;另一种是在淡水泥浆或较低盐浓度泥浆循环过程中,逐渐添加盐及其相应比例的处理剂,经过一段时间才将井浆全部置换成较高浓度的盐水泥浆。

四、力学与化学耦合问题的配方综合

以上相对独立地分析了松散地层和水敏(或含水溶)地层的泥浆配制机理,而在实际钻井工程中往往遇到的是以这两类岩土为主的混合地层,也即地层岩性既松散又水敏。对于这样更加普遍的情况,就要求能将上述多种配浆机理综合起来进行复合配方来解决问题。

松散与水敏混合的井壁稳定问题十分复杂,对其钻井液作用机理的深入分析涉及到力学与化学耦合、固体与流体耦合技术,并且与时间过程密切相关。近十几年来,已有学者对此开展研究,取得一些阶段性的理论进展。从总体上看分为以下四部分相互联系的内容。

1. 混杂地层的组分分析

从井壁稳定角度来看混杂岩体物性,它们是由散布的硬质体与充填在周围的软化物组成(图3-5)。硬质体(产自于坚硬岩石矿物)的形状有块状、粒状、片状等,尺寸多在几毫米到几厘米之间,最细粒的界线尺寸可定在0.1mm,硬质个体的强度很高且内部极密闭,一般均视个体自身不破坏、不透水。易软化物(产自于软质和水敏性岩矿)为约小于 0.1mm 的极细微粒组成的连续介质,具有密集的毛细渗透率,不仅强度低,而且遇水或有关液体时更易反应变软甚至化解掉。

特别当硬质体含量甚大、软化物含量很少时,则表现为较单纯的松散破碎岩层;而当软化物比例甚大、硬质体很少时,则表现为水敏性岩层。而大部分情况下,硬质体与软化物各占有一定比例,从而形成了既水敏又松散的复合型不稳定井壁。

2. 渗滤与吸附时间

首先,钻井液渗入井壁地层有一个时间过程。时间越长,压差越强,孔裂隙越大,滤液粘度越低,渗滤的速度就越快,渗透深度也就越大。再就遭受钻井液渗滤的区域来看,自井眼向地层沿渗滤方向各点处接触到滤液的时间也是不同的。

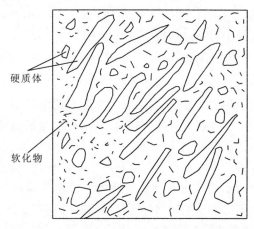

图 3-5 混合地层硬质体和细粒分布

如果地层在受到钻井液浸泡之后的渗流性质的改变微小,以至于可以忽略不计,那么借鉴岩石渗透性分析,遵循达西渗透定律可以建立钻井液渗滤量、渗滤时间、滤液粘性、压力差及地层孔隙度之间的关系,获得任意时刻钻井液渗滤影响的区域,以及地层中任意点受钻井液渗滤影响的总时长。

但是,钻井液与混杂地层中软化物之间的相互作用往往大到不可忽略,使地层渗透性质的改变明显增大。越接近井壁的岩层接触浸泡时间会越长,地层渗透性质变化也越大。对此可采用质量守恒定律建立模型,将某定点的吸附水量 q、离井眼中心的距离 r、作用时间 t 关联起来。令 q 为水分吸附的质量流量,$\omega(r,t)$ 为距离 r 和时间 t 的吸附水的质量百分比,质量守恒要求:

$$\left(\frac{\partial}{\partial x} + \frac{\partial}{\partial y}\right)q = \frac{\partial \omega}{\partial t} \tag{3-4}$$

Yew 提出,吸水过程可以用一个含有泥页岩吸水扩散系数 C_f 的扩散方程来描述:

$$q = C_f \left(\frac{\partial}{\partial x} + \frac{\partial}{\partial y}\right)\omega \tag{3-5}$$

将式(3-5)代入式(3-4),并换用极坐标系表示,则水分吸附的基本方程为:

$$\frac{1}{r}\frac{\partial}{\partial r}\left(r\frac{\partial \omega}{\partial r}\right) = \frac{1}{C_f}\frac{\partial \omega}{\partial t} \tag{3-6}$$

式(3-6)的边界条件为:(1)当 $r=a$(井眼半径处),$\omega = \omega_s$(饱和含水量);(2)当 $r \to \infty$(无穷远处),$\omega = \omega_0$(地层原始含水量)。

井壁表面上的吸水会迅速达到饱和,但此饱和含水量与钻井液性质有关,应由试验确定。考虑防塌,要求钻井液与泥页岩作用所产生的 ω_s 值尽量减小,式(3-6)的解写成:

$$\omega(r,t) = \omega_0 + (\omega_s - \omega_0)\left(1 + \int_0^\infty e^{-c_f \varepsilon^2 t} \frac{J_0(\varepsilon r)Y_0(\varepsilon a) - Y_0(\varepsilon r)J_0(\varepsilon a)}{J_0^2(\varepsilon a) + Y_0^2(\varepsilon a)} \frac{d\varepsilon}{\varepsilon}\right)$$

$$\tag{3-7}$$

在式(3-7)中:J_0 和 Y_0 分别是零阶第一类和第二类 Bessel 函数。由此得到钻井液在地层中渗滤过程中吸附水质量百分数与距离井眼的半径、渗滤时间以及吸附扩散常数 C_f 的关系。公式中的吸附扩散常数 C_f 可以从水分吸附试验中测得;而对于某一固定时间或者固定地层,渗滤时间 t 和固定地层的半径 r 均可知。由此便可求得任意时刻钻井液渗滤影响到的区域和该区域中每个点与渗滤液接触的时长。

3. 软化过程

混杂地层软化物在接触到渗滤液之后,通常很快出现物理力学性质变化,软化程度受到地层的水化作用——半透膜效应的影响较大,与接触时间也密切相关。由于两种物质中所含矿物离子组成和浓度不同,钻井液流体与地层之间存在传递扩散作用,引起孔隙压力的变化。化学势差转换成力学相关量构成了井壁稳定力学模型。国外在对泥页岩井壁稳定研究中,引入"半透膜等效孔隙压力理论"(图3-6),假设地层与钻井液表面有半透膜,但不是理想半透膜,借用非理想半透膜的反射系数 I_m(又称为膜效率,理想半透膜 $I_m=1$):$I_m=\Delta P$ 观测值$/\Delta P$ 理论值,建立如下等效孔隙压力算式:

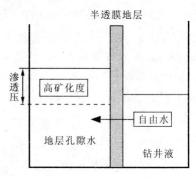

图 3-6 半透膜效应:渗透及其平衡

$$I_m \frac{RT}{V} \ln\left\{\frac{\alpha_{\text{layer}}}{\alpha_{\text{df}}}\right\} = P - P_0 \tag{3-8}$$

在式(3-8)中:α_{layer}、α_{df} 分别为泥页岩地层水活度和钻井液水活度。R、T、V 分别为气体常量,绝对温度和纯水的偏摩尔体积,从而将钻井液与松散水敏地层间的化学作用以孔隙压力的形式引入到井壁稳定的模型中。

4. 最终强度和稳定性

对于软化物和钻井液充分接触后的最终软化程度,受钻井液柱与地层空隙压力之间的压差、化学势差和水化分散等因素的影响。目前,已有一些实验和理论推导在这一问题上给予了说明和分析。黄荣禅、陈勉等人曾对大庆油田泥页岩天然岩心进行了大量试验,得到岩石弹性模量 E、泊松比 ν、含水量 ω 之间的特定关系式为:

$$E = E_1 \exp(-E_2(\omega - \omega_1)^{1/2}) \tag{3-9}$$

$$\nu = 0.2 + 1.3\omega \tag{3-10}$$

在式(3-9)、式(3-10)中:$E_1 = 4.0 \times 10^4$,$E_2 = 11.0$,$\omega_1 = 0.02$。

于是得到大庆油田所取样品泥页岩弹性模量、泊松比与含水量的一般关系为:

$$\frac{dE}{d\omega} = -\frac{E_1 E_2}{2(\omega - \omega_1)^{1/2}} \exp[-E_2(\omega - \omega_1)^{1/2}] \tag{3-11}$$

$$\frac{d\nu}{d\omega} = 1.3 \tag{3-12}$$

归结到混杂岩体井壁失稳问题,在软化物中裹有大量硬质体或者散碎硬质体之间夹有软化物时,随着软化物的软化,原有的应力应变场不断重新分布,硬质体之间的联接力减弱。井壁在钻井液渗入作用下的强度变化即稳定性下降可以由回归经验公式、解析建模和数值运算三种不同思路进行具体求解。

综合配制松散和水敏混合地层的钻井泥浆,先要结合本节前述中的测试、分析、评价方法,弄清楚岩层松散性和水敏性所占的相对比例,再根据这个相对比例并借鉴耦合机理来设计、调整增粘剂、提切剂、降滤失剂、抑制剂、稀释剂、流型调节剂、润滑剂、抗侵剂等各种处理剂的添加份额,有机组合防松散、降水敏、抗盐溶三类不同配方以获得同时解决多种复杂问题的综合泥浆体系。

2006—2007 年所钻的松科一井(北井)的地层是松散与水敏混合的典型例子。全孔提钻取心,井深 1 800m,仅一层套管下至 460m,之后 Φ157mm 裸眼钻完。该井地层主要为上白垩统明水组、四方台组与下白垩统嫩江组的泥质砂岩,交互出现强松散破碎(经岩心测试 $\sigma_s \leqslant 0.5MPa$)和强水敏(经岩心测试 $I_w \approx 0.7$)的混合层段,地应力数据具体不详,钻前故障提示上部或以垮塌为主,漏失次之,下部或以挤卡为主兼有井涌。对此,我们设计二开后采用中高粘稠度、强降失水和抑制为主,减阻、润滑与适度加重为辅的泥浆体系:

水+5%膨润土+1%Na_2CO_3+1.25%KOH+1.25%DFD+0.625%CMC+0.01%PAM+2.5%SAKH+1.25%NH_4HPAN+10%$BaSO_4$。

泥浆性能:密度 $1.14 \sim 1.16g/cm^3$,粘度 $25 \sim 40s$,滤失量 $4 \sim 6mL$,动切力 $5 \sim 10Pa$,静切力 $1 \sim 3Pa/8 \sim 10Pa$。

用这套泥浆从二开直至完钻,其中裸眼取心提下钻具 295 回次,从未发生水敏地层膨胀缩径和破碎地层散垮卡钻事故,完井后井中物探无任何险情,这套组合配方成功应用。

第四节 高压与涌水层加重钻井液

一、高压蠕变缩径与涌水

钻遇高压地层(图 3-7)时,经常会发生井眼蠕变缩径和涌入地下流体,给钻进工作带来危害。井中静液柱压力由其上覆钻井液密度所决定,$p=\rho gh$。调整钻井液的密度来平衡地层岩石向井内的挤压力 σ_h,防止井眼缩径,是钻井液的基本功用之一。当地层压力较大且岩石较软时,必须采用较大密度的钻井液,才能确保平衡钻进。否则,严重的缩径将导致抱钻、塌孔、堵井眼等井内事故,致使钻进无法正常进行。

地层中可渗流的高压水(流体)也是钻进中十分关注的情况。一旦高压水(流体)层被钻透,井内会涌入大量的"水",不仅影响施工操作,而且会劣化钻井液性能,妨碍其正常功能,如涌水稀释而导致钻井液悬砸能力减弱等,更为严重的是造成井喷事故。所以,必须用较高密度钻井液来"压住"地层孔隙流体高压 p_c,防止其涌入井内。

显而易见,欲加大钻井液密度来平衡地层压力,首先要知道地层压力的数值,再根据该值计算所需钻井液的密度。上述两种地层压力即井壁固体侧压力 σ_h 和地层

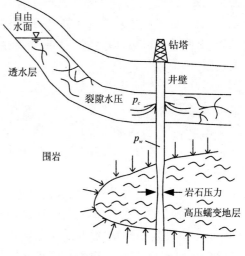

图 3-7 高压蠕变地层和涌水地层示意图

孔隙流体压力 p_c 的确定方法详见第六章。在一些情况下，两种压力相差不大，可均视为 p_{av}。这时设计一个能与之平衡的钻井液密度值 $\rho = p_{av}/h/g$ 即可，h 为计算点的井深。而在许多情况下二者相差较大，此时对钻井液密度设计就产生了矛盾。对此，建议用要害权重法来计算确定钻井液密度的综合设计值：

$$\rho = \frac{c_1 \sigma_h + c_2 p_c}{h(c_1 + c_2)g} \tag{3-13}$$

式中：ρ——钻井液密度综合设计值（g/cm^3）；c_1、c_2——分别为两种压力的要害权重系数，无量纲，取值在 0~1 之间，视二者对钻井作业负面影响的相对大小而定，两者之和等于 1。

还有不少场合，由于缺乏地质数据和测试条件而无法获得高压地层的压力值。这种情况下，往往采用逐级加大密度进行试钻，直至减弱或消除缩径和涌水为止。

二、$BaSO_4$ 加重泥浆配方

显著提高钻井液密度一般是通过增添加重材料来实现的。目前，钻井工程中最常用的加重剂是重晶石粉，化学式为 $BaSO_4$，密度 $4.2g/cm^3$，白色粉末，化学惰性，无毒，水溶性很弱。为防止这类重颗粒使用时的沉降，首先要求重晶石粉粒的尺寸尽量小，一般要求在 325 目（$44\mu m$）以细。将其添加到悬浮能力较强的钻井液中搅拌均匀即可使用。加量计算方法如下：

$$W_2 = \rho_2 \frac{\rho_3 - \rho_1}{\rho_2 - \rho_3} \times 1000 \tag{3-14}$$

式中：W_2——每立方原浆中所需加重剂的加量（kg）；ρ_1——原浆的密度（g/cm^3）；ρ_2——加重剂的密度（g/cm^3）；ρ_3——加重达到的泥浆密度（g/cm^3）。

$BaSO_4$ 加重泥浆配方举例：

$1m^3$ 水 + 30kg 粘土粉 + 1.2kg 碳酸钠 + 2kg 田菁粉 + 0.05kg 硼砂 + 10kg LV-CMC + 420kg $BaSO_4$

水、粘土粉和碳酸钠为细分散基浆的配方，田菁粉与硼砂适度交联用以提粘提切，LV-CMC 用来降失水。

泥浆性能：密度 $1.35g/cm^3$，API 失水量 9mL，塑性粘度 $32mPa \cdot s$，切力 10Pa。

附加说明：在加重泥浆重量计算中，通常不考虑除加重剂之外的其他辅剂（提粘提切剂、降失水剂等）对密度的影响，因为辅剂一般密度接近基浆密度且加量相对较少，对泥浆体系的密度影响甚微。

$BaSO_4$ 及辅剂的加入，除了显著提高泥浆密度外，对泥浆的其他性能也会有一定的影响。一般是密度越调高，$BaSO_4$ 及辅剂需加入得越多，泥浆粘度 η_A 和切力 τ_d 也会相应增加。失水量相对变化小些，控制起来较为容易。图 3-8 给出了某套加重泥浆调整 $BaSO_4$ 加量所引起的粘度和动切力变化的情况。由此可知，在加重剂添加应用中要特别加以注意，尽量使流变参数不发生大增。

用重晶石来加大钻井液密度的实际钻井工程实例很多。例如汶川地震科学钻探某钻孔，当钻至 540m 深时遇到厚达 60 余米的软质岩石（又称断层泥）。在被震碎的上覆地层强大压力作用下，这层硬度只有 0.6MPa 而泊松比却高达 0.33 的软岩快速向钻孔内蠕动缩径，多次造成抱挤钻具以致扭拉断钻杆的事故，而当时钻井泥浆未经加重，密度仅有 $1.07g/cm^3$。经分析研究，这种情况属于典型的高压蠕变岩层的孔壁失稳缩径。对症下药的措施就是采用大密

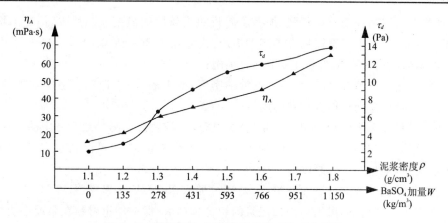

图 3-8 某 $BaSO_4$ 加重泥浆的流变性变化情况

度钻井液予以平衡。由于当时缺乏地应力资料数据，便采用逐级加大密度试钻。用重晶石粉辅以悬浮剂最终将泥浆密度上调至约 $1.5g/cm^3$ 后，回转扭矩下降至正常，提下钻具也无遇阻，大密度泥浆获得成功应用。

三、加重泥浆应用综合措施

可作为钻井液加重材料的大密度固体粉末还有石灰石粉（$CaCO_3$）、废铁粉（Fe_2O_3）、方铅矿粉（PbS）等。与 $BaSO_4$ 和粘土粉相比较，它们的性能特点列于表 3-4。这些化学惰性的材料做泥浆加重剂的一个重要考虑，是它们的加入对泥浆流变性等其他性能的影响不大，而泥浆密度却可以显著提高。很显然，将钻井液提高到一定密度，加重剂的密度越大所用材料的体积量就越少。一般随着所需密度的提高，选用加重剂的密度也须相应提高。如当高密度饱和盐水泥浆的密度大于 $2.0g/cm^3$ 时，应优先使用铁矿粉而少用重晶石加重；密度要在 $2.10g/cm^3$ 以上时，则必须使用铁矿粉而不能使用重晶石加重。

表 3-4 常用泥浆加重材料性能表

品名	成分	密度(g/cm^3)	水溶性	加重能力	对其他性能的影响
石灰石	$CaCO_3$	2.9	弱	密度稍高，配制密度小于 1.6 g/cm^3 的钻井液	对粘度、切力和失水量有一定影响
铁矿粉	Fe_2O_3 Fe	5.3~7.0	无	配制高密度钻井液，达到同样密度，加量比重晶石少	对粘度、切力和失水量的影响较小
方铅矿	PbS	7.7	无	配制超高密度钻井液，控制异常高压，成本高	对粘度、切力和失水量的影响小
重晶石	$BaSO_4$	4.2	无	配制较高密度（$2.1g/cm^3$ 以下）的水基、油基泥浆	对粘度、切力和失水量的影响不大
粘土粉	硅铝酸盐	2.1~2.3	强	密度相对较低，配制密度小于 $1.2g/cm^3$ 的钻井泥浆	对粘度、切力的影响较大

粘土粉作为配制泥浆的基本材料，不仅可以增粘、提切、降失水等，也由于它比水的密度大，则自然地也能提高泥浆的密度。但粘土的密度相对来说不够高，用它来提高泥浆密度的效

率偏低,且粘土的增粘提切效果很强,加多了泥浆的流动性明显变差。所以,用适当增加粘土来提高泥浆密度,仅适于对密度提高不多的需求,大约在 $1.2g/cm^3$ 以内。

加重泥浆的应用还需要把握好以下综合措施:

(1)根据地层压力情况,确定加重钻井液的密度,参考表 3-4 选取合适的加重剂材料,然后再按式(3-14)计算确定加重材料的用量。

(2)加重材料在泥浆中的稳定悬浮是关键。密度大的物质更易导致在井中的快速下沉,由此会导致适得其反的井底事故。因此,加重剂的粒度要尽量细,一般控制在 325 目($44\mu m$)以细。粒度越细小,颗粒的沉降越慢。

(3)提高悬浮稳定性的另一重要措施,是通过加入 XC、KP 共聚物、HV-CMC、大分子植物胶等高聚物作为结构剂,以适当增加泥浆的切力和粘度,保证加重材料在浆液中能长时间悬浮不沉淀。

(4)注意监测上返泥浆性能参数,根据实际变化情况,随时补充加入悬浮剂、结构剂及加重剂,以确保泥浆的密度等主要性能稳定。

(5)加重剂价格较高,用量比例较大,循环使用时要尽量保留在净浆中,避免与钻渣一起从泥浆中被清除。所以,其粒度应该细小到除砂设施的保留粒度以内。

(6)加重有可能使本孔一些低压地段出现压漏的情况,应事先做好预防措施,例如对上部一些漏失裂隙进行预先封堵。

(7)由于需要采用加重钻井液的地层深度、位置、层厚各不相同,且考虑配制加重浆材的成本较高,所以应该将套管措施与其配合使用。

1)如果流塑段在全孔所占比例较大,则全孔采用加重泥浆钻进。

2)若只有局部流塑段,则可用加重钻井液打完此段,下入飞管以隔离该流塑层,再恢复常规泥浆进行钻进。

3)若流塑段较浅,则加重泥浆打穿流塑段后下入套管,隔离流塑层以后,下面地层再恢复常规泥浆正常钻进。

(8)许多高压地层还兼有盐溶、水敏、破碎等错综复杂的状况,在配制大密度泥浆的同时还要复合较多的其他处理剂,以获得所需的泥浆综合性能。以塔里木油田羊塔克地区使用的高密度 KCL 聚磺饱和盐水钻井液为例,其配方及性能如下:

1.5%~2%膨润土浆+6%SMP-Ⅱ+7%KCL+15%~20%NaCl+3%FT-1+3%柴油+2%润滑剂+2%RH-4+3%FCLS

钻井液性能:$\rho=1.6\sim2.3g/cm^3$,$FV=60\sim90s$,$PV=35\sim100mPa\cdot s$,$YP=10\sim25Pa$,$\tau_s=3\sim6/8\sim10Pa$,API $FL=3\sim5mL$,HTHP $FL=12\sim15mL$,$MBT=15\sim20g/L$,$K_f\leqslant0.1$,$pH=9.5\sim11$,含砂量$\leqslant0.5\%$,Cl^-浓度$\geqslant185g/L$,Ca^{2+}浓度$\leqslant200mg/L$。

四、甲酸盐高密度钻井液

上述传统的方法即用添加固体粉粒加重剂配制大比重泥浆的方法存在两个共性问题:①添加大密度的加重剂会导致钻井液的粘度和切力增加,流动性变差,这在有些条件下,尤其是深孔小口径绳索取心钻进等场合,是难以付诸应用的;②需要尽量细小的加重剂粉剂,并且选用有效的结构剂才能稳定悬浮重颗粒,若有不当就会导致重砝沉聚埋钻,因而配制工艺严苛。问题的本因就是由于基浆本身密度不高所造成,而新型的甲酸盐钻井液可以从本质上克服这一不足。

甲酸盐(包括甲酸钠、甲酸钾、甲酸铯等)溶液自身具有较高的密度和不高的粘度(表3-5),不需要另行添加加重材料就能直接用作大密度钻井液。它们的突出特点是密度高且可调范围宽,固相含量低,固相容限大,流动性强,达到高密度时仍能保持低粘,在高压平衡钻井且深孔小井眼条件下具有突出的应用前景。

表3-5 几种甲酸盐盐水的基本性质

名称	化学式	饱和浓度(%,w/w)	饱和密度(g/cm^3)	粘度($mPa \cdot s$)	pH值
甲酸钠	NaCOOH	45	1.34	7.1	9.4
甲酸钾	KCOOH	76	1.60	10.9	10.6
甲酸铯	CsCOOH	83	2.37	2.8	9.0

甲酸盐钻井液的密度调整主要靠改变甲酸盐在水中的含量,也就是改变甲酸盐水溶液的浓度来实现。其溶液的密度基本上按浓度的提高而线性增加。为了兼顾降滤失、提粘等,可以在甲酸盐溶液中添加适量的滤饼形成剂、提粘剂和降失水剂等,形成甲酸盐钻井液体系以满足更宽的性能需求。某种甲酸盐钻井液的配方如下:

水+KCOOH+XC+超细$CaCO_3$+降失水剂

KCOOH水溶液的浓度为70%;XC(黄原胶)为提粘剂,它的抗盐钙能力、热稳定性和剪切稀释作用都较强,能与甲酸钾溶液良好配伍,加量为0.2%~0.4%;超细$CaCO_3$是滤饼形成剂,能酸溶而不易伤害储层,同时也能加重,加量为2.0%~4.5%;降失水剂可用LV-CMC、PAC、多糖聚合物JS-3等,它们抗温抗盐能力较强,加量为0.3%~1.2%。

这套配方所达到的性能指标为:$\rho=1.5g/cm^3$,FL≤7mL,PV=20~60$mPa \cdot s$,YP=5~20Pa。制浆方法上要注意:一般先将提粘剂、滤饼形成剂和降滤失剂等充分溶解混合好,然后再加入甲酸盐。

使用甲酸盐不仅密度可得到高调,对泥页岩地层还有较强的抑制井壁分散的作用,也利于储层保护。其原理是$COOH^-$离子具有束缚水分子、降低自由水含量、屏障水分子挤入地层的作用,减弱了水锁、水化等程度,同时它的矿化度较高、活度较低,使储层不易发生多种敏感。甲酸盐钻井液在我国吉林油田、大庆油田、大港油田、四川石油管理局、西南石油学院和长江大学等单位进行试验应用,均取得良好的效果。甲酸盐无毒,腐蚀性较小,污染也小,但目前生产及购买成本较高。

第五节 无粘土钻井液

一、无粘土钻井液的由来与适应性

无粘土钻井液,也称原浆无固相钻井液,是不用粘土,仅在水中加入化学处理剂而形成的能适应一定钻井环境条件的钻井液。

其实,清水本身就是资格最老的钻井液,其历史比其他钻井液要早两千多年。现在的一些情况下仍能用清水钻井,它比配制其他钻井液要方便、省时、成本低。例如:在稳定性很好的岩石中,不用泥浆而仅用清水就能钻进;在一些漏失严重的地层中,当地表水源很丰富时,用免费的清水顶漏钻进,这对用其他钻井液来说是不可能的事情;在一些富含粘土的地层中钻井,清水适度水化井壁地层可以自然造浆,若井深不大且钻井期间不会明显垮孔,则用清水自然造浆是最为经济有效的措施。传统上认为,用清水作钻井液不会堵塞含水层,因此直至现在还有一些水井钻进不采用泥浆或其他粘性浆液,而坚持用清水钻进。从材料性能上看,清水粘度小(仅为1cP),流动性好,因此冲洗井底岩屑的能力强,冷却钻具的效果好。当然在许多限制条件下,清水不宜单独作为钻井液,或者作钻井液的效果较差,更多是作为大部分钻井液的液相,成为配制其他类型钻井液所不可缺少的基本材料。

无粘土钻井液是在清水和泥浆两类钻井液的基础上转变而发展起来的。它与清水相比,具有较好的悬携钻屑能力,对敏感地层井壁可起到抑制作用,体现一定的护壁能力,具有较好的润滑性。它与泥浆比较,大部分具有较低的密度,粘度可以宽范围灵活调整,减阻流动性较好,冷却钻头和提供水马力能力较强,因而能提高井底碎岩效率。无粘土钻井液对地下流体储层的堵塞伤害较小,能提高生产井的产量。

无粘土钻井液分为聚合物溶液、无机盐溶液、乳状液、白垩浆液、油类、清水等不同类型,主要特点和适应性如表3-6所示。

表3-6 无粘土钻井液的类型与特点

种类	材料组成	优点与应用特色	不足或受限
清水	清水	粘度低,流动性好,冷却性强,来源广,成本低	失水量极大,护壁性差,悬渣能力低,密度不可调
聚合物溶液	大分子聚合物+水	粘度可调范围宽	密度调节较难
无机盐溶液	无机盐+水	粘度较低,流动性较强	失水量大,力学护壁性差,悬渣能力较低
乳状液	水+油+乳化剂	润滑性强,冷却性较强,有一定粘度	失水量大,力学护壁性差,悬渣能力较低,密度不可调
白垩浆液	CaO+水	暂堵性强	成本较高,流变性较难控制
油类	机油、柴油等	润滑性强,有一定粘度,耐高温	易燃爆,成本高,密度不易调整

结合表3-6可以作出分析:无粘土钻井液在某些特定的钻井条件下具有突出的优势,但是在另一些钻井条件下的关键性能却不如泥浆体系的好,应用会受到限制。例如:当要求强降滤失时,由于无粘土钻井液难以像泥浆那样形成优质泥皮,失水量相对会较大;在悬渣所需的切力指标上也不及泥浆的大;要求钻井液密度较高时,无粘土钻井液的品种少且成本高。所以,应该根据具体钻井条件来合理确定是否采用无粘土钻井液。

二、聚合物溶液钻井液

大分子聚合物溶液是无粘土钻井液的主体类型之一,其性状略相似于日常所用的浆糊和胶水,一定条件下适于对钻井液的悬渣及护壁需求。聚合物钻井液的粘度可以在较大范围内方便调整,加量少而提粘效率高,因而在不少场合代替了泥浆而得到较多应用。

事实上,聚合物材料已作为泥浆提粘处理剂而广泛使用。在此只是不加粘土粉而已,直接在水中加入聚合物粉剂或浓缩稠浆,一经搅拌即可配成钻井液。常用的聚合物材料有合成高聚物(HPAM、HPAN、PAV 等)、纤维素(CMC、HEC 等)、天然植物胶(蒟蒻、田菁等)、生物聚合物(XC、Кедцан 等)。

这些高聚物共同的特点是分子量大,有机成分含量高。它们的大分子结构原理已在本书处理剂章节中阐述过(见第二章第七节)。高聚物溶物的特性粘度$[\eta]$与高聚物分子量M之间一般呈$[\eta]=KM^a$的关系(K,a 是一定温度下某种聚合物的常数)。高聚物的分子量愈大,则溶液的粘度愈高。作为无粘土钻井液的提粘主剂,更要求聚合物的分子量大,一般在1 000万以上。利用这些高聚物做无粘土提粘主剂,加量只需控制在0.3%～1.0%以下就可以了。这时钻井液的表观粘度可达 12mPa·s 以上,漏斗粘度可达 25s 以上,可以悬排一定颗粒度的钻屑,同时又有了较强的粘结松散井壁的能力,失水量也能得到部分遏止。高聚物溶液由于其柔软大分子易于变形,因此具有优良的剪切稀释作用。

有时为了进一步提高聚合物溶液的结构程度,以利悬排更大颗粒的钻屑、悬浮加重剂以及附着护壁,再在其中添加一些无机交联剂如硼砂、三氯化铁等,则可以显著提高钻井液体系的切力。以硼砂交联蒟蒻为例,不同交联度时蒟蒻胶液的流变特性如表3-7所示。

表3-7 蒟蒻胶液不同交联度时流变特性

编号	蒟蒻粉浓度($\times 10^{-6}$)	硼砂浓度($\times 10^{-6}$)	pH	漏斗粘度(s)	表观粘度(mPa·s)	塑性粘度(mPa·s)	屈服值(Pa)	动塑比	流型指数	稠度系数($Pa \cdot s^n$)
1	3 000	0	9	25	11	7	3.82	1.14	0.552	0.486
2	3 000	500	9	30	14	10	3.82	0.80	0.617	0.344
3	3 000	1 000	9	46	17	12	4.78	0.83	0.628	0.444
4	3 000	1 500	9	60	19	14	4.78	0.71	0.662	0.392
5	3 000	2 000	9	80	22.5	16	6.21	0.81	0.634	0.584
6	3 000	25 000	9	120	25	18	6.69	0.77	0.643	0.589

从流动性看,由于无粘土高聚物钻井液中的软质大分子的相对含量高,所以顺向变形程度大,从而更能体现剪切稀释作用,颇有利于降低井内流动摩阻。据一些研究者的室内测试,聚合物溶液的原浆多属于幂律流体,随着交联剂的增加,凝胶切力不断加大,逐渐向带屈服值的假塑性流体转化,最终有可能转化为近似宾汉流体。可以通过调节交联剂的加量来调节聚合物溶液的流变特性。这一点通过对比表3-7中的数据也可以获得相同的结论。

无粘土聚合物钻井液的降失水机理有些不同于泥浆,它的泥皮降滤效应很差或者说几乎没有,而是靠滤液的高粘度阻遏滤失。如果在有交联的状态下则可形成壁面的多点吸附的网状粘膜结构,这对降滤失会有较好的作用。为提高抑制能力,可加入适量的KCl。以下分别例举用钠羧甲基纤维素(CMC)和羟乙基纤维素(HEC)做无粘土聚合物钻井液的配方。应该注意的是,此处纤维素必须有大分子量的,再视需要复配中、低分子量的。聚合物钻井液的井壁成膜技术是当今发展的一个重要方向,化学原理上已能够获得零失水(有限压差)的液体套管。

1m³ 清水＋0.1% HV-CMC＋0.1% 水玻璃

$1m^3$ 清水 $+4\sim8kg$ HEC $+2\sim3kg$ $KCr(SO_4)_2\cdot12H_2O+1.5\sim3kg$ NaOH

有些高聚物溶液尤其是聚丙烯酰胺溶液对混进溶液的岩屑有较好的絮凝作用,使钻井液在使用过程中能维持无固相或较低的固相含量,从而提高钻速。此外,高聚物因其有机成分的存在一般都有一定的润滑作用,有时为进一步提高溶液的润滑性,可辅助加入适量的表面活性剂。以下列举几种聚丙烯酰胺无粘土钻井液的配方。

$300\sim600\times10^{-6}$PHP$+180\sim369\times10^{-6}$FeCl$_3$(或水玻璃 $2\,000\sim10\,000\times10^{-6}$)

$500\sim800\times10^{-6}$PHP$+2\,000\sim10\,000\times10^{-6}KCl+0\sim1\,000\times10^{-6}$KOH

1% PHP$+0.5\%\sim1.0\%$ HPAN$+0.1\%$ 126 乳化剂

$400\sim600\times10^{-6}$PHP$+6\%\sim8\%$水玻璃$+1.0\%\sim2.2\%$硫酸铵或硝酸铵$+0.5\%\sim1.0\%$皂化油$+0.2\%\sim0.3\%$聚乙烯醇

配方中 PHP 为部分水解聚丙烯酰胺;HPAN 为水解聚丙烯腈。

蒟蒻、田菁、瓜尔胶等野生、天然植物胶是非离子型高分子化合物,不仅具有增粘、护壁、润滑、减阻等特点,而且有较好的抗盐能力和一定的抗钙能力,通过与高价无机盐进行适度交联,可提高其降失水能力和护壁能力。同时有较好的胶液自破特性(即一定时间后胶液自动破胶),含水层的渗透恢复率高,特别适用于水井钻探作冲洗液。缺点是抗温能力较差,胶液易发酵而腐败。蒟蒻、田菁胶化学溶液的组成和性能如表 3-8 所示。野生植物胶在使用过程中,由于岩屑及井壁的吸附而消耗,需及时补充,以维持冲洗液的性能。

表 3-8 野生植物胶化学溶液组成和性能

序号	组成								性能			
	蒟蒻 (g/L)	田菁 (g/L)	NaOH (g/L)	Na_2CO_3 (g/L)	$FeCl_3$ (g/L)	$Na_2B_4O_7$ (g/L)	CMC (g/L)	水玻璃 (mL/L)	表观粘度 (mPa·s)	塑性粘度 (mPa·s)	动切力 (dPa)	失水量 (mL)
1	5		0.2		0.5				10.5	8.5	19.16	22.5
2	5						3	45	23.0	16.5	62.3	16.2
3	5			1		0.2			16	11	47.9	26.2
4		4			0.4				16.5	12.0	23.96	9*
5		4			1**				25	9	14	10*

注:* 为一个大气压的失水;** 为 $KaAl(SO_4)_2$。

从密度调控上看,聚合物溶液尚不及泥浆的好。归因于缺乏密度自然高于基液且能够高效自发形成网架结构的固相主剂。所以,在需要提高无粘土聚合物钻井液密度时,必须更费力地解决交联成网问题,以保证加重剂能稳定地悬浮分散。然而实践和理论已发现,在聚合物溶液钻井液中,一些生物聚合物溶液具有相对较强的提切能力。我国高压卤水地层钻井采用生物聚合物 XC 复配大密度钻井液的配方如下:

0.3% XC$_{131}$$+0.5\%$ CMC$+2\%$ FCLS(73%的卤水)

注:加重时依要求加入 $60\%\sim200\%$ 的重晶石,钻井液比重达 $1.52\sim1.94$,失水量为 $25\sim29mL$,为有效地絮凝混入冲洗液的岩屑,可再加 $0.03\%\sim0.07\%$ 的 PHP。

生物聚合物 XC 溶液有较好的流变特性,抗盐可达饱和,同时有一定的抗钙能力。因培殖使用的菌种不同,生物聚合物溶液的性能也有差异。据前苏联资料,不同品种的生物聚合物,其特性对比如表 3-9 所示。由这些资料可以看出,生物聚合物有较好的流变特性。我国也已

研制出生物聚合物 XC_{131},与美国的 XC 对比,在溶液的表观粘度、塑性粘度、切力等性能上都十分接近。

表 3-9 不同生物聚合物的特性对比

名称	溶液中的含量(%)		溶液性能			
	水	$CrCl_3$	表观粘度 (mPa·s)	静切力 1min/10min (dPa)	失水量 (mL)	pH
XC—生物聚合物(美国)	99.6	—	12.5	15/15	>50	8.2
	99.4	0.2	32.0	100/188	9.0	9.0
柯尔疆(Кедцан)	99.6	—	11	10/10	>50	8.0
	99.5	0.2	36.0	102/120	12.0	9.6
克萨当(Ксантан)	99.6	—	12.5	3/3	>50	7.3
	99.4	0.2	36	78/93	12	9.25
伊斯克拉·英达斯脱利 (Искра Индастри)	99.6	—	10	2/2	>50	8.0
	99.4	0.2	30	96/105	13.5	9.6
ЪП-1(前苏联)	99.6	—	10	0/0	>50	7.4
	99.4	0.2	37	105/126	13.0	—

注:溶液中生物聚合物均为 0.4%。

三、无机盐溶液钻井液

无机盐钻井液是用一种或多种无机盐为主,使其与清水直接混合而形成,有时添加少量聚合物作为提粘辅剂。在一些钻井情况下,需要且适宜采用无机盐溶液作钻井液,主要出于以下不同的考虑:

(1)钻遇某些矿物化学敏感的复杂地层时,采用与其相称的无机盐溶液作钻井液,可以大大地抑制井壁溶解。

(2)由于无机盐的分子量较小,所以这类钻井液的粘度和切力不会过大。它比聚合物溶液、泥浆等更适合于要求低粘、低切钻井液的场合。

(3)根据所钻油、气产层的矿物化学敏感特征,采用与之配伍的无机盐溶液作完井液,可以对储层起到显著的保护作用。

NaCl(氯化钠,又名盐)溶液是应用较多的无机盐钻井液,它用来防止盐类地层的井壁溶蚀,同时自身又能抗御盐侵。众所周知,NaCl 在水中的溶解度为 36.2%,也就是说,当纯盐岩井壁处在 36.2%的盐水中时,其结晶体不再溶化,从而达到井壁完全稳定。视井壁岩性的含盐量多少,钻井中所用盐水溶液一般是在清水中加入 $1\sim35kg/m^3$ 的 NaCl。盐水溶液的粘度很低,几乎接近于清水的粘度(1.03mPa·s),所以在需要提粘时,可以加入一些能溶于盐水的聚合物,如 HEC(羟乙基纤维素)、XC-生物聚合物等,加量一般控制在 0.5%以内即可获得约 15mPa·s 以内的粘度,以满足一定的悬携钻渣需要。必须指出,当要求大密度平衡地层压力以及形成优质泥皮进行降失水等更多功能时,这种无粘土盐水溶液是无法满足要求的,需与粘土粉相复合或是作为盐料添加剂来配制不同类型的盐水泥浆(见第三章第三节)。

与 NaCl 溶液相似,海水、Na_2SiO_4、KCl、$CaCl_2$、NaBr、Kbr、$CaBr_2$、NaCOOH、KCOOH、

CsCOOH 等溶液也能在一定条件下直接或相互复配作为钻井液使用,其中也可加入聚合物以提高粘度。无疑,在选用这些无机盐溶液时,对饱和度和密度的考虑是十分重要的,表 3 - 10 列出了多种盐水基液在饱和时的密度即作为流体所能达到的最大密度。

表 3 - 10 多种盐水溶液的饱和度(20℃)与最大密度(饱和密度)

溶液	NaCl	KCl	$CaCl_2$	NaBr	KBr	$CaBr_2$	$NaCl/CaCl_2$	$CaCl_2/CaBr_2$	$CaCl_2/CaBr_2/ZnBr_2$
饱和度(%)	36.2	34.0	74.5	90.3	88.0	143.0	—	—	—
饱和密度(g/cm³)	1.18	1.17	1.40	1.30	1.20	1.81	1.32	1.80	2.30

无固相清洁盐水钻井液又是保护储层(油、气、水层)的一类完井液。它的突出优点在于避免和减少了固相微粒对储层孔裂隙通道的堵塞。有关储层保护钻(完)井液的详细内容见第八章第二节。

Na_2SiO_4(硅酸钠,又名水玻璃)溶液是较典型的无机盐钻井液材料之一,不仅可以作为泥浆添加剂及水泥和化学灌浆材料的速凝剂,其溶液也可以在允许的环境下直接充当钻井液主体。水玻璃溶液的粘度根据其模数(反映分子量)和波美度(反映加量浓度)可以在一定范围内调整。这种钻井液的粘度虽然比大分子聚合物溶液的粘度低,但比清水的要高,适合于稍需钻井液粘度的场合,也可以辅加一些提粘剂以增加粘度。例如用模数为 2.5、波美度为 20 的水玻璃溶液即可配得粘度约为 20mPa·s 的钻井液来使用。研究和现场应用还表明:水玻璃中的硅胶微粒对填塞和粘封地层毛细通道具有明显的作用,且其硅质成分对水敏惰性,因而也能起到抑制泥页岩井壁失稳的作用。钻探上常用的水玻璃化学溶液的种类及组成如表 3 - 11 所示。

表 3 - 11 水玻璃化学溶液的配方

冲洗液种类	组成	含量(%)	冲洗液种类	组成	含量(%)
硅酸钠-腐植酸	水玻璃	2~5	硅酸钠-磺酸盐	水玻璃	2~5
	煤碱剂	10~15		FCLS	2~3
	磺酸皂	1.5~2		磺酸皂	1.5~2
硅酸钠-纤维素	水玻璃	2~5	硅酸钠-聚丙烯酰胺	水玻璃	6~8
	CMC	0.3~0.5		PHP(水解度 30%)	0.02~0.04
	磺酸皂	1.5~2		皂化油	0.3

利用镁盐制取化学溶液的例子是制备 $1m^3$ 钻井液加 280~300kg $MgCl_2$($MgSO_4$),15~20kg NaOH 或 50~100kg $Mg(OH)_2$·MgO,20~25kg CMC,30~50kg 缩合亚硫酸纸浆残液,800~850L 水,需要时可加入 5%~15%的石灰沥青。

四、坚硬岩层乳状冲洗液

钻进中经常会遇到坚硬的岩层(如花岗岩、玄武岩、榴辉岩、闪长岩、石英岩等),可钻性等级高达 7 级以上,强度和硬度大,研磨性很强,钻头磨耗厉害,钻进速度慢,钻杆磨损严重,回转扭矩加大。对这类地层多采用金刚石钻头以高速磨削碎岩方式来获得机械钻速,对钻井液的冷却和润滑性能要求特别高。在深孔小井眼(特别是地质勘探绳索取心钻探)时还要求钻井液的流动性好,以防憋压,因而不宜用粘稠的泥浆体系钻进。而这类岩层的另一个特点则是岩体完整、稳定,其破裂、塌孔和缩径的程度相对低得多,加之钻头破碎下来的岩屑细小,所以对钻井液的粘度、切力、密度的指标要求较低,也不需要用泥浆体系钻进。对此,采用乳状液作钻井液会有很好的适应性。

乳状冲洗液具有"三强"(强润滑、强冷却、强减阻)和"三低"(低粘度、低切力、低密度)的特性,专门适合于坚硬研磨且完整稳定地层的钻进。与清水比较,乳状液的润滑、冷却和减阻特性明显更好。

呈乳白或淡黄色的乳状液是由水、油、乳化剂混合配制成的水包油体系,三者大致的比例是1 000∶5∶1。由于被乳化的油微粒(<10μm)密密麻麻地分散在体系中,因而可以高效(很省油)地体现强润滑作用,主要体现在大幅度降低高速回转的钢体钻具与井壁岩石之间的摩擦力。乳状液又具有良好的散热传导性,在机械加工中已广泛用作冷却介质,因而对钻头冷却颇佳。近期的研究还发现,由于油珠微粒属软弹变体,随流速增加其形状趋于线性,因而对减小流动阻力十分有利。

油和水是分子结构差异很大的物质,根据表面物理化学"相似者相容"的原理,这两者是难以在对方体系中稳定分散开的。要使油粒高度细小且长期稳定地分散在水中,必须采用乳化技术。乳化剂是一类能降低油水界面表面能的表面活性剂,具有亲水和亲油两端结构,其作用原理如图3-9所示。一个大油粒在水中被打散为众多小油粒后,若无表面活性剂,则小油粒界面上油分子受内部油分子的拉引力大于受水分子向外的拉引力,就形成向内收紧的表面张力,蓄势待发,一旦小油粒相互靠近接触,界面上的油分子就与对方的相互吸引,合并成较大的油粒。而加了表面活性剂后,界面上油分子与外部水分子结合力大大增强,表面张力明显消除,小油珠之间失去了相互吸引的能量,从而形成稳定的润滑分散体系。

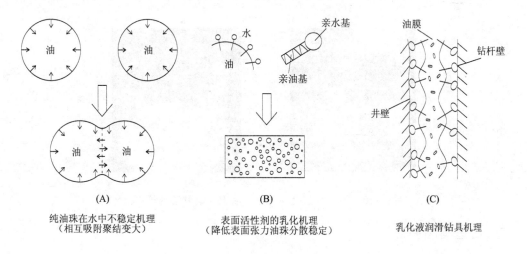

(A) 纯油珠在水中不稳定机理（相互吸附聚结变大）

(B) 表面活性剂的乳化机理（降低表面张力油珠分散稳定）

(C) 乳化液润滑钻具机理

图3-9 表面活性剂(乳化剂)作用机理

用作乳化剂的表面活性剂品种繁多,从化学结构上可分为阴离子型(如油酸钠、烷基苯磺酸钠、松香酸钠、癸二酸钠皂、硫酸酯盐、磷酸酯盐等)、非离子型(如聚氧乙烯脂肪醇醚、聚氧乙烯烷基苯酚醚、聚醚、司盘、吐温等)、阳离子型(如十六烷基三甲基溴化铵、十二烷基吡啶盐酸盐等)和两性型(如氨基酸盐、甜菜碱型等)。阴离子型和非离子型的用量最广,二者比较,阴离子型乳化效果较强,非离子型稳定性较强,使用中往往二者复配,以达到既能高效乳化又能抗侵稳定的综合目的。各种乳化剂的亲水亲油性也不相同,用亲水亲油平衡值 HLB 来度量,如非离子型中的司盘为油溶性的,而吐温为水溶性的。阳离子型的特点是容易吸附在固体表面,从而使其有特殊用途,如油包水乳化泥浆中有机土分散在油中。

乳状液的配方1:

$$普通机油(2.5kg)+柴油(1.5kg)+ABS(0.3kg)+OP-10(0.2kg)+淡水(1\,000kg)$$

配方中,ABS 为十二烷基苯磺酸钠,OP-10 为聚氧乙烯烷基苯酚醚,二者构成复合型乳化剂。这套配方利用现场的油料,且当缺乏乳化剂 ABS 和 OP-10 时可用同量的洗衣粉代替(效能略有降低),因此实际操作易行。如此配出的乳状液的钢-钢表面摩擦系数仅为 0.12,而清水的为 0.25。

乳状液的配方2:

$$工业皂化油(3\sim 4kg)+OP-10(0.4kg)+淡水(1\,000kg)$$

配方中的工业皂化油是用基础油和乳化剂混配好的成品乳化油,使用时直接加入水中适当搅拌即可做钻探冲洗液。添加 OP-10 的目的是提高乳状液在高矿化度和 pH 值异常环境下的稳定性。

以 2010 年在安徽周集铁矿的深部钻探孔为例,当时自 1 750m 深度之后钻遇酸性(pH 值=4.5)含水层且矿化度较高(3.5g/L),仅用皂化油与水混合的乳状液发生破乳(油水分层),经研究添加了 OP-10 以提高稳定性,结果有效地解决了破乳问题。图 3-10 的实物照片对比了当时添加 OP-10 前后的乳状液稳定性状况。当钻高钙地层时,应除钙或采用阴离子与非离子表面活性剂的复配液钻井。

图 3-10 OP-10 的加入显著地提高了乳状液的稳定性

五、白垩类钻井液

白垩(也称白垩土)为白色至淡黄色的海相沉积物,含方解石量高达 90%～98%。其中 CaO 含量达 50%左右,因此具有与石灰相似的性质。它与水混合后,前期为有粘性的流体,经过一定时间后水分脱出,剩下为脆弱的固相。

研究表明,用白垩配制的钻井液具有一定的流变性即一定的粘度和切力,在井壁上能较快地形成具有一定封堵和粘结性的泥皮;后期这种泥皮脆化碎落,对渗流层的堵塞自动消除,地层渗透率的恢复程度高,因此能较好地保护储层。通过调节白垩的加量可以调节钻井液的比重以平衡地层压力。表3-12是渗透率恢复程度的比较表,可以看出不论何种钻井液,加有白垩的渗透率恢复程度都比不加白垩的要高。

表3-12 渗透率恢复程度比较

钻井液类型		平均渗透恢复率(%)		
		国外资料	国内资料	
			资料1	资料2
分散性泥浆	含白垩的	65.7~70.9	91.2~93.6	62.5~75.9
	不含白垩的	49.2~49.8	63.2~88.2	45.3~76.6
抑制性泥浆	含白垩的	74.7~84.1	90.0~94.2	81.3
	不含白垩的	60.5~67.5	70.3	67.9
无粘土钻井液	白垩+CMC	57.9	—	—
	基于水玻璃的	39.0	—	—

白垩不像粘土那样具有强的水化活性,单独在水中难以构成稳定的分散体系,需要加保护胶或结构剂才能配成稳定的钻井液。野生植物胶、CMC、煤碱剂等一些聚合物可用作护胶稳定剂,水玻璃或粘土粉可作结构剂。白垩钻井液的部分配方及其性能如表3-13、表3-14所示。

表3-13 不含粘土的白垩钻井液配方及性能表

配方编号	组成								性能			
	白垩(g)	蒟蒻(g)	NaOH(g)	Na_2CO_3(g)	硼砂(g)	水玻璃(mL)	$FeCl_3$(g)	CMC(g)	水(L)	表观粘度(mPa·s)	塑性粘度(mPa·s)	动切力(Pa)	失水量(mL)
1	20	5	0.2						1	6.5	5.5	4.78	22
2	20	5	0.2				0.4		1	0.5	7.0	16.73	28
3	20	5		1.5	0.5				1	6.0	5.0	4.78	33
4	20	5				4.5		3	1	14.25	11.5	13.15	25
5	20	5		1.5				3	1	23	16	33.46	22

表3-14 含粘土的白垩钻井液配方及性能表

配方编号	组成			性能						
	白垩(%)	高阳土(%)	CMC(%)	漏斗粘度(s)	表观粘度(mPa·s)	塑性粘度(mPa·s)	动切力(dPa)	失水量(mL)	pH值	比重
1	2.0	2.0	0.5	34.5	18	14	40	18	8	1.02
2	4.0	2.0	0.5	37.8	22.5	17	55	15	8	1.02
3	8.0	2.0	0.5	64	31	22	90	12	8	1.06
4	3.0	3.0	0.4	43	24.5	18	62.5	12	9	—
5	7.0	3.0	0.4	54	29.3	20.5	87.5	11	9	—
6	10.0	3.0	0.4	71	33.5	23.5	100	10	9	—

用蒟蒻和白垩配制的钻井液有较好的渗透率恢复性,缺点是钻井液的稳定性不高。

用粘土作结构剂、CMC作保护剂配成的白垩钻井液具有性能稳定、失水量较低的特点,但渗透率恢复性稍次于无粘土的白垩钻井液。

第六节 漏失地层随钻堵漏泥浆

一、随钻堵漏泥浆原理与适用性

钻井堵漏可分为停钻堵漏和随钻堵漏。随钻堵漏泥浆是在泥浆中添加一些特殊的堵漏剂材料而形成,约占泥浆体积的1%～4%。一般用在漏失不大的情况下,一边循环钻进一边堵住漏失(图3-11)。这时,钻进工程的效率就不会因为另外采取停钻处理措施而受到较大影响。所以,在许多可行的条件和场合下,采用随钻堵漏泥浆来钻进漏失层段不失为上策。

造成钻井液漏失的主要原因是井眼地层中存在着敞通型的裂隙、孔隙、溶洞等,泥浆中的随钻堵漏剂就是用来堵塞这些空隙的材料。使用中要使堵漏剂能够均匀地分散在泥浆体系中,避免其快速沉降或漂浮。再则,由于是随钻使用,泥浆还要保持其自身的流变性等性能,这就要求随钻堵漏剂的添加不能明显损坏泥浆原有性能。要满足这些要求,堵漏剂的材质、密度、尺寸和加量等是选配的关键要素。

把握好随钻堵漏泥浆的适应范围是必要的。当地层漏失状况复杂到一定程度后,堵住漏失所需要的堵漏剂性状及其浆液配伍性若超出泥浆自身的合理性能范围时,就不能采用之。例如,当地层孔、裂隙尺寸明显大于井眼环状间隙时,所需的大尺寸的堵漏剂就很容易堵死环空上返通道而不能使用。

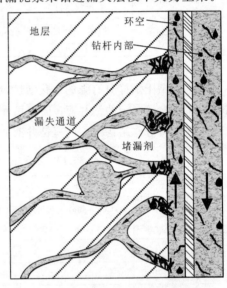

图3-11 随钻堵漏泥浆原理示意图

以地层孔裂隙宽度尺寸作为衡量依据,将漏失地层分为微漏隙(≤1mm)、小漏隙(1～3mm)、中漏隙(3～10mm)和大漏隙(≥10mm)四类,典型的实物照片如图3-12所示。一般来说,随钻泥浆堵漏只适于微、小漏隙和部分中漏隙的情况,大漏隙和部分中漏隙则不得不采用停钻堵漏方式(详见第六章)。

堵漏剂可以直接掺入泥浆中搅拌均匀,通过泵送循环,流经漏失带时自动嵌入裂隙中。有时堵漏剂粒度大而难以经过泥浆泵,也可以将其从井口钻杆中倒入再接上泥浆泵进行泵浆。有时为了保证堵漏的效果,需要在投注堵漏材料后进行短暂的憋压处理(例如临时的井口密封泵注等),使堵漏材料充分进入漏失通道,并且可以将通道内的堵漏材料压实,将漏失通道较彻底地堵死。

微漏隙　　　　　　小漏隙　　　　　　中漏隙　　　　　　大漏隙

图 3-12　不同程度漏失地层示意图

二、随钻堵漏剂的性状和加量

为了避免原浆发生化学反应而导致钻井液性能变坏，一般都选用惰性材料作为随钻堵漏剂。常用的随钻堵漏剂品种很多，如表 3-15 所示。

表 3-15　常用随钻堵漏剂一览表

类型	名称	颜色	密度(g/cm³)	尺寸(mm)	建议加量(%)
颗粒状材料	核桃壳碎粒	褐色	1.25	粒径为裂缝宽度的 1/2～2/3	2
	橡胶粒	黑色	0.93～0.98		
	硅藻土	褐色，灰褐色	1.9～2.3		
	沥青	青褐色	0.95～1.03		
纤维状材料	锯末	黄色，黄褐色	0.4～0.6	纤维长度为裂缝宽度的 2～3 倍	1
	棉纤维	白色			
	亚麻纤维	黄褐色			
	赛珞珞碎片	白色			
片状材料	棉籽核碎粒	土黄色，黄褐色		长度约为裂缝宽度的 1/2	1
	云母片	白色，黄色	2.7～3.5		
	谷壳	黄色	1.12～1.44		
	麦麸	黄色，黄褐色			
	黄豆	黄色			
	海带	紫色			

随钻堵漏剂的密度应该尽量与钻井液原浆密度相近或略大于原浆的密度，以避免其上浮或快速沉降。当选材无法满足这一需求时，应该适当调整钻井液的切力和粘度，形成适度的网絮结构，以确保堵漏剂的均匀悬浮分散。

粒度尺寸是随钻堵漏剂的关键指标，它决定了多颗粒"桥塞"楔卡的效果。根据流体力学原理，选取粒径为漏失通道断面尺寸 1/3 左右的材料作为主体堵漏剂，可以最有效地桥塞住孔隙和裂隙，我们称这种尺寸为"桥塞骨架"尺寸。如果堵漏剂尺寸过大就无法进入漏失"咽喉"；过小则无法在近井壁漏失通道中桥塞而流失到地层远处。

为使堵漏效果更为增强，还可在桥塞骨架剂中掺入多级尺寸、形状不同、软硬兼有的辅堵材料，形成多物性互补的级配封堵。颗粒状、鳞片状和纤维状的堵漏材料复配比一般为 2∶1∶1，并有 5% 的惰性材料略大于桥堵缝隙的尺寸。软纤维状材料长度一般为所要桥堵裂缝宽度的 2~3 倍，直径为漏层孔径的 1/3 左右，对于强度低而柔性大的材料，应选用稍长的尺寸，对于强度高而柔性小的材料，应选用稍短的尺寸。

堵漏剂材料在泥浆中的加量一般控制在 1%~4% 的范围内，视具体漏失地层规模和钻井工艺情况调整。漏失面积大多加，漏失面积小则少加。在井内流动条件较为苛刻时，可分多次、少量加入。一次性过多地加入堵漏剂往往会使钻井液流动困难，造成憋泵甚至相反压裂地层，这在小井眼深部钻进中尤其要注意。例如鄂州铁矿某钻孔，Φ75 绳索取心 650m 孔深时，采用 1mm 粒度的锯末配浆堵漏，当锯末加量大到 20kg/m^3 时，泵压由原来的 2.0MPa 升至 6.0MPa，无法正常开泵，后加量改为 12kg/m^3，泵压仅 3.0 MPa，维持了正常钻进，分多次添加锯末而成功堵漏。

三、堵漏效果的实验评价方法

堵漏剂浆材的堵漏效果可以采用堵漏测试仪进行评价。通过对被测堵漏浆液加压，使其通过模拟漏失地层，再根据选定的温度、试验压力和试验模型特征以及记录的漏失时间、漏失量、封堵时间、封堵状态等，来评价研究堵漏剂的组分配比，确定合理的施工条件，为实际钻井堵漏提供科学依据。

堵漏仪如图 3-13 所示，由加压装置、储液装置、漏失层模拟装置、温度调控装置和渗流计量装置几部分组成。堵漏剂浆液储存于储液装置中，在加压装置驱动下，进入模拟的漏失地层，并堵塞漏失通道。

漏失地层的模拟装置分两种类型。一种是裂隙型（图 3-13 中的 5），由半合铣隙钢板构

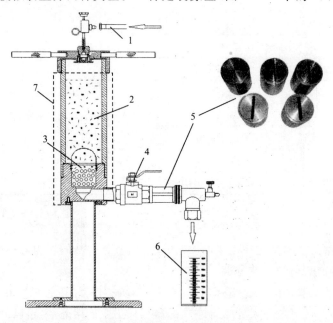

图 3-13 堵漏仪结构原理图
1.压力源进口；2.实验浆材；3.孔隙弹子及弹子床；4.球形阀；5.裂隙缝板及座仓(1mm、2mm、3mm、4mm、5mm 规格)；6.渗滤计量；7.温度调控装置

成,长度约15cm,缝宽制作为1~5mm的5种尺寸,可以根据实际地层裂隙的缝宽进行对应更换;另一种是孔隙型(图3-13中的3),由多种不同直径的钢弹球组成床体,视实际地层的孔隙度来选择相应尺寸的小钢球。实验时,调节压力至井内压差预计值,在仪器出口观测浆材流出情况,计量浆液渗流量,之后还可以打开模拟地层装置观察分析堵漏剂的进入和嵌塞状况,以此对堵漏剂浆液进行可堵性强弱的评价。

表3-16是对核桃壳碎粒与锯末不同组合配方的堵漏效果的测试。所取基浆粘度30s,控制压差3.2MPa,核桃壳碎粒尺寸0.7~1.3mm,板缝宽度2mm。通过对比可以看出配方3的骨架颗粒与软质阻塞体比例搭配合理,既能堵住漏失,粘度又不过高,因而堵漏效果最佳。

表3-16 以核桃壳为桥塞骨架的不同配方堵漏实验数据

惰性材料堵漏配方	漏斗粘度(s)	100s漏出量(mL)	堵漏效果(100s后)	失效差压(MPa)
配方1:基浆+6%核桃壳	34	640	仍滴流	3.5
配方2:基浆+2%核桃壳+4%锯末	55	308	不漏	5.5
配方3:基浆+4%核桃壳+2%锯末	39	303	不漏	≥6.5

注:基浆为6%钠土+0.12%纯碱+0.025%MV-CMC,测得漏斗粘度30s,600转旋转粘度40mPa·s。

四、膨胀型随钻堵漏剂

一般堵漏剂材料不具有或很小具有膨胀性,它们在使用中尚存在不足:一是选择粒度时较难把握尺寸,稍大于漏层孔隙裂缝颗粒就不易进入,只在漏层表面形成堆积,过小则随流漏光;二是进入裂隙后在井内较大波动压差作用下不能可靠地稳定在被堵漏层当中,有可能冲移走。这样,往往是堵漏效果不佳或堵漏后又发生重复漏失。为此,选配一些具有遇水膨胀性能的材料来做堵漏剂是积极的措施。早期已借用过黄豆、海带等食用品做水胀性材料,在许多场合应用取得过较好的堵漏效果。

新型膨胀型堵漏剂是近年来发展起来的一类功能高分子材料。它含有强亲水性基团,可以吸收大于自身重量几百倍甚至几千倍重量的水,吸水后体积膨胀(图3-14),并且具有很强的保水性,施加压力后吸收的水也很难被挤压出来。由于这种材料具有膨胀性和很好的弹性,在堵漏时几乎不受漏失通道尺寸限制,用足够小的原始尺寸顺利进入裂隙通道,而在通道内膨胀后形成致密牢固的可靠封堵,承压能力大,从而可以显著提高钻进堵漏的成功率。

刚刚加入

浸泡8min

浸泡25min

图3-14 膨胀剂在水中的膨胀效果

膨胀性堵漏材料是一种由低分子物质聚合生成的立体交联高聚物,内部分子结构为三维网状结构,吸水膨胀后为粘弹性凝胶体。其分子链内存在大量酰胺基和羧基团等亲水基团,这些亲水基团在水中同性相斥使分子链产生扩张力,同时交联点又限制了分子链的分离,两种力相互作用使材料能够吸水膨胀形成具有一定强度的凝胶。图3-15为溶胀凝胶模型图。分子中的离子和基团与水溶液中相关成分浓度差会产生相当高的渗透压,分子电解质与水具有亲和力,从而可以大量吸水直至浓度差消失为止。由于分子结构交联,分子网络所吸水分不能用一般物理方法挤出。膨胀性堵漏材料的抗盐性和稳定性也较好。

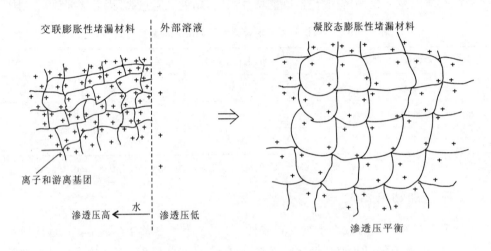

图3-15 膨胀型堵漏材料内部网络结构及其吸水过程

2010年4月我们就安徽寿县正阳关铁矿勘探区一钻孔出现的严重漏失,试用了一种膨胀性堵漏剂泥浆。该孔终孔深度2 000m,上部用Φ95mm绳索取心钻进。在90~660m厚段多处夹有敞开型卵砾石层,钻井液漏失量很大,几乎不返浆。采用传统随钻堵漏剂和水泥浆封堵无效,分析原因为浆材流失。对此,经过计算采用25min 10倍膨胀率的堵漏材料50kg,颗粒原始细度为0.5mm左右,于孔口钻杆中灌入,经15min小泵量压浆,钻井液开始返出,之后循环稳定建立,堵漏获得成功。

实际应用中,对膨胀性堵漏剂的膨胀时间有不同的要求。井深时泵注堵漏剂到位的时间长,希望膨胀慢一些,而井浅时则希望膨胀快一些。进一步的研制工作已开始运用缓释剂和"包衣"等技术,旨在能更准确地调控膨胀变化时间,以适于不同深度及各种环境下的堵漏作业。

第七节 抗高(低)温钻井液

一、钻井液高温性能评价与测试

随着环境温度尤其是井内温度由常温(20℃左右)到高温(可达300℃以上)的增升,钻井液的多项性能指标都会不同程度地发生变异。有些钻井液的性能受高温影响很大,会发生过度析水、劣性稠化、严重失水等现象,导致其无法满足排渣、护壁等一系列重要功能,甚至相反会恶化井内环境而引发钻井事故。研究表明,高温对钻井液的流变性和失水性影响很大,对密度等参数影响较小。在此定义:耐高温系指在高温下钻井液的粘度和失水量等参数的变化不大于原来的±25%。图3-16是一种没有经过抗高温处理的普通泥浆的表观粘度和失水量随温度变化的实测情况。可以看到,当温度超过120℃后其表观粘度降低到不足原来的30%,失水量增大到35mL/30min以上。因而这种钻井液根本无法在高温环境下使用。

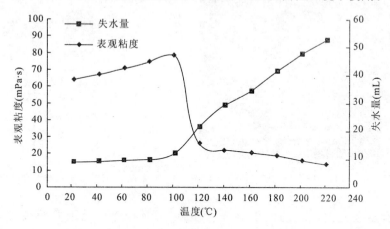

图3-16 普通泥浆性能随温度变化实测数据曲线

近20年来国内外的耐高温钻井液技术已取得显著进展。目前已能配制耐温超过200℃的钻井液体系。如美国Van Slyke等发明了含有一种非磺化聚合物和一种非亲有机质粘土的油基钻井液,该体系在高温下能保持所需的流变性,且悬浮稳定性好。利用新型抗高温处理剂配制的油水比为85:15~90:10的钻井液,在310℃和203MPa下具有很好的稳定性,钻井液密度可达2.35g/cm³。

国内西藏羊八井(ZK4002地热井)分散性抗高温钻井液体系,由北京探矿工程研究所研究设计,体系配方为:5%膨润土+3%地热93。该体系在高温高压条件下性能稳定,配方简单,采用该体系顺利完成ZK4002井施工,该井井底温度达到329.8℃。

我国油田部门的泌深1井位于南襄盆地泌阳凹陷深凹区,是一口深探直井,实际完钻6 005m,井底温度245℃。该井成功应用两套添加重晶石的密度分别为1.2g/cm³和1.35g/cm³的超高温水基钻井液配方。相关的抗高温泥浆技术还有宁深1井、文23-40井等,后续详述。

中国地质大学(武汉)在13 000m超深钻预研究课题中,复配出能耐受230℃的钻井泥浆体系。经室内测试,在此高温下该体系的各项性能参数的变化均小于常温(20℃)下的25%。其总体配方为:超细凹凸棒土+耐温无机盐水溶液+磺化聚合物+抗高温纤维微胶。

研制和评价抗高温钻井液的一个重要技术环节是要具备高温环境下钻井液性能测试的仪器。常温钻井液性能测试仪器是无法模拟高温条件的。现今,钻井液高温性能(主要是流变性和失水性)测试仪器得到快速发展。下面列举目前国内外该类先进仪器的情况。

(1)高温高压流变仪。美国范氏公司生产的Fann IX77型泥浆流变仪(图3-17)为可在高温316℃和高压30 000psi的极端条件下测量流体流变性的全自动流变仪。该仪器是同轴圆筒测量系统,它使用耐高温的精密磁敏角度传感器来检测内嵌宝石轴承的弹簧组合的角度,传感器系统可以校准到±1℃。电机转速实现了0~640rpm无极调速的全自动控制,外围嵌有加热加压装置。另外,配上一个软件控制的制冷器也可以使实验在低温条件下进行。

图3-17 Fann IX77型泥浆流变仪

图3-18 Ceast型毛细管流变仪

另外,还有多家其他款式的高温高压流变仪,如Ceast型毛细管流变仪(图3-18)、OFITE1100型流变仪、M7500型流变仪、Haake RV20/D100型粘度仪和Chandler7400型流变仪等也都具有较高的工作温度和工作压力。

(2)高温高压滤失仪。我国海通达公司在生产静态GGS系列高温高压滤失仪的基础上,又生产出动态的如HDF-1型高温高压滤失仪(图3-19),使测试结果更加接近井下实际情况。该仪器由电机驱动的主轴带动杯体内的螺旋叶片对钻井液进行搅拌。通过SCR控制器控制变速电机,数字式仪表显示主轴转速。试验步骤和传统的高温高压滤失试验基本相同,唯一不同的是在整个滤失过程中,杯体内液体始终处于循环状态下。有双重滤网,也可满足水泥浆滤失量的测量。使用不锈钢外壳,添加特殊保温层,热传递效率高,最高工作温度可达150℃,最高耐压可达7.1MPa。

美国OFI公司生产的高温高压动态全自动失水仪,马达驱动装配有桨叶的主轴在标准

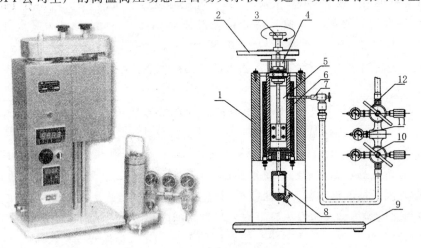

图3-19 HDF-1型动态高温高压滤失仪

1.加热保温箱;2.锁紧手柄;3.移动手柄;4.传动组件;5.测试内腔、搅拌杆;6.钻井液杯组件;7.三通组件;8.滤液接收器组件;9.底座;10.进气调压手柄;11.管汇;12.回气调压手柄

500mL HTHP 泥浆池中旋转,转速设置范围为 1~1 600rpm,模拟钻井液在高温高压池中以层流或紊流形式流动。测试方式完全和标准的高温高压滤失仪一样,唯一的差异为滤出物收集时钻井液在高温高压池中流动循环。由于滤失介质为普通的圆盘(disk)材质,因此测定结果跟别的或以往的有充分的可比性,该仪器能够和电脑相连,并自动画出曲线。最高压力 8.6MPa,最高温度 260℃。

(3)高温高压膨胀量仪。如 HTP 系列(图 3-20)和 JHTP 系列(图 3-21)膨胀量仪,能较好模拟井下温度(≤260℃)和差压(≤7MPa)条件下测试泥页岩的水化膨胀特性,为高温高压环境下钻进的井壁稳定性研究、评价和优选防塌钻井液配方提供了一种先进的测试手段。现代的泥页岩膨胀仪采用非接触式高精度传感器,电脑监控记录,性能稳定,测试范围大,无漂移,通电即可使用。其技术特点是:利用非接触式位移传感器与圆铁饼之间的距离随粘土饼膨胀时体积变化而变短,从而改变传感器的输出电压,使数据采集器得到膨胀量实验参数。

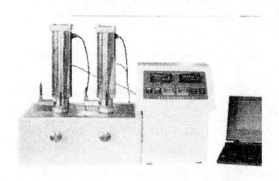

图 3-20 HTP-4 型高温高压单通道膨胀仪

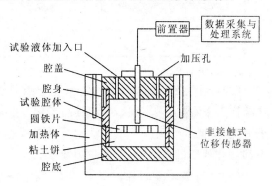

图 3-21 JHTP 非接触式智能膨胀仪结构

此外,还有高温高压堵漏仪(详见本章第六节)等专用仪器,用来对钻井液的其他高温特性进行测试。

二、处理剂耐温性的对比分析

提高钻井液抗温性的一项主要技术是采用耐高温的处理剂来配浆。表 3-17 列出了常见泥浆处理剂本身的耐温值,以供不同温度环境下选用参考。

表 3-17 常见泥浆处理剂的降解温度(恒温 24h)

种类	降解温度(℃)	种类	降解温度(℃)
普通植物胶	90~130	淀粉及其衍生物	115~130
铁铬盐及其衍生物	130~180	纤维素及其衍生物	140~160
栲胶及其改性产品	180 以上	磺甲基酚醛树脂	200~220
腐植酸及其衍生物	200~230	聚丙烯酰胺类	200~230 以上

处理剂的耐温性主要取决于它的分子结构。分子中化学键越稳定,分子链刚性越高,其耐温能力越强。因此,抗高温处理剂分子应具备以下结构特征:

(1)主链、侧链与主链连接键应尽量采用键能较高、活性相对较低的"C—C"、"C—N"和

"C—S"等键而避免采用高温下易反应的"—O—"键等。现有的各种植物胶以及淀粉类处理剂中均含有大量的"—O—"键,从而导致处理剂在高温下容易降解,而聚丙烯酰胺类的主链全部由"C—C"组成,具有较高的耐温能力。处理剂分子中各种常见化学键键能如表 3-18 所示。

表 3-18 分子结构中常见化学键键能

化学键	键长(10^{-12}m)	键能(kJ/mol)	化学键	键长(10^{-12}m)	键能(kJ/mol)
C—H	109	414	C—O	143	326
C—C	154	332	C=O	120	728
C=C	134	611	C—S	182	272
C—N	148	305	C—Si	186	347
N—H	101	389	O—H	98	464
N—O	146	230	O—O	148	146

(2)分子主链上含有环状结构,可增强分子链刚性,产品具有梳型结构以提高支化程度。从结构上来看,引入环状结构和提高支化程度均能降低分子在溶液中的运动剧烈程度,降低分子活性,降低分子离解出的活性自由基相结合的几率。现有的 SMP 和腐植酸类处理剂分子中都含有苯环,使其降解温度高达 200℃。

(3)具有吸附能力强的吸附基团,高温解吸附趋势尽可能低,且高温下不发生基团变异。此外不同类型的吸附基团能协同作用,可提高高温下的吸附量。现有的吸附基团主要有非离子基团和阳离子基团。非离子基团在分子链上不发生离解,既具有吸附作用,又具有水化作用,多数情况下以吸附作用为主,重要的非离子基团有—$CONH_2$、—NH_2 和—OH。阳离子基团吸附能力强,耐水解,具有长期稳定效果,抑制性强,但易使钻井液过度絮凝,其用量适当时可以明显提高处理剂的抗温性能。

(4)具有亲水性强的亲水基,基团水解稳定性强,且高温去水化程度较低。磺酸基和羧基都为具有强水化特征的阴离子基团,水溶性良好,在高分子链节上可以形成较强的溶剂化层,从而起到抗温、抗盐和抗污染的作用。磺酸基对盐不敏感,磺酸基的多少决定产品的抗盐性,特别是在高温条件下的抗钙、镁离子污染能力。羧基在高温情况下抗盐性一般,特别是抗高价金属离子污染的能力较差。为此,处理剂尽量选用离子基如—SO_3^{2-} 和—CH_2—SO_3^{2-} 等作为亲水基。

三、海泡石族耐高温造浆粘土

抗高温泥浆的另一针对性的材料技术是选用耐高温的造浆粘土。尽管优质蒙脱石粘土在常温下具有很好的水化分散性,体现很强的造浆能力,但在高温下却会发生严重的结构破坏和脱水,造浆能力急剧下降。这时,若采用耐高温的海泡石族粘土来配制泥浆,则可获得良好且稳定的泥浆性能参数。图 3-22 为不同温度下蒙脱石土与海泡石土两种泥浆的失水量变化的实验数据曲线。从图中可以看出,温度越高,海泡石泥浆的性能相对越好。

海泡石族粘土矿物(以凹凸棒石为例)的化学式是 $Mg_8[Si_{12}O_{30}][OH]_4(OH_2)_4 \cdot 8H_2O$,

为含水镁铝硅酸盐。它虽然也是2∶1型粘土矿物，但颗粒的片状程度没有蒙脱石那么明显，而是多呈棒状，从微观结构看属于双链状构造（显微对比照片见图3-23、图3-24），强度相对较高。在常温条件下，海泡石的造浆性能不如蒙脱石，但在高温下却体现出良好的热稳定性。

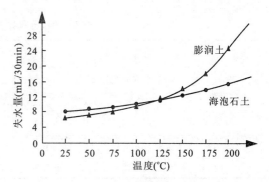

图3-22 海泡石泥浆与蒙脱石泥浆高温失水量对比数据曲线

在海泡石中，硅氧四面体所组成的六角环都依上下相反的方向对列，而相互间被其他的八面体所连接，因而晶体构造中有一系列的晶道，具有极大的内部表面，大量晶格水分子以表面断键结合水形式牢固吸附在内部表面，脱离需要较高的温度；其次，海泡石中的镁离子含量高，而镁离子又能束缚众多的结晶水。因此，由于水的散热效应等，使海泡石具有较高的热稳定性，能耐260℃以上的高温，适于配制深井和地热井泥浆。

另外，由于特殊构造，海泡石粘土具有良好的抗盐性，它在淡水和饱和盐水中的水化膨胀情况几乎一样，因此是配制盐水泥浆或对付盐类地层泥浆的好材料。

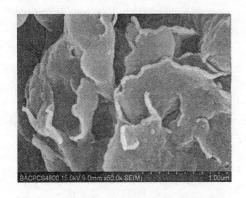

图3-23 膨润土SEM照片（标尺5μm）　　图3-24 凹凸棒石显微结构（标尺5μm/100nm）

在实际配浆应用中需要注意的是，由于海泡石粘土晶格强度相对较大，自然矿粒不易自动分散，需通过高速机械搅打处理为10μm以细的微粒才能有效地使用。

四、抗高温钻井液现场配方实例

1. 水基泥浆抗高温钻井液现场应用配方1

根据资料，宁深1井高温钻井液技术如表3-19和表3-20所示。

抗温钻井液及高密度抗温钻井液配方：4%膨润土浆+0.1%K-PAM+0.2%NH_4-HPAN+2%~3%SMP+2%~3%SPNH+0.5%SMC+2%SPC-220+0.1%PAC141+0.5%CXP-2+0.3%LTJ-1+0.2%抗氧剂+$BaSO_4$/Fe_2O_3。

表 3-19 分段钻井液使用类型

开次	地层	井段(m)	钻井液使用类型
导眼、一开	第四系、延长组	0～900	普通甲铵基钻井液
二开	和尚沟组 上石盒子组	900～3 170 3 170～4 130	抗温钻井液
三开	奥陶系风化壳 中、下元古生界	4 130～4 850 4 850～5 820	高密度抗温钻井液(若钻遇岩膏层,转化为抗温欠饱和盐水钻井液体系)

分段钻井液类型的性能控制指标如表 3-20 所示。

表 3-20 分段钻井液及流变参数

井段(m)			一开 (0～1 000)	二开(1 000～4 130)		三开 (4 130～5 820)
				1 000～3 170	3 170～4 130	
钻井液类型			普通钾铵基钻井液	抗温钻井液		高密度抗温钻井液
钻井液性能	常规性能	密度(g·cm^{-3})	1.05～1.08	1.08～1.12	1.08～1.20	1.10～1.30
		马氏漏斗粘度(s)	50～80	40～60	40～70	60～100
		API 失水量(mL)	≤10	≤8	≤6	≤5
		泥饼厚(mm)	≤1	≤0.5	≤0.5	≤0.5
		FL$_{HTHP}$(mL)			≤15	≤12
		pH 值	8～9	8.5～10	8.5～10	8.5～10
		切力 Q10″/10′(Pa)	2～5/4～15	1～3/1～10	1～3/1～10	5～10/10～30
		PV(mPa·s)	10～25	10～20	10～20	20～50
	流变性能	YP(Pa)	8～25	5～12	5～12	10～35
		膨润土含量(kg·m^{-3})	40～60	20～40	20～40	20～40
		固含(%)	5～7	7～10	6～12	10～15
		砂含(%)	≤1.5	≤0.5	≤0.5	≤0.2
泥饼粘滞系数(K_f;45min)				≤0.10	≤0.10	≤0.10

2. 水基泥浆抗高温钻井液现场应用配方 2

经查阅资料,国内泌深 1 井是一口深探直井,设计井深 6 000m(实际完钻 6 005m,井底温度 245℃),位于南襄盆地泌阳凹陷深凹区。该井成功应用两套抗温 245℃、密度分别为 1.2g/cm³ 和 1.35 g/cm³ 的超高温水基钻井液配方。

[配方 1] 4%膨润土浆+1.2%SDT108+3%SD-101+2%SD-202+3%SDT-1+2%SDT-2+3%LQ+1%SFJN+0.2%LNW+3%GWR(重晶石加重至 1.2 g/cm³);

[配方2] 4%膨润土浆+1.0%SDT108+3%SD-101+2%SD-202+3%SDT-1+2%SDT-2+2.5%LQ+1.2%SFJN+0.5%QS-2+3%GWR(重晶石加重至1.35 g/cm³)。

3.白油抗高温钻井液现场应用配方

相关文献介绍,文23-40井水包白油钻井液应用井段为3 070~3 400m,钻井液配方为:4%膨润土+0.4%NaOH+0.4%PAM S601+0.5%LV-CMC+4.5%TS-2+0.7%ZR-1+1.5%FR-3+30%白油。

实钻钻井液性能为漏斗粘度63~85s、密度0.96~0.98g/cm³、塑性粘度29~37mPa·s、动切力5~9Pa、初切/终切1~3/4~8Pa、API滤失量3~4mL、pH10~11。体系抗温达到180℃。

五、低温钻井液

低温地层主要包括冰层(如极地等)、永冻岩土层(如我国北方许多地区)和深海冷水地层(如海底天然气水合物冻层等)三大类。温度一般在0℃以下,温度的差别也比较大,最低可达-60℃。在低温环境下钻进,一方面要求钻井液不冻结而维持可流动状态,仍能够起到常规钻井液所具有的多种作用;另一方面,要求它们能够防止钻头碎岩产生的高温对冻结井壁的熔蚀,尽可能保持井壁的自然物态和温度状态。

根据钻井液冰点的高低,可以采取加入无机盐和防冻剂等降低钻井液的冰点。以乙二醇为例,它是常用的水溶性防冻剂,具有来源广泛、价格低廉、安全无毒无污染、在水中溶解度大等特点。乙二醇显弱酸性(pH<7),有协助防塌的作用。以乙二醇作为防冻剂,也可提高钻井液的抑制性。对乙二醇复合聚合物钻井液的耐低温能力、流变性、失水特性以及钻井液的防塌能力进行了试验研究,确定了乙二醇及钻井液中其他聚合物的加量,使其满足低温条件下勘探的要求。对常温优选的钻井液配方分别加入10mL、40mL、70mL和100mL的乙二醇,得到一组抗低温配方,测试其在不同的温度下钻井液的性能,如表3-21所示。

表3-21 乙二醇的不同加量对钻井液性能的影响

样品号	添加材料					温度(℃)	钻井液性能			
	乙二醇(mL)	PVA(mL)	PHP(mL)	CMC(mL)	NaCl(g)		Φ_{600}	Φ_{300}	FL(mL/30min)	ρ(g/cm³)
1	10	0	0	0	0	16	11.5	23	78	1.10
2	40	0	0	0	0	-4	31.0	61.0	6.0	1.11
		0	0	0	0	16	15.5	31.0	96.0	1.10
3	70	100	25	30	35	-16	91.0	180.0	10.0	1.12
		0	0	0	0	16	19.0	38.0	75.0	1.11
4	100	0	0	0	0	-20	97.0	187.0	13.0	1.12
			0	0	0	16	26.0	51.0	68.0	1.11

由表3-21可知,随着温度的降低,钻井液的粘度明显提高,而失水量则明显下降,密度变

化不大。当温度在室温 16℃ 时，钻井液的流变曲线为直线，钻井液为牛顿流体，但当温度为 −20℃ 时，钻井液变为非牛顿流体。同时，随着乙二醇加量的逐渐增大，钻井液的耐低温能力大幅度提高。在 −20℃ 时，1、2 号配方完全冻结，3 号配方出现了部分冻结，温度升高到 −16℃ 时流动性稍有提高，4 号配方在 −20℃ 时有少许冰凌产生，流动性较好。通过浸泡试块 48h，可以看到随着乙二醇加量的增大，防塌能力有很大程度的提高。

为降低钻井液和钻孔周围岩层的热交换系数，必须调整流型参数，其中包括调整流态和调整决定钻井液热物理性能及润滑性能的化学成分。通过添加少量的聚氧乙烯或巴西树脂型聚合物，可以使相遇液流间的相互作用明显降低。这些聚合物的大分子明显降低了钻井液的涡流性，使得液流间的热交换强度也减少了数倍，同时还降低了液力摩擦功的消耗。通过增大冲洗液量和改变其冷却条件来调整钻进规程参数(转速和钻压)时，往溶液中加入有机和润滑添加剂，便具有重要的意义。

为了保证正常钻井，防止井壁解冻坍塌，降低钻井液的冰点非常重要。为了降低洗井液的冰点，可以使用 $NaCl$、KCl、$CaCl_2$、Na_2CO_3 等盐。钻井液加有机添加剂时，易使用无机盐作防冻剂。为了得到低温钻井液，使用下列有机添加剂非常有效：乙醇、丙三醇、乙烯乙二醇、聚乙烯乙二醇和某些表面活性剂。

以俄罗斯南极钻探为例，南极东方站冰盖的厚度为 3 500～4 000m。为顺利通过此处的盖层，完全抵消冰体对孔壁的压力，低温冲洗液的密度为 935～940kg/m³。为此可以使用以下四种冲洗液：乙醇水溶液(防冻剂)、n 乙酸丁酯(用苯甲醚作加重剂)、硅有机溶液和含加重剂的烃基(各种轻质燃料和溶剂)液体。目前在冰川盖层中钻进深孔时越来越广泛使用加有各种加重剂的烃基液体。通常使用轻质燃油、工业煤油和溶剂作为烃基，使用三氯乙烯、高氯乙烯以及某些氯氟化碳作为加重剂。俄罗斯冻结岩层钻进经验表明，散热系数小、滤失量低、粘度大的钻井液是最有效的。向低温钻井液中添加不同聚合物(水解聚丙烯腈、聚丙烯酰胺、羧甲基纤维素、聚乙烯氧化物等)，可以使其粘度变大，滤失量减小，从而达到上述性能。

我国根据青海木里盆地和黑龙江漠河盆地的地层条件，在天然气水合物勘探工作中采用了金刚石绳索取心钻进工艺。考虑到绳索取心钻进时其环状空隙小，结合以往研究工作的经验，钻井液在低温条件下，其粘度会大幅度上升。另外，在低温条件下，膨润土的分散能力也将迅速下降，处理剂对膨润土的保护能力基本消失。为保持钻井液的稳定，提高低温条件下的流动性，以无固相聚合物钻井液作为主要试验研究类型。

目前在冻结岩层中进行钻探时，为了制备低温聚合物钻井液，主要使用 $NaCl$ 和 KCl。有时使用 $CaCl_2$，但是制备带有该添加剂的稳定钻井液非常困难，因为它不稳定，容易分离成液相和固相。钻进冻结砾石层时可以使用粘稠的含钾聚合物钻井液，钻进冻结泥岩时也可使用这种钻井液。

根据美国在阿拉斯加北坡的天然气水合物勘探资料，在冻土区天然气水合物勘探工作中，钻井液的入井温度控制在 −2.5℃ 就可满足天然气水合物勘探的需要。在进行天然气水合物勘探与开发过程中，钻井液的入井温度高低对于天然气水合物的稳定性具有重要的影响。根据俄罗斯冻土勘探工作经验，钻井液在孔内完成一次循环，其温度上升的幅度较为有限，且与孔深关系不大。综合考虑确定低温钻井液的冰点为 −10℃～0℃。

挪威是从事海洋深水钻井较早的国家之一。挪威深水水基钻井液设计的一个实例井所处海域水深 837m，海底温度 −2.5℃，所使用的钻井液需要有较好的页岩抑制性，能稳定井壁，避免钻头泥包。作业者用 NaCl、KCl、聚烯醇(PAG)和乙二醇单体的混合物作为水合物抑制剂,加量极少即可获得很好的水化抑制效果,且能够抑制任何水合物的形成;用低粘聚阴离子纤维素 PAC 和淀粉以 1:2 的比例配成降滤失剂和增粘剂控制钻井液的滤失量和流变性能;用精细加工的生物聚合物辅助悬浮钻屑;用具有浊点效应的一种聚烯醇(加量为 3%~4%)来改善泥饼质量,从而改善滤失性能。

综合分析海洋钻探中常用的 PEM 钻井液、小阳离子钻井液、PRD 钻井液以及 KCl/PLUS 钻井液在不同低温条件下流变性能的变化情况,结果表明,随着温度的降低,几种钻井液的粘度和切力均有明显的上升,这与钻井液中粘土含量、土粒分散度、粘土颗粒的 ζ 电位、高分子量聚合物类型、高分子量聚合物分子链的舒展程度以及粘土颗粒、高分子量聚合物、水分子之间的相互作用等因素有关;膨润土及高分子量聚合物是造成钻井液在低温条件下表观粘度以及切力上升的重要因素,它们的加量越大,对低温流变性的影响越大。

第四章 钻井液应用分析与计算

第一节 钻井液现场设施和配制及监控

一、钻井液的现场系统总构

钻井液系统是钻探工程中的一大组成体系。钻井现场对钻井液技术的实施涉及多项具体内容和多个专用设施。尽管钻探、钻井工程的规模有大有小，工艺方法也有较大差别，但在设计出钻井液合理配方的同时，都需要安排蓄浆设施、搅拌系统、净化系统、泥浆泵、地面高低压管汇、井内循环通道、钻井液性能检测体系、配浆材料备置、水源供给、废浆处理、泥浆岗操作与管理等事宜。必须全面设计和落实这些配套技术措施，才能使各种配方钻井液在钻井现场得到实际的应用。

根据不同领域钻探工程的特点，三种较典型的钻井液现场设施总体构成如图4-1所示。

地面以下的钻井液循环通道由钻杆、钻具、钻头与环状空隙自然构成，按循环方向不同分正循环、反循环和井底局部反循环（见第一章）。

地面管汇，从泥浆泵出口至机上主动钻杆为高压胶管，它需有一定的可弯曲变形能力，耐压要不低于泵的最大额定压力。在此胶管与主动钻杆之间用具有旋转密封功能的专用"水龙头"联接，这样才能实现钻杆相对独立自转而钻井液不在相对转动处泄漏。

关于泥浆泵、搅拌系统、钻井液性能监测、净化系统和废浆处置详见本书的其他相关章节。

现场钻井液岗位操作与管理也是重要的工作。确定专职岗位人员，按钻井液技术要求进行现场配制、性能参数检测、循环使用中的监测和调整、除砂排污等维护作业。要制定严格的钻井液现场运作的技术规范和管理规章。

二、泥浆材料用量计算

1. 泥浆总体积的计算

所需泥浆总量 V 是钻孔内泥浆量 V_1、地表循环及净化系统泥浆量 V_2、漏失及其他损耗量 V_3 的总和：

$$V = V_1 + V_2 + V_3 \tag{4-1}$$

其中钻孔内泥浆量可近似为钻孔的体积：$V = \frac{1}{4}\pi D^2 H$。

地表循环净化系统泥浆量为泥浆池、沉淀池、循环槽和地面管汇的体积之和。漏失及其他损耗量应根据实际情况确定。

第四章 钻井液应用分析与计算

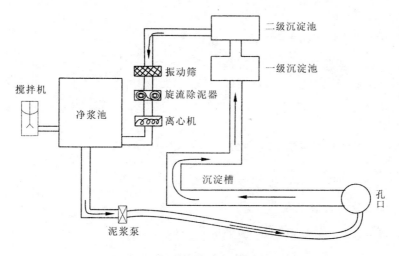

地质钻探地面泥浆循环系统平面图

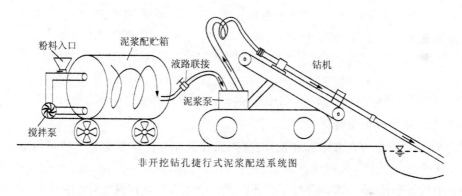

非开挖钻孔捷行式泥浆配送系统图

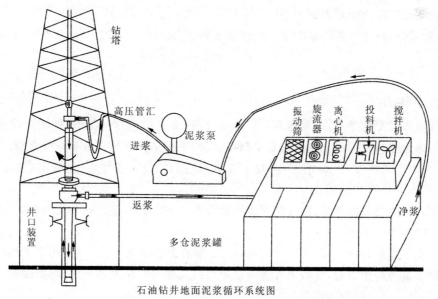

石油钻井地面泥浆循环系统图

图 4-1 三种较典型的钻井液现场设施总体构成

2. 粘土粉用量计算

配制 $1m^3$ 体积的泥浆所需粘土重量 $q(kg)$ 按以下过程推导计算:

$$q = \frac{\gamma_1(\gamma_2 - \gamma_3)}{\gamma_1 - \gamma_3} \times 1\,000 \qquad (4-2)$$

式中: γ_1 ——粘土的比重, 2.2~2.4; γ_2 ——泥浆的比重; γ_3 ——水的比重。

3. 配浆用水量计算

配制 $1m^3$ 体积的泥浆所需水量 $V_w(L)$ 为:

$$V_w = 1\,000 - \frac{q}{\gamma_1} \qquad (4-3)$$

4. 增加比重加土量的计算

配制泥浆时, 加重 $1m^3$ 泥浆所需加土的重量 $W(kg)$ 为:

$$W = \frac{\gamma_B(\gamma_2 - \gamma_0)}{\gamma_B - \gamma_2} \times 1\,000 \qquad (4-4)$$

式中: γ_B ——土的比重; γ_2 ——加重泥浆的比重; γ_0 ——原浆的比重。

5. 降低泥浆比重所需加水量 $x(m^2)$

$$x = \frac{V(\gamma_1 - \gamma_2)}{\gamma_2 - \gamma_3} \qquad (4-5)$$

式中: V ——原浆体积 (m^3); γ_1 ——原浆比重; γ_2 ——加水稀释后的泥浆比重; γ_3 ——水的比重。

6. 泥浆处理剂的用量计算

总的来看, 处理剂在泥浆中的加量少, 按体积含量计一般小于泥浆总体积的 2%, 其具体数值由不同的配方决定。值得注意的是, 要澄清处理剂的加量单位, 粉剂一般是以单位体积泥浆中加入的重量来计, 而液剂则是以单位体积泥浆中加入的体积量来计。在一些特殊情况下, 还有以单位粘土粉重量中加入多少处理剂来计算。例如配方: 7%钠化粘土+1%Na-CMC+0.3%皂化油是指: 每立方米的水中加入造浆粘土粉 70kg、Na-CMC10kg、皂化油 3kg。

三、现场搅制与预处理

1. 泥浆搅拌机

在钻井现场配制钻井液, 是将水与其他配浆材料(多为粉剂)按配方比例混合后进行充分的搅拌。无论是井场配制或是泥浆站集中制备, 搅拌生成钻井液的设备有两种类型: 一是机械搅拌机; 二是水力搅拌器, 并都有立式和卧式之分。它们的基本工作原理分别如图 4-2 和图 4-3 所示。

岩心钻探用的泥浆搅拌机, 卧式的容量一般为 $0.3\sim0.5m^3$, 立式的一般为 $0.5\sim1m^3$。搅拌机转速一般为 $80\sim100r/min$。

使用粘土粉造浆时, 也可以采用水力搅拌器。粘土粉加入漏斗中, 并利用水泵排出管的液流与粘土粉在混合器中混合, 混合液在混合器中沿螺旋线上升至容器上部, 输出泥浆。反复循环几次后, 便可配得分散均匀的泥浆。

为使泥浆有较好的性能, 用粘土粉配得的泥浆最好在储浆池中陈化一天, 使粘土充分水化分散, 然后放入循环搅拌系统中, 再由泥浆泵送入孔内使用。

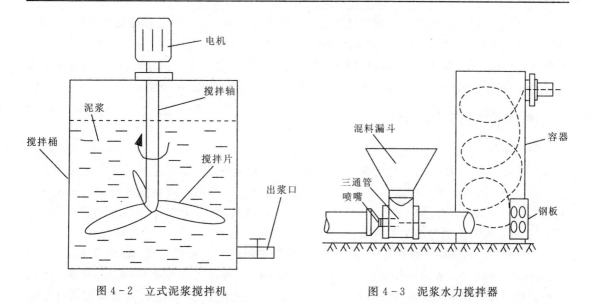

图 4-2 立式泥浆搅拌机　　　图 4-3 泥浆水力搅拌器

2. 配浆材料的预水化

粘土粉和各种处理剂材料(尤其是粉剂)在水中的分散、水化或溶解都有一定的过程,需要充分的时间才能达到完全。例如,一般的造浆粘土需要在水中浸泡24h才能充分水化分散;常用的钠羧甲基纤维素在20℃时至少需要泡搅3～4h才能在水中充分溶解。如果这些材料与水混合的时间不够,所得的钻井液性能就达不到理想要求甚至很差。因此,通常情况下都要预备对浆材进行充分浸泡搅拌的时间和容器,称之为预水化措施。

在较大型且井位较长期固定的矿产地质钻探和油气钻井场合,预水化时间有可行保障。但在一些移动频繁的钻进工程中,如短平快的浅层工程勘察钻探和城市中的非开挖定向钻铺管等,预水化所要的时间、场地和累积耗资往往难以提供。一台中型铺管钻机在繁华城市马路下钻通扩大孔径,大约以平均 300～500L/min 的泵量往孔内打入不回收泥浆,而配套的车载式泥浆罐最大也只有 5m³。这就要求每半个小时之内必须新配补替泥浆。在这种场合下,对配浆材料又提出了速溶的要求。

对于有钻井液速溶要求的钻进工程,可以根据实际条件选择采取以下技术措施:

(1)选用溶解快的浆材。不同的造浆粘土和不同的钻井液处理剂有明显不同的水化、溶解速度。物质组成、分子结构和官能基团等本质地决定了它们的预水化所需时间。应该通过化学和物理分析,并通过必要的小样配制实验,进行遴选。

(2)添加速溶处理剂。就所用的处理剂和造浆粘土,选择添加针对性的速溶催化剂可以加快钻井液的溶解速度。例如在水中添加10%～30%的乙二醛可以明显地提高 Na-CMC 的溶解速度。

(3)预配制浓缩浆材。以少量的溶剂(水)提前预溶出浓浆或流塑体。这样的浓浆或流塑体的体积相对不大,便于运输,在机台上一经与水混搅即成达标钻井液。

(4)备用多套储罐。对于类似城市非开挖钻进的工程,受场地面积和频繁迁移的限制,虽不可能采用大型储浆罐或挖筑浆坑,但可能采用多个小型车载罐,交替预溶配浆材料。例如使用一台10t卡车,可以放置 4 个 2.5m³ 的储浆罐,这就使得预溶时间增加 3～4 倍。

(5)注意材料的加入顺序。配浆材料的加入顺序也成为一些钻井液性能质量的影响因素，或者会对钻井液的溶解速度产生较大的影响。例如粘土粉和处理剂一般应该先各自单独在水中预溶，然后再相互混合，以防两种粉剂提前互联而降低水化速度和水化效果。鉴此，在配浆时应该注意材料的添加顺序，以保证钻井液能快速达到理想的设计指标。

四、使用中的监测与调控

钻井液在现场使用过程中，由于所钻地层岩石物质和地下流体的侵入以及井中温度、压力等环境的改变，一些按理想条件配制的钻井液将发生性能变化，有时还会导致钻井液严重失效。所以必须经常监测循环浆液的多项性能参数（特别是在所钻岩层转变时），一经发现有影响的指标出现偏差，就应该及时调整配方，添加针对性的处理剂，力求使钻井液适于所钻地层等环境，维持钻井液功能的正常发挥。

现场配备的检测钻井液性能的基本仪器应该保证测试钻井液的密度、粘度、失水量、含砂量、胶体率、pH值等，相应的仪器见第二章。在部分场合（如重大工程中）视需求，有条件时也可在现场配备一些特殊的钻井液性能测试仪器，像高温高压泥浆性能仪、井壁地层岩性测试仪、水质分析仪等，以供现场特殊测试。

钻探井场一般正常钻进时应做到每班1次的泥浆基本性能检测，遇到复杂地层和困难环境时加大测试频度，以保证钻井液性能调整的及时性。测试样品应在循环入口（泵吸浆位置）和出口（井口返浆处）分别各取。入口取样主要是为了把握净化过的入井钻井液的性能是否达标，出口取样主要是为了了解地层变化对钻井液性能的影响，二者都不可或缺。

在按照所钻地层及钻井工艺配制主体钻井液的同时，还应根据地层复杂性程度对可能发生的变化做出调整钻井液配方的附加材料准备。这些常用的处理剂材料包括pH调节剂、加重剂、润滑剂、提粘剂、稀释剂、降失水剂等。一旦通过性能测试发现需要调整钻井液配方时，能够于钻井现场及时补充进去。

不仅要用仪器对钻井液性能进行跟踪测试，还要结合对现场钻进状况的观测判断来分析钻井液使用状况，如对钻进扭矩、进尺速度、泵压变化、浆池液面、返浆观测、岩心观测、水位观测的判断分析。还可辅借有可能实施的井中物探的相关资料数据，如物探声波和放射性示踪能够提供井壁破碎带位置和厚度、漏失部位和漏失强度（包括漏和涌）等。

除了在原浆中增、减部分处理剂而基本保持钻井液体系不换浆的情况外，有时还有可能要彻底换浆。这类情况如：①钻井液长时间使用后污染严重，已难以进行固控除砂；②所钻地层出现了大的变化，原有钻井液体系根本无法适应。彻底换浆可有逐渐替换与一次性替换之分。前者用在地层等条件不适应钻井液体系突然大变的情况，例如钻遇敏感性较强的泥页岩层时，需逐渐排放原浆并替补部分新浆，缓缓地最终转化为全部新浆。

第二节 钻井液循环泵量设计与调控

一、对泵量的需求及制约因素

钻井液的泵量是指用泥浆泵向井内连续泵注的钻井液（包括气体）的体积流量，其计量单位采用L/min（公升/分）或L/s（公升/秒）。钻进时须有足够的泵量才能将井底钻屑有效地冲携出地面,同时对发热的钻头进行有效冷却,这是钻井液泵量的两个最主要的功能。如果泵量过小,不足以把较大、较重的岩粒从环空中悬冲出来,则会减慢或停滞钻进速度甚至发生挤埋钻事故,也会因钻头冷却效果差而导致烧钻恶果。所以,提供足够的循环泵量对于钻进工程非常重要。

另外,在使用井底动力机的特殊情况下还要保证泵量能够满足驱动能力的要求;在利用喷射钻头水力碎岩时需要足够的泵量提供强大的水马力。反循环取心取样和泥浆脉冲随钻测量也要求具备可靠的泵量。

但是,泵量也不能过大。一则随泵量增加循环阻力增加(呈线性递增关系),泥浆泵的承压增高直至达到极限而憋泵,同时井壁承受较大的动压差而易遭破坏,井内流体也易漏、涌;二则泵量增加则环空流速增大(也呈线性递增关系),对井壁的冲刷破坏程度加大;三则泵量增加势必会增加泥浆泵的动力消耗,也会加大泵的磨损和运行噪音。此外,过大的泵量对井底钻压的控制、减少钻头冲蚀等也会带来不利影响。所以必须综合兼顾来设计泵量,对其大小进行合理控制。

钻井液泵量直接决定了钻井液在井内各部位的流速。泵量 Q 与流速 v 的基本关系表现为 $Q=v \cdot A$(A 为过流面积)。任意时刻地面泵送的排量只有一个相对定值,但此时钻杆中、环空中、钻头等处所具有的流速却因为过流面积不同而具有不同的数值。泵量的设计需要详细剖析井内各处的流速情况。

钻井工程大部分采用不含气相的不可压缩钻井液,这种情况下(且不考虑漏、涌)泵量在井内各处的体积流量理论上同值。但对于气体型可压缩的钻井液情况就截然不同了,这时井内体积流量是随各处压力的不同而明显改变的。

在确定钻进泵量时必须结合钻屑的尺寸和密度、钻井液的流变性、所钻地层的稳定性、钻具和井眼规格尺寸,并联系考虑钻压、转速和钻进速度等多方面需求和制约因素来进行综合设计。因此,不同钻井条件下对影响确定泵量的因素有各自的侧重点。如在大颗粒钻屑情况下应该以悬排能力来确定泵量;钻进坚硬强研磨岩层时要重点兼顾泵量大到能够有效冷却钻头;小井眼深井条件下更侧重限制泵量以防止憋泵;破碎松散地层应以尽量小的泵量设计来减少对井壁的冲蚀。

在众多影响泵量设计的因素中,悬排钻渣是最基本的需求因素。因此,在大部分情况下设计泵量时首先以能够可靠排除钻渣为目标来进行分析计算。更具体的又将这一思路分为两种计算方法来实现:第一种是按钻井液流速达到可以冲浮钻屑来计算泵量;第二种是按限制环空中钻屑百分含量不超标来计算泵量。两种计算方法所考虑问题的出发点有所区别,计算过程所依托的参数不尽相同,适应的环境条件也各异,可根据实际情况选择或综合使用。以下分别叙述。

二、按悬渣临界流速设计泵量

岩石钻渣的密度一般都明显大于钻井液密度,因此钻渣在钻井液中相对沉降。只有使钻井液在井眼中的上返流动速度大于钻渣的相对沉降速度,才能将钻渣从井底冲排出地面。而钻井液的上返平均流速又等于泵量除以过流断面的面积(正循环时为环状间隙横截面积,反循环时为钻杆内圆横截面积)。由此可以建立泵量、钻渣相对下沉速度和井眼过流截面积之间的关系式。

若知钻渣在钻井液中的相对下沉速度为 v_1，又知过流断面横截面积为 S，则要使钻屑能够上返，所需的至少泵量（称为临界泵量）为：

$$Q = v_i \cdot S \tag{4-6}$$

对于正循环，$S = \dfrac{\pi(D^2 - d^2)}{4}$，其中 D 为井眼直径，d 为钻杆外径；对于反循环，$S = \dfrac{\pi d_1^2}{4}$，其中 d_1 为钻杆内径。

这种计算方法的可行关键在于确切获知岩屑在钻井液中的相对下沉速度。而岩屑的相对下沉速度又取决于颗粒的尺寸、密度、形状和钻井液的密度、粘度、切力等参数（参见本章第四节）。由于钻屑尺寸等多呈分布态，所以实际应用中往往只能以具有代表性的较大颗粒钻屑的尺寸估值来作为依据。当钻屑尺寸等的离散程度较大，无法较为准确地得到代表性粒度数值为多大时，这种计算方法的应用就明显受到限制。

为便于简明推导，式(4-6)仅以单一口径井眼为例。而在下有多级套管或多级变径的情况下，实际的井内环空尺寸沿井深为多个不同的井径值。在泵量 Q 一定时，上部较大环空中的钻井液流速就会比下部的小。因此，一般以上部大环空尺寸作为临界泵量的设计依据以保证钻渣上返到较大环空时不会下沉。这样，在下部小环空中钻井液就只能以偏大的流速上返。另外，在钻杆接头位置都有变径而局部缩小过流断面，因此临界泵量在接头变径处均会产生局部的过大流速。

钻进过程中往往存在钻井液向地层中的漏失或地层向井内的涌水。因此实际的临界泵量还要根据漏、涌量的大小进行相应的增、减。

[例1] 某钻探工程采用正循环方式钻进，钻头直径 D 为 152mm，钻杆直径 d 为 89mm，已知钻屑在钻井液中的相对下沉速度 v_1 为 0.1m/s，若不计漏失和涌水，求设计泵量临界值不得小于多少？

解 环空横截面积 S 为 $0.25\pi(D^2 - d^2)$，按式(4-6)计算得

$$Q = v_i S = 1\,000 \times 60 \times 0.1 \times 0.25\pi(0.152^2 - 0.089^2)$$
$$= 71.55 (\text{L/min})$$

三、按控制返排含砂量设计泵量

按控制返排含砂量来设计计算泵量是一种更为贴近现场经验估定的计算方法，即钻得快泵量大，钻得慢泵量小。钻进速度的快慢决定了单位时间内产生钻屑量的多少，从而决定了排除相应钻屑量所需的泵量大小。我们以返排浆液中的钻屑百分含量作为衡量值，推导用来设计泵量的计算公式如下。

设钻进进尺速度为 v_d，钻头碎岩面积为 S_d，则单位时间产生的钻屑体积量 V_s 为：

$$V_s = v_d S_d \tag{4-7}$$

式中：钻头碎岩面积 S_d，对于不取心全面钻进为整圆面积，对于取心环切钻进为圆环面积。

又因单位时间泵入钻井液的体积量为 Q，则返排钻井液中的钻屑百分含量 w 为：

$$w = \dfrac{V_s}{Q + V_s} \times 100\% \tag{4-8}$$

联立式(4-7)和式(4-8)可得：

$$w = \dfrac{v_d S_d}{Q + v_d S_d} \times 100\% \tag{4-9}$$

以返排钻井液保持一定净洁程度为标准,限制其中钻屑含量即含砂量不超过 w_L,将 w_L 替换式(4-9)中的 w,整理后则得到最小临界泵量 Q 的计算公式为:

$$Q = \frac{v_d S_d}{w_L}(1 - w_L) \tag{4-10}$$

关于 w_L 的取值,不同钻井条件下有不同的要求。从宽范围看,有小到 0.5% 的,也有大到 5% 的。

按控制返排含砂量设计泵量,多用在钻屑尺寸的分布离散大或者颗粒微细而难以估出可作代表尺寸平均值的情形下,比前述方法更符合岩石性状不均一的客观实际,且计算取值简便易行,也是按钻进客观规律自然形成的模式。这种计算方法的不足之处是缺少对钻屑颗粒沉降直接影响因素的考虑,只把钻屑作为微小颗粒来看待,忽略了一些大颗粒难以悬浮的可能情况。

[例2] 已知某三牙轮钻头直径 D 为 216mm,钻进进尺速度 v_d 为 10m/h,井壁漏失很小,可以忽略。若限制上返钻井液中的含砂量 w_L 小于 1%,试计算钻井液泵量 Q 的设计值。

解 $v_d = 10$m/h,$S_d = 0.25\pi D$,代入式(4-10)计算得:

$$Q = \frac{v_d S_d}{w_L}(1 - w_L) = 1\,000 \times \frac{10 \times 0.25 \times 0.216^2 \pi}{60 \times 0.01} \times (1 - 0.01)$$

$$= 604.62(\text{L/min})$$

[例3] 一小口径绳索取心钻探,钻头外直径 96mm,取岩心直径 46mm,钻杆外径 89mm,钻进进尺速度为 2.8m/h,孔壁漏失忽略,若限制上返钻井液中的含砂量 w_L 小于 1%,试计算钻井液泵量 Q 的设计值。

仍代入式(4-10)计算得:

$$Q = 1\,000 \times \frac{2.8 \times 0.25 \times (0.096^2 - 0.046^2)\pi}{60 \times 0.01} \times (1 - 0.01)$$

$$= 25.76(\text{L/min})$$

四、泵的选用与泵参数调控原理

循环钻井液所使用的泵有不同的类别。在井深超过几百米的钻探工程中最常采用高耐压的活塞式往复泵,在一些大口径浅井钻进工程中也用到排量较大的离心式叶轮泵,而在气体钻进场合则用空压机作为输送循环介质的动力机。

活塞式往复泵的结构与工作原理如图 4-4 所示,是典型的容积式水力机械。它可以承受高压来输送钻井液,加之具有较强的耐磨性,所以特别适于深井和粘性钻井液的钻探工作条件而被广泛使用。活塞在匀速转动的曲轴带动下做正弦规律

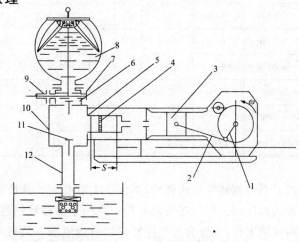

图 4-4 活塞式往复泵工作原理图
1.曲柄;2.连杆;3.十字头;4.活塞;5.缸套;6.排出阀;7.排出四通;
8.预压排出空气包;9.排出管;10.阀箱(液缸);11.吸入阀;12.吸入管

的往复运动。曲轴转动一圈,活塞往复一次,相应实现吸、排钻井液一次。为减小流量的波动,往往用3个相位差为120°的活塞缸做顺序运动,并加以缓冲空气室。由于活塞是持续运动的,又要保证摩擦工况下的密封,所以其橡胶密封圈是耗损件,需要定期更新。

不同的往复式泥浆泵的最大泵量设置有很大差别,小到每分钟几十升,大到每分钟几千升,要根据不同的钻井排量需求来选定。往复泵所能达到的泵量 Q 主要由活塞截面积 F、活塞冲程长度 S、冲次频率 n 和缸数 N 决定,在无内泄情况下它们之间的关系表达为:

$$Q=FSnN \tag{4-11}$$

为了在一定范围内按需要调整一台泵的泵量,钻井泥浆泵一般设置多档变速机构,有时也可调节"三通"回水来实现微控变量。表4-1列出了一些常用往复式钻井用泵的主要性能参数。

在泵的总功率 W 一定的情况下,泵所能承受的最大压力 P 与此时的泵量 Q 成反比关系。泵压的大小由泵排出口的压力表显示,是钻井液循环系统各段所产生的阻力损失的累加(见本章第三节)。选择泥浆泵时应该测算出相应钻井工程可能的最大阻力损失 p,再乘上安全系数 β,作为额定泵压确定依据。

表4-1 一些常用往复式泥浆泵的主要性能参数

型号	最大排量(L/min)	额定压力(MPa)	可变排量档数	总功率(kW)	适合钻井深度(m)	重量(kg)	尺寸(mm)
BW-150	150	7.0	8	7.5	≤1 500	516	1 840×795×995
BW-250	250	7.0	8	15	≤1 500 ≤1 000	500	1 100×995×650
BW-320	320	10.0	8	30	≤1 500 ≤1 000	1 650	1 280×855×750
BW-320/12	300	12.0	4	45	≤1 500	750	2 013×940×1 130
BWT-450	450	2.0	2	18.5	≤200	540	1 350×820×1 040
BW-1 000/8	1000	8.0	4	90	≤1 000	1 800	—
BW-800/10	800	10.0	4	90	≤1 000	1 800	—
BW-600/10	600	10.0	4	55	≤1 000	1 400	2 330×1 715×1 230
BW-1200	1 200	13.0	8	75/95	≤1 300	4 000	2 845×1 300×2 100
3NB-1300	—	35.6	5	960	≤3 500	22 100	4 300×2 050×2 447
SL3NB-1600	1 600	35	6	1 194	≤5 000	27 100	—

离心泵为旋转叶片式机械,不仅在工农业生产及日常生活中应用广泛,而且在一些钻井工程中也得到应用。例如在基础工程中常用于反循环钻进和井点降水、注水。在钻探施工中用于一些辅助工作,如作为大型往复泵的启动灌水泵及供水泵等。受这种类型泵的结构原理限制,它所输出的液体压力较低,不能适于深部钻进。但在其所适宜的浅部钻进中,与往复泵相比,结构简单、易损件少,因而得到较多应用。

典型离心泵的工作原理如图4-5所示,其结构由叶轮、泵轴、蜗壳等组成。叶轮上通常有

2～12个叶片,当动力机驱动泵轴使叶轮旋转时,叶片就带动叶片间流道中的液体做圆周运动,在离心力的作用下液体以较大的速度和较高的压力沿着叶片形成流道,自中心向外缘运动,并通过蜗壳和扩散管流向排出管,供向钻杆柱中。同时,由于液体的不断排出,在叶轮中心和吸入管内形成真空,从而源源不断地自浆池中吸入钻井液体。

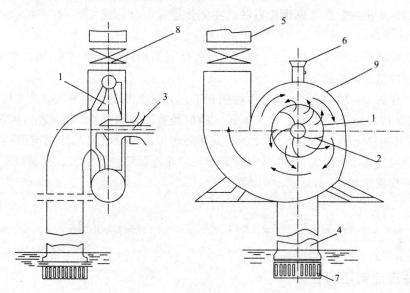

图4-5 离心泵结构示意图
1.叶轮;2.叶片;3.泵轴;4.吸入管;5.排出管;6.漏斗;7.滤网和底阀;8.排出阀门;9.蜗壳

离心泵依据不同的结构特点分为很多种类。国产离心泵有规定的类型代号,例如:单级离心泵为B,多级离心泵为D,单级单吸式为BA,单级双吸式为SH,多级开式为DK,深井泵为SK,耐腐蚀泵为F,污水泵为PW,杂质泵为PN、P和PS,砂石泵为BS等。其中,桩基工程中通常采用P型、PN型和BS型泵。

在使用气体介质钻井时如空气钻井和泡沫钻井,需用空气压缩机向井内泵送气体。空气压缩机种类繁多,目前钻井施工用得最多的是活塞式和螺杆式空压机。特别是活塞式空压机应用更为普遍,它的基本工作原理如图4-6所示。选择和使用空压机时,其所能达到的最大排气量和最大排气压力是主要性能指标。从排量大小看,空压机分

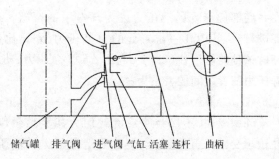

储气罐 排气阀 进气阀 气缸 活塞 连杆 曲柄
图4-6 空气压缩机基本工作原理示意图

为小型($1\sim10m^3/min$)、中型($1\sim100m^3/min$)和大型($\geqslant100m^3/min$);从压力大小看,分为低压($0.3\sim1.0MPa$)、中压($1.0\sim10MPa$)和高压($10\sim100MPa$)。高压空压机一般要通过多级增压器来提高输出压力。

由于气体是强可压缩物质,所以气体型钻井液与一般钻井液(几乎不可压缩)的重要区别在于,随压力变化其体积会发生明显变化,压力增高体积缩小,压力降低体积膨大。井内压力

的不同使得气体型钻井液在井内不同位置具有不同的体积,因此体积流速、流量、密度和流变性均会随所处井内部位的不同而发生大的动态变化。特别是在井底高压区,体积流量变得远远低于地面常压排出或空压机标准气压时的理论排量。这一点对井底有效排渣和冷却钻头具有特别的影响,所以要随井深的增加不断加大排气量。鉴于气体型钻井液流动状态的复杂性,目前计算其循环流动参数的严谨理论方法尚在完善过程中,可以暂用一些半经验半理论方法做出估算(见第五章)。

气体型钻井液是低密度流体,这一原因也导致钻屑的相对沉降速度大,所以必须采取比常规钻井液高的排量来冲举钻屑。

至于粘度和切力,纯气体与泡沫这两种钻井工艺又有很大差别。纯气体粘度极低,切力几乎没有,所以要排出钻屑必须采取很大流速。根据经验和理论计算,若一般钻屑粒径平均为3mm时,至少要有15m/s的气体流速才能将其从井底排出地面。而泡沫具有网膜结构,切力和粘度相对于纯气体而言要大许多,所以只需不大的流速就可悬排钻屑。根据经验,一般泡沫钻井的环空体积流速在2～3m/s以内即可。

第三节 循环压力分析与减阻措施

一、钻井液流动阻力分析

通过泵注(以正循环为例),使钻井液在由地面管汇、钻杆内、井底钻具和环空组成的循环系统中流动,需要克服前方流道中浆液流动的阻力(又称摩阻或压力损失),即沿着钻井液循环方向形成了由大到小分布的流动动压力 Δp_x(图4-7)。在泥浆泵出口承受的动压力最大,它累积了地面管汇摩阻 p_1、钻杆中摩阻 p_2、井底钻具摩阻 p_3 和环空中摩阻 p_4 之总和:

$$p = p_1 + p_2 + p_3 + p_4 \quad (4-12)$$

而在井底部位承受的动压力仅为环空中的摩阻。当泵循环进行时,井内任一位置处的总液压力 p_i 要比停止循环时该处的静液柱压力 p_{iw} 高出 Δp_i。总压力、动压力和静压力三者之间的关系为:

$$p_i = p_{iw} + \Delta p_i \quad (4-13)$$

流动摩阻大,不仅会使泵负载加大甚至憋泵,还会使井壁承受由于开泵、停泵交替所造成的大的液压差,这对井壁稳定是非常不利的。尤其是在小井眼、深井和复杂地层井段时,严格限制摩阻至关重要。为此,首先应该对摩阻进行分析、计算,把握其影响因素和量值大小,再通过合理调控来降低摩阻,以满足安全、高效钻进的需要。

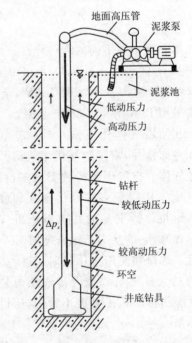

图4-7 钻井液循环全程阻力损失示意图

从定性看,摩阻大小主要取决于四个方面的影响因素,即①循环通道的长度:钻孔越深,浆液流经的钻杆和环空的距离越长,压力损失越大;②循环浆液的流变性:循环浆液越粘稠,压力损失越大;③泵量或流速的大小:泵量或流速越大,压力损失越大;④过流断面的截面积:钻井口径、钻杆内通径、环空间隙越小,压力损失越大。

钻井液流经地面管汇与井底钻具所产生的摩阻相对较小且量值基本恒定,而绝大部分摩阻几乎都产生在钻杆内和环空中的长程中并且随井深呈线性增加趋势,所以摩阻计算主要是针对钻杆和环空的。又由于这两种长程管路的过流断面形状截然不同,所以要分别讨论它们的摩阻问题。

作为前提条件的区别,钻井液循环流动在一定条件下为层流状态,否则则为紊流状态。层流流场规律明晰,已能用解析方法建立摩阻计算公式。紊流产生的摩阻要比层流的大,且紊动造成的流场十分复杂,目前尚无解析方法推导其摩阻计算模型,主要靠实验模拟获得经验公式,或以紊流系数对层流公式进行调整。

用解析方法建立摩阻计算公式首先要确定钻井液的流变模型。如第二章第四节所述,表征钻井液不同流变特性的模型有牛顿型、宾汉型、幂律型、卡森型和赫巴型等。选定某种流变模型是以该模型的理论流变曲线与实测流变曲线相对最为贴近为依据。

二、钻井液循环水力学计算

钻井液循环水力学计算主要用以获得钻井液在钻杆内和环空中流动时的沿程阻力(也称摩阻)p_d,或以单位长度摩阻 dp/dl 表示,$p_d = dp/dl \times l$。同时,还可以得到钻杆和环空横截面上的流速分布 $v(r)$。推导这套计算公式,分别选择具有代表性的牛顿、宾汉、幂律或卡森本构关系作为钻井液的流变模型。假定条件为:流体流动匀速稳定、不可压缩、非时变,并且视为壁面不滑动的一维层流流动。

目前,能用数学纯解析方法推导出的有牛顿流型钻杆内与环空中、幂律流型和宾汉流型钻杆内的水力学计算公式,其中相对简单的牛顿流型在圆管中(钻杆内)的流动参数,工程流体力学已作出经典的解析推导。对于更为复杂的宾汉和幂律流型环空中、卡森流型钻杆内和环空中的情况,则因数学纯解析方法的有限性,而用局部省略或近似变异,导出理论上非完全精确的计算公式。此外,可以应用数值逼近方法编写程序,通过计算机软件来算出上述各种类型的水力学参数。以下例举三种全解析推导过程。

1. 牛顿流型环空中水力学公式推导

如图 4-8 所示,以井眼中心轴 $O-v$ 为圆环对称轴,沿径向在环空中分出两个区间。$R_0 \sim R_1$ 为内梯环,流速梯度为正即 $dv/dr > 0$;$R_1 \sim R$ 为外梯环,流速梯度为负即 $dv/dr < 0$。靠近中部某点 R_1 的流速最大,且该点的流速梯度无限接近于零即 $dv/dr \mid_{R_1} = 0$。

取内梯环中以 R_1 为外半径、r_1 为内半径、dl 为高的圆环体,其上、下两端面的压强差为 dp,内侧面所受切应力由牛顿流型本构关系确定为 $\tau = \eta(dv/dr)$,外侧面所受切应力为 0,由

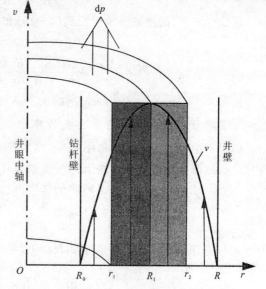

图 4-8 环空内柱状流体单元体模型

力学平衡得：

$$\frac{dv}{dr_1} = \frac{1}{2\eta} \cdot \frac{dp}{dl} \cdot \left(\frac{R_1^2 - r_1^2}{r_1}\right) \tag{4-14}$$

解微分方程得并代入边界条件 $v(R_0)=0$，则有内梯环流速分布 $v(r_1)$ 模型：

$$v(r_1) = \frac{1}{2\eta} \cdot \frac{dp}{dl} \cdot \left(R_1^2 \ln\frac{r_1}{R_0} + \frac{R_0^2 - r_1^2}{2}\right) \tag{4-15}$$

再对内梯环流速分布积分，可得其流量 Q_1 模型：

$$Q_1 = \int_{R_0}^{R_1} 2\pi r_1 v(r_1) dr_1 = \frac{\pi}{\eta} \cdot \frac{dp}{dl} \left(\frac{R_1^4}{2} \ln\frac{R_1}{R_0} - \frac{3}{8}R_1^4 - \frac{1}{8}R_0^4 + \frac{1}{2}R_1^2 R_0^2\right) \tag{4-16}$$

同理，可以推导出外梯环流速分布 $v(r_2)$ 和流量 Q_2 模型分别为：

$$v(r_2) = \frac{1}{2\eta} \cdot \frac{dp}{dl} \cdot \left(R_1^2 \ln\frac{r_2}{R} + \frac{R^2 - r_2^2}{2}\right) \tag{4-17}$$

$$Q_2 = \int_{R_1}^{R} 2\pi r_2 v(r_2) dr_2 = \frac{\pi}{\eta} \cdot \frac{dp}{dl} \left(\frac{R_1^4}{2} \ln\frac{R}{R_1} + \frac{3}{8}R_1^4 + \frac{1}{8}R^4 - \frac{1}{2}R^2 R_1^2\right) \tag{4-18}$$

又因为内、外两个梯环交界公共点为 R_1，此处流速相等，所以将 R_1 分别代入式(4-15)和式(4-17)后令该二式相等，则解得中部最大流速位于：

$$R_1 = \left(\frac{R^2 - R_0^2}{2\ln R/R_0}\right)^{1/2} \tag{4-19}$$

考虑环空总流量即井中循环泵量 Q 是内、外梯环流量 Q_1 与 Q_2 之和，于是将 Q 与式(4-16)、式(4-18)和式(4-19)联立，解得牛顿流型环空中单位长度动压力计算公式：

$$\frac{dp}{dl} = \frac{8\eta Q}{\pi} \cdot \frac{\ln(R/R_0)}{(R^4 - R_0^4)\ln(R/R_0) - (R^2 - R_0^2)^2} \tag{4-20}$$

将式(4-20)的结果分别代回式(4-15)和式(4-17)，得到牛顿流型环空中流速分布计算公式：

$$v(r) = \frac{2Q}{\pi} \cdot \frac{[2R_1^2 \ln(r/R_x) + R_x^2 - r^2]\ln(R/R_0)}{(R^4 - R_0^4)\ln(R/R_0) - (R^2 - R_0^2)^2}$$

$$(r \leqslant R_1 \text{ 时 } R_x = R_0; r \leqslant R_1 \text{ 时 } R_x = R) \tag{4-21}$$

2. 幂律流型钻杆内水力学公式推导

以钻杆中轴线为坐标对称中心轴，在半径为 R 的钻杆内圆中取半径为 r、高为 dl 的居中圆柱体。该圆柱体的上下两端面的压强差为 dp，侧壁面所受切应力由幂律流型本构关系确定为 $\tau = k(dv/dr)^n$。为避免幂函数底的负值，取流动方向与 v 坐标轴反向。由力学平衡得：

$$\frac{dv}{dr} = \left(\frac{r}{2k} \cdot \frac{dp}{dl}\right)^{1/n}$$

解该微分方程得并代入边界条件 $v(R)=0$，则有流速分布 $v(r)$ 模型：

$$v(r) = \left(\frac{1}{2k} \cdot \frac{dp}{dl}\right)^{1/n} \cdot \frac{n}{1+n}(r^{1/n+1} - R^{1/n+1}) \tag{4-22}$$

再对该流速分布进行积分，可得其流量 Q 模型：

$$Q = -\int_0^R 2\pi r v(r) \mathrm{d}r = \left(\frac{1}{2k} \cdot \frac{\mathrm{d}p}{\mathrm{d}l}\right)^{1/n} \cdot \pi n \cdot \frac{R^{1/n+3}}{3n+1}$$

从而整理解得幂律流型钻杆内单位长度动压力计算公式:

$$\frac{\mathrm{d}p}{\mathrm{d}l} = 2k \left[\frac{(3n+1)Q}{\pi n}\right]^n \frac{1}{R^{1/n+3}} \tag{4-23}$$

将此结果代回式(4-22),并做负向变号,得到幂律流型钻杆内流速分布计算公式:

$$v(r) = \frac{(3n+1)Q}{(n+1)\pi} \cdot \frac{R^{1/n+1} - r^{1/n+1}}{R^{1/n+3}} \tag{4-24}$$

3. 宾汉流型钻杆内水力学公式推导

如图4-9所示,由于宾汉流体具有凝网结构即存在着动切力 τ_d,所以在圆管中流动时存在着两个情形不同的流动区域。一个是中部以半径为 r_d 的等速核区域,流层间剪切力小于 τ_d 从而内部流体不发生相对运动;另一个是外围 $r_d \sim R$ 之间的梯速环区域,流层间剪切力大于 τ_d 从而流体发生相对运动。两个流动区域的交界面上 $\tau = \tau_d$。且由等速核受力平衡得到下式:

$$\frac{\mathrm{d}p}{\mathrm{d}l} = 2\frac{\tau_d}{r_d} \tag{4-25}$$

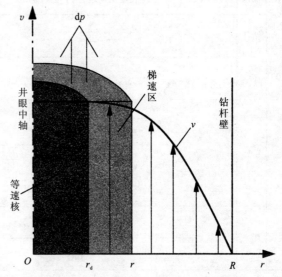

图4-9 钻杆内柱状流体单元体模型

在梯速环区域中,取外半径为 r、内半径为 r_d、高为 $\mathrm{d}l$ 的居中圆环柱体。该环柱体的上、下两端面的压强差为 $\mathrm{d}p$,外侧壁面所受切应力由宾汉流型本构关系确定为 $\tau = \tau_d - \eta_p (\mathrm{d}v/\mathrm{d}r)$。建立该单元环体的力学平衡关系并联立式(4-25)得到:

$$\frac{\mathrm{d}v}{\mathrm{d}r} = \frac{\tau_d}{\eta_p}\left(1 - \frac{r_d}{r}\right) - \frac{\tau_d}{\eta_p}\left(\frac{r}{r_d} - \frac{r_d}{r}\right) \tag{4-26}$$

对上式(4-26)不定积分并代入边界条件 $v(R) = 0$ 得梯速区流速分布模型:

$$v = \frac{1}{2r_d} \cdot \frac{\tau_d}{\eta_p}(R^2 - r^2) - \frac{\tau_d}{\eta_p}(R - r) \tag{4-27}$$

在 $r_d \sim R$ 区间对上式(4-27)定积分可得梯速区的流量模型为:

$$Q_1 = \int_{r_d}^R v(r) 2\pi r \mathrm{d}r = \frac{\pi \tau_d}{\eta_p}\left(\frac{R^4}{4r_d} - \frac{R^3}{3} - \frac{5r_d^3}{12} - \frac{R^2 r_d}{2} + \frac{R r_d^2}{1}\right) \tag{4-28}$$

因为交界公共点 r_d 处的流速也是等速核的流速,且钻杆内总流量 Q 是等速核流量与梯速区流量之和,则将 r_d 代入式(4-27)并联立式(4-28)解得:

$$r_d = \sqrt{\frac{y}{2}} - \sqrt{\frac{y}{2} - y - \frac{d}{\sqrt{8y}}} \tag{4-29}$$

式中:

$$y = \sqrt[3]{\frac{d^2}{16} + \sqrt{\frac{d^4}{16^2} - \frac{e^3}{27}}} + \sqrt[3]{\frac{d^2}{16} - \sqrt{\frac{d^4}{16^2} - \frac{e^3}{27}}}$$

$$d = -4R^3 - \frac{12Q\eta_p}{\pi\tau_d}; \quad e = 3R^4$$

将计算出的 r_d 分别代回式(4-25)和式(4-27)便得到宾汉流型钻杆内单位长度动压力 $\mathrm{d}p/\mathrm{d}l$ 和流速分布 $v(r)$ 的实值计算公式。

作为归纳,现将四种流型(牛顿、宾汉、幂律、卡森)分别在两种通道(钻杆、环空)中的层流流动阻力计算公式汇总,列于表4-2。

表4-2 钻井液层流流动阻力计算公式

流型	部位	单位长度流动阻力 $\mathrm{d}p/\mathrm{d}l$ (Pa/m)	参数含义与单位	
牛顿	钻杆	$\dfrac{8\eta Q}{\pi R^4}$	η——绝对粘度 (Pa·s)	Q——流量(m^3/s); r_1——钻杆外半径 (m); r_2——井眼半径 (m); R——钻杆内半径 (m); d_1——钻杆外直径 (m); d_2——井眼直径 (m)
	环空	$\dfrac{8\eta Q}{\pi[(r_2^2 - r_1^2) - (r_2^2 - r_1^2)^2/\ln(r_2/r_1)]}$		
宾汉	钻杆	$\dfrac{4\sqrt{2y}\tau_d}{2y - \sqrt{-y}\sqrt{2y - d}}$ 其中: $y = \sqrt[3]{\dfrac{d^2}{16} + \sqrt{\dfrac{d^4}{16^2} - \dfrac{e^3}{27}}} + \sqrt[3]{\dfrac{d^2}{16} - \sqrt{\dfrac{d^4}{16^2} - \dfrac{e^3}{27}}}$ $d = -4R^3 - \dfrac{12Q\eta_p}{\pi\tau_d} \quad e = 3R^4$	η_p——塑性粘度 (Pa·s) τ_d——动切力 (Pa)	
	环空	$\dfrac{\dfrac{8Q\eta_p}{\pi} - 16\tau_d\left[\dfrac{(r_2 - r_1)(r_2^2 - r_1^2)}{4\ln(r_2/r_1)} - \dfrac{1}{6}(r_2^3 - r_1^3)\right]}{(r_2^4 - r_1^4) - \dfrac{(r_2^2 - r_1^2)^2}{\ln(r_2/r_1)}}$		
幂律	钻杆	$2K\left(\dfrac{1+3n}{n\pi}Q\right)^n \cdot \dfrac{1}{R^{(1+3n)}}$	K——稠度系数 (Pa·s^n) n——流型指数,无因次	
	环空	$\dfrac{4K}{d_2 - d_1}\left[\dfrac{1+2n}{n} \cdot \dfrac{16Q}{\pi(d_2^2 - d_1^2)(d_2 - d_1)}\right]^n$		
卡森	钻杆	$\left(\sqrt{\dfrac{8\eta_\infty Q}{\pi R^4} - \dfrac{8}{147}\dfrac{\tau_c}{R}} + \dfrac{16}{7}\sqrt{\dfrac{\tau_c}{2R}}\right)^2$	η_∞——极限高剪粘度 (Pa·s); τ_c——卡森动切力 (Pa)	
	环空	$\dfrac{4}{d_2 - d_1}\left[\left(\dfrac{48\eta_\infty Q}{\pi(d_2^2 - d_1^2)(d_2 - d_1)} - \dfrac{3}{50}\tau_c\right)^{\frac{1}{2}} + \dfrac{6}{5}\sqrt{\tau_c}\right]^2$		

以上讨论是将流态限定为层流。钻井液循环流动有时也可能处于紊流状态。液流一旦发生带有杂乱方向流速分量的紊流,其流动阻力会因为附加能量的消耗而比层流时的大。判别是层流还是紊流由雷诺数计算确定:

$$\mathrm{Re} = \frac{ul}{\gamma} \qquad (4-30)$$

式中:Re——雷诺数,无量纲;u——流体的平均流速(m/s);l——流束的特征尺寸(m);γ——工作状态下流体的运动粘度(m^2/s)。

当规定雷诺数时,应指明一个作为依据的特征尺寸,如管道的直径。对于圆形管道,特征尺寸 l 取管道直径 D。一般来说,当管道雷诺数 $Re \leq 2320$ 时,流体呈层流状态;当管道雷诺数 $Re > 2320$ 时,流体呈紊流状态。

由于紊流的复杂性,建立其解析流动计算模型困难,所以多以实验回归反推计算公式。这里,我们可以简化地将紊流阻力近似为其它条件相同时的层流阻力的若干倍。这个倍数取值范围一般在 1.25~3.0 之间。对于紊流急剧的情况有时甚至可高达 5 倍以上。关于更全面、更详细的紊流计算问题,可参见有关流体力学文献。

三、钻井液压力激动问题

钻井液压力激动是指由于起下钻具和开关泥浆泵等原因,使得井内液柱压力发生突然升高或降低,给井内瞬间或短暂地附加一个明显脉动液压差的现象。压力激动对钻井是有害的,它破坏了原有的井内液压力平衡,容易引起井漏、井喷和井垮,也不利于循环管、泵系统的安全运行。影响压力激动的因素主要有钻井液的粘度和切力、井内钻具的径向配合尺寸、运行操作速度等。

提钻或下钻时,钻具和井壁地层整体看相似于打气筒,下钻时井底承受附加高压将井壁向外挤推,提钻时则承受抽吸负压使井壁向内收缩。以岩心钻探情况为例(图 4-10),若已知井眼口径、岩心管外径、岩心管长度、钻进液粘度和提下钻速度,并考虑有限速度情况下间隙流动呈层流状态,流体视为牛顿流型,管内几近于封死状态,运用流体力学环隙层流阻力计算原理推导得到提下钻具时的激动压力为:

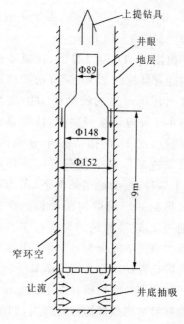

图 4-10 孔底钻具窄环空尺寸示意图

$$\Delta p = \pm \frac{48 \times \eta \times L \times v \times d^2}{(D+d) \times (D-d)^3} \qquad (4-31)$$

式中:D——钻孔直径(m);d——岩心管外径(m);L——岩心管长度(m);η——钻井液表观粘度(Pa·s);V——提下钻速度(m/s)。

[例 4] 当泥浆表观粘度为 15mPa·s、井底粗径钻具长度为 6m、粗径钻具外径为 91mm、钻头外径为 95mm 时,若以 1.5m/s 速度提下钻具,将这些参数代入式(4-31),计算得到对井底造成的激动压力为:

$$\Delta p = \pm \frac{48 \times 15 \times 10^{-3} \times 6 \times 4 \times 0.091^2}{(0.095 + 0.091) \times (0.095 - 0.091)^3} = \pm 4.5078 \times 10^6 (Pa)$$

由此可见,激动压力的量值有时相当大。从公式(4-31)还可以分析出:为了减小提下钻具的压力激动,泥浆粘度在允许的条件下应该尽量小些,但这样做往往会与护壁和悬渣需要较高粘度相矛盾;那么还可以通过减小提下钻速度、适当缩短岩心管长度和稍微加大钻头外出刃来解决。适当加大钻头外出刃对减小激动压力的效果十分显著,因为环隙径差以平方的反比关系降低激动压力。

四、以剪切稀释为主的综合减阻措施

由配浆材料特性所决定,大多数钻井液(除牛顿流体等少数外)都或多或少具有剪切稀释性(见第二章第四节)。剪切稀释性是指钻井液的粘稠性随流速梯度增加而减小的特性,它对降低流动摩阻有着重要的意义。剪切稀释性能够使钻井液在低流速梯度时具有较高的粘稠性,而在高流速梯度下又能维持不大的摩阻,对钻井工作有多重益处。当钻井液渗入井壁后流动速度很慢,粘度变得较高而有利于护壁和降失水;当流经钻头切削唇面时流速很大,粘度变得较低而有利于冲屑和冷却;在环空中流动时不会随泵量加大而明显增大摩阻;小泵量甚至停止循环时粘度又会上升而有利于悬浮钻屑。

我们应用上一小节的摩阻计算公式,对剪切稀释强的宾汉流体和没有剪切稀释性的牛顿流体进行计算对比,便可看到在流动减阻效果上的明显区别。比较的相同条件是两者的表观粘度等同,均为 17.5mPa·s;而相区别的是决定剪切稀释性强弱的流变参数不同。宾汉型的动切力为 9.5Pa,塑性粘度为 8mPa·s,具有较大的动塑比;而牛顿型的动切力很小,动塑比几乎为零。以 1 000m 井深、96mm 井眼直径、89mm 钻杆外径和 5mm 钻杆壁厚的相同条件,按表 4-2 中对应公式计算,当改变钻井液泵量时所得的总压力损失(即泵压表显示值)变化结果之对比如图 4-11 所示。

由图 4-11 可以看出,在通常范围内随着泵量的加大,强剪切稀释钻井液循环所产生的流动阻力的变化明显小于弱剪切稀释型的,特别是在大泵量情况下,减阻效果十分突出。这对钻进工作是十分有益的。在深钻、小口径、复杂地层条件下,尤为需要加强钻井液的剪切稀释性。在此特别提及,这种理论结果在许多实际工程中得到了充分验证,实践中也往往将剪切稀释剂称为流型调节剂。

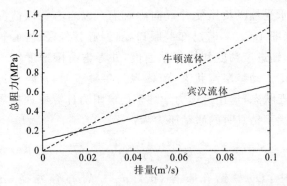

图 4-11 剪切稀释性强弱对流动阻力的影响

钻井液的剪切稀释性本质上是由配浆材料决定的。应该选择能够增加结构力、提高动塑比的材料来增强剪切稀释作用,如采用适度絮凝剂、聚合物交联以及结构形成剂等(参见第二章第七节)。另外处理剂中的线型大分子、类似油微粒的易变形材料也能起到强的流形调节作用,表现为钻井液流型指数 n 的降低,流动慢时阻力增加得快,流动快时阻力增加得慢。其机理(图 4-12)是线型高聚物等在流动中具有顺流方向性,流速越大,顺流取向性越强;而软质的油珠在外力作用下又能变形为顺向细长体,从而都能自动减小阻碍。现代钻井液中常常加入线型大分子和乳化油作为处理剂,因而能够发挥这一优势的减阻辅助功能。

综合本节各定性和定量分析可知,欲减少钻井液的循环流动阻力,尤其是环空中的流动阻力,可以通过适当降低钻井液粘度和切力、减少泵量、增大环空尺寸三方面措施来实现。粘度和流量的减小可以使循环阻力呈线性关系减小,而环空间隙的增大则更能使循环阻力快速(按 2 次幂指数关系)降低。而在泵量较大或泵量变化幅度较大时,更应采用强剪切稀释性的钻井液。要根据具体工程条件,合理限制粘度、切力、流量并略增大环空尺寸,以在保证对钻进其他

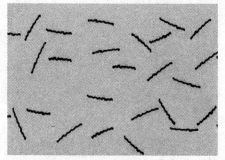
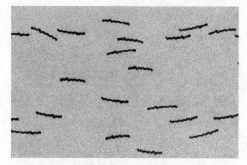

线型大分子，低速流动　　　　　　　线型大分子，高速流动

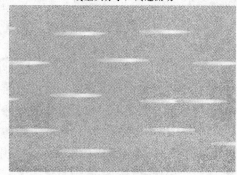

乳化油微粒，低速流动　　　　　　　乳化油微粒，高速流动

图 4-12　线型聚合物与软质油微珠的减阻取向示意图

工艺环节影响较小的前提下，尽量减小循环流动阻力。

实践和理论研究又进一步发现，润滑性对减小钻井液的循环阻力也有潜在的帮助。

第四节　悬排钻渣能力分析

一、泥浆悬渣临界切力设计分析

泥浆悬渣临界切力，是指泥浆在静止状态下刚好能够悬浮住钻渣（岩屑）所需要的静切力 τ_{sL}。这个指标反映泥浆使用中的一项重要性能。应用静力学原理对其分析推导时（图 4-13），可设钻渣颗粒为圆柱状（高 h，直径 d），钻井液的密度为 ρ_1，钻渣的密度为 ρ_2，则根据阿基米德原理可得钻井液对此钻渣的浮力为：

$$F = \frac{\pi}{4}d^2 h\rho_1 g \qquad (4-32)$$

图 4-13　悬渣临界切力分析

而泥浆的静切力作用在圆柱的整个外侧表面，总切力计为：

$$T = \pi d h \tau_{sL} \qquad (4-33)$$

且钻渣的重力为：

$$G = \frac{\pi}{4}d^2h\rho_2 g \qquad (4-34)$$

要使钻渣刚好悬浮住,浮力 F 加总切力 T 应等于重力 G,由此可得所需钻井液的静切力为:

$$\tau_{sL} = \frac{d(\rho_2 - \rho_1)}{4}g \qquad (4-35)$$

[**例 5**] 设某钻进所产生钻屑的较大粒度为 3mm,密度为 2.38g/cm³,钻井液密度为 1.15g/cm³,试计算刚好悬浮住钻屑所需的钻井液切力。

按式(4-35)得:

$$\tau_{sL} = \frac{3 \times 10^{-3} \times (2.38 - 1.15) \times 10^3 \times 9.8}{4} = 9.041(Pa)$$

以上理论分析结果是拟定泥浆切力的基本依据,而在现场应用中需进一步考虑以下诸因素,从而完善对泥浆切力的设计。

(1)为了有利于在地面对返排泥浆进行除砂,特别是采用自然沉降法除砂,应使钻渣在泥浆中能够有少许的相对下沉速度。所以实际切力设计取值时应略小于理论计算值。那么在环空中的缓慢下沉问题则由泥浆上返流速弥补之。

(2)从便于推导考虑,本法视钻渣为圆柱体。实际钻井中产生的钻渣形状多种多样,如球状、圆柱体、立方体、多棱体、片状、条状等。用圆柱体统一代替会产生一些误差,但除少数异形(如片、条形十分明显)外,一般误差量不大。

(3)这一方法不仅可以用于对钻渣悬浮切力的设计,也适于对重晶石等加重剂的悬浮切力的设计。

(4)切力的测试可用旋转粘度计、泥浆切力计(见第二章第三节)来做;切力的调整通过添加相应的配浆材料来实现,本书中的大部分钻井液配方都提供了所达到的切力指标。

二、岩屑相对沉降速度计算

岩屑在钻井液中的相对沉降速度是钻井中非常关注的问题。它影响到井底沉聚埋卡的安全性和钻进效率,也影响到地面除渣的难易程度;直接左右着钻井液的粘度、切力、泵量等参数的设计取值。例如,泵量的确定就是以环空返浆的流速略大于岩屑在钻井液中的相对沉降速度为原则,这样才能保证岩屑的绝对上返。因此讨论岩屑的相对沉降速度是必要的技术基础环节。

传统理论上,对岩屑在钻井液中的相对沉降速度的计算,一直沿用流体力学中著名的李丁格尔公式和斯托克思公式。

李丁格尔公式:
$$v_1 = k\sqrt{\frac{d_1(\gamma_1 - \gamma_2)}{\gamma_2}} \qquad (4-36)$$

式中:v_1——钻屑相对于钻井液的下沉速度(m/s);d_1——球形颗粒的直径(m);γ_1——岩屑颗粒的重度(kg/m³);γ_2——液体的重度(kg/m³);k——系数,$k = \sqrt{\frac{4g}{3c}}$;c——颗粒的形状系数,圆球 $c=0.5$,圆片 $c=0.64 \sim 0.82$,不规则或扁平状 $c=2.1$。

斯托克思公式:
$$v_1 = \frac{2r^2(\rho - \rho_0)g}{9\eta} \qquad (4-37)$$

式中:v_1——钻屑相对于钻井液的下沉速度(m/s);r——球形颗粒的半径(m);ρ、ρ_0——分别为颗粒和分散介质的密度(kg/m^3);η——分散介质的粘度($Pa \cdot s$);g——重力加速度(m/s^2)。

这两个公式均以密度差和颗粒尺寸作为主影响因素,为钻井液相关问题的计算提供了颇有价值的基础方法或思路。然而,在钻井专业中的应用都存在一定的局限性。前者未考虑液体粘度的影响,后者未考虑颗粒形状的影响,且两者又均未考虑钻井液显现的非牛顿性的影响。此处的非牛顿性是指由于钻井液常有的结构性和变形性所引起的动切力 τ_d 和流型指数 n 的大小不同(详见第二章)。

经过因素分析、实验修正,并吸纳李丁格尔、斯托克思两公式的长处,以考虑非牛顿的流型指数影响为例,建立更符合钻井实际的颗粒下沉速度计算公式如下:

$$v_1 = k \left(\frac{2r^2(\rho - \rho_0)g}{9\eta \times e^{3n}} \right)^n \tag{4-38}$$

式中:v_1——钻屑相对于钻井液的下沉速度(m/s);n——钻井液的流型指数,无量纲;r——球形颗粒的半径(m);ρ、ρ_0——分别为颗粒和分散介质的密度(kg/m^3);η——分散介质的粘度($Pa \cdot s$);g——重力加速度(m/s^2);e——自然对数函数的底数;k——形状系数,圆球取 $k=1$,圆片取 $k=0.7 \sim 0.8$,不规则取 $k=0.5 \sim 0.6$。

作为算例的结果,图4-14和图4-15表示了密度差、颗粒半径和流型指数对钻屑沉降速度的影响。(注:图4-14计算中,颗粒半径取1mm,粘度取20mPa·s;图4-15计算中,密度差取1g/mL,粘度取20mPa·s)。

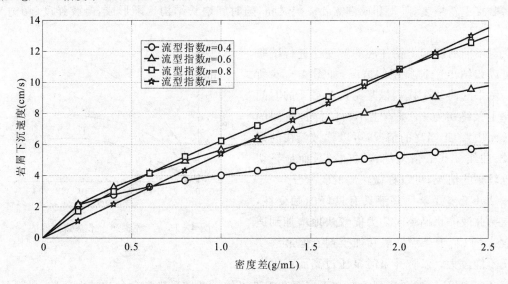

图4-14 密度差对不同流型指数钻井液流体岩屑下沉速度的影响

从图4-14和图4-15中可以看出,钻井液的非牛顿性越强(此处表现为流型指数越小),其携岩能力受密度差和钻屑尺寸的影响越小。这为调整钻井液配方提供了有价值的依据。

三、泥浆触变性对悬渣的增效

钻井液触变性是指钻井液搅拌时变稀、静置后变稠的特性,或者说是钻井液的切力随搅拌后静置时间增长而增大的特性。由配浆材料性状所决定,钻井泥浆一般都程度不同地存在

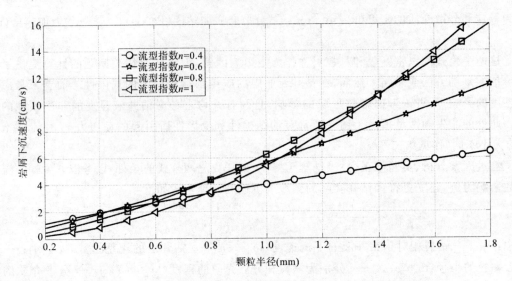

图 4-15 颗粒半径对不同流型指数钻井液流体岩屑下沉速度的影响

触变性,其产生机理是由于粘土颗粒和聚合物等相互联接形成空间网架结构所致。如粘土片状颗粒之间以端-端或端-面吸附、处理剂大分子中的某些基团与相邻分子基团的成键等,都是构成触变性的根本原因。在搅拌流动时这些联接被扯断,结构打散,凝胶强度(切力)减弱;静置后联接重新恢复,吸附和成键需要一定时间,随时间增长结构逐渐形成,凝胶强度(切力)增加。

对不同的膨润土钻井液的触变性进行试验后可以归纳出三种典型的情况,如图4-16所示。图中的曲线1代表恢复结构所需要的时间 t 较短,最终切力 τ_s(基本上不再随静置时间的延长而增大)相当高的情况,可以称做较快的强凝胶;曲线3代表恢复结构时间较长而最终切力也较小的情况,可以称做较慢的弱凝胶。

钻井工艺要求钻井液具有良好的触变性,即在钻井液停止循环时切力能较快地增加到适当数值,以利于悬浮钻屑和加重剂。但最终切力又不能过大,以防开泵时泵压过高而产生大

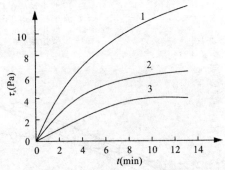

图 4-16 三种膨润土水基钻井液的触变性对比

的激动压力,从而避免压裂井壁和损坏泵和管汇设施。此即通常所称的快速弱凝胶,也就是曲线2所体现的变化特点。

考量静置后结构变强的程度即对触变性大小的衡量,分别用 1min 静切力和 10min 静切力作为联立参数指标,一般用二者之差相对表示钻井液触变性的强弱。

静切力:$\tau_{初} = 0.511 \times 3r/min(读数)$ （静置 1min）

$\tau_{终} = 0.511 \times 3r/min(读数)$ （静置 10min）

$\tau_s = \tau_{终} - \tau_{初}$

至于触变性取多少为合适,一是要看停泵后静止悬渣的要求;二是要看开泵瞬时会产生多

大的压力激动,这个激动值可以由下式近似计算:

$$\Delta p = \frac{12 dl \tau_{s10}}{d_1^2} \text{(Pa)} \tag{4-39}$$

式中:d——钻杆外径(m);l——井深(m);d_1——泵高压出口管径;τ_{s10}——终切力(Pa)。

目前已经有多种方法来评价触变性的好坏,主要有静切力法、浮筒切力计法、触变环法、滞后总能量法以及储能模量法等。

通过调整钻井液配方可以获得所需的触变性。粘土矿物的含量及分散度、聚合物处理剂种类及其浓度、无机电解质类型及其加量等,都能对初切力和终切力产生较大影响。现举原理不同的三个方面的调配例子予以说明。

(1)粘土矿物的含量影响。适当增加造浆粘土含量,膨润土在淡水中分散成细颗粒,颗粒的表平面和端面性质不同,颗粒之间通过端-端、端-面联接形成片架结构,或颗粒与高聚物分子链间吸附形成空间网状结构,膨润土含量越高,参与形成结构的膨润土颗粒越多(图4-17),结构越强,而这些结构易于剪切破坏,因此触变性越强。

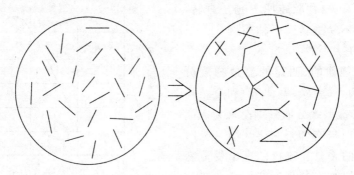

图4-17 粘土矿物加量对粘土颗粒之间联接的影响

(2)添加适量高价阳离子(Ca^{2+}、Mg^{2+})可以改变钻井液的触变性。它的作用机理是阳离子压缩粘土双电层,使得粘土颗粒的两端能够与相邻的粘土颗粒端部或者面相连,从而形成片架结构,压缩的双电层越多,形成的结构越强,而这些结构易于剪切破坏,因此触变性越强。

在8%膨润土+0.3%NaOH+0.3%CMC基浆中,加入不同量的石膏,相应的触变环如图4-18所示。图4-18表明增加石膏加量有利于形成结构,增强触变性。

(3)聚合物适度交联。实现良好的触变性可以采用聚合物体系,这里选用田菁作为被交联的聚合物,选用硼砂作为交联剂。硼砂能与线型大分子链聚合物产生交联反应,分子间形成新的化学键连接,使其联接成网状体结构(图4-19)。本书采用的配方为6%膨润土+1‰~3‰速溶田菁粉+0.15‰NaOH+1‰亚硫酸氢钠+0.5‰过硫酸铵+1.5‰硼砂。硼砂是理想的交联剂,当硼砂加入到钻井液中时会立即产生交联反应,10min内交联液形成凝胶,粘度基本达到最大,触变性呈大幅增长。

四、流态与流型对排渣的影响

钻井液携带钻屑的效果还受到流态、流型和流变参数的影响。这种影响表现为环空过流断面上的流速分布即流速差变化程度的不同。如图4-20所示,流速差对钻屑产生翻转力,使其向井壁或钻杆壁翻转滚动,浓集在流速很低的壁面,最终极易沉落。当然,翻转滚动性还与

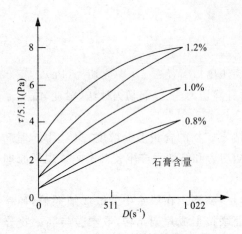

图 4-18　石膏加量对触变环的影响

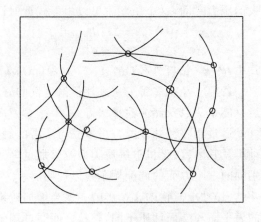

图 4-19　聚合物交联调整触变性原理

钻屑的片状程度有关,片状越明显越易翻转,浑圆状越明显越不易翻转。而钻屑颗粒一般都程度不同地具有片状性。

层流具有有规律的、明显的流速梯度分布,且依据无结构力(牛顿、幂律等)和有结构力(宾汉、卡森等)流型之分而分别呈现为无流核[图 4-21(a)]与有流核状况[图 4-21(b)]。流速分布的缓急和流核的宽窄受流变参数的控制。紊流具有杂乱无章的微分流速方向,导致其在环空过流断面上的流速分布总体上呈现为中部较缓的平线[图 4-21(c)]。

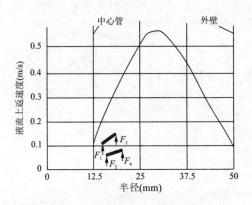

图 4-20　流速差导致钻屑翻转靠壁

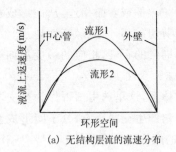

(a) 无结构层流的流速分布

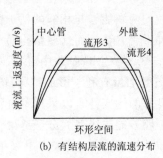

(b) 有结构层流的流速分布

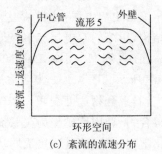

(c) 紊流的流速分布

图 4-21　不同流型和流态的流速分布

显而易见,这样一些不同的流速分布对钻屑翻转靠边的效应是明显不同的。图 4-21 中的流形 4 和流形 5 翻转钻屑的几率很小,因为宽厚流核中的轴向流速相等,大部分钻屑处在流核中而不会发生翻转,因而非常有利于排碴;而流形 1(尖峰形)翻转钻屑最为厉害也最不利于排碴,但它对井壁的冲刷作用相对较小。

流形 4 与流形 5 的区别在于一个是层流一个是紊流。尽管单从防翻滚易排屑来看二者均佳,但由于紊流会造成对井壁的高频冲击且无功耗能大(阻力损失大),因此现代钻井液循环理论更提倡采用流形 4——"平板流"。平板型层流兼具紊流对孔内净化和层流对井壁低冲击的优点,因此是理想的流形。

形成平板流的两方面主控条件:一是配方时尽量提高钻井液的动切力,如采用适度絮凝剂、聚合物交联剂以及结构形成剂等;二是调配合适的粘度、泵量等,使钻井液流经给定尺寸的环空时其雷诺数低于临界雷诺数,保持在层流状态。平板流具体的量化程度即流核的宽度尺寸可通过理论计算获得(参见本章第三节)。

在采用无结构或结构力很弱的钻井液时,不可能形成流核,也就是没有实现平板流的条件。但可以通过降低流型指数 n 及适当提高粘度来减小流速分布的尖峰状程度,流形 2 相对于流形 1 就是有力的对比说明,层流理论计算可以解析验证之。降低流型指数可以通过添加线形高聚物或类似油微粒的可变形物质来实现。

事物总有正反两方面的影响。虽然尖峰状流形不利于悬排钻屑,但它对井壁的冲刷作用相对较小。这一点通过对比考量贴近壁面处的流速差就可进一步获解。所以,在防井壁被冲刷比悬排钻屑问题更为突出的场合,反倒是采用平板形强的钻井液不利。

五、水平井段排屑分析

相比于垂直井段,水平井段岩屑的受力与运移情况有很大不同,也更为复杂(图 4-22)。在垂直井中,岩屑的重力下滑方向与井眼垂轴线一致,这时钻井液的逆行上返从方向上看正好可以克服岩屑的沉降。原则上只要保证钻井液流的上返速度大于等于岩屑在静止泥浆中的相对下落速度即可顺利携带排除岩屑。但在水平井段中,钻井液是水平流动的,总体上没有向上运动的流速分量,因此无法以上冲的方式克服岩屑的重力沉降。这样,钻屑总是绝对下沉,在水平井筒中多呈上疏下密的分布,严重时还会产生不流动的底帮岩屑沉积床。这种状况无论对减少回转摩擦、降低扭矩,还是克服起下管具的阻力都是非常不利的,也因此会带来较多的井内事故。

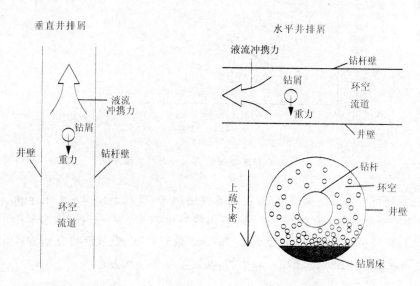

图 4-22 钻井液携带钻屑受力对比示意图

由此,对水平井段的排屑从钻井液工艺考虑应该注重以下几点:

(1)要求钻井液具有更高的密度、更大的粘度和切力,以提高对钻屑的悬浮能力,减缓或消除其下沉速度,弥补没有上冲流速的客观不足。特别是切力对悬渣的效应非常显现。有经验数据表明:在钻屑颗粒尺寸等其他条件相同的情况下,水平井钻井液切力应是垂直井的1.2~1.5倍,水平井段越长该值越大。

(2)应该提供较大的泵排量。尽管这时水平向的液流只能使钻屑加速水平运移,但高速水平运移可以使钻屑的下沉分量相对大大减小。在较短时间内也就是钻屑还来不及下沉多少时就能被返排出很长的水平距离。可以联立水平位移与垂向下沉的定量计算公式,合成两个速度分量,从而获得钻屑二维位移轨迹。

加大排量还可以提高液流的紊流程度,而紊流可以激振钻屑颗粒,从而加大它们的活动度,有利于钻屑被推带冲返。

(3)水平井排屑最为特征性的问题就是如何消除钻屑沉积床。显然,加大泵排量是冲散钻屑床的基本水力学要点,自然也是工程中的主要措施。能够有效掀离钻屑床的最小临界泵量成为水平钻进工程中的关键设计参数。

初步研究和常识经验表明:钻屑床的密实程度、钻屑密度、颗粒尺寸和颗粒级配是影响临界排量的客观因素。密实度和密度越高,尺寸越大,级配越密,所需的临界排量就越大。我们用不同最大粒度的钻屑床进行清水冲排实验,钻屑床置于内径为60mm的透明的水平圆管中。相应的实验数据显示,临界排量与最大粒度二者近似呈正比关系(图4-23)。

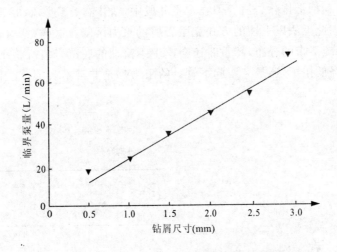

图4-23 临界泵量与钻屑尺寸关系实验曲线

(4)钻杆回转可以形成液流的搅动,将钻屑旋甩起来,有利于减少它们的下沉。因此增大回转转速更便于排出钻屑。在内径112mm且内置外径89mm中心钻杆的水平圆形管道中实验,用清水冲排粒径最大为2mm、密度为2.3g/cm³的钻屑床,发现能将钻屑冲排出来所需的临界泵量Q是随钻杆转速n的增加而减小的,其定量规律体现为:

$$Q_L = 46.3 \times 0.996^n + 8.7 \tag{4-40}$$

式中,Q的单位是L/min,n的单位是rpm。该式适于的转速范围为0~1 000rpm。

第五节 钻井液的除砂固控

一、除砂意义与固控总成

泥浆净化技术用于钻井液循环使用的场合,这是绝大部分钻井工程所必需的,除非少数一次性不回收用浆的工程。由造浆材料配制的纯净钻井液经过井底后将混携着钻头破碎下来的钻屑返回地面。这些钻屑以岩粒和劣质土等固相物质为主,称之为无用(有害)固相,它们差异于原浆中的造浆膨润土、加重材料以及非溶性处理剂等有用(制浆)固相。钻井液返浆再行重复使用时,为防止把排出来的钻屑再混送回井内,以避免损害钻井液性能(粘度和切力失控、失水量降不下来等)、降低钻速、引发卡埋钻具事故、增大扭矩和摩阻、磨损钻具和泥浆泵以及伤害储层等,必须在地面除去无用(有害)固相即进行固相控制(简称为固控 Solids Control)。固控是泥浆净化中的主体技术,是现场钻井液维护和管理工作中的重要环节,是实现科学钻探的必要条件。

井口返浆中含有的固相之尺寸,视不同岩性和钻井工艺有明显不同,宽范围看一般在 $0.1\mu m \sim 4mm$ 之间。其中大于 $10\mu m$ 的多为钻屑,小于 $10\mu m$ 的多为造浆粘土。图 4-24 是采用激光粒度分析仪对某泥浆的返浆所含固相粒度分布的测试结果。右边峰值段为粗大的钻屑粒度分布区,左边峰值段为造浆粘土粒度分布区。它对认识泥浆中固相尺寸分布情况有较为典型的参考意义。

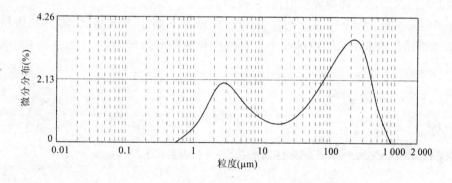

图 4-24 某泥浆返浆的激光粒度分布测试结果

对不同钻井情况有不同程度的固控要求。较为全面的固控系统包括自然沉降、振动筛、旋流除砂、旋流除泥、离心分离等多种设备,它们各自除去固相的粒度范围如表 4-3 所示。为提高除砂效果还可以结合化学处理措施。可以根据实际需要和条件,选择合适的方法或组合措施来进行除砂。目前,岩心钻探和基础工程多以自然沉降和振动筛为主进行泥浆净化;油气钻井则多以振动筛和旋流分离为主进行固控。这两种是广泛使用的除砂固控方式。

表 4-3 不同颗粒固相所适应的清除方法

颗粒粒径	颗粒分布		清除方法	
粗	2 000μm	小于 10 目	振动筛	20 目筛
中粗	2 000~250μm	10~60 目		40、60 目筛
中细	250~74μm	60~200 目		80 目筛
细	74~40μm	200~325 目		旋流除砂器
特细	44~8μm			旋流除泥器
	7~5μm			低速离心机
	5~2μm			高速离心机
胶体	<2μm			化学处理

二、自然沉降与振动筛

自然沉降法是在地面从井口至浆池之间建立沉淀槽沟(图 4-25),当井内返浆流经此槽时,其中的钻屑颗粒在重力作用下自然下沉到槽底,然后人工用捞筛定期(如每班 2 次)捞出沉碴。自然沉降法无须额外设备,即可短时间除去返浆中的多数大颗粒岩屑(≥200μm),但消除更小颗粒时自然沉降法要耗费较长时间,比较困难。

另外,在循环槽出口至净浆池(罐)之间还应设置 1 到 2 个沉淀池(罐),其体积应大于 1m³,用它来把循环槽来不及除掉的略小一些的固相颗粒自然沉降掉。它的允许候沉时间比沉淀槽的长得多。

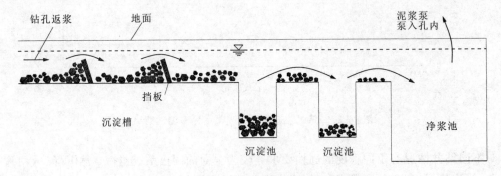

图 4-25 沉淀槽和沉淀池平面示意图

对自然沉降法沉碴效果可采用本章第四节的原理来计算。地质岩心钻探技术规范曾规定,沉淀槽的长度≥15m,宽度约 300mm,高度约 230mm,坡度控制在 1∶100。可在槽中每隔 2m 左右插斜板,利用涡流效应提高沉聚屑碴的效果。

振动筛一般安放在钻孔返浆出口附近,主要由筛网和振动机构组成,利用激振筛析原理实现钻井液与岩屑的分离。震动机构运转时,振动筛快速前后激振。当返浆(待处理泥浆)从沉淀池、槽中泵送过来流经筛网时,筛透下去的流体作为净浆直接供钻进循环使用或作为半净浆交下一除砂环节进一步净化;而大颗粒岩屑则不能通过筛网,只能留存在筛网上表面作为废渣储弃。图 4-26 为一种常用偏心振动筛结构图,振动筛根据其筛除特点,可以除去粒径大于 $74\mu m$ 的渣粒,即筛网目数大于或等于 200 目。振动筛的振频一般在 $10\sim30Hz$,振幅约为 3mm,筛面倾斜角为 $5°\sim18°$。

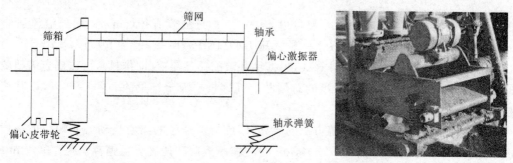

图 4-26 偏心轴式振动筛结构及实物图

三、旋流器与离心机

旋流器是一种通过流体压力产生旋转运动实现岩屑与钻井液分离的装置,为常用的钻井液固控设备。它能除去屑粒的尺寸分两个级别(表 4-3):细一级的 $74\sim40\mu m$ 称为旋流除砂;特细级的 $44\sim8\mu m$ 称为旋流除泥。旋流器的前承除砂工序通常是振动筛,后续除砂工序可以进一步接离心分离机。旋流器的实物及结构原理如图 4-27 所示。

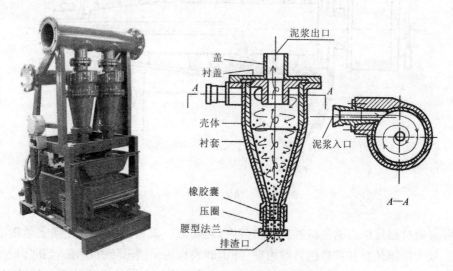

图 4-27 旋流器实物及结构图

被处理的泥浆以切向角度泵入圆锥筒状的旋流器(2~3mm 厚的薄钢板制成),沿筒内壁作回转运动。由于粗、细颗粒所受离心力大小不同,粗颗粒能够克服水力阻力被甩向器壁并在重力作用下贴壁向下滑移;细颗粒则未及靠近器壁即随料浆做回转运动。随着料浆从旋流器的柱体部分旋流向锥体部分,断面越来越小,在外层料浆收缩压迫之下,含有大量细小颗粒的内层浆液不得不改变方向,转而向上运动,自溢流管挤出成为净浆;而粗大颗粒则最终旋移至底流口,作为废渣而被排出。

旋流器的处理能力从两方面来评价,一是允许输入钻井液量的能力,二是底流口的排泄能力。可用下面的公式做近似计算:

$$Q = \frac{1}{12} d_i d_0 \sqrt{gP} \cdot \frac{1.82}{\alpha^{0.2}} \tag{4-41}$$

式中:Q——旋流器能够处理的钻井液量(L/s);d_i——进液管直径(cm);d_0——溢流管直径(cm);g——重力加速度(cm/s²);P——输入压力(0.1MPa);α——筒锥角(°),$\alpha<20°$。

以上是单个旋流器的处理量计算式,根据钻井液的循环流速(即排量),可以确定需要的旋流器的个数,在实际应用中旋流器组的总钻井液处理量要大于排量的10%～20%,以防旋流器超载。

离心机是一种利用物质密度等方面的差异,用旋转所产生的离心运动力使颗粒或溶质发生沉降而将其分离的装置,可除去2～44μm的颗粒。按旋转速度分低速离心(3 500r/min以下)、高速离心(3 500～50 000r/min)和超速离心(50 000r/min以上)。典型结构如图4-28所示。

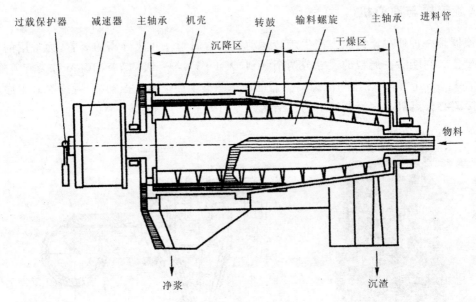

图4-28 离心机结构原理图

钻井液通过螺旋中心的进料管进入转鼓内,随转鼓一起高速旋转。在强大的离心力作用下,较重、较大的固体颗粒被抛向转鼓内壁,并由卸料螺旋铲送至转鼓小端,经挤压脱水后由喷渣口喷出转鼓;而较轻、较小的固体颗粒及液相则通过转鼓大端的溢流孔溢出转鼓,从而实现钻井液与岩屑颗粒的分离。

离心机的固相排泄能力受输送器的输送速度和喷渣口开度大小的限制,液体的溢出能力受溢流孔大小的限制。如果固相含量低,则输入能力受液体溢出能力的限制;如果固相含量高,则输入能力受固相排泄能力的限制。为了提高离心机的分离效率,必须控制输入离心机的钻井液粘度,所以有时要加水稀释。

四、化学除砂的结合应用

化学除砂是通过加入絮凝剂使钻井液中的钻屑颗粒聚集变大而有利于聚沉清除的方法。这种方法可以辅助提高自然沉降法或机械分离法的除砂效率,甚至可以除去 $2\mu m$ 以下的固相颗粒。从机理上分析,絮凝是通过压缩双电层、电中和、吸附桥接、沉淀网捕等来实现的。可促使钻屑聚沉的化学物质可分为无机絮凝剂、合成有机絮凝剂、天然有机絮凝剂三大类。

传统的无机絮凝剂以金属盐类为主,主要是铝、铁盐及其水解聚合物等低分子盐类,包括 $FeCl_3$、$AlCl_3$、$Fe_2(SO_4)_3$、$Al_2(SO_4)_3$ 及其多聚物。聚合氯化铝(PAC)是当前国内外研究与应用比较广泛的一种无机高分子絮凝剂。由于无机絮凝剂品种较少且处理效率不高,所以现多将其与有机高分子絮凝剂配合使用,或者借无机盐的存在与污染物电荷中和,来促进有机高分子絮凝剂发挥作用。

合成有机高分子絮凝剂,按其所带的电荷不同,可分为阳离子型、阴离子型、非离子型和两性絮凝剂,包括聚丙烯酰胺、磺化聚乙烯苯、聚乙烯醚等系列,其中以聚丙烯酰胺系列应用最为广泛。

近年来,我国对阳离子型絮凝剂的研究主要集中在聚丙烯酰胺接枝共聚物、烷基烯丙基卤化胺、环氧氯丙烷与胺的反应产物几大类上,已经取得了显著的进展。常见阴离子型的有聚丙烯酸钠、丙烯酰胺与丙烯酸钠共聚物、聚苯乙烯磺酸钠等。聚丙烯酰胺水解或者将丙烯酰胺与丙烯酸盐共聚,都能生成阴离子型聚丙烯酰胺,但其易受 pH 值和盐类的影响,在酸性介质中羧基的解离受到限制,对某些矿物的吸附活性较低。非离子型最重要的是非离子型聚丙烯酰胺,其次还有聚乙烯醇、聚氧化乙烯、聚乙烯吡咯烷酮、聚乙烯基甲基醚、聚烷基酚—环氧乙烷等。两性型的 pH 值适用范围宽,抗盐性好,近年来成为国内外研究的热点。该类两性高分子絮凝剂的品种很多,其阴离子基团一般为羧基、硫酸基、磷酸基,阳离子基团一般为季铵盐基、喹啉翁离子基、吡啶翁离子基等。

天然有机高分子絮凝剂,按其原料的来源不同,一般可分为淀粉衍生物、纤维素衍生物、植物胶改性产物、多聚糖类及蛋白质类改性产物等,其中最具发展潜力的是水溶性淀粉衍生物和多聚糖改性絮凝剂。通常,人们又将其分为碳水化合物类和甲壳素类两大类。

碳水化合物广泛存在于植物中,如淀粉、纤维素、木质素、单宁等,分子量分布广,结构多样化,含有多种活性基团,如羟基、酚羟基等,表现出较活泼的化学性质。为了提高絮凝效果而对其进行改性,即通过羟基的酯化、醚化、氧化、交联、接枝共聚等方法,增加活性基团。甲壳素衍生物在自然界中的分布仅次于纤维素,是第二大天然有机高分子化合物,它是甲壳类动物和昆虫外骨骼的主要成分。脱除甲壳素分子中的乙酰基,得到壳聚糖———一种性能优良的阳离子絮凝剂。因为此类物质的分子中含有酰胺基、氨基、羟基,所以具有絮凝和吸附功能。

作为钻井液除砂的化学絮凝剂的应用有一个突出的技术矛盾,就是"泥沙俱下",在絮凝钻屑的同时往往也将造浆粘土絮凝掉。因此,"选择性絮凝"成为解决这一专业问题的关键所在。多年来,业界技术人员力求选用对钻屑捕捉能力强而对造浆粘土吸引弱的化学絮凝剂。现已证明聚丙烯酰胺明显具有这种选择性絮凝的功能。

聚丙烯酰胺是一种线型高分子絮凝剂,其特征是具有链状的高分子结构;在长链分子上含有大量亲固活性基团 $COOH$、SO_3H、PO_3OH_2、NH_3OH、NH_2OH 等。高分子絮凝剂就会像架桥一样,搭接在两个或多个固相颗粒上絮凝它们。最为重要的是这种搭接仅限于对无水化或弱水化的惰性钻屑,而对造浆粘土却几乎不发生。关于这一深入机理目前还不十分清楚,但可以认为双方水化膜的阻隔以及负电性的相斥是不选择粘土颗粒絮凝的原因之一。

总之,要更多地开发选择性絮凝剂,应该对钻井液体系中不同固相(粘土、岩粉、砂、加重剂)的表面物理化学性质寻求差异性,有针对性地组合以上提到的多种类絮凝剂来解决选择性絮凝问题。

五、废浆处理

废泥浆是钻井过程中从井内排除的含大量泥砂和化学碴剂的无用泥浆。如果不经过处理而任意排放,势必造成水质污染、环境污染、土地板结和碱化等现象。随着钻井工程的发展及人们对环境问题的逐步重视,由钻井液带来的污染问题也越来越受到人们的关注。

废浆主要是由粘土、钻屑、加重材料、化学添加剂、无机盐、油等组成的多相稳定悬浮液,有时呈较高的碱性或酸性。导致环境污染的有害成分为油类、盐类、杀菌剂、某些化学添加剂、重金属(如汞、铜、铬、镉、锌及铅等)、高分子有机化合物生物降解产生的低分子有机化合物和碱性物质。根据中国国家环保局的规定,废弃钻井液中的铬、汞、砷等重金属为第一类污染物,它们能够对环境、动植物以及人类直接产生不良影响。特别是废弃钻井液中含有的铬,其中六价铬比三价铬毒性高100倍,并且易被人体吸附和蓄积。

20世纪70年代以来,世界各国围绕如何处理钻井废弃物进行了大量的研究工作,取得了丰富成果。目前,处理废弃钻井液的方法主要有:

(1)循环使用法。有些废弃钻井液、废水可循环使用。如从钻井液中分离出的废水可用于清洗钻头;清洗钻头后的废水收集后再循环使用;生产水经过处理后再注入井内以平衡井内压力,也可用于重油的处理。

(2)回收再利用法。油基、酯基及合成基钻井液使用后,可回收其基液用于其他井钻井液的基液或作为燃料等其他用途。钻井液中的添加剂也可以采用适当的方法回收再利用。

(3)脱水法。脱水法是利用化学絮凝剂絮凝、沉降和机械分离等强化措施,使废弃钻井液中的固液得以分离。对于不同的废弃钻井液,应使用不同的絮凝剂。

(4)破乳法。破乳可以采用传统的添加化学剂的方法,利用化学剂的特性破乳。如利用电解质所带电荷的性质不同,或者通过加入化学剂降低钻井液的粘度等。但这些方法由于添加了化学剂,一方面提高了成本,另一方面给环境又带来了新的影响。

(5)回注法。有些毒性较大又难以处理的废弃钻井液可以通过回注输送到拟灌封的井中去。

(6)回填法。废弃钻井液在储存坑内通过沉降分离,上部清液达到环保标准后直接排放。剩余部分经干燥后在储存坑内就地填埋。

(7)生物处理法。生物处理钻井废弃物的方法有许多种。微生物降解法是利用微生物将有机长链或有机高分子降解成为环境可接受的低分子或气体。

(8)固化法。固化法被认为是一种比较可靠的治理废弃钻井液污染的好方法,对于治理难度最大的COD、pH值和重铬污染最为有效。常用的固结剂有水玻璃、石灰、水泥等。

(9)焚烧法。焚烧也是一种非常洁净的处理钻井废弃物的方法。焚烧时在焚烧炉的烟窗内安置有除尘、回收和气体吸收的装置。剩余的灰烬可以综合利用,对环境没有不良影响。

(10)复合混合法。所用材料为一种粉末和木屑。该粉末具有很好的吸油性能,同时它还具有固氮能力、臭味防护、气味跟踪的特点,具有良好的降解能力。

其中的脱水固化法就是采用固液分离方法尽可能将泥浆中的泥砂石等固相成分与水分离,水回收使用或外排(达到环保排放标准),而分离出的固相作回填或车装运到指定地方堆放,以防止污染环境。还有可能将塑固废碴进行二次加工制成诸如某些建材的产品。固液分离处置废浆常采用化学(凝聚)和机械(分离)处理措施,与前面叙及的钻井液除砂固控有异曲同工之妙,其中包括振动筛、压力过滤、真空过滤和离心分离等,主要流程如图 4-29 所示。

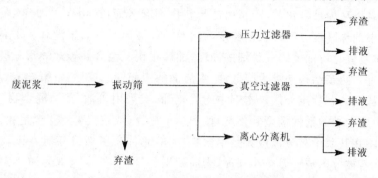

图 4-29 处理废弃钻井液流程图

第六节 润滑、冷却、冲蚀与泥包结垢问题

一、润滑原理在钻井液中的应用

现代钻井液技术越来越重视润滑性,这是因为钻井液的润滑性在诸多方面日益明显地影响着钻井工作的安全和效率。

钻井液润滑的好处首先突出地表现在减小了钻杆回转时的磨耗和损伤,由此可以延长钻杆的使用寿命,减少断钻杆的事故率。其次是润滑直接降低回转扭矩,节约动力消耗,降低设备负荷。尤其在深井、弯曲井条件下,润滑性不好会使有害无益的长程摩擦扭矩比井底钻头碎岩所需的有功扭矩大几十倍甚至更多。

另外,钻井液润滑性强还能降低岩块楔卡在钻杆和井壁之间的摩擦力,有助于减少卡钻事故;在钻井工程下套管和非开挖工程铺设管道时能显著减小入管阻力。进一步的研究还表明,润滑性好有助于降低钻井液流动的阻力。

钢钻杆与井壁岩石之间的摩擦,从内因上看,是由于这两种固体表面有一定的粗糙度并且相互间分子存在较大的凝聚力所造成。如果有润滑剂充斥在它们中间,一则可以挤填密集的微凹凸面使粗糙度降低;二则可以使原来较大的凝聚力被润滑剂内部分子间较小的凝聚力所代替,从而降低摩擦力。同时,为防止被"挤走"和"挤破",要求润滑剂在固体表面有较强的附着力并保持适当的凝聚力。因此,具有一定粘性的矿物油、植物油、表面活性剂、乳化液等可以作为液体润滑剂;石墨等特殊的固体粉末、塑料和玻璃小球等则可以用作固体润滑剂。

显然,提高钻井液润滑性的主要途径是采用含"润滑油乳类"的材料配浆。不排除使用油料占多数的油基钻井液,但这在少数条件许可的情况下方可行,而大部分钻井工程限于安全、经济、便利等因素是不宜采用的。大量的工程实际与实验研究已经证明,在普通水基钻井液中加入少量的乳化油(仅占不到 0.5%)便可大大提高润滑性,使钻杆与井壁岩石之间的摩擦系数降低至原来的 50%以内。按照摩擦力等于正压力乘以摩擦系数这一原理,就意味着钻具的磨耗和回转功耗都能降低到原来的一半以下。

典型的无粘土乳状冲洗液（钻井液）的配方为：

$$清水(1\ 000L) + 乳化油(3L) + OP-10(0.5L)$$

典型的乳化泥浆的配方为：

$$基浆(1\ 000L) + 乳化油(1.5L) + OP-10(0.2L)$$

乳化油顾名思义为被乳化的油，是由油与乳化剂混合而成，用以添加到钻井液基浆中，通过搅拌形成微小油珠高度分散且长期稳定的润滑钻井液体系。如果没有乳化剂而单靠油和水用机械搅拌，即便暂时将油搅碎成很细的油珠，油珠很快又会合并导致油水分层。乳化剂的作用原理就是通过其两亲结构来大大降低油/水界面的表面能（见第三章第五节），使油珠间的合并力大大减弱从而达到稳定分散。本例中的乳化油，或采用机油/柴油混合物(1/1)与十二烷基苯磺酸钠（阴离子表面活性剂型乳化剂）按 10∶1 兑成，或直接采用工业皂化油。

若干个油团在基浆中被分散成无数个微粒，油的总体积虽然没变但其比表面积却大大增加（一个大圆球若被分散成一万个小圆球，表面积增加 20 多倍），这就为油料大面积甚至满面积铺覆在钻杆与岩壁之间提供了条件。所以，稍稍添加一些乳化油就能高效率地得到润滑效果，大幅度节省了昂贵的油料消耗。

式(4-42)和式(4-43)中的 OP-10 是一种非离子型表面活性剂，主要是起提高乳状液抗侵稳定性的作用，防止乳化钻井液在遇到有害离子侵入后"破乳"失效。一般来说，阴离子表面活性剂的乳化能力强，但抗侵能力较弱；而非离子型表面活性剂的乳化能力稍弱，但抗侵能力强。二者复配使用适应性更好。

由上述配方范例，并结合表面物理化学原理，我们还可以选用更多种的乳化剂来配制润滑型钻井液，参见表 4-4。

表 4-4　可用作钻井液乳化剂的部分表面活性剂

名称	HLB 值	类型
Span 20	8.6	非离子型
Tween 61	9.6	非离子型
Tween 81	10.0	非离子型
聚乙二醇(400)单油酸酯	11.4	非离子型
烷基芳基磺酸盐	11.7	阴离子型
OP-10	14.5	非离子型
Tween 60	14.9	非离子型
Tween 80	15.0	非离子型
Tween-40	15.6	非离子型
十六烷基三甲基溴化铵	15.8	阳离子型
吐温-20	16.7	非离子型
油酸皂	18	阴离子型
油酸钾	20.0	阴离子型

对钻井液的润滑性测试,可以采用 EP-2 等型号的润滑仪。它们的工作原理如图 4-30 所示,通过扭力调节将一定正压力施加在静滑块和转动环之间的滑动接触面上,该接触面完全浸置在被测钻井液中,其摩擦系数客观地取决于钻井液的润滑性。润滑性越强(定义为润滑系数越小),摩擦系数和摩擦力就越小,驱动转动环所用的扭矩(由接口仪表测出)也就越小。一般钻井液的润滑系数在 0.25~0.38 之间,而强润滑钻井液的润滑系数可以低到 0.15 以下。

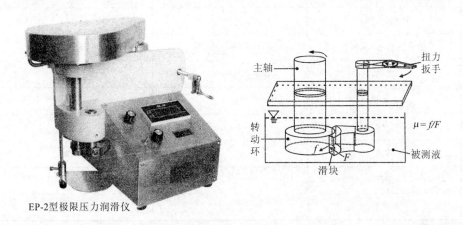

图 4-30 润滑仪实物和工作原理示意图

二、冷却钻头效果分析

钻井液的基本功用之一就是冷却钻头。钻头碎岩是在几百公斤乃至几吨轴向压力和每分钟上百转的转速共同作用下来完成的,这种强摩擦所快速产生的热量非常大。如果没有钻井液持续不断地流经钻头底唇来及时地冷却,钻头很快就会升至很高温度(可达 1 000℃以上)而造成烧钻,不仅无法钻进而且会造成严重井底事故。

保证钻头的冷却效果就是控制碎岩钻头的温度在不高的限值内(一般不超过 600℃)。影响这个温度值的主要因素十分复杂,不仅有轴压、转速、泵量、地层温度、钻井液温度、钻头结构和岩石性质,还有钻井液材质与流变性。关于回转钻进时井底钻头温度的计算方法目前还处在探索阶段,总体上这个温度函数应该主要表征为:

$$F = F(P, n, Q, c, T_1, T_2, \sigma, \eta, w) \quad (4-42)$$

式中:P——轴压;n——转速;Q——泵量;c——钻头结构系数;T_1——地层温度;T_2——钻井液温度;σ——岩石研磨性等多参数;η——钻井液流变性;w——钻井液材质散热系数。

就钻井液材质而言,其对钻头的散热效果好坏,与该材料介质的导热系数 λ 有很大关系。导热系数指在稳定传热条件下 1m 厚的材料两侧表面的温差为 1℃,在 1h 内通过 1m² 面积所传递的热量,单位为 W/℃/m。其值越大散热冷却效果就越好,一些相关材料介质的导热系数如表 4-5 所示。作为最广泛的钻井液基本流体介质,水的 λ 为 0.62 W/℃/m,混合油的 λ 为 0.1~0.3W/℃/m,空气的 λ 为 0.031W/℃/m,可见水基钻井液的冷却效果比油基的明显要强。目前水基泥浆中的水作为连续介质,在泥浆体系中所占体积大于 80%,因而具有较好的冷却功能;而无固相的乳状液和盐水钻井液中的水分更是占到了 95% 以上,因而具有更优越的冷却效果。

表 4-5 一些相关材料介质的导热系数

名称	测试温度(℃)	导热系数(W/℃/m)
水	30	0.62
甘油(40%)	20	0.45
甘油(60%)	20	0.36
氯化钙盐水(30%)	30	0.55
煤油	100	0.12
石蜡油		0.123
石油		0.14
柴油		0.12
沥青		0.699
蓖麻油	500	0.18

钻井液的粘度也成为影响钻头散热的一个因素,粘度越低越易于散热。对此有两个解释:①一般情况下,体系的粘度高就表征其中非水物质占比大,而大部分非水材料的导热系数都小于水;②粘度的大小决定了钻井液流经钻头各流道时的流速分布形状(图 4-20),低粘流体流形尖峰发育,较有利于带走热量。

协调问题:考虑钻头散热冷却必须兼顾钻井液其他功能的体现。而在一些特定环境条件下,如强研磨性、坚硬且稳定地层采用金刚石钻头钻进时,当以散热冷却钻头为首要的钻井液设计和配制内容。

三、对井壁与钻头的冲蚀问题

"水滴石穿",钻井液的循环流动势必会对井壁和钻头产生冲蚀,只是冲蚀的程度视不同情况而有很大差别。在坚硬完整地层中,即便采用很大的泵量也几乎难以冲刷井壁丝毫;而在松散层段,泵量稍微大些就有可能冲散井壁,导致大体积落砂、超径甚至垮孔。钻井液冲刷破坏井壁的程度主要取决于泵量(流速)、岩性(结构完整性)、泥浆性能(粘度、密度)等因素。

钻井液对井壁的冲刷破坏,主要表现为流体对井壁的剪切作用和流体质点对井壁的冲击作用。层流状态下粘性流体的剪切作用占主导;紊流状态下不仅有剪切还有较强的冲击作用。钻井液对井壁的剪切冲蚀作用可用冲蚀指数来衡量,冲蚀指数反映单位时间内流体对单位表面井壁剪切应力或冲击作用的大小。冲蚀指数与钻井液的密度、流速及钻井液的流变参数有关。对任何地层都存在上临界冲蚀指数和下临界冲蚀指数。鉴于井内钻井液及所处环境的复杂性,其理论分析还仅限于初步认识阶段。目前,主要还是以相似实物模拟实验来取得冲蚀作用的数据。

我们用散砾胶结体做相应的冲刷试验(图 4-31):砂砾取 1.5mm 粒度的石英与方解石颗粒,混以不同粘结性的胶结物,在一定压力下制成不同松散度圆环状样品,并以样品的抗压强度作为松散程度衡量指标。实验中逐渐增大流速使清水流经样品中心裸孔,当流速达到一定值时样品内壁被明显冲散。实验的对比数据如表4-6所示。进一步的实验还表明,流体的粘度与密度对冲刷破坏的程度也有一定影响。粘度增加会减小冲刷破坏,而密度增加则会加大冲刷破坏。

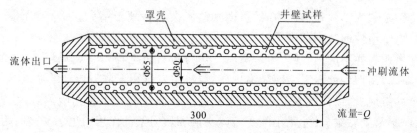

图4-31 井壁冲刷破坏实验原理图

表4-6 冲刷作用下模拟井壁破坏的临界流速数据

样品抗压强度(MPa)	0.1	0.3	0.6	1.0	1.5
临界破坏流速(m/s)	0.3	1.0	2.1	3.9	≥6.0

根据对定性理论分析、现场经验量控、实验模拟数据和相应力学计算的综合,可以建立井壁冲刷破坏临界流速计算公式如下:

$$Q = c(2.6\sigma^2 + 0.8\sigma) \tag{4-43}$$

式中:σ——样品单轴抗压强度(MPa);c——调整系数,无量纲,取值0.7~1.3。

根据这一临界最大流速,可以确定在一定环空截面积时的防止冲蚀破坏井壁所允许的最大泵量。

钻井液对钻头的冲蚀问题也不容忽视。钻头的工作特点决定其底唇部位承受很高流速的钻井液的冲蚀,如图4-32所示的金刚石钻头唇部胎体遭受破坏的情况是经常可以见到的。为减少冲蚀,应该尽量净化泥浆,减少微固相颗粒的高速研磨。同时,还应改善钻井液的散热效能,适当减小钻井液密度,合理控制流经钻头的泵量。

四、钻头泥包和钻杆壁结垢问题

钻头泥包是指钻头刃唇表面为泥团紧紧包被,在钻进和起下钻过程中都会发生。钻头泥包

图4-32 钻头被冲蚀后的照片

后,其刃齿"吃入"地层程度减小,导致切削力不能正常发挥,钻头"飘滑"旋转,钻速变慢,严重时包死钻头、堵死水眼,导致泵压升高,甚至无进尺,如果是在起下钻时发生,还有可能造成环空阻塞。

与钻头泥包情况相似的还有钻杆壁面结垢。钻杆壁结垢会导致环空和钻杆内流道变小,循环阻力和回转扭矩增大,甚至泥皮吸附卡钻。在绳索取心钻进时,钻杆内壁结垢还会严重阻碍打捞机构和内管总成的提放。

钻头泥包和钻杆壁结垢的程度受地层岩性、钻井液性质、钻具材质、钻具结构尺寸和钻进操控参数等多方面因素的影响。从客观和主观两个角度看，地层岩性和钻井液性质在很大程度上决定了泥包结垢的强弱。钻进产生的部分岩屑在一定钻井液环境下与钢件和超硬刃材表面可能发生粘结。有关研究和现场应用已经揭示：

(1)若所钻地层为粘性强的泥质岩石，则其钻屑极易粘贴于钻头和钢具表面，压实后造成泥包和结垢，化学惰性的"沙粒"则不易产生粘结。

(2)当钻屑矿物质中的钙、镁离子游离后其本身带有负电荷，而以金属为基体的钻头和钻具带有正电荷，容易产生静电吸引而吸附岩屑颗粒，引发堆积形成泥包与结垢。

(3)从尺寸效应看，以几微米至几十微米粒度的物质最易产生表面吸附，尺寸大的钻屑受重力作用大而不易被粘结，尺寸很小的受流体交换和热力紊动作用大也不易被吸附。

(4)在钻井液中添加具有加大浸润角即减小钻屑与金属材料表面亲和性的表面活性剂，可以显著降低泥包与结垢程度，如各种解吸附卡钻剂、洗涤剂等。

(5)钻井液中的一些大分子絮凝及乳化油破乳反而会协同钻屑一起产生负面的泥包与结垢吸附，如"油泥"状物质次生后的粘钻、糊钻现象。

解吸附剂主要有吐温21、十二烷基苯磺酸钠、聚氧乙烯辛基苯酚醚-10以及乳化柴油等。它们在钻井液中的加量一般控制在 $1\sim 3kg/m^3$。

由于泥质岩石是导致泥包和结垢的主要地层，所以抑制其钻屑和井壁水化膨胀从而减轻它们吸附钻具程度的一个重要措施是加强钻井液的降失水性，从某种意义上说这也是治本的做法。多种降失水剂(见第二章第七节)都能作为此处可选择的对象。对于严重泥包和结垢的情况，建议泥浆失水量控制在 12mL/30min 以下。

用乳状液或乳化泥浆钻井时，要防止破乳即油珠聚结，确保油珠微粒以极细小的尺寸 ($<1\mu m$)高度分散在钻井液体系中。这样可以避免油团与钻屑及聚合物混聚造成油泥粘钻。在一些有害离子侵入严重的地层中，防止破乳的重要措施是采用阴离子与非离子型乳化剂复配钻井液。

配制粗分散泥浆等抑制钙、镁离子电离功效强的钻井液也能较有效地克服泥包和结垢问题。这样做，一方面通过降低钻屑的负电性来减轻与金属钻具间的静电力吸附，同时也遏制了钙、镁侵导致的破乳"油泥"的形成。

减小泥浆或钻井液的絮凝程度除了上述直接的钻井液措施以外，为更全面地克服泥包和结垢问题，还可以配套以下一些有益的解决措施：

(1)适当加大钻井液泵量，冲刷粘附的钻屑泥垢。

(2)适当减轻钻头轴压，以降低底唇上压实钻屑程度。

(3)设计钻头时，要考虑能有效冲刷嵌入钻屑的钻头水路结构和尺寸。

(4)钻头刃具和钻杆材质以及它们的表面处理上采用与钻屑亲和性低的制造方案。

(5)当钻杆内壁结垢是主要问题时，应降低回转转速，减小离心力，使固相颗粒挤压富聚在钻杆内壁的情况得以改善。相反，当钻杆外壁结垢时，应加大转速，利用离心力甩脱钻屑的粘附。

(6)地面除砂要干净，尤其要注意除掉几十微米粒径的钻屑。

2012年在安徽铜陵(321地质队)实施的3 000m科学深钻工程中，钻进至1 300m左右遇到厚层的硬质泥岩，Φ95绳索取心钻具下部发生较严重的泥垢粘钻，表现为泵压剧增，扭矩加大,排屑不畅,钻效较低。提钻检查发现钻头唇部及岩心管变径部位牢牢粘结着较厚的油泥。原先所用钻井液为地表水加皂化油加聚丙烯酰胺。经对地层样品和原浆及返浆钻井液的测试分析,判明原因主要是钙质泥岩钻屑与聚丙烯酰胺和遭破乳的油团混合成易于粘附在钻头和钻具上的泥包结垢。研究后采用中分子量降失水剂 CMC 替换易絮凝的 PAM;添加非离子型乳化剂以增强皂化油的抗破乳能力。新配方应用结果:循环泵压降低为正常的 4MPa,扭矩明显减轻,钻具干净,钻速提升,泥包结垢解除。

第七节 井底液力作用

一、泥浆性能对机械钻速的影响

泥浆持有一定的粘度、密度对排碴和护壁是非常必要的,但是也不能过分追求它们的高值。因为单从碎岩效果来看,泥浆密度和粘度的增加会降低机械钻速。

泥浆密度大,井底岩石承受的液柱压力大,钻头破碎岩石时的阻力就会增大,岩石也就难以被切削或磨蚀下来。有条件的地方采用气体钻进往往可以取得显著的高钻速就反映了这个道理,因为气体的密度比液体密度小得多。实践和理论分析数据说明,当泥浆密度大于约 1.07g/cm^3 时,钻速下降尤为明显(表 4-7)。

表 4-7 泥浆密度对钻速影响数据表

泥浆密度(g/cm³)	1.00	1.06	1.10	1.15	1.21	1.26	1.34
相对钻速(%)	100	82	78	76	73	62	57

泥浆固相含量和颗粒分散度对钻进速度也有明显的影响。研究发现:密度相同情况下,固相含量愈高则钻速愈低,尤其是无用固相还会带来磨损严重与劣化泥浆等问题。由此也可推理,用加重泥浆比用同密度普通泥浆时的钻速高。研究还发现:泥浆的密度和固相含量相同,但固相的分散度不同时,分散度低的泥浆钻速则高(图 4-33)。这也是现代泥浆技术中提倡粗分散和低固相非分散的原因之一。

钻进速度受泥浆粘度的影响也近乎于反比关系式(4-44)。这是因为粘度高则冲刷水动力弱,射流锐度低,水力密集点状碎岩动能小,在井底难以冲掀岩屑并洗刷干净钻头与底岩狭窄间隙中的屑垢。此外,粘度高散热效率低,钻头刃具温升较大,对保持其坚硬性不力,也是高粘度导致低钻速的缘由。

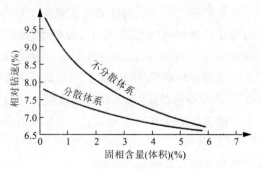

图 4-33 固相含量与分散度对钻速的影响

$$v_M = C\sqrt{\frac{1}{\eta_A}} \quad (4-44)$$

式中:v_M——机械钻速;η_A——泥浆表观粘度;C——系数。

关于钻井液的失水量,尽量降低它是水敏松散等复杂地层护壁的主要需求。但对于井壁相对稳定的岩层,失水量小则钻头部位的岩石表层不易提前软化,岩石不能软化则钻头刃的碎岩就困难。由此看来,在井壁稳定的前提下,不要过分追求钻井液的低失水,适当加大失水能提高钻进进尺速度。

瞬时失水是指钻头底唇刃具刚刚打开岩石时钻井液在瞬间向新鲜岩面中的失水,这时泥皮尚未形成,瞬时失水量大,而接下来泥皮逐渐形成后失水量减小。这是钻井液失水过程的一种特有规律。我们要利用和凸显这种规律,设法通过一定的处理剂作用使瞬时失水更为显著而后期失水更能大幅度降低。这样既能提高钻速又能维持井壁稳定。对此,有一个瞬时侵润深度的量化控制,根据钻头碎岩的一般速度,只需在不厚的(约2mm以内)岩石表面形成高效的瞬时失水即可。

二、钻井液喷射碎岩水马力

钻井液不仅可以把钻头破碎下来的岩屑冲携出地表,往往还能直接起到破碎井底岩石的作用。在一部分钻头底部安装喷嘴或设计水眼就是利用钻井液的喷射力来增强钻进碎岩能力。喷射钻井的一个显著特点,是从钻头喷嘴中喷出强大的泥浆射流,它具有很高的喷射速度和很大的水力功率,能给予井底岩石一个尖锐的冲击压力使其破碎,并使岩屑及时、迅速地离开井底。现场试验表明,采用喷射式钻头钻井,与普通钻头相比,在软地层中钻头进尺可提高50%~100%,在硬地层中则可提高13%~28%;机械钻速在软地层中可提高15%~30%,在硬地层中可提高14%~21%。

喷射钻井的关键是增大钻头喷嘴水力能量,除了在喷嘴结构尺寸和泵量上进行合理设计与调整外,钻井液的性状也是影响水马力的重要因素。其中,钻井液的密度和粘度的影响应给以重点考虑。钻井液密度大则冲击动量大,粘度低则摩阻小冲击力也较高。因此,在其他条件许可的前提下,应采用较高密度和较低粘度的钻井液来作为喷射钻井的循环介质。

从井底钻头喷出的射流属于淹没非自由射流(图4-34),它处于强大的液体压强包围下。射流刚出口的一段,其边界母线近似直线,并张开一定的角度α,称为射流扩散角。由于返回泥浆的影响,使射流边界逐渐向中心收拢,使整个射流形状变成枣核状或梭形。

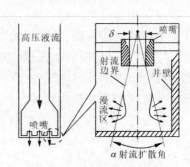

图4-34 淹没非自由射流

射流的扩散角α表示射流的密集程度。显然,α越小则射流密集性越高,能量就越集中,射程就越远。对于喷射钻井来说,我们希望扩散角越小越好。而泥浆的粘性对射流扩散角α的影响颇大,越粘则射流边界的阻滞牵拽越大,α就越提前扩张,能量就越为散射,冲击岩石的力就越小。

射流的速度分布有以下规律:①在射流的中心,由于受到淹没泥浆和返回泥浆的影响较小,所以速度最高。自中心向外,速度很快降低;②射流出口后有一段长度,这段长度内的中心部分始终保持刚出口时的速度v_0。

射流的水力参数包括射流的喷射速度、射流冲击力、射流水功率、钻头水功率和钻头压降。以其中的射流冲击力为例分析,已有公式可以计算:

$$F_j = \frac{4\rho}{100\pi} \times \frac{Q^2}{d^2} \tag{4-45}$$

式中：F_j——射流冲击力(kN)；ρ——钻井液密度(g/cm³)；Q——钻井液排量(L/s)；d——喷嘴直径(cm)。

由式(4-45)可以看出，射流冲击力与钻井液密度成正比关系。

三、井底动力机对钻井液的要求

液动锤、螺杆和涡轮等井底动力钻具都是借助于钻井液提供液力而工作的。它们的使用效率自然也会受到钻井液性能的影响。

共性上，这些钻具都靠内部高速相对运动的组件来实现井底特色动作，尽量减小磨损是保证它们耐久使用的关键，所以均要求钻井液含砂量尽可能小。一台潜孔锤、螺杆或涡轮钻具在干净的泥浆中可以累积工作 300~500h，但在含砂量较高的泥浆环境下仅能累积工作不到 150h，就因过早磨损严重而提前报废。图 4-35 是典型的含砂量对螺杆钻具寿命影响的关系曲线。这类场合下，一般要求钻井液的含砂量小于0.1%。

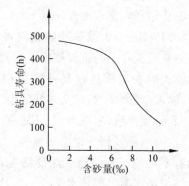

图 4-35 含砂量对螺杆马达使用寿命的影响

钻井液润滑性也是井底动力钻具颇为需求的性能。润滑性强不仅能更加降低钻具的磨损，还能因减小相对运动副之间的摩擦功耗而提高该类钻具的工作效率。一般最好将钻井液的润滑系数控制在 0.25 以下。

钻井液密度对三种井底动力机的影响机理是不同的。液动锤的主动打击与惯性回弹之间有一个最优的质量、行程和液体性质之间的多因子配合关系，其中液体性质中的密度就是一项主要影响参数。每型液动锤都有它自身最佳的钻井液密度要求值，密度过大或过小都会降低液动锤的工作效率。例如现在岩心钻探中常用的一部分液动锤，要求钻井液密度控制在 1.1g/cm³ 左右方能取得较大的冲击功。

涡轮钻具与螺杆马达比较，前者靠液流冲击力而后者靠容积压强来工作，所以涡轮钻采用较大密度的钻井液可以提高对叶轮的冲量从而加大驱动扭矩，而螺杆马达在这一点上则受液体密度影响较小。

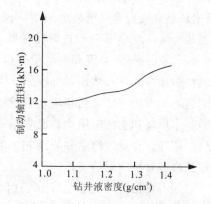

图 4-36 涡轮钻具转矩能力与钻井液密度的关系

图 4-36 给出了涡轮钻具负载扭矩与钻井液密度的关系，可以看出涡轮转动力矩是随着钻井液密度增加而增大的。

至于钻井液粘度所产生的影响，目前尚无十分完善的结论。对于三种井底动力机有出于不同运行机理的粘度要求。据有关资料，液动锤适宜的粘度应小于 30s，这明显与高粘滞会缓冲减弱惯性冲击力有关。有关实验和理论计算表明，涡轮钻具的扭转能力受钻井液粘度影响不大，这也是液流冲转型动力器械的特点。螺杆马达由于是容积压强挤压转子转动，所以流体太稀就会发生泄漏，从而导致转矩减小，所以要保证钻井液有适当的粘度。这也符合液压机械需采用一定粘度液压油来工作的原理。有试验结果指出：在一定条件下，驱动螺杆马达的泥浆粘度在 28～32s 为适宜,其他指标推荐为:密度 1.05～1.07g/cm³,API 失水量 10～12mL,切力 1～10Pa。

四、MWD 信号传递与反循环取心

钻井液还有两个重要的特殊功用,一是从井底向地面传递液压脉冲信号;二是通过反循环将岩心从钻杆内排至地面。

MWD——泥浆脉冲随钻检测技术,是将井底信息传至井上的重要技术。通过它,现代钻井已能实时在地面接收到井底工程参数(井斜角度、温度、泥浆压强、钻头轴压、扭矩、转速和振动等)和地质参数(岩石密度、孔隙度、放射性、含气状况、有机质及部分化学参量等),为及时掌握原本看不见摸不着的地下深部钻况以及为定向钻进等提供了关键的技术手段。在这里,钻井液作为压力脉动传递的介质,充当了关键的角色,如图 4-37 所示。

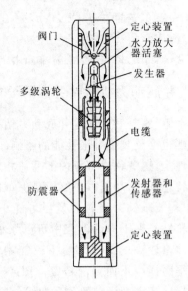

图 4-37 MWD 压力波动传递井底信号

为适于 MWD,对钻井液有一项最为特殊的性能要求,就是必须采用不可压缩或压缩性很低的流体。如果钻井液的压缩性大,脉冲压力信号就会被弹性吸收而缓冲掉。因此,像空气钻井、泡沫钻井或者含气量较大的地下流体涌入等情况,则难以采用此法。初步估算,MWD 适于泥浆可压缩度小于 5%,或者在标准大气压下的气液比小于 15% 的情况。

钻井液的密度、粘度和失水量等指标对 MWD 没有明显影响,一般不需做特殊限制。

反循环连续取心钻探 20 世纪 80 年代在我国初步试验成功,是勘探领域一种全新的高效采取岩心的方法。依靠钻井液实现反循环连续取心的基本原理和它的应用优势已在第一章钻井液功能中阐述。在此讨论钻井液及相关参数与反循环输送岩心效果之间的关系。

当岩心在钻杆内处于悬浮状态时($V=0$),建立牛顿流体在钻杆内携岩模型,如图 4-38 所示。

$$\Delta P + F_s = G \quad (4-46)$$

式中:ΔP——钻井液压力差;F_s——岩心所受浮力;G——岩心重力。

根据粘性流体力学牛顿流体环空中循环压降模型得:

$$\Delta p = \frac{8\eta Q}{\pi[(R^4-r^4)-(R^2-r^2)^2/\ln(R/r)]} \cdot l \quad (4-47)$$

式中:Δp 为流经长度为 l 时的循环摩阻。

又:
$$\Delta p = \Delta p \cdot S \quad (4-48)$$

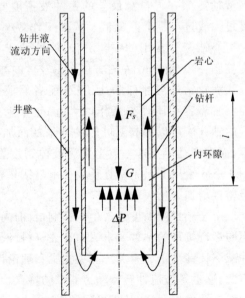

图 4-38 反循环钻进取心模型

式中:S 为岩心横截面积。

将式(4-48)代入式(4-46)得:
$$\Delta p \cdot S + F_s = G \tag{4-49}$$

于是有:
$$\frac{8\eta Q}{\pi[(R^4-r^4)-(R^2-r^2)^2/\ln(R/r)]} = (\rho_w - \rho_s)g \tag{4-50}$$

式中:η——绝对粘度(Pa·s);Q——钻井液最小临界排量(m^3/s);R——钻杆内半径(m);r——岩芯半径(m);ρ_w——岩石密度(kg/m^3);ρ_s——钻井液密度(kg/m^3)。

式(4-50)即为岩心在钻杆内悬浮时钻井液最小临界排量、钻井液粘度与岩心半径之间的关系。

图 4-39 是在钻杆内径为 65mm 时所需钻井液最小临界排量与内环隙($R-r$)之间的关系。其中曲线(1)、(2)、(3)、(4)分别为粘度 5mPa·s、10mPa·s、15mPa·s、25mPa·s 时计算得到的曲线。

由图中曲线分析可知,钻井液粘度越小,随着内环隙的变化所需钻井液的最小临界排量变化越大;随着钻井液粘度的升高,悬浮同直径岩心所需的最小临界排量逐渐减小;而钻井液粘度一定的情况下,随着内环隙的增大,所需钻井液最小临界排量逐渐增大,在内环隙达 15mm 后,增大幅度逐步降低,趋于缓和。

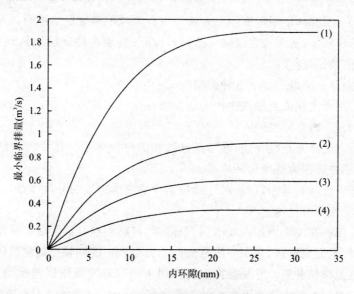

图 4-39 钻井液最小临界排量与内环隙的关系

第五章　气体型钻井循环介质

第一节　气体型钻井循环介质的基本特征

气体型钻井循环介质又称为可压缩钻井流体,包括空气和其他气体、雾、泡沫、充气钻井液等。由于重量很轻的气体的加入,使这种类型钻井循环介质的密度低。这是可压缩循环介质的一个基本特征。大部分低密度钻井液都是气体型钻井循环介质。

气体型钻井循环介质主要是基于以下几个方面的钻井需要而产生的:

(1)在无水、缺水、干旱、沙漠、永冻地区钻井,用来源广泛的自然气体取代配制钻井液所需的大量用水,以解决供水困难。

(2)在低压地层中钻进,常规钻井液的密度相对较大,井内液柱压力使井眼失稳破坏并造成钻井液严重漏失。此时,使用低密度钻井液可以有效减轻对地层的压力。

(3)向井底输送气体,实现井底气动冲击碎岩,在一些硬脆性地层中具有比常规钻进方法快几倍甚至几十倍的钻进速度。

气体型钻井循环介质分为以下五种类型:

(1)干气体。用干空气或天然气体作为钻井循环介质。其特点是工艺相对简单,但是由于气体悬携岩屑能力差,因此需要很大的环空流速,即需要较大的送气量。

(2)雾状体系。气体是连续介质,液体是分散相的分散体系。在井内水量较多的情况下,原用的空气循环钻井转变为这种循环体系。

(3)钻井泡沫。分散相是大量气体,连续相是少量液体构成的分散体系。它在悬携岩屑能力等诸多方面比空气钻井优越。

(4)充气钻井液。在泥浆中加入发泡剂、稳泡剂,经剧烈混合后形成大量微小泡沫,高度分散在泥浆中的低比重泥浆体系,它在一定范围内的密度和粘度调整比纯泡沫优越。

(5)可循环微泡沫钻井液。它是目前国内外用于勘探开发低压裂缝性油气藏、稠油油藏、低压和低渗透油气层、易发生严重漏失的油气藏和能量枯竭油气藏及实现近平衡压力钻井或负压差钻井而发展起来的一项新技术。该钻井液具有密度小、滤失量小、不易发生漏失和保护油气层效果好(详见第八章第二节)等特点,且无须配备专用设备,施工周期短,成本较低,地面循环过程中不需要额外设备,基本不影响泥浆泵的上水效率。

20世纪30年代开始,美国用空气和天然气进行钻井及保护油气层作业,50年代开始使用泡沫及充气钻井流体,60～70年代泡沫较成熟地广泛应用于石油工业各项有关作业。进入70年代,前苏联把泡沫洗井用于固体矿床钻探,泡沫钻井的最大深度达到2 000m。

我国在20世纪50年代在四川、玉门应用过空气钻井技术,收到良好效果。"七五"、"八五"期间,原地矿部成功地将空气和泡沫钻井技术应用于小口径金刚石钻进,新疆油田、二连油田、辽河油田和长庆油田进行了泡沫钻井和洗井工作,在研究和应用低密度钻井液方面取得了良好的进展。90年代以来,国土资源部推广应用空气洗井中心取样、气动潜孔锤碎岩、泡沫压裂煤层气井等相应技术,将气体型钻井循环介质技术又大大地向前推进了一步。

气体型钻井循环介质不仅密度低,而且由于气体具有很大的可压缩性,所以这种循环介质的体积是随着外界压力变化而明显变化的,这是区别于常规不可压缩钻井液的又一基本特征。众所周知,钻井井内不同深度、不同位置处的压力各不相同,各处压力的大小不仅取决于所处深度的静态液柱压力,而且当循环流动或提下钻具时还有较大的动压力产生,正是由于可压缩循环介质的体积是随压力的变化而变化,因此导致这类钻井液在井内的密度、粘度、流速、流量等参数的变化情况比普通泥浆、化学溶液、清水等不可压缩钻井液要复杂得多。

第二节 空气和雾钻井

一、特点与应用范围

空气是密度最低的钻井介质。以雾作为钻井介质,则称为雾钻井。空气的密度非常小,在标准状况下(0℃、101KPa),其密度为 1.293×10^{-3} g/cm^3;空气的可压缩性又非常大,而水几乎为不可压缩。若用空气作为钻井循环介质,必然表现出明显区别于常规钻井液的低密度和高压缩的特性。同理,雾也具有较低的密度和较高的压缩性。空气的来源极其广泛。在一些条件下,用空气钻井比常规钻井液的效果好,其中有些情况下只能用空气钻井。

空气和雾钻井主要应用于:

(1)低压地层。如低压油气层、低压含水层等,使井内压力与地层孔隙压力相平衡,维持正常钻进。

(2)溶洞和严重漏失地层。用空气取代密度较大的钻井液,使钻井液大量漏失问题得到根本解决。

(3)干旱和严重缺水地层。无须再用大量的水。

(4)井壁稳定地层。不需钻井液稳定井壁,用空气材料成本低。

(5)水敏性强的(低压)地层。气体钻井介质很少或不含有自由水分,可降低水敏性地层井壁的水化分散。

(6)对液体敏感的(低压)产层。压力小,渗入量少,且渗入的是空气,对产层的伤害小。

(7)满足空气钻井条件且希望加快钻井速度的地层。空气、雾钻井,井底压力很低,可大大提高机械钻速。若再使用井底气动冲击,效果则更加明显。

二、装备与主要工艺

空气和雾钻井除了需要常规钻井的钻机和钻具外,主要是要配备压风机(空压机),取代原来的泥浆泵。钻井用压风机的额定压力和排风量一般要求比较大,以满足长距离小断面管道和输送钻渣颗粒的需求。钻井常用压风机的额定压力一般在 0.5~1.5MPa,排风量一般在 6~30m^3/min,应根据所钻井深、井径等选择合适的机型。此外还要有密封钻杆、旋转头、地面钻屑排除管等。一些特殊情况下还有井底气动钻具和井口防喷装置。空气钻井的现场设施如图 5-1 所示,空气钻井工艺技术的总体流程图如图 5-2 所示。

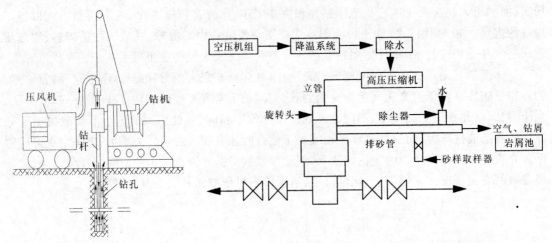

图 5-1 空气钻井示意图　　图 5-2 空气钻井工艺技术的总体流程图

空气钻井关键技术之一是控制好压风量,应当把握住以下两个要点:

(1)空气的密度和粘度都很小,悬碴能力极弱,因此必须用相当大的流速才能将钻渣吹出地表。有资料表明:一般情况下,上返的气流速度应保证在15m/s以上,否则运输岩屑有困难。同时,又不能盲目地加大压风量,以避免吹垮井壁等不利影响。

(2)由于具有体积随压力和温度而变化的可压缩性质,应用空气、雾钻进时的环空速度、气体排量以及流体的密度和粘度取决于井深、压力、温度。而流体的压力又决定于流体流动所引起的摩擦力及某一井深的流体介质的静压力,参数间相互制约。一般情况下,空气和雾

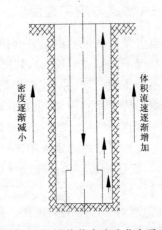

图 5-3 空气钻井井内流速分布示意图

在井底时体积小、密度大、流速低,而吹出地表时体积大、密度小、流速高。以正循环为例,在环空中沿井深的流速分布如图 5-3 所示。因此,不能仅以空气吹出地表时的流速作为全井各深点的流速,而应通过科学的分析计算来确定井内尤其是井底的空气流速。具体的计算方法可参考本章第三节。

另外,气体和钻屑需形成均匀的流动性好的气流;在深井和高温井中,气体适应的温度应与地层温度相吻合;当井眼出水或井内含有大量液体时,不能再用空气钻井,而应改用雾化钻井。

三、缺点与局限性

由于密度太小,空气钻井难以平衡较大的井壁侧压力,因此在高压地层中不宜采用空气钻井。

(1)空气钻井需要的上返流速太大,对井壁的冲刷破坏程度较大。

(2)粉尘严重,对井场及周边带来一定程度的污染。

(3)空气钻井易引起井下着火与爆炸,造成井下钻具破坏等事故。在含 H_2S 的地层中也

不宜用空气钻井。

(4)雾钻井需要的空气量比空气钻井时还要多30%～40%以上；在超深井应用时有腐蚀钻具的可能。

第三节 钻井泡沫

一、特点和适应范围

泡沫是含有大量气泡的气液分散体系。其中气相是分散相，常压下所占的体积可高达90%；液相是连续相，一般以水多见，所占的体积较少，因此泡沫的重量比水轻得多。此外，欲形成泡沫还须加入必要的泡沫剂——表面活性剂，才能使气泡形成并均匀地分散在液体中。泡沫剂的加量更少，一般只占液体的1‰～1%。

配制泡沫一般是先将泡沫剂溶入到液相中，形成尚未发泡的基液（泡沫液），然后再与空气混合形成泡沫。

把泡沫在常温常压下的气体体积与液体体积之比称为充气度或气液比，用α表示。稳定泡沫气液比的范围在50～300之间。

由于含有气体，泡沫的体积受外界压力和温度的影响很大。当压力大、温度低时，泡沫体积会缩小。把泡沫在具体压力和温度条件下的气体体积与泡沫体积之比称为气相饱和度，用φ表示。泡沫的气相饱和度可在0～0.96之间变化。

国内外泡沫钻井的实践表明，泡沫钻井具有以下特点：

(1)与空气和清水比较，由于泡沫的悬碴能力明显提高，因此可用较低的环空上返流速（仅为空气的3%～6%），对井壁的冲蚀大大降低。

(2)要求的风量和相应的风压较低，用同样的压风机可以比空气钻得更深。

(3)与液体钻井液相比可以节约大量用水（仅为液体钻井液的1/10～1/500），可以有效地解决沙漠、高山、寒冻、严重漏失和干旱地区钻进的缺水问题。

(4)泡沫比重轻，井内压力小，仅为水的1/20～1/30，特别适于低压地层钻进。

(5)泡沫中的表面活性剂具有润滑性，泡沫具有一定的弹性，有利于减轻钻具的振动，减少回转功率消耗，降低钻具的磨损。

(6)泡沫具有一定的吸附性、粘结性和淤塞性，并且由于质量轻而动力惯性小，因此对井壁有较好的保护作用。

(7)捕集岩粉效果好，消除了空气钻井时的粉尘污染问题。

(8)能防止冻结地层钻进因空气吹洗井壁温度升高而引起的井壁融化坍塌问题。

由上可见，泡沫钻井的适应范围较宽，特别适合于在低压地层、缺水环境和寒冻地区使用。但是，泡沫不适应在大涌水、强含水层、非胶结的松散沉积层，以及孔隙压力较高地层中使用。

二、组成与泡沫剂

泡沫是由气体、液体和发泡稳泡剂组成。最常见的钻井泡沫就是空气、水和表面活性剂的组合。

1. 气相与液相

钻井泡沫用的最广泛的气相是自然界的空气。空气是一种混合气体,其中氮气的体积约占78%,氧气的体积约占21%,惰性气体接近1%。

另外,有些情况下也用到氮气、二氧化碳和天然气。

氮气和二氧化碳比空气和天然气的易燃、易爆性要小得多,因此在一些防爆防燃场合使用之。

氮气是惰性的,不易与地层流体及岩石发生反应,在水中的溶解能力很小,仅为二氧化碳的十分之一,可避免发生乳化、沉淀堵塞地层,不腐蚀设备和工具。氮气在储存与运输过程中均为液态。在现场施工时,直接通过液氮车进行热交换而气化成气态,地面温度一般控制在$10℃\sim 26℃$。

二氧化碳由于溶解力强且易发生化学反应,故形成泡沫的稳定性差。通过加入特定的化学剂,可以改善其稳定性并成功地用于生产。由于二氧化碳的可压缩性大,维持给定的泡沫质量需要提高气液比。另外,二氧化碳的密度较大,其井内的静水压头较氮气大。在使用时还应注意二氧化碳具有一定的腐蚀性,并且会与水泥中的游离酸发生反应而减弱水泥强度,因此必须考虑相应的防腐措施。

钻井泡沫用的最广泛的液相是水。除水以外,醇、烃、酸等在一些特定条件下也可用作配制泡沫的液相。

2. 发泡剂

在液相中加入少量的发泡剂,经搅拌或专用混合装置与气体混合即能形成泡沫。发泡剂从原理上看就是气相和液相界面上的表面活性剂。这种表面活性剂的分子一般由两个极性端组成,一端是亲气相结构,而另一端则是亲液相结构,所以在气、液界面上表面张力将大大降低,使气、液相容,从而形成稳定的泡沫。如果没有表面活性剂,强大的表面张力迫使气泡相互聚结而逸出液相。钻井用的发泡剂应具有以下特性:

(1)起泡性能好。产生的泡沫量大,体积膨胀倍数高。

(2)泡沫稳定。长时间循环不会消泡,受温度影响也较小。

(3)抗污染能力强。与储层中岩石、液体及入井液配伍性好。遇到原油、盐水、碳酸盐及各种化学试剂时性能稳定。

(4)凝固点低,具有生物降解能力,毒性小。

(5)配制泡沫的基液用量少、来源广、成本低。

(6)发泡剂亲油亲水平衡值(HLB)在$9\sim 15$范围内。

国内外发泡剂的品种较多,从大的类别上可按表面活性剂的电离性分为4类,即阴离子型、阳离子型、非离子型和两性型。国内外较常用于钻井发泡的表面活性剂如表5-1所示。

起泡用的表面活性剂可以采用一种,也可以采用几种复配的复合剂。试验表明,用复合型活性剂配制的泡沫力学性能较好,泡沫稳定性高。目前,复配的配方主要通过实验来确定。实验中可用HLB平衡值的加权方法对用量进行计算。

阴离子型的发泡能力强,但抗干扰能力差。非离子型的发泡能力低,但抗干扰能力强。为取二者的优点,往往将阴离子型与非离子型表面活性剂复合使用。在钙、镁离子含量高的干扰性地层中,复合型发泡剂的使用效果较好。

对于发泡剂的效果进行评价,主要有搅拌法和API法(见本节四)。通过评价实验可以得到各种发泡剂在标准条件下的发泡量和泡沫体系的稳定时间(半衰期)。

表 5-1　国内外钻井用发泡剂

类别	代号	名称	物理性质
阴离子型	ABS	烷基苯磺酸钠	白色或浅黄色粉状固体,溶于水成半透明液体,在碱、稀酸和硬水中都较稳定,溶液表面张力低,泡沫丰富,去污力强
	K_{12}(TAS)	十二烷基硫酸钠、十二醇硫酸钠	白色或浅黄色固体,溶于水成半透明液体,在碱、稀酸和硬水中都很稳定,发泡能力强,去污力强,有乳化能力
	ES	脂肪醇醚硫酸钠	具有良好的生物降解性、去污力、起泡力及乳化等性能,并抗硬水
	F842	椰子油单乙醇酰胺磺化琥珀酸脂二钠盐	能溶于水,泡沫丰富稳定,耐硬水,有一定的洗净能力,抗原油、抗盐的能力强
	F873	F842 和脂肪醇醚磺化琥珀酸脂二钠盐的混合物	性能同 F842,且其耐温达 150℃,优于美国同类产品(Adofoam)
非离子型	OP-7 OP-10	聚氧乙烯辛基(10)	溶于水的化合物,润湿性、去污能力都好,乳化性及起泡性较好
	OB-2	十二烷基二甲基氧化铵	溶于水,有稳定泡沫,具有抗静电效果,增稠、增溶效果好
阳离子型	TA-40	脂肪醚三乙醇胺盐	极易溶于水,泡沫丰富,去污力强,乳化、润湿、分散力好
	—	烷基苯磺酸三乙醇胺盐	溶于水,泡沫丰富,去污力、分散、乳化性能好
两性型	BS-12	十二烷基二甲基甜菜碱	易溶于水,泡沫丰富,去污力强,有乳化、分散、润湿性能

3. 稳泡剂

稳泡剂是以延长泡沫持久性为目的而加入的添加剂。一些聚合物和表面活性剂可用作稳泡剂。例如 CMC、HEC 和 PAM 就是很好的聚合物稳泡剂,而月桂酰二乙醇胺等则是很好的表面活性剂稳泡剂。

对于稳泡剂能够使泡沫长期稳定存在,分析其机理之一是稳泡剂的加入显著地增强了液膜的强度。例如 CMC 长链分子在液膜上的搭结效应,对稳定泡沫起到良好的保护作用。

4. 典型钻井泡沫配方举例

(1)水+0.4% ABS+0.4%CMC+0.4% PAM;

(2)水+XC+FSO+HCHO+F842 或 TAS;

(3)水+田菁粉+预胶化淀粉+HCHO+F872 或 TAS。

三、钻井泡沫的性能

1. 发泡能力

发泡能力是指在标准条件下发泡的体积量。美国石油学会(API)1966 年颁布的评价钻井泡沫剂的标准实验方法已被国内外广泛采用,实验装置如图 5-4 所示。用清水、盐水、煤油及它们的混合物作为标准液相,并在其中按一定量加入泡沫剂,然后用计量泵向垂直钢管中憋压冲送,同时用空压机向钢管中计量输送空气,二者在钢管中混合形成泡沫,并流经管外环空将其中的液体冲携出上部出口处。一定时间内冲携出的液体越多,泡沫的发泡能力越强。

测定发泡能力的方法还有振荡法、搅拌法、吹气法、倒出法、超声法等。

2. 泡沫稳定性

用 Waring Blender 搅拌法简便有效。仪器是高速搅拌机。试验时，在量杯中加入 100mL 质量浓度为 10g/L 的泡沫液，在大于 1 000r/min 的转速下搅拌 60s，停止转动，立即读取所产生的泡沫体积来表示发泡能力，然后记录从泡沫中析出 50mL 液体所经历的时间，称为泡沫的半衰期，反映其稳定性。

3. 泡沫的密度（泡沫质量）

泡沫的密度取决于气液相的比例。若已知液相密度（ρ_l）、气相密度（ρ_s）和气相饱和度（φ），则泡沫密度为：

$$\rho_f = (1-\varphi)\rho_l + \varphi\rho_s \tag{5-1}$$

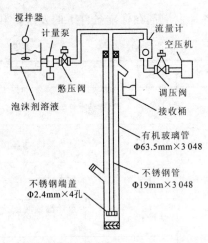

图 5-4 泡沫发泡能力的测试装置

4. 泡沫的流变性

B. J. Mitchell 基于实验得出以下结果：

(1) 关于泡沫流型，当气相饱和度 $\varphi=0\sim0.54$ 时，为牛顿流型；当 $\varphi=0.54\sim0.96$ 时，为宾汉流型。

(2) 关于泡沫的粘度，决定于气体的粘度、液相的粘度和气液比。

当 $\varphi=0\sim0.54$，液相粘度为 μ 时，泡沫的粘度为：

$$\mu_f = \mu(1+3.6\varphi) \tag{5-2}$$

当 $\varphi=0.54\sim0.96$ 时，泡沫的粘度为：

$$\mu_f = \frac{\mu}{1-\varphi^{0.49}} \tag{5-3}$$

(3) 几个参数之间的关系：

$$\eta = e^{16.33\varphi-14.04} \quad ; \quad \alpha = \frac{1}{1+\dfrac{\varphi+0.5}{1-\varphi^4}} \tag{5-4}$$

式中：η——泡沫粘度；α——气液化。

类似这样的实验经验公式，还有不少学者也得到过相应的结果。

由于气液两相的性质差异甚大，泡沫的密度很小，且粘度随时间而变化，所以泡沫的粘度难以用马氏漏斗或旋转粘度计测量，常用不同类型的模拟试验装置或毛细管粘度计测量，标准尚不统一。如前苏联用泡沫对塑料球的托力来反映泡沫粘度的大小，如图 5-5 所示。

5. 泡沫的悬砂能力（泡沫强度）

钻屑被气泡液膜悬托着，其沉降速度仅为在水中的 1%～10%。泡沫的悬砂能力是钻井泡沫的重要性能指标，它在很大程度上取决于泡沫液膜的强度，同时也综合反映泡沫粘性、溶液粘性和颗粒的吸附能力等。日本测定泡沫强度的装置由

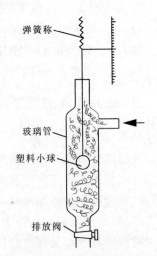

图 5-5 泡沫粘度的测试装置

直径50mm、重15g的塑料圆盘和支架构成。以圆盘在泡沫中沉降10cm所用的时间表示泡沫强度,从而反映泡沫悬浮或携带岩屑的能力。

6. 泡沫的滤失性

泡沫具有很好的防滤失特性,在相同条件下可与优质泥浆媲美。究其原因是泡沫的立体网架敷膜结构在地下孔隙中有效地阻隔了液体的渗流。

泡沫的滤失性与泡沫本身的稳定性及地层孔隙结构尺寸有直接关系。泡沫气相与液相间有界面张力,当泡沫进入微细孔隙时需要有较大的能量以克服表面张力并使气泡变形。从动滤失实验可以看出,当岩心渗透率低于$1\times10^{-3}\mu m^2$时,泡沫通过岩心后完全被破坏,分离成液相和气相。随着岩心渗透率的提高,泡沫组分增加。当渗透率达到$70\times10^{-3}\mu m^2$时,渗滤出来的都是泡沫。因此,泡沫对低渗透地层的防滤失性强。

7. 泡沫的润滑性

泡沫的润滑性对减少钻具与孔壁之间的摩擦力有着直接的意义。前苏联测定泡沫润滑性的装置如图5-6所示。该装置可使产生的泡沫不断喷在两个互相压紧、相向运动的摩擦盘的接触面上,通过测定摩擦系数的大小来衡量泡沫的润滑性能。摩擦盘置于密闭容器里,以保证韧性极好的泡沫(而非泡沫破裂后生成的泡沫剂溶液)作为润滑介质,这与钻井的实际情况是相符的。

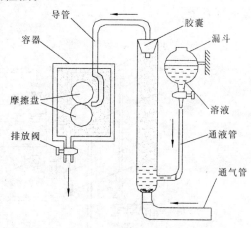

图5-6 测定泡沫润滑性的装置示意图

8. 泡沫的腐蚀性与毒性

分析资料表明,钢材在泡沫中易被腐蚀。这是由于泡沫中有大量空气,它与水分一起加速了金属的氧化过程。以36Г2C钢的腐蚀性试验为例,相同条件下该钢材在0.5%烷基苯磺酸钠泡沫中腐蚀的样品质量耗损为0.035,而在蒸馏水中仅为0.001。

在钻井作业中应考虑泡沫的高腐蚀性。例如,重要部件尽可能用不锈钢制造或敷涂层;作业结束应该用淡水清洗相关设备和工具;可在钻井泡沫中加缓蚀剂来降低泡沫的腐蚀性。另外,适当调高泡沫的pH值也有防腐效果。

泡沫剂的毒性与其类型、分子结构和浓度有关。阳离子型的毒性最大,阴离子型的次之,非离子型的最小。

在阴离子型泡沫剂中,直链十二烷基苯磺酸钠(LAS)的毒性最大,而α-烯烃磺酸盐(AOS)的毒性较小。但是,即便是LAS,当其浓度小于500mg/L时,对动物都不会产生特殊的损害。当饮用水中的LAS的含量达到0.5mg/L时,在美国和前苏联仍然认为是安全的。

非离子型泡沫剂中AEO的毒性比OP的小,随着分子中憎水基碳链的增长和环氧乙烷聚合度的增加,毒性降低。对动物进行的实验证明,对非离子型泡沫剂的最大耐受浓度为100%,即可认为非离子型泡沫剂一般是无毒的。

四、泡沫钻井系统及工艺参数

泡沫钻井的基本循环系统如图5-7所示,一路由压风机泵送空气通向泡沫发生器,另一路由输液泵泵送泡沫液通向泡沫发生器,空气与泡沫液在泡沫发生器中剧烈混合形成泡沫,再通往机上钻杆向钻孔内输送。简单的泡沫发生器可以由若干层金属网栅组成,高速气流携带着泡沫液冲打在金属网栅上形成泡沫。

根据不同的钻井要求和条件,泡沫钻井循环系统的复杂程度不同。总体上看有两种,即开式系统和闭式系统。开式系统是泡沫携带钻渣至地表后即废弃不再重复使用。美国等国多用开式系统。我国地矿等部门大都采用这种系统。这种系统的基本特点是简便、安全。作业中应注意:①可任意调节泡沫液的注入量,以适应不同钻井的要求;②无论钻杆中的空气压力变高或变低,系统应能保证泡沫液的单位时间注入量不变,以确保良好地排屑;③系统必须有足够的压力,以保证能把泡沫液注入到钻杆中。闭式系统是带钻渣的泡沫返出地表后,分离除去钻渣,再回收泡沫重复使用(图5-7)。前苏联在固体矿床勘探钻进中设计了多种类型的闭式泡沫循环系统。

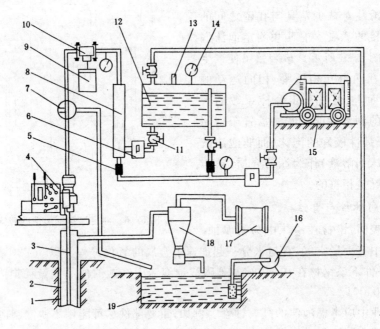

图5-7 泡沫钻井循环系统

1.岩层;2.孔口管;3.钻杆;4.钻机;5.止逆阀;6.流量计;7.三通阀;8.泡沫发生器;
9.调节器;10.传感器;11.阀门;12.活性剂溶液储液罐;13.安全阀;14.压力表;
15.压风机;16.离心泵;17.捕尘器;18.旋流器;19.储液池

对于孔深大于150m的钻孔,孔内循环压力较高,这时一般输液泵的能力不足以克服此较高压力。因此,必须配备升压器及其专用泵,在升压器中泡沫液和压缩空气混合且升压,再输入孔内循环。这种装置可用于孔深达1 500m的钻孔。

一些较为先进的泡沫循环系统还装有流量调节器、旋流器、捕尘器、各种仪表、阀门及计算机采集控制系统等。

泡沫钻井的工艺规程应根据钻井的要求和地层条件,确定泡沫的配方、压风机的压风量、泡沫液的输入量、钻进压力和转速等参数,并对泡沫的消耗、回次进尺速度、排渣、护壁、护心等情况进行分析。下面以三方面的实例说明之。

1. 用于金刚石钻井

金刚石钻进用于坚硬岩层,由于孔壁稳定而不须采取泥浆平衡护壁,可以用泡沫循环洗孔。更为重要的是,用泡沫钻井井底压力小,有利于钻头破碎坚硬岩石,钻进效率高。前苏联在依尔拜疆等地区以及我国地矿部在"八五"期间成功地运用了小口径金刚石泡沫钻进。一方面金刚石钻孔的口径较小,一般在 56~76mm 范围内,孔内的压力激动大,所以要求泡沫具有良好的稳定性;另一方面,其回转速度很高,钻头的冷却散热和钻具的润滑问题较为突出。故用 ABS 和 OP-7 表面活性剂复合作为发泡剂,并用 PAM 作为稳泡剂和润滑剂,从而兼顾稳定、冷却和润滑多重效果。发泡剂和稳泡剂在液相(清水)中的加量各为 0.4%,构成泡沫液。钻进作业时的空气压风量为 0.016~0.044m³/s,输液量为 0.13~0.33×10⁻³m³。钻进钻压为 800~3 000kg,转速为 231~800r/min。

2. 用于破碎地层钻井

这种地层多见于地下水的勘探和开发中,因为泡沫的重度轻,且具有一定的暂堵性,因而对恢复含水层的渗透率、提高井的产水量十分有利。钻井时一般使用硬质合金或牙轮钻头,井径在 91~151mm 范围内。此例所用的发泡剂为十二烷基苯磺酸钠,浓度为 1%,泡沫液的输入量为 0.13~0.25×10⁻³m³/s,空气的消耗量为 0.3~0.035m³/s。实际应用效果良好。

3. 用于油气勘探

泡沫在油气勘探钻井中一般是针对低压油气层而使用的。以我国哈 344 井泡沫钻井试验为例,钻探目的是了解凝灰岩储层纵向含油情况,1998 年 6 月用稳定泡沫成功地钻穿了 1 573~1 773.7m 之间的油层,达到开发和保护油层的目的。

泡沫配方:水+0.4%XC+0.3%CMC+0.1%甲醛+1.0%~1.3%F873。

钻井参数:风量 8~16m³/min;液量 60~150L/min;回压 5~8t;转速 73~78r/min;扭矩 18.6~32.3kN·m。

钻进试验结果:进尺 200.7m,纯钻时间 32h21min,平均机械钻速高达 6.20m/h。

泡沫携带钻渣的能力很强,井内清净无阻卡。携带上来的岩屑样品未受污染。表皮系数为 -0.6,堵塞比为 0.3,表明对油层无伤害。

该井共发现 18 层油,是一口折合日产油 33.3m³ 的高产井。实验证明,泡沫钻井是发现低压油气藏的重要手段,是保护油气层的有效方法。

五、钻进泡沫孔内流动参数的计算

钻进泡沫在钻孔内流动时,其沿程压力、泡沫体积、流速和粘度等参数之间存在着直接的相互关系。在井底,这些参数对排携钻渣、保护井壁、冷却钻头及润滑减阻等均有较大影响。在泡沫流动问题的研究中弄清泡沫的流动特性是一项很复杂的工作。尤其是泡沫的流动速度与压力、密度、粘度之间的关系如何从理论上给予科学的分析推导,尚无令人满意的结论。因而,无论是采用室内试验、现场观测还是采用近似公式计算均不能从流动的本质机理上确切地说明问题,由这些方法估算或推测出的结果,其普遍可靠性有待探究。因此有必要从解析机理上给予更深入的分析,研究得出确定钻进泡沫流动参数所依托的基本理论模型,并用数值计算方法模拟出具体的流动参数值。

1. 分析计算的设定条件

(1)泡沫是气液两相流体,正常钻进中,泡沫流动属泡状流动范畴中的密空隙、薄液膜状流动,即液膜裹夹着气泡运动,因此将泡沫液的气液两相流速视为一整体流速。

(2)气泡体积变化大,而液膜强度有限,因而泡沫在流动过程中在时间及空间上都存在着气泡频繁地变大变小乃至聚合或破裂,是一种典型的随机状况。对此,分析时采用均化处理。

(3)为能重点分析出压力与泡沫流动参数的关系,假定温度为常数。

(4)以泡沫正循环钻进时钻杆与孔壁之间环空中的上返泡沫流动参数为对象,研究和说明问题。

2. 泡沫流动参数解析模型的建立

由于泡沫具有较大的可压缩性,其压缩程度直接受压力控制,而循环流动时,沿不同孔深压力也不同,致使泡沫的密度、流速和粘度等随孔深而发生变化;反过来,密度、流速和粘度这些参数又恰恰决定了沿程阻力损失,即决定了压力的变化。因此,泡沫流动参数之间的关系是一种相互制约的复杂函数关系。

比较气液两相的可压缩性,液体可视为不可压缩相,气体则为高压缩相。当钻孔某深度处的泡沫处于一定压力 P 时,根据气体状态方程可得任意压力(对应任意孔深)处的气体体积 V_a 为:

$$V_a = V_{a0} P_0 / P \tag{5-5}$$

式中:V_{a0}——常压下气相体积;P_0——钻孔孔口常压。

依此可得任意压力(对应于任意孔深)处的气体体积流量 Q_a 为:

$$Q_a = Q_{a0} P_0 / P \tag{5-6}$$

式中:Q_{a0}——孔口常压下的气体体积流量。

而液体不可压缩,所以孔内任意深度处的液体流速 $v_l = v_{10}$、液体流量 $Q_l = Q_{10}$(v_{10} 和 Q_{10} 分别为孔口常压下的液体流速和流量)。

将气泡和液膜的流速和流量分别叠加,可得任意孔深的泡沫流速 v 和流量 Q:

$$v = v_a + v_l = v_{a0} P_0 / P + v_{10} \tag{5-7}$$

$$Q = Q_a + Q_L = Q_{a0} P_0 / P + Q_{10} \tag{5-8}$$

为了讨论任意孔深处的泡沫粘度 η,设液膜粘度为 η_l、气体粘度为 η_a,根据加权原理可得气液两相混合时的泡沫粘度为:

$$\eta = \frac{v_a \eta_a + v \eta_l}{v} = (Q_a \eta_a + Q_l \eta_l)Q = \frac{\dfrac{Q_{a0} P_0 \eta_a}{P} + Q_l \eta_l}{\dfrac{Q_{a0} P_0}{P} + Q_l} \tag{5-9}$$

再由流体力学同心圆环管中沿程阻力损失计算公式得:

$$dP = \frac{-8Q\eta}{\pi \left[a^4 - b^4 - \dfrac{(a^2 - b^2)^2}{\ln \dfrac{a}{b}} \right]} dl \tag{5-10}$$

式中:a——钻孔半径;b——钻杆外半径;dl——钻孔孔深微量;dP——沿钻孔深度的微压差。

将式(5-4)、式(5-5)代入式(5-6),用分离变量法解该微分方程并考虑边界条件(设孔底坐标为0,孔口坐标为 L),当 $l = L$ 时,$P = P_A$,则有:

$$l = L - (\pi/8)[a^4 - b^4 - (a^2-b^2)^2/\ln(a/b)]\{(P-P_0)/Q_l\eta_l - Q_{a0}P_0\eta_a/Q_l^2\eta_l^2$$
$$\cdot \ln[(Q_l\eta_l P + Q_{a0}\eta_a P_0)/(Q_l\eta_l P_0 + Q_{a0}\eta_a P_0)]\} \tag{5-11}$$

式(5-11)即为用函数式表达的压力 P 与孔深 l 之间的关系(环空中)。一旦由式(5-11)计算出在任意孔深处的压力值,即可代入式(5-7)、式(5-8)、式(5-9),反算出相应孔深处的泡沫流速、流量和粘度,并能进一步得到相应的泡沫密度值和该孔深处的气液比。至此,完成泡沫流动参数解析模型的建立。

3. 数值解程序

对模型式(5-11),孔深 $L=L(p)$ 则只能表达为隐函式,无法将 p 整理到等号左边直接计算压力 p 的值,而现场实际上所需的恰恰是压力 p 随孔深 L 的变化值。为此,采用计算机数值解析方法进行计算,数学上体现为反函数求解。具体过程是:首先计算出孔深 L 随压力 p 变化的序列,获得 L_i 与 p_i 的对应数组($i=1,2,\cdots,N$),再由程序自动查该数组表(不在 i 点上的值,按插值法求出即可),反求出任意孔深处的压力值。主要程序逻辑如图 5-8 所示。

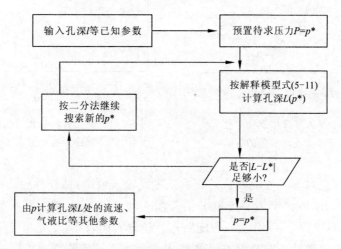

图 5-8 泡沫流动参数数值解主程序框图

4. 重要模拟计算结论

对钻孔直径、钻杆外径、孔深、泵入气流量和气液比等输入参数,分别取其中任意一个为变量,其余为常量,可以由上述程序模拟计算出相应的孔内压力、泡沫流速和孔内气液比等参数。现例举若干模拟运行结果,分析得出重要的计算结论。

(1)泡沫流动参数沿孔深的变化规律。主要输入数据为:钻孔直径 76mm,钻杆外径 50mm,泵入气流量 $0.06m^3/s$,泵入气液比 85∶1,孔深 0~600m,输入结果如图 5-9 所示。

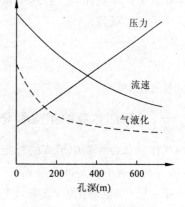

图 5-9 泡沫流动参数沿孔深的变化规律

计算模拟结果表明:①孔内压力随孔深增加呈近似线性增加;②泡沫流速随孔深增加而降低,且降低的速率越来越小;③孔内气液比随孔深的变化规律与泡沫流速随孔深的变化规律很相似。

(2)泵入气液比对孔底泡沫流动参数的影响。泵入气液比的变化间接地用泵入气流量不变时增加泵入液流量来表达。主要输入数据为:钻孔直径 76mm,钻杆外径 50mm,孔深

600m,泵入气流量 $0.06m^3/s$,泵入液流量 $0\sim0.003m^3/s$,输出结果如图 5-10 所示。由图 5-10 可以看出:①孔底压力随泵入液流量的增加(泵入气液比减小)而呈近似线性增加;②孔底泡沫流速随泵入液流量增加而接近于线性下降;③孔底气液比随泵入液流量增加,开始时下降很快,经过一段短时的骤变,很快呈平缓下降趋势。

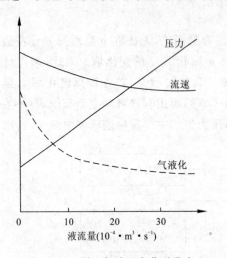

图 5-10 泵入气液比变化对孔底
泡沫流动参数的影响

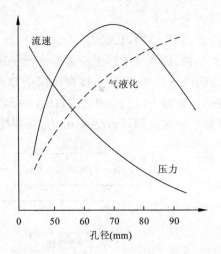

图 5-11 钻孔直径变化对孔底泡沫
流动参数的影响

(3)钻孔直径变化对泡沫流动参数的影响。主要输入数据:钻杆外径 50mm,泵入气流量 $0.06m^3/s$,泵入气液比 200:1,孔深 600m,钻孔直径 60~91mm。输出结果如图 5-11 所示。

分析图 5-11 可以得出:①孔底压力随钻孔直径增大而减小,变化由陡至缓,有明显的弯曲曲率;②孔底气液比随钻孔直径增加而增大,并且增加的速率渐缓;③孔底泡沫的流速随孔径增加先由低到高,经过峰值后又由高到低。这个结果具有重要的实用意义,它说明泡沫钻进的钻孔直径存在最优值。在这个最优直径下钻进,孔底泡沫的流速最大,这时的孔底排屑、冷却钻头的效果最佳。

第四节 充气钻井液

一、充气钻井液的组成和特点

气体分散在泥浆中形成的稳定分散体系称做充气钻井液。由于泥浆具有较大的粘度和切力,气泡在泥浆中稳定的寿命较长。充气钻井液是气泡和粘土颗粒为内相、水为外相的多相分散体系,其组成包括气体(气泡)、粘土、起泡剂和稳泡剂、泥浆处理剂和水。

充气钻井液与普通泥浆相比,可进一步降低泥浆的密度(可低达 $0.3g/cm^3$ 左右),从而降低液柱压力以对付低压和漏失地层。其次失水量较小,粘度较大,也有利于控制地层的稳定。比重低,液柱压力小,有利于孔底钻头破碎岩石,钻进效率高。

与钻井泡沫相比,充气钻井液的粘度和比重调节范围大。并且一般情况下,充气钻井液配制使用时可以不用压风机和专门的泡沫发生器,只需常规钻进用的泥浆泵系统即可。

二、对充气钻井液的性能要求

(1)充气钻井液的密度要求为 $0.6\sim1.0\text{g/cm}^3$,其抗温能力能达到所钻井深的温度,充气钻井液的密度可由气液比来控制,调整其气液比,可获得不同密度的充气钻井液,以适应低压地层的需要。

(2)充气钻井液的基液应具有较好的质量、较低的切力,易充气、易脱气,气泡均匀稳定,气液不分层,确保其基液的反复泵送,满足低压钻井工艺各工序的需求。

(3)应具有良好的携屑能力和流变参数,有较合适的 n 值范围,在不太高的漏斗粘度下有较强的携屑能力,确保井底清洁,施工顺利,井径规则。

(4)充气钻井液属于塑性流体,随着气液比的增加,塑性粘度与动切力增加;随着温度的升高,相同气液比的充气钻井液的塑性粘度下降,动切力增加。

三、充气钻井液的作用原理

充气钻井液中粘土颗粒在水中的分散稳定与一般泥浆相同。气泡的产生和稳定是靠加入表面活性剂和高聚物(起泡剂和稳泡剂)而达到的,充气钻井液防漏堵漏机理包括泡沫群体结构对渗漏通道的吸附封堵作用、泡沫群体结构的疏水屏蔽特性和三相分散体系的低密度、低液柱压力以实现近平衡钻进或负压钻进。

泥浆中的粘土颗粒也起稳泡作用。试验表明,含少量的微细固体可促使泡沫稳定性进一步提高,其含量在 $0.3\%\sim0.5\%$ 时为最佳。分析其原因,微细固体可起到支撑骨架的作用,特别是造浆粘土还可能有絮状网架结构,从而加强了泡沫的稳定性。

起泡剂可用阴离子型或非离子型的表面活性剂。

阴离子表面活性剂常用的有十二烷基硫酸钠、十二烷基苯磺酸钠、木质素磺酸钠等。非离子型的常用聚氧乙烯辛基苯酚醚(OP 型)等。稳泡剂的加入是为了增加泡沫的稳定性,提高泡沫的寿命。稳泡剂与起泡剂一起组成混合膜,提高了膜的强度和密实性,降低了界面膜的透气性。常用的稳泡剂有月桂醇、月桂酰二乙醇胺、聚丙烯酰胺、羧甲基纤维素等。泥浆处理剂也有稳泡作用。

影响充气钻井液稳定的因素,除影响粘土悬浮液的因素外,主要有:

(1)表面膜(混合膜)的粘度。研究得出,随着表面粘度的增长,泡沫的寿命增加,即泡沫的稳定性增加。

(2)稳泡剂的种类和浓度。稳泡剂憎水端的结构与起泡剂相近时,可更好地提高泡沫的寿命,这是因为在阴离子型表面活性剂两分子间插入非离子型稳泡剂,在两阴离子之间有了屏蔽,减弱了阴离子间的相互斥力,有利于膜强度的增加。而稳泡剂与起泡剂憎水端分子结构相近,分子间的引力大,表面膜的强度增加。

(3)气泡表面膜的透气性。表面膜的透气性是造成两气泡合并、降低泡沫寿命的重要因素。起泡剂和稳泡剂是直链型的且其憎水端有相似结构时,形成的混合膜透气性小,泡沫寿命长。

(4)泡沫液的液相粘度。液相粘度愈大,泡沫压缩变形时,两泡沫间的液体愈不易排出,气泡便不易合并,因而泡沫的寿命较长。

(5)气泡的形状、大小和均匀度。气泡呈球形,液膜较厚(4.2~4.5nm)且分布均匀,气泡直径差不超过两倍时寿命较长。而气泡呈蜂房状,液膜较薄,且分布不均匀,气泡直径差达100倍以上时泡沫寿命较短。气泡的形状、大小和均匀度决定于起泡剂和稳泡剂的类型和浓度、搅拌的强烈程度等。

四、充气钻井液的性能

充气钻井液的性能取决于它的组成和气液的相对含量。当基浆的密度一定时,充气钻井液的密度取决于气体的含量,随着含气量的增加,密度降低,例如含气量为27%时密度为0.8g/cm³,当含气量增加到64%时,密度降至0.4g/cm³。充气钻井液的流变特性决定于原浆的流变特性和气体含量,如表5-2所示。密切尔(Mitchell)研究泡沫时得出:随泡沫含量的增加,宾汉塑性粘度和屈服应力的增加呈曲线关系。л·M·伊凡切夫研究充气钻井液的流变参数与原浆性能和气体含量的关系时得出:充气钻井液是属于什维道夫—宾汉流型。充气钻井液的失水量比原浆要低,随气体含量的增加,失水量逐渐降低,这是由于液体量的减少和气泡对滤饼通道起堵塞作用的缘故。如原浆失水量为28mL,当充气含量达64%时,失水量下降至13.5mL。

表5-2 充气钻井液性能表

泥浆密度(g/cm³)	空气含量(%)	静切力(Pa)	漏斗粘度*(s)	动切力(Pa)	粘度(mPa·s)
1.16	0.0	8.8	38	11.7	18.0
1.08	7.3	9.0	43	14.2	22.5
0.90	22.8	10.0	61	18.0	28.5
0.80	31.3	10.8	82	19.5	39.0
0.65	44.2	11.7	148	20.3	48.0
0.40	65.5	14.3	"不流"	24.0	63.0

注:* 漏斗粘度计为700mL、流出500mL时的读数。

五、充气钻井液的配制与应用计算

按防止漏失和平衡地层压力的要求确定充气钻井液要求达到的密度和其他性能。在泥浆搅拌机中配制性能合乎要求的原浆。在原浆中加入起泡剂和稳泡剂,强力搅拌。待泥浆充分充气膨胀后测量充气钻井液的密度、粘度和失水特性,合乎要求即可用常规泥浆泵泵入井内循环使用。在钻进过程中依漏失和废液排除情况,补充新充气钻井液。

为了达到泥浆充分充气的效果,应采取强力搅拌措施。例如加大机械旋转搅拌机的搅拌水动力特性,以及采用高压水枪进行循环喷射搅拌等。

对于一些要求较高的场合,如油气井钻井,就需要一些较复杂的专用设备,包括混气器、携砂液混气器、计量仪表、控制管汇、除气器五部分。

1.充气钻井液的密度计算

在已知油层深度H(m)和油层空隙压力P_m(MPa)时,所需充气钻井液密度ρ_m按下式计算:

$$\rho_m = \frac{102.4 P_m}{H} + \Delta\rho_m \tag{5-12}$$

式中：$\Delta\rho_m$——密度附加值（g/cm³），可根据地层的实际情况在 0.05～0.10g/cm³ 之间选择。

2. 最小气液排量的确定

最小气液排量是指循环介质与保证井底清洁时相当携带能力的最小排量。其确定方法很多，我们采用 1957 年 R.R. Angle 提出的一般公式（假定钻屑密度为 2.70g/cm³）：

$$\frac{C_5 R(T_s + GH) Q^2}{(D_H - D_p)^2 V_e^2} = \sqrt{(P_2^2 + bT_{av}^2) e^{\frac{2aH}{T}} - bT_{av}^2} \tag{5-13}$$

根据最小气体排量 Q 和气液比 S，即可求出最小钻井液排量：

$$Q_L = \frac{Q}{S} \tag{5-14}$$

式中：R——气体与空气的质量比；T_{av}、T_s——分别为钻井液平均温度、环空井口温度（℃）；D_H、D_p——井径、钻具外径（m）；G——地温梯度；H——井深（m）；P_2——环空井口回压（Pa）；V_e——标准密度气体速度；C——常数。

3. 摩擦阻力的计算

1957 年，Nowsco 提出了计算泡沫流动阻力方程，研究中视泡沫流体为宾汉流体。有学者认为，该方法比较适用于充气钻井液，其公式如下：

$$\mu_e = \mu_F + \frac{C_9 \tau_y d_3}{Q_t} \tag{5-15}$$

$$N_p = \frac{C_{10} Q_t \rho}{d \mu_e} \tag{5-16}$$

$$f = \frac{C_{11}}{N_R} \tag{5-17}$$

$$\frac{\Delta P}{L} = \frac{C_{12} f \rho Q_t^2}{d_5} \tag{5-18}$$

式中：μ_e——塑性粘度（mPa·s）；τ_y——钻井液屈服强度（Pa）；Q_t——总排量（L/min）；ρ——充气钻井液基液密度（g/cm³）；N_R——雷诺数；f——范宁摩擦系数。

对于环空来说，其中的 d、d_3、d_5 分别为：

$$d = C_{13}(D_H - D_p) \tag{5-19}$$

$$d_3 = C_{14}(D_H - D_p)^2 (D_H + D_p) \tag{5-20}$$

$$d_5 = C_{15}(D_H - D_p)^3 (D_H + D_p)^2 \tag{5-21}$$

式中：D_H、D_p——分别为井径、钻具外径（mm）；C——常数。

地面循环压力采用 Smith 公司的计算公式：

$$P_c = C_{16} \rho^{0.82} \eta_p^{0.18} \tag{5-22}$$

式中：ρ——充气钻井液基液密度（g/cm³）；η_p——充气钻井液基液塑性粘度（mPa·s）。

钻头水力压力降按下式计算：

$$P_b = C_{17} \rho \left(\frac{Q_t}{A_n}\right)^2 \tag{5-23}$$

式中：Q_t——总排量（L/min）；A_n——钻头水眼面积（mm²）。

根据常规修正的气体状态方程，可以计算出任一单元井段钻井流体的排量、密度，并可求

出循环系统的总压耗 P_t:

$$P_t = \Delta P_1 + \Delta P_2 + P_b + P_c \qquad (5-24)$$

式中:ΔP_1、ΔP_2——分别为钻柱内循环压力降、环空循环压力降(Pa);P_B、P_C——分别为钻头压力降、地面管路循环压力降(Pa)。

第五节 可循环微泡沫钻井液

可循环微泡沫钻井液技术是目前国内外用于勘探开发低压裂缝性油气藏、稠油油藏、低压和低渗透油气层、易发生严重漏失的油气藏和能量枯竭油气藏及实现近平衡压力钻井或负压差钻井而发展起来的一项新技术。该钻井液具有密度小、滤失量小、不易发生漏失和保护油气层效果好等特点,且无须配备专用设备,施工周期短,成本较低,地面循环过程中不需要额外设备,基本不影响泥浆泵的上水效率,因而具有良好的应用前景。辽河石油勘探局张振华等对微泡沫结构及性能进行了综合分析,在室内合成了性能优良的微泡沫发泡剂 MF-1,在此基础上研制了性能良好的微泡沫钻井液配方,并在锦 45-15-26C 井上进行了现场应用。

一、可循环微泡沫发泡剂 MF-1 的研制

1. 微泡沫体系的理论模型

从相态结构和稳定性的原理来看,微泡沫与普通泡沫存在较大的差异。微泡沫是由多层膜包裹着气核的独立球体组成,其中液膜是维持气泡强度的关键。由于微泡沫之间相互独立,因此在连续相相同的条件下,微泡沫体系的密度要大于普通泡沫体系的密度,但小于纯水的密度。微泡沫的理论物理模型如图 5-12 所示。微泡沫体系应具有以下特点:①微泡沫是气泡分散在液体中所形成的稳定分散体系;②气泡群体可能以单个悬浮和部分相互连接的方式存在于体系中,其稳定性主要靠膜的强度和连续相的特定

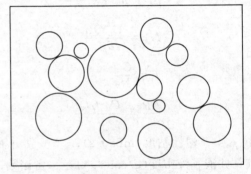

图 5-12 微泡沫体系的理论物理模型示意图

性能共同实现;③微气泡之间为平面上的点接触,因而微气泡膜之间的连接处可能不存在 Plateau 边界;④微泡沫中的气泡呈大小不等的圆球体。

2. 微泡沫发泡剂 MF-1 的理化性能

经过室内大量的合成试验,合成出了一种微泡沫发泡剂 MF-1,并进行了工业性大样放产试验。该产品外观为棕褐色粘稠液体,密度范围为 1 100~1 110g/cm³。在 100mL 溶液中加入 0.5% 该产品后进行高速搅动,泡沫均匀细小。发泡量大于 500mL,半衰期大于 60min,抗温能力大于 150℃,抗钙能力大于 5g/L,抗盐能力大于 10%,抗油能力大于 15%。

二、可循环微泡沫钻井液体系

1. 微泡沫钻井液体系的特点

微泡沫钻井液体系的特点如下:①微泡沫钻井液是由气、液或者气、液、固多相组成的分散

体系；②微泡沫钻井液中的气泡以均匀、非聚集、非连续态存在；③微泡沫钻井液中的泡沫质量在 0.2～0.6 的范围内可调；④微泡沫钻井液密度在 0.6～0.95g/cm³ 的范围内可调；⑤气体来源可以由化学法产生，也可以由物理法产生。形成微泡沫钻井液的关键技术包括：具备发泡能力强、泡沫细小、泡沫寿命长的起泡剂；具备抗盐、抗钙、抗温的稳泡剂；基液性能满足形成和稳定微泡沫体系要求。

2. 微泡沫钻井液的组成

微泡沫钻井液的基本组成为：基液＋起泡剂＋稳泡剂＋降滤失剂＋增粘剂。经过大量室内试验，形成的钻井液配方如下：

基液＋0.3％MF－1＋0.03％SF－1＋2％SMP－Ⅱ＋0.05％80A51＋0.2％XC＋1％SPNH

在该配方中，MF－1 为微泡沫发泡剂，SF－1 为液膜强度增强型稳泡剂，SMP－Ⅱ 和 SPNH 为抗温型降滤失剂，80A51 为增粘剂，XC 为流型调节剂和增粘剂。

3. 微泡沫钻井液在常温下的性能

先按上述配方进行了室内配制，为使该钻井液更加接近现场实际的使用工况，采用低速搅动 10min（转速 2800r/min）后，对该钻井液在常温下的性能进行了测试，结果如下：微泡沫钻井液的密度为 0.591g/cm³，表观粘度为 45mPa·s，塑性粘度为 29mPa·s，动切力为 16Pa，初切力为 7Pa，终切力为 19Pa，API 滤失量为 10mL，pH 值为 9.5。从这些数据可以看出，微泡沫钻井液在常温下的性能良好。

4. 微泡沫钻井液在高温热滚之后的性能

在室内，对该钻井液在 120℃条件下热滚 24h 后进行了常规性能的测量，搅动时间为 10min，搅动速率为 2800r/min。测量结果如下：微泡沫钻井液的密度为 0.65g/cm³，表观粘度为 42mPa·s，塑性粘度为 28mPa·s，动切力为 14Pa，10s 和 10min 的初切力为 5Pa，终切力为 13Pa，动切力与塑性粘度之比为 0.5Pa/mPa·s，API 滤失量为 9.6mL，pH 值为 9.5。从这些数据可以看出，微泡沫钻井液受高温后的性能也达到了现场使用的要求。

5. 微泡沫钻井液的微观特征

使用日本尼康公司生产的 ALPHA PHOT－2 YS2－H 型生物显微镜，对配制好的微泡沫钻井液的显微特征进行了观察。实验过程中，将微泡沫钻井液充分搅拌后，取少量置于载物片上，将放大倍数调整到 100 倍后，所得到的图像如图 5－13 所示。

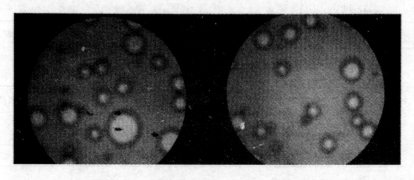

图 5－13 微泡沫钻井液放大 100 倍之后的显微特征

从图 5-13 中可以看出,微泡沫钻井液中泡沫是以非聚集、非连续态形式存在的,粒径细小。对微泡沫的粒径进行统计和分析结果表明,在常温常压下,92% 的微泡沫粒径为 10~100μm,微泡之间为点接触,不存在 Plateau 边界,因此泡沫的稳定性能大幅度提高。同时,这种粒径的微泡沫在地面固控系统中也能循环使用,不会被消除,并且不会影响泥浆泵的上水效率。

6. 微泡沫体系及微泡沫钻井液的稳定性

微泡沫发泡剂 MF-1 与稳泡剂 SF-1、增粘剂 80A51 和流型调节剂 XC 均具有良好的配伍性和稳定性。将 0.5% MF-1 加 0.1% SF-1(稳泡剂)后,100mL 溶液发泡量为 525mL,高速搅动 1min,半衰期为 1 655min。发泡剂 MF-1 在没有加入稳泡剂 SF-1 前的半衰期只有 60min,这说明加入稳泡剂 SF-1 后其稳定性得到了大幅度提高,而且没有影响到 MF-1 的发泡能力。

在 0.5% MF-1 中加入 0.2% SF-1、0.05% 80A51 和 0.2% XC 后,100mL 溶液的发泡量为 540mL,半衰期为 6 151min。可以看出,发泡剂 MF-1 在加入了稳泡剂 SF-1 以及与之配伍性良好的钻井液材料后,其稳定性得到了进一步的提高,基本可以满足现场使用的技术要求。

将配制成的钻井液倒入 500mL 具塞量筒中,在室内静置 96h 后观察,仍然不出现分层现象。钻井液泡沫细小均匀,用肉眼基本观察不到泡沫的存在。96h 后重新测量,该钻井液的密度基本不变。

7. 微泡沫钻井液保护储层的效果

采用国产 JHDS 高温高压动态失水仪,对微泡沫钻井液动态污染实际岩心的效果进行了评价。实验中采用 2 块雷 60 井砂三段 2 684~2 973m 砂岩岩心,将处理后的岩样装入岩心夹持器内,实验流体装入高压釜,加温、加压到预定值。然后转动内筒,实验流体便在岩样端面作径向层流流动,它在压差作用下对岩样进行滤失污染。通过调节转速,可改变岩样端面的剪切力大小。待污染完毕后取出岩样待测。实验温度为室温 20℃ 和高温 120℃,表 5-3 列出了在室温下的实验结果,表 5-4 列出了在高温下的实验结果。

表 5-3 岩心在常温下动态污染实验结果

岩心号	污染前渗透率 $K(\mu m^2)$	污染方式	温度 T(℃)	污染后渗透率 $K(\mu m^2)$	渗透率恢复率(%)
1	2.15×10^{-3}	动态	20	1.80×10^{-3}	83.7
2	2.58×10^{-3}	动态	20	2.35×10^{-3}	91.8

表 5-4 岩心在高温下动态污染实验结果

岩心号	污染前渗透率 $K(\mu m^2)$	污染方式	温度 T(℃)	污染后渗透率 $K(\mu m^2)$	渗透率恢复率(%)
1	2.15×10^{-3}	动态	120	1.75×10^{-3}	81.4
2	2.58×10^{-3}	动态	120	2.15×10^{-3}	83.3

从表 5-3 和表 5-4 可以看出,优选的微泡沫钻井液可以满足保护低渗透油气藏的需要。

三、可循环微泡沫钻井液的现场应用

锦45区块位于辽河盆地西部凹陷西斜坡南端的欢喜岭油田单斜构造第二断阶带上,开发目的层位于楼油层和兴隆台油层。锦45-15-26C井为1996年5月完钻的一口开发(定向)井,其中东营组底界深度为981.0m,厚度为183.5m;沙河街1+2组底界深度为1 084.05m,厚度为103.05m。由于下部套管变形,决定对该井进行侧钻。窗口位置为870m,该处套管外径为177.80mm。侧钻井眼尺寸为152mm,钻井进尺为210m。该油藏地层压力系数为1.05~1.10,决定使用微泡沫钻井液进行钻进。

2003年7月10日20:00开始为该井配制微泡沫钻井液。配制微泡沫钻井液前,先用加料漏斗添加生物聚合物XC和改性淀粉。在添加微泡沫发泡剂MF-1和稳泡剂SF-1之前,钻井液密度为1 104g/cm³,马氏漏斗粘度为75s,表观粘度为25mPa·s,塑性粘度为16mPa·s,动切力为9Pa,钻井液API滤失量为14mL,泥饼厚度为1mm,pH值为12。当天21:30开始添加发泡剂MF-1和稳泡剂SF-1。由于开始加发泡剂时采用的是直接在泥浆罐中添加的方式,搅拌机的剪切速率不够,同时井筒中涌出的部分原油不断溶解发泡剂,因此钻井液密度在开始阶段较高。后来采取如下措施:①增加发泡剂的用量;②采用加料漏斗的方式添加发泡剂和稳泡剂,让部分气体进入钻井液;③将用铣锥开窗的钻具组合改换成侧钻的钻具组合,并堵住1个钻头水眼,增加井底钻头喷嘴的剪切速率。之后钻井液密度开始降低。在整个钻进过程中,钻井液始终没有出现气液分层现象。泡沫细小,用肉眼基本观察不到钻井液中泡沫的存在。泥浆泵上水正常,排量基本达到了F-800泥浆泵的额定排量。

四、结　论

(1)室内合成的微泡沫发泡剂MF-1泡沫细小,抗温能力大于150℃,抗盐能力达到了10%,抗油能力达到了15%,抗钙能力达到了5g/L。

(2)研制的微泡沫钻井液密度在0.6~0.95g/cm³范围内可调,体系稳定性良好,长时间放置不会出现气液分层现象。高温下性能良好。

(3)微泡沫钻井液体系保护低渗透储层效果良好。

(4)微泡沫钻井液在锦45-15-26C侧钻井进行的现场试验初步证实,该钻井液在整个循环和钻进过程中性能稳定,没有出现气液分层现象,泡沫细小,泥浆泵上水正常,地面出口钻井液密度最低可调整至0.80g/cm³,振动筛处不漏钻井液,微泡沫钻井液的其他各项参数都基本满足现场使用的技术要求。

第六章 护壁堵漏与固井

第一节 井眼-地层压力与井壁稳定

钻井之前,地壳内的岩层处在原始力学平衡和相对稳定状态。钻头钻穿岩层后改变了井壁周围岩石所承受的原始应力,使之失去了原始平衡的稳定条件而发生应力集中,在上部地层压力作用下迫使井壁岩石向井内移动,易造成井壁失稳破坏而坍塌。

与任何一种材料相似,孔壁岩石的失稳破坏是由于在外力作用下其内部应力状态发生变化超过了其强度极限所导致的。因此,从理论上分析井壁的力学稳定性,应该从地层压力入手,解出井壁单元体的应力状态,再将该应力状态变换为与其唯一对应的主应力状态并设法获得井壁岩石的某种强度指标,最后将主应力状态与强度指标比较,得出井壁岩石是否发生失稳破坏的结论。

概括起来,造成孔壁失稳的因素主要有以下几个方面:
(1)造成孔壁失稳的岩层性质及赋存条件,即复杂地层的成因类型及性质。
(2)钻进过程中造成孔壁岩层应力状态的变化。
(3)钻进过程中孔壁岩层受冲洗液的侵入和破坏作用。
(4)钻进过程中采用的工艺技术及升降钻具产生压力激动等对孔壁的破坏作用。
钻进时发生孔壁坍塌、掉块等是上述诸因素在孔内相互作用的综合表现。

一、地层压力分析

1. 上覆地层压力

由上覆地层造成的垂向压力,它是指某深处在该岩层以上的岩层基质(岩石)和孔隙中流体(油、气、水)的总重量造成的压力。其大小随岩石基质和流体重量的增加而增加,随孔深的增加而增加,用公式表示为:

$$P_f = \gamma H = 9.81 \times 10^{-3} H[(1-\alpha)\rho_1 + \alpha\rho] \tag{6-1}$$

式中:P_f——上覆岩层压力(MPa);γ——上覆地层比重;H——地质柱状剖面垂直高度(m);α——岩石孔隙度;ρ_1——岩石基质的密度(g/cm³);ρ——岩石孔隙中流体的密度(g/cm³)。

通常假设上覆岩层压力是随深度均匀增加的。单位岩柱高的压力,称为岩层压力梯度(G_f),G_f的实际变化范围在 0.017 3~0.03MPa/m 之间,对于沉积岩一般采用上覆岩层压力梯度的理论值为 $G_f = 0.023\ 1\text{MPa/m}$。

2. 地层压力

它是指作用在岩石孔隙内流体上的压力,故也叫地层孔隙压力。在各种地质沉积中,正常地层压力(P_h)等于从地表到地下该地层处的静液柱压力。即：

$$P_h = 9.81 \times 10^{-3} \rho H = G_h \times H \tag{6-2}$$

式中：G_h——地层孔隙压力梯度(MPa/m)；ρ——地层流体密度(g/cm³)；$G_h = 9.81 \times 10^{-3} \rho$，根据该指标，把地层压力分为：

(1)正常地层压力。地层内的流体多数情况为水，当有新的沉积物沉积在其上面时，一般都能逃逸出来，这种情况下的地层压力是正常地层压力，海相盆地的正常压力梯度是 0.010 5MPa/m，陆相盆地的正常压力梯度是 0.009 8MPa/m。

(2)异常地层压力。由于某些岩石的非渗透性，流体会被圈闭在地层内无法逃逸，这样它们就要承受部分上覆岩层的压力，因此随着井深的增加、上覆岩层重量的增加，地层压力也随着增加，这种情况下的地层压力称异常地层压力。

大多数正常地层压力梯度 G_h 为 0.010 5MPa/m，但异常压力地层 G_h 有时高达 0.02MPa/m，如石油钻井中遇到的异常高压地层。相反，低于静液柱压力的地层压力称为异常低压。异常高压地层钻井时往往发生井喷，而异常低压地层则往往发生地层压漏。

地层压力和上覆岩层压力之间的关系，可用下式表示：

$$P_f = P_h + \sigma \tag{6-3}$$

式中：σ——岩石颗粒间压力或称基岩应力。

3. 地层侧压力

地层侧压力是指由垂向压力导致的侧向压力，可用下式表示：

$$P_V = \lambda P_f = \frac{\mu}{1-\mu} P_f \tag{6-4}$$

式中：λ——侧压系数；μ——地层泊松比。

4. 静液柱压力

它是由液柱重量引起的压力，其大小与液柱的单位重量及垂直高度(直孔时即孔深)有关，而与液柱的横向尺寸及形状无关。静液柱压力可用下式表示：

$$P_W = 9.81 \times 10^{-3} \rho_W H \tag{6-5}$$

式中：P_W——静液柱压力(MPa)；ρ_W——液体密度(g/cm³)；H——垂直高度(m)。

由式(6-5)可知，液体密度愈大，垂直高度愈大，则液柱压力愈大。其压力梯度用 G_W 表示，即：

$$G_W = \frac{P_W}{H} = 9.81 \times 10^{-3} \rho_W \tag{6-6}$$

井眼形成后，地应力在井壁上的二次分布所产生的指向井内引起井壁岩石向井内移动的应力，称为井壁(地层)坍塌应力 $P_{塌}$。$P_{塌}$ 一旦产生($P_{塌} \geqslant 0$)，井壁岩石必然逐渐掉(挤)入井中(垮塌)。

钻井过程中 $P_{塌}$ 可以(也只能)用井内泥浆液柱压力来有效地平衡，$P_{泥} \geqslant P_{塌}$ 时则井壁保持稳定；$P_{泥} < P_{塌}$ 时，则发生井塌。

除了 $P_{塌}$ 之外，裸眼井段还有地层流体压力(P_h)和地层破裂压力 $P_{破}$($P_{漏}$)等两个地层压力。钻进过程中，人为施加的是泥浆压力 $P_{泥}$。

当 $P_{泥} > P_{破}$($P_{漏}$)则发生井漏；$P_{泥} < P_h$ 时，则发生井涌或井喷。

控制地层压力是钻井液的一项基本功能，调节钻井液密度被认为是控制地层压力最重要的方法。当量泥浆密度是一个常用的重要概念,在给定深度所有作用于地层上的压力总和称之为当量泥浆密度,包括静液柱压力、循环压力和别的附加压力等,可用以下公式计算:

$$ECD = \gamma_w + \alpha \times (P/h) \tag{6-7}$$

式中:γ_w——泥浆比重;P——流动泥浆产生的附加压力,它与钻头水眼、入口排量等有关;α——常系数;h——钻头所在位置的垂直深度。

ECD 乘以井深得到循环泥浆对该井深的压力,这个压力分解为两个压力之和,一是泥浆静液柱的压力,另一是泥浆流动附加压力。在钻井中使用循环当量密度比压力指标更方便。ECD>P_h(地层压力梯度)为过平衡钻进,ECD=P_h 为平衡钻进,ECD<P_h 为欠平衡钻进。但是,欠平衡钻进是处在一种危险状态的钻进。

二、井壁单元体应力状态

以垂直井为例,在地层垂向压力、地层侧向压力和井中静液柱压力的作用下,近井壁地层中某一点(图 6-1)的应力状态可由弹性力学厚壁筒理论解得:

$$\sigma_r = \frac{a^2 b^2}{b^2 - a^2} \cdot \frac{P_2 - P_1}{r^2} + \frac{a^2 P_1 - b^2 P_2}{b^2 - a^2} \tag{6-8}$$

$$\sigma_\theta = -\frac{a^2 b^2}{b^2 - a^2} \cdot \frac{P_2 - P_1}{r^2} + \frac{a^2 P_1 - b^2 P_2}{b^2 - a^2} \tag{6-9}$$

$$\sigma_z = \frac{a^2 P_1 - b^2 P_2}{b^2 - a^2} = \gamma \cdot h \tag{6-10}$$

式中:σ_r、σ_θ、σ_z——分别为近井壁地层中一点的径向正应力、周向正应力和垂向正应力;P_1、P_2——分别为井中液压力和地层水平方向压力;a、b——分别为厚壁筒的内、外半径;r——该点距井中心的水平距离。

因为实际地层比井筒大得多($b \gg a$),所以可由以上三式整理得到井壁处($r = a$)的应力状态为:

$$\sigma_r = -P_1 \tag{6-11}$$

$$\sigma_\theta = P_1 - P_2 \tag{6-12}$$

$$\sigma_z = \gamma \cdot h \tag{6-13}$$

由于垂直井的特殊性即单元体面上的切应力为零,三个正应力也可以直接看作为三个主应力。但是对于斜井或水平井,由于单元体面上存在切应力,其应力状态比较复杂,必须通过主应力变换公式计算得到。

σ_r、σ_θ、σ_z 三者究竟谁为最大主应力 σ_1、中间主应力 σ_2 和最小主应力 σ_3,要视具体参数代入后的计算结果来确定。

三、井壁失稳破坏的力学判别

运用材料力学强度理论,将上面得到的井壁单元主应力和岩土强度指标代入到材料破坏判别式中即可得出井壁是否失稳破坏的结论。式(6-14)是较常用的材料破坏判别准则之一——最大剪应力理论(Tresca 理论)。式中的 σ_1 和 σ_3 在此是井壁单元体的最大和最小主应力;τ_{max} 和 σ_b 分别是井壁岩土的强度指标最大剪应力和许用应力。具体数值代入后,若不等式成立,则井壁失稳破坏,否则井壁稳定。

$$\frac{\sigma_1 - \sigma_3}{2} \geqslant \tau_{\max} = \frac{\sigma_b}{2} \tag{6-14}$$

也可依莫尔圆理论,用图形方法求得相应的结果。图 6-2 是莫尔圆图形方法示例。以对象地层岩土的单轴抗拉强度 σ_{bt} 和单轴抗压强度 σ_{bc} 为直径作外切圆(图中的两个实线圆)和公切直线 L;以两圆的切点为应力原点 O,将井壁单元的最大主应力 σ_1 和最小主应力 σ_3 在 σ 轴上标出;以 $\sigma_1 - \sigma_3$ 为直径,$(\sigma_1 + \sigma_3)/2$ 为圆心作井壁单元莫尔圆(图中的虚线圆),若虚线圆超出了公切直线 L,则井壁失稳破坏,否则井壁稳定。

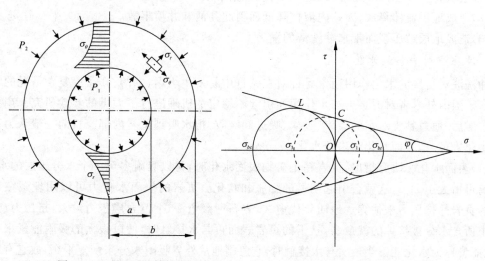

图 6-1 地层厚壁筒模型示意图　　图 6-2 莫尔应力圆图解

四、井壁失稳破坏的综合判别

稳定孔壁的有效方法是建立钻孔-地层间的压力平衡。钻井中孔壁岩层所受的力,除了上述的静液柱压力(P_w)、上覆岩层压力(P_f)和孔隙压力(P_h)外,还存在下列各种作用力。

1. 冲洗液循环的环空压力

这是冲洗液在循环时,途径钻具和孔壁之间的环空时所需克服的环空阻力。克服此阻力而产生的压力降同样作用在孔壁岩层上,此环空压力以 P_c 表示之。

2. 冲洗液对孔壁岩层的直接冲刷作用

冲洗液对岩层的直接冲刷,使孔壁岩层破坏并导致孔壁失稳的程度,取决于冲洗液循环时在环空中的流速和流态。环空中上返速度大,易形成紊流,对孔壁的冲刷作用大,不利于孔壁稳定。而流速较小的层流或改型的平板型层流,对孔壁的冲刷作用小,有利于孔壁稳定。环空中的上返流速与泵的排量以及环空尺寸有关。降低排量,从而降低环空流速,对孔壁稳定是有利的。而小口径钻进,由于钻具与孔壁间的间隙小,冲洗液在环空中的上返速度大,易处于紊流状态,对孔壁稳定不利。

3. 压力激动对孔壁的破坏作用

压力激动是指在有液体的孔内进行升降钻具时,因钻具运动引起的孔内某一点的液体压力的骤增或骤减,这一现象称为压力激动,产生的动压称为激动压力。激动压力的大小与钻具运动速度、环空尺寸、洗液的性能(粘度和切力)等有关。由于下钻时冲洗液在高速下落的钻具的挤压下产生高的冲击动能,使孔壁周围岩层承受很高的挤压力,孔壁由此而被压裂。起钻时,岩心充满整个取心钻具,粗径钻具如同活塞,在钻具高速上行时,环空间隙小,下行的液体来不及补给,使钻头下部的空腔产生负压,对孔壁岩层产生抽吸压力,孔壁周围的岩层因失去原来的孔内压力平衡而造成垮塌。孔愈深,下钻或起钻的速度愈大,产生的挤压压力或抽吸压力愈大,对孔壁周围岩石的破坏也愈大。

压力激动可以带来以下几个方面的危害:
(1)造成孔壁失稳而垮塌,以致造成卡钻、埋钻事故。
(2)造成地层流体释放,因孔内液柱降低而引起井涌和井喷事故。
(3)造成地层被压裂而带来冲洗液的漏失。

4. 冲洗液对岩层的水化作用

冲洗液对岩层的水化作用通常是针对在钻进中易发生坍塌、剥落、膨胀等复杂情况的泥页岩而言。国内外学者对泥页岩与水作用而引起不稳定的机理进行了大量的实验研究。当页岩与水接触后,通过粘土对水的吸附、吸入、吸进和吸收,把水吸到页岩内部。目前一般认为存在两种水化机理,即表面水化和渗透水化。

(1)表面水化。研究指出,页岩粘土矿物表面水化时,可以吸附多至 4 个水分子层的水,层间距离可增大至20Å,这就会引起明显的膨胀和软化。页岩的表面水化力可以用埋藏在某一深度的页岩的挤压力来估算。地质年代愈久,岩石埋藏愈深,上覆岩层压力愈大,挤压力愈大,岩石中所含水分被挤掉的就愈多,挤干的页岩表面再与水接触时,便以很大的吸附能量来吸附水,此能量称为水化能。当再次与水接触时,它急剧地从外界吸附水分来恢复平衡,故它有巨大的吸水力即表面水化力。如正常情况下,在 3 048m 深处,页岩的表面水化力高达36.73MPa。页岩表面水化力也取决于页岩中粘土晶层表面的带电状况和吸附阳离子的类型、吸附状态等。

(2)渗透水化。页岩的渗透水化力是在地层与钻井液之间存在含盐量差异时产生的。渗透压力是在半渗透膜存在条件下由于体系中的不同部分存在着离子浓度差而产生的。渗透水化是水分子通过半渗透膜,从离子浓度较低的溶液一侧迁移到离子浓度较高的溶液一侧。页岩与冲洗液接触时,页岩表面好像一个半渗透膜,当岩层水和冲洗液之间存在含盐浓度差时,就会产生渗透水化。两种不同含盐量的溶液之间的渗透压力可由下式计算:

$$P_{OP} = RT(\theta_1 m_1 e_1 - \theta_2 m_2 e_2) \tag{6-15}$$

式中:P_{OP}——渗透压力(大气压);R——气体常数;T——绝对温度(K);θ——盐溶液的渗透系数;m——溶液的含盐浓度;e——每摩尔溶质的离子数。

渗透的方向是低离子浓度溶液的水分子向高离子浓度溶液中迁移。当用淡水泥浆作冲洗液时,页岩中水的离子浓度高,泥浆中的水转移到页岩中去,从而造成页岩的水化膨胀。反之,用高矿化泥浆作冲洗液时,页岩中的水被吸出,造成页岩的去水化。页岩因去水化又会导致页岩开裂而造成孔壁失稳。因此,必须保持页岩中液体的离子浓度与冲洗液的离子浓度平衡,才会有利于孔壁的稳定。

上述各种力在钻井中有的不是同时作用。为建立平衡方程,应区分钻孔静止时、钻进时、升降钻具时的三种情况。同时,力学不稳定地层和遇水不稳定地层在孔壁岩层上作用的力也不相同,亦应分此两种情况。

针对钻井井壁稳定判别必须综合力学不稳定和水敏性地层的孔壁稳定要素,以维持钻孔—地层系统的压力平衡。

(1)静态情况。

1)非水敏性地层:主要是物理力的平衡:

$$P_h \leqslant P_W \leqslant P_f \tag{6-16}$$

液柱压力 P_W 必须大于等于地层压力 P_h,或 $P_W = P_h + P_t$。

式中:P_t——为安全而增加的附加压力,$P_t = 0.5 \sim 3 MPa$;P_f——地层的破裂压力,$P_f = P_h + \sigma_H$(σ_H 为岩层的水平应力)。

2)水敏性地层:

$$\overrightarrow{\Delta P} = \overrightarrow{P_W} + \overrightarrow{P_O} + \overrightarrow{P_h} + \overrightarrow{P_{OP}} \tag{6-17}$$

式中:$\overrightarrow{\Delta P}$——力的矢量和,当 $\overrightarrow{\Delta P} \geqslant 0$ 时,合力指向地层,为稳定;为负数时,合力指向孔内;P_W——液柱压力,为正指向地层;P_{OP}——渗透水化力,当冲洗液矿化度高于地层时,指向钻孔,为负值;当泥页岩水的矿化度高于冲洗液时,渗透水化力指向地层,为正值;P_O——页岩表面水化力。

(2)动态情况。

钻进时:

1)非水敏性地层:

$$P_h \leqslant P_W + P_c \leqslant P_f \tag{6-18}$$

式中:P_c——环空压力。

2)水敏性地层:

$$\overrightarrow{\Delta P} = \overrightarrow{P_W} + \overrightarrow{P_O} + \overrightarrow{P_h} + \overrightarrow{P_{OP}} + \overrightarrow{P_c} \tag{6-19}$$

升降钻具时:

1)非水敏性地层:

$$P_h \leqslant P_W + P_s \leqslant P_f \tag{6-20}$$

式中:P_s——激动压力。

2)水敏性地层:

$$\overrightarrow{\Delta P} = \overrightarrow{P_W} + \overrightarrow{P_O} + \overrightarrow{P_h} + \overrightarrow{P_{OP}} + \overrightarrow{P_s} \tag{6-21}$$

为建立和维持上述的这些平衡关系,应改变或调节主观能控制的一些力,如静液柱压力、环空循环压力、激动压力、冲洗液的渗透水化力等。

由前面不稳定地层的类型及对孔壁失稳的机理分析可知,运用好泥浆工艺是稳定孔壁的重要环节,或者说,稳定孔壁是泥浆设计和性能调节的基本依据。欲稳定孔壁,根据不稳定地层的特点,可从以下三方面进行研究并采取相应的技术措施:

(1)根据孔壁岩层的性质,建立孔内各种压力间的压力平衡,为此可以调节冲洗液的密度和含盐量;选择抑制性的泥浆体系,调节其组成和配方控制水化力和渗透力,以最终实现压力平衡钻进。

(2)根据不同岩层产生失稳的特征,选用合理的防塌泥浆,调整其组成及性能,并采用相应的防塌措施。这是对于遇水失稳地层关键的技术措施。

(3)对于力学不稳定地层,除采用调节冲洗液的性能,包括粘度、切力、滤失量等与之相适应以及合理的钻进技术外,应采用凝固性材料固结孔壁岩层,以提高孔壁岩层的稳固强度,达到稳定孔壁的目的。

第二节 复杂地层与机理分析

钻井过程中，井壁的稳定性与地层本身特征和钻井过程息息相关，地层是否复杂直接影响钻进效率和钻井质量。由于地层是由各种造岩矿物以不同集合形式组成，矿物的成分、性质和结构构造决定了各种类型岩层的物理、力学性质，如岩石的强度、硬度、弹塑性、脆性、水溶性和水化性等。受地质构造运动，在扭转、挤压、风化、搬运、沉积、溶蚀等内、外动力地质作用下，形成松散层、破碎带、孔隙环境、裂隙环境以及溶隙性环境，以及所处的外界环境的物理化学作用和水文地质条件的影响，相当多的钻孔是处于井壁不稳定和钻井液漏失的客观环境中，也就是处于复杂状态。在复杂地层中钻进，若技术不当，往往会造成钻进工作的困难，引起井眼垮塌，卡埋钻具，严重漏、涌等各种事故，被迫停钻处理，由此带来了钻孔质量差、钻进效率低、钻进成本高的不良后果，有时甚至使事故恶化导致钻孔报废。因此，在复杂地层中钻进，通常最为重要的技术措施就是稳定井壁，防止漏失。钻井中孔壁的稳定与否除了和地层压力与钻井液液柱压力是否平衡有关外，还与钻井过程息息相关。

根据复杂地层的成因类型、性质和状态及其在钻进过程中可能出现的情况，可将复杂地层综合分类如表 6-1 所示。

表 6-1 复杂地层综合分类表

地层分类	成因类型	典型地层	复杂情况
各种盐类地层	水溶性地层	盐岩、钾盐、光卤石、芒硝、天然碱、石膏	钻孔超径，污染泥浆，孔壁掉块，坍塌
各种粘土、泥岩、页岩	水敏性地层（溶胀分散地层、水化剥落地层）	松散粘土层、各种泥岩、软页岩，有裂隙的硬页岩，粘土胶结及水溶矿物胶结的地层	膨胀缩径，泥浆增稠，钻头泥包，孔壁表面剥落，崩解垮塌超径
流砂、砂砾、松散破碎地层	松散的孔隙性地层，风化裂隙发育地层，未胶结的构造破碎带	流砂层、砂砾石层、基岩风化层、断层破碎带	漏水，涌水，涌砂，孔壁垮塌，钻孔超径
裂隙地层	构造裂隙地层，成岩裂隙地层	节理、断层发育地层	漏水，涌水，掉块，坍塌
岩溶地层	溶隙地层	溶隙、溶洞发育地层（石膏，石灰岩，白云岩，大理岩）	漏水，涌水，坍塌
高压油、气、水地层	封闭的储油、气、水的孔隙型地层，裂隙及溶隙地层	储油、气、水的背斜构造，逆掩断层的封闭构造	井喷及其带来的一切不良后果
高温地层	岩浆活动带与放射性矿物有关地层	地热井、超深井所遇到的地层	泥浆处理剂失效，地层不稳定，H_2S 造成危害

从表 6-1 所列的复杂地层看出，主要有以下几种情况，即：孔壁不稳定或孔壁失稳的地层，一些表现为井壁直接松散、破碎；一些主要表现为遇水后水化、水溶，称为不稳定地层；另一些则主要表现为漏失、涌水，称为漏失（或涌水）地层。还有一些主要表现为压力、温度异常。许多情况下，地层的多种复杂表现兼而有之，或以一种为主，其他为辅；或是先有一种表现，继而再出现其他复杂状况。为了针对不同性状和特征的地层采取有效的防治措施，对不稳定地层和漏失地层，还应作进一步的分类。

一、不稳定地层分类

根据不稳定地层产生的原因和性状,可将不稳定地层分为力学不稳定地层和遇水不稳定地层。

1. 力学不稳定地层

力学不稳定地层是指受地质成因或受构造运动影响造成的破碎地层,或受太阳、大气、地表水、地下水和生物活动而遭受机械破坏与化学破坏的地层。这类地层一旦被钻穿后,就会破坏其原来的相对稳定或平衡状态,使孔壁在重力作用下产生坍塌掉块等孔壁失稳现象。这类地层有些分布在地表附近,有些则可能埋藏较深。

属于浅部的力学不稳定地层包括表6-1中的流砂、砂砾等松散地层,具体如风化残积层、冲积层和洪积层、流砂层等。这些地层的特征是:胶结差或不胶结、松散、孔隙度大、稳定性差、透水性强;钻进时不仅孔壁易坍塌,而且还伴随着冲洗液漏失或涌水;最不稳定的流砂层极易坍塌,甚至无法形成钻孔。

深部的力学不稳定地层主要有表6-1中的破碎地层和裂隙地层,具体如断层破碎带和交叉断裂裂隙形成的硬脆碎地层。这些地层的特征是:被破碎成颗粒或被切割成大小不等的块体,颗粒或块体间无连结、空隙大、透水性强、稳定性差。钻进时孔壁坍塌、钻孔超径,同时常出现冲洗液的漏失。

2. 遇水不稳定地层

遇水不稳定地层是指孔壁与冲洗液接触,因而产生松散、溶胀、剥落、溶蚀等孔壁失去稳定性的地层,故亦称水敏性地层。钻进中遇到这类地层时,常出现钻孔缩径、超径、孔壁剥落、崩塌等孔壁失稳问题。依孔壁遇水产生的情况不同,遇水不稳定地层又可分为:

(1)遇水松散地层。这类地层由于受风化或蚀变的影响,岩层遇水浸泡后,产生松散性破碎,表现为掉块、塌孔、孔内渣子多等。这类岩层如风化黄铁矿、风化大理岩、风化花岗岩、风化泥质砂岩等。

(2)遇水溶胀地层。这类地层遇水后,颗粒或分子间的联结力降低,岩层吸水后体积膨胀,进而以胶体或悬浮状态分散在水中形成悬浮体。这类岩层有粘土、泥岩、软页岩、绿泥石等。钻进这类岩层时,因溶胀而产生缩径,因分散成悬浮体而产生超径。

(3)遇水剥落地层。这类地层由于其结构的不均匀性,如层理、节理、片理的存在,以及其充填物和胶结物的水敏性,遇水后往往产生片状剥落或块状剥落,如硬页岩、片岩、千枚岩、滑石化高岭石化板岩、硬煤层等。

(4)遇水溶解地层。这类地层与水接触后便溶解于水中,由于溶解的结果,使孔壁出现超径。属于这类地层的有岩盐、钾盐、石膏、芒硝及天然碱等。

造成力学不稳定的原因主要是地质因素。由于成因、构造运动、地表风化程度等的不同,它们产生的复杂情况及复杂程度也不相同。

遇水不稳定地层除地层本身的性质、结构等决定性因素外,水的作用是促使它们发生复杂情况的主要外界因素。

因此,力学不稳定与遇水不稳定是既有区别又互相联系。地质因素是两者的客观原因,水的作用是造成不稳定的外界因素。同时,力学不稳定又可因水的作用而加剧。

二、漏失、涌水地层

井眼中的液体向地层中漏失或地层向井眼中涌水,从本质上看是压力不平衡的表现。当井眼中的流体压力与地层孔隙流体压力不相等时,漏失或涌水这种渗透现象就有可能发生。同时,地层的空隙性和流体的粘性对渗透的程度也产生重要影响。压力平衡和流体粘度可以人为地进行控制,而地层的空隙性则是客观存在的。为了便于分析,本节以钻孔漏失为主要研究对象。钻孔冲洗液漏失是地质勘探钻进中经常遇到的复杂情况。为了解决钻进中冲洗液漏失,必须对漏失地层进行分析研究,以便针对性地进行堵漏。

钻孔漏失是复杂地层钻进中最常见的难题之一。由于钻孔漏失,有时造成冲洗液的大量消耗,有时甚至会因钻孔漏失引起孔内垮塌,卡埋钻具,造成钻进困难等。钻孔漏失处理不当可引起孔内其他事故,甚至造成钻孔报废,不仅影响钻进速度和钻井质量,而且会带来时间和经济上的巨大损失。因此,分析研究钻孔漏失的原因和规律,采取有效的防治对策有重大的实际意义。

(一)钻孔漏失的原因

冲洗液漏失的根本原因是孔内液柱相对于岩层产生压差,以及岩石中存在有漏失通道。钻井中钻孔与地层间的压差为:

静止时
$$\Delta P = P_w - P_h - P_t \tag{6-22}$$

钻进时
$$\Delta P = P_w + P_c - P_h - P_t \tag{6-23}$$

升降作业时
$$\Delta P = P_w + P_s - P_h - P_t \tag{6-24}$$

式中:P_w——静液柱压力;P_c——液体在环空中流动时克服流动阻力的压力;P_s——激动压力;P_h——地层压力(孔隙压力);P_t——冲洗液在漏失通道中流动时克服阻力所需的压力。

由式(6-22)至式(6-24)可看出:$\Delta P > 0$,是造成漏失的必要条件;$\Delta P < 0$,是造成涌水的必要条件,但非充分条件。

由上面的关系式可以看出产生漏失(或涌水)的原因有:

(1)地质和水文地质条件。岩层中存在的孔隙、裂缝、洞穴的大小、张开程度、贯通性、上覆岩层的含水情况等,是造成漏失(或涌水)的天然客观条件,即漏失通道的存在及其状况是产生漏失的重要原因。

(2)工艺技术原因。钻孔结构选择的正确性,冲洗方法、冲洗介质的种类及其参数选择的合理与否,冲洗液沿环空的流动速度及钻具转速的选择,升降作业的操作等。在上述关系式中表现为对 P_w, P_c, P_s 大小的影响。这些是主观能控制和调节的,是防止漏失的可控因素。

从 20 世纪 40 年代起,国内外许多学者就已开始进行关于漏失层的分类研究,至今已有许多分类方法。归纳起来,主要有以下几种:

(1)根据冲洗液的消耗量和冲洗液流动的压力损失对漏失层进行分类。
(2)根据测定的单位时间内漏失层的漏失强度对漏失层进行分类。
(3)根据漏失通道的部位、大小和形状对漏失层进行分类。

(4) 根据漏失层的结构特性对漏失层进行分类。

(5) 根据漏失层的一些主要参数的综合对漏失层进行分类。

(二) 钻孔漏失分类

1. 按钻孔漏失部位分类

按钻孔漏失部位可分为以下三种情况：(a) 漏失层为非含水层；(b) 含水漏失层的水位高于漏失层；(c) 含水漏失层的水位在漏失层之间，如图 6-3 所示。

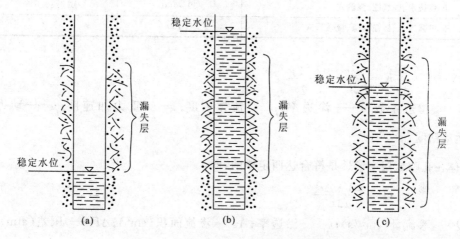

图 6-3 孔壁漏失时稳定水位的三种情况

2. 按漏失通道分类及分析

漏失地层的结构特点是具有空隙性，即具有漏失通道和空隙，漏失通道可分为孔隙、裂隙和洞穴三种。

岩石中的孔隙性常用孔隙率表示，它是岩石中孔隙的体积和岩石总体积之比，常用百分率表示。岩石孔隙率的大小取决于组成岩石的颗粒尺寸、形状及其相互堆积的状态。自然界松散岩石的孔隙率大体接近理论平均值（37%）。对于多孔的渗透性大的灰岩和砂岩，其实际有效孔隙率为 20%~25%。

岩石裂隙按成因分为成岩裂隙、构造裂隙和风化裂隙。成岩裂隙是沉积岩固结脱水及岩浆岩冷凝收缩形成。构造裂隙是构造应力作用下形成的最为常见的裂隙；风化裂隙则主要位于近地表处。另外钻井过程中人为因素也可造成地层的压裂。实践中 0.1~1mm 大小的裂隙在一定的条件下就可能足以造成冲洗液的漏失。根据裂隙开口分为：细微裂隙（小于 0.1mm）、小裂隙（0.1~1.5mm）、中裂隙（5~20mm）、大裂隙（20~100mm）和极大裂隙（大于 100mm）。

洞穴见于易溶岩石（碳酸盐、硫酸盐、岩盐层）分布的地区。在洞穴性地层中钻进，不仅易产生冲洗液漏失，还可能发生钻具陷埋事故。随着深度的增加，岩石的洞穴性逐渐减弱。洞穴的大小差别很大，小的只有几毫米到几厘米，大的可达几米至几十米，甚至上百米。

岩石按裂隙性、洞穴性和透水性的分类如表 6-2 所示。

(1) 冲洗液在孔隙岩层中的渗透特性。渗透特性必须分清两个概念：渗透率和渗透系数。渗透率是岩土体的固有渗透性，与流体性质无关，只与颗粒尺寸、孔隙形状及排列方式有关，单位是 m^2 或 μm^2。渗透系数的影响因素有两项，一项为岩土体的渗透率，另一项为流体的性质，即流体的密度和粘滞性等，单位为 m/d 或 cm/s。二者之间的关系为：

表 6-2 岩石按裂隙性、洞穴性和透水性的分类

岩石	渗透系数(m/d)	单位漏失量(m³/h)
1.完整	<0.01	<0.0003
2.极弱透水、极弱裂隙和极弱洞穴	0.01~0.1	0.0003~0.003
3.弱透水、弱裂隙、弱洞穴	0.1~10	0.003~0.3
4.透水、裂隙、洞穴	10~30	0.3~0.9
5.强透水、强裂隙、强洞穴	30~100	0.9~3.0
6.极强透水、极强裂隙、极强洞穴	>100	>3.0

$$K = \frac{k\rho g}{\mu} = \frac{k \times g}{\eta} \tag{6-25}$$

式中:K——渗透系数;k——渗透率;ρ——流体密度;g——重力加速度;μ——动力粘度;η——运动粘度,$\eta = \frac{\mu}{\rho}$。

液体在孔隙岩层中渗透是符合达西定律的,即:

$$Q = \frac{kA \cdot \Delta P}{\mu \Delta L} \tag{6-26}$$

式中:Q——渗流量(cm³/s);k——渗透率;A——渗流面积(cm²);ΔP——压差(atm);μ——流体动力粘度(mPa·s);ΔL——渗流长度(cm)。

在单孔内渗透时:

$$Q = \frac{2\pi h_s k \Delta P}{\mu \ln(R_K/R_c)}$$

或

$$Q = K_0 \Delta P \tag{6-27}$$

式中:K_0——渗透性比例系数;k——渗透率;Q——渗流量;ΔP——压差;h_s——漏失层厚度;R_K, R_c——分别为影响半径和钻孔半径;μ——流体的动力粘度。

由式(6-27)可知,液体的漏失量在孔隙性岩层中与压差呈线性关系,即服从达西线性渗透定律。

(2)裂隙性岩层中液体的渗漏。在实际的裂隙岩层中,既有张开量大的裂隙,亦有小裂隙。因此,有的研究者认为其渗漏量应该用下式表示:

$$Q = K_1\sqrt{\Delta P} + K_2 \Delta P \tag{6-28}$$

式中:K_1——大张开量渗透性比例系数;K_2——小裂隙地层渗透性比例系数。

即小裂隙中的流动符合达西线性定律,而在张开量大的裂隙中液体的流动遵循非线性渗透定律。

(3)В·И·米谢维奇的漏失方程。他认为既然漏失层含裂隙、孔隙和洞穴,那么当它们被打开时,最极端的条件是液体在这岩层中同时按不同定律发生漏失。第一是裂隙和洞穴介质,按均方定律;第二是中等孔隙介质,按达西线性定律;第三是细的孔隙介质,按不同规格孔隙中具有原始压力梯度的渗透定律。漏失按下式描述:

$$Q = K_1(\Delta P)^{0.5} + K_2(\Delta P) + K_3(\Delta P)^2 \tag{6-29}$$

式中:K_1, K_2, K_3——分别为三种不同介质的渗透性比例系数;ΔP——压力降。

即 $Q=Q_1+Q_2+Q_3$ 为三种介质中流量之和。

实际漏失层可以是三种介质中的三种、两种或其中一种的配合关系。因此,认为可以有七种漏失层。

$$\begin{cases} Q_c = Q_1 + Q_2 + Q_3 = K_1(\Delta P)^{0.5} + K_2(\Delta P) + K_3(\Delta P)^2 \\ Q_c = Q_1 + Q_2 = K_1(\Delta P)^{0.5} + K_2(\Delta P) \\ Q_c = Q_1 + Q_3 = K_1(\Delta P)^{0.5} + K_3(\Delta P)^2 \\ Q_c = Q_2 + Q_3 = K_2(\Delta P) + K_3(\Delta P)^2 \\ Q_c = Q_1 = K_1(\Delta P)^{0.5} \\ Q_c = Q_2 = K_2(\Delta P) \\ Q_c = Q_3 = K_3(\Delta P)^2 \end{cases} \quad (6-30)$$

因此,不同性质的漏失层,液体在其中渗漏流动的规律是不同的。在实际处理漏失问题时必须考虑这一特点。

(三)漏失地层的观测

(1)孔内静水位的变化。
(2)用各种水位计观测冲洗液循环池中液体体积的变化。
(3)用流量计检测进、出孔的冲洗液量。
(4)泵高压管线上的压力变化。
(5)岩心采取率和岩心上裂隙的分布情况。
(6)钻孔进尺情况、机械钻速的变化等。
(7)孔内测试法。孔内测试有多种方法,如物探测井、水动力法测井、井径井漏测量和钻孔摄影、孔内电视等,如表6-3所示。

表6-3 钻孔测试方法分类及应用

类别	方法名称		应用
物探测井	电法测井	视电阻率测井	普通视电阻率法	划分钻井剖面,确定岩石电阻率参数
			微电极系测井	详细划分钻井剖面,确定渗透性地层
			井液电阻率测井	确定含水层及漏失层位,估计水文地质参数
		自然电位测井		确定渗透层,估计地层水电阻率
		井中电磁波法		探查溶洞、破碎带
	放射性测井(核测井)	自然伽玛(γ)法测井		划分岩性剖面,确定含泥质地层
		伽玛—伽玛(γ—γ)测井		按密度差异划分剖面,确定岩层的密度、孔隙度
		中子测井法	中子—伽玛法	按含氢量不同划分剖面,确定含水层位置以及地层的孔隙度
			中子—中子法	
		放射性同位素测井		确定孔内漏失层位置,估计水文地质参数
	声波测井	声速测井		划分岩性,确定孔隙度,划分裂隙及含水带
		声幅测井		划分岩性,确定孔隙度,划分裂隙及含水带
		声波电视测井		区分岩性,查明裂隙、溶洞、套管壁情况确定岩层、裂隙产状
	热测井	温度测井		探查热水层,测定地温梯度,确定漏失层位

续表 6-3

类别	方法名称	应用
水动力法测井	止水胶囊隔离法	确定漏失层层位
	恒速压水测试法	确定漏失层渗透规律,确定岩层吸收系数
	压力恢复法	确定漏失层的漏失特性参数、漏失通道尺寸
其他测井法	井径测量	确定井径参数,了解岩性变化情况
	井漏测量(测漏仪)	确定漏失层位数量及漏失量
	钻孔摄影	了解孔壁完整性、裂隙溶洞等分布情况
	孔内电视	了解孔壁完整性、裂隙溶洞等分布情况

第三节　钻井水泥和水泥外加剂

凡细磨材料在加入适量水后成为塑性浆体,既能在空气中硬化,又能在水中硬化,并能把砂、石等颗粒状材料牢固地胶结在一起的水硬性胶凝材料,统称为水泥。

水泥是一种良好的胶凝材料,不仅在建筑行业广泛使用,而且早在20世纪40年代钻井工程中就已经开始用水泥护壁堵漏。用水泥进行护壁堵漏是将水泥浆注入钻孔内,并使其进入所封堵和护壁的孔段漏失层裂隙、孔洞和坍塌部位,利用水泥浆的凝固硬化作用,将其堵塞并与岩层胶结为一整体。水泥还可用于钻井封孔、止水、固井、防喷、加固基础等。由于水泥具有货源广、成本低、无毒、使用方便、利于孔内灌注等优点,目前仍然被广泛用作钻井护壁堵漏的固结材料和固井材料。

水泥种类很多,有常规水泥和特种水泥之分,在钻井工程中,应根据不同要求和不同目的进行选择。如低压地层固井时要求减轻水泥的重度;在高温地层下应该增加水泥的抗温能力;对于要求严格封堵的地层应使水泥具有较明显的膨胀性等。常用的硅酸盐水泥,它是用石灰石、粘土、矿渣磨细煅烧后再加石膏磨细而成的,也称为波特兰水泥。我国常用的硅酸盐水泥有五种,即硅酸盐水泥、普通硅酸盐水泥、矿渣硅酸盐水泥、火山灰质硅酸盐水泥以及粉煤灰硅酸盐水泥。后三种是在硅酸盐水泥中掺入一定量的活性和非活性混合料(超过总重量的15%)而成的。

根据水泥的极限强度大小,将水泥按28d抗压强度值来划分水泥等级或标号,以软练法成型确定,不同硅酸盐水泥标号如下:

硅酸盐水泥3个标号:425、525、625。

普通硅酸盐水泥6个标号:225、275、325、425、525、625。

矿渣、火山灰、粉煤灰硅酸盐水泥5个标号:225、275、325、425、525。

一、水泥的种类及特点

水泥的品种很多,可按矿物组成、组成成分、性能特点、用途来进行分类,如表6-4所示。

二、常见的水泥熟料矿物和水化矿物

不同品种的水泥,成品水泥中的熟料矿物种类和其含量是不相同的,其性能也不同。常见的水泥熟料矿物种类和水化矿物的种类以及各自的特性如表6-5所示。

表 6-4 水泥分类

分类依据	分类	特性及用途
矿物组成	硅酸盐水泥	以硅酸三钙、硅酸二钙为主,用于建筑、油井等工程
	铝酸盐水泥	铝酸一钙、铝酸三钙为主,用于低温施工及临时抢修工程
	硫铝酸盐水泥	无水硫铝酸钙、硅酸二钙为主,用于地质勘探、抢探、喷锚支护
	氟铝酸盐水泥	氟铝酸钙、硅酸二钙为主,用于抢修工程
	磷酸盐水泥	磷酸钙为主
用途	普通水泥	应用最广泛,各种建筑工程
	油井水泥	用于石油钻井、地热井
	地质勘探水泥	用于地质勘探钻孔护壁堵漏、封孔、止水等
	大坝水泥	用于发热量低的大体积混凝土工程
成分	矿渣水泥	都属于硅酸盐水泥,在熟料中掺有一定数量的矿渣、火山灰、粉煤灰,用于各种建筑工程
	火山灰水泥	
	粉煤灰水泥	建筑工程
	无熟料水泥	不含水泥熟料,以工业废渣为主要成分的石灰矿渣水泥、钢渣水泥等
性能	膨胀水泥	用于灌注裂缝及配制混凝土制品
	低热水泥	用于大体积混凝土工程
	快硬早强水泥	用于紧急抢修工程
	低密度水泥及加重水泥	用于油、气井固井
	聚合物水泥	增强粘结性和保水性,用于建筑装修
	抗硫酸盐水泥	能抵抗硫酸盐的侵蚀,用于特殊工程
	耐火水泥	抵抗高温的特性好

表 6-5 水泥常见熟料矿物及水化矿物

矿物名称	化学组成	缩写式	主要特性
熟料矿物			
硅酸二钙	$2Ca \cdot SiO_2$	C_2S	水化速度慢、水化势低,后期强度高
硅酸三钙	$3CaO \cdot SiO_2$	C_3S	水化速度较快,早期强度高
铝酸三钙	$3CaO \cdot Al_2O_3$	C_3A	水化速度最快,早期强度中等
铝酸一钙	$CaO \cdot Al_2O_3$	CA	凝结快,早期强度高
二铝酸一钙	$CaO \cdot 2Al_2O_3$	CA_2	水化慢,早期强度不高
七铝酸十二钙	$12CaO \cdot 7Al_2O_3$	$C_{12}A_7$	水化速度快
铁铝酸四钙	$4CaO \cdot Al_2O_3 \cdot Fe_2O_3$	C_4AF	水化速度中等,早期强度不高,抗腐蚀性好
硫铝酸钙	$3CaO \cdot 3Al_2O_3 \cdot CaSO_4$	$C_3A_3\overline{CS}$	水化快,早期强度高
氟铝酸钙	$11CaO \cdot 7Al_2O_3 \cdot CaF_2$	$C_{11}A_7\overline{F}$	水化快,早期强度高
硫酸钙	$CaSO_4$	$\overline{CS}$	
水化矿物			
水化硅酸钙	$3CaO \cdot 2SiO_2 \cdot 3H_2O$	$C_3S_2H_3$	胶状或微晶质状
水化铝酸钙	$3CaO \cdot Al_2O_3 \cdot 6H_2O$	C_3AH_6	针状结晶
水化铁酸钙	$3CaO \cdot Fe_2O_3 \cdot mH_2O$	C_3FH_m	细粒沉积
水化硫铝酸钙	$3CaO \cdot Al_2O_3 \cdot 3CaSO_4 \cdot 31H_2O$	$C_3A\overline{CS}_3H_{31}$	胶状沉积
氢氧化钙	$Ca(OH)_2$		
氢氧化铝	$Al(OH)_3$		

三、常用水泥简介

钻井作业中,地质勘探在护壁堵漏中常用的水泥是硅酸盐水泥和硫铝酸盐水泥,石油固井作业主要应用油井水泥。下面对这些水泥作简要介绍。

(一)硅酸盐水泥的矿物组成和水化凝结硬化

1. 熟料矿物及其特性

水泥是一种多矿物的聚集体。硅酸盐水泥主要熟料矿物组成是硅酸三钙、硅酸二钙、铝酸三钙和铁铝酸四钙四种。这些熟料矿物的含量及其特性决定了硅酸盐水泥的性质。这四种熟料矿物的含量和其特性如表6-6所示,各主要组分水化后的抗压强度随时间变化如图6-4所示。

表6-6 硅酸盐水泥熟料矿物组成

矿物名称	含量(%)	水化速度	水化放热	放热速率	强度	作用
硅酸三钙	37～60	快	大	大	高	决定水泥标号
硅酸二钙	15～37	慢	小	小	早期低、后期高	决定后期强度
铝酸三钙	7～15	最快	最大	最大	低	决定凝结快慢
铁铝酸四钙	10～18	较快	中	中	较高	决定抗拉强度

由表6-6可知,各熟料矿物的水化速度顺序为 $C_3A>C_3S>C_4AF>C_2S$。各熟料矿物水化凝固后的强度顺序为 $C_3S>C_4AF>C_2S>C_3A$。由于各熟料矿物的特性不同,故当其相对含量变化时即可获得不同性质、不同品种的水泥。如提高 C_3S 含量,则可制得高强度水泥;若提高 C_3S 和 C_3A 的总含量,则可制得快硬早强水泥;降低 C_3A 和 C_3S 的含量,提高 C_2S 含量,则可得到低水化热的大坝水泥。总之,根据水泥使用要求的不同,可适当地匹配所需要的矿物组成,以获得所需的水泥性质。

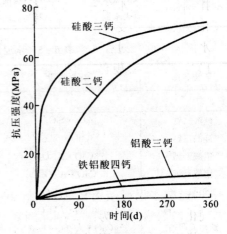

图6-4 水泥中各主要组分水化后的抗压强度随时间变化图

2. 硅酸盐水泥的水化和凝结硬化

水泥与一定量的水拌和后,成为不断发生水化反应的塑性浆体,而后逐渐稠化失去可塑性形成凝胶体(此时尚无强度),这一过程称为水泥的"凝结"。此后,伴随着继续水化、水泥浆体的放热,形态发生变化,强度逐渐增长而变为具有相当强度的水泥石,这一过程称为水泥的"硬化"。水泥浆的凝结与硬化是一个连续复杂的物理化学反应过程,需经历很长时间(可达数月以上)。

(1)硅酸盐水泥的水化。由于水泥是多种熟料矿物组成的,各种熟料矿物以不同的速度与水反应,生成具有不同组成和结晶程度的水化产物,因此水化过程非常复杂。一般认为其反应如下:

1) 硅酸三钙与水作用(此水化反应较快),生成水化硅酸钙和氢氧化钙

$$2(3CaO \cdot SiO_2) + 6H_2O = 3CaO \cdot 2SiO_2 \cdot 3H_2O + 3Ca(OH)_2$$

2) 硅酸二钙与水作用(此水化反应较慢),同样生成水化硅酸钙及少量氢氧化钙

$$2(2CaO \cdot SiO_2) + 4H_2O = 3CaO \cdot 2SiO_2 \cdot 3H_2O + Ca(OH)_2$$

3) 铝酸三钙与水作用(此水化反应最快),生成水化铝酸三钙,此水化铝酸三钙在饱和溶液中又与 $Ca(OH)_2$ 水化生成水化铝酸四钙

$$3CaO \cdot Al_2O_3 + 6H_2O = 3CaO \cdot Al_2O_3 \cdot 6H_2O$$

$$3CaO \cdot Al_2O_3 \cdot 6H_2O + Ca(OH)_2 + 12H_2O = 4CaO \cdot Al_2O_3 \cdot 19H_2O$$

4) 铁铝酸四钙与水作用(此水化反应也较快)生成水化铝酸钙和水化铁酸钙

$$4CaO \cdot Al_2O_3 \cdot Fe_2O_3 + 7H_2O = 3CaO \cdot Al_2O_3 \cdot 6H_2O$$
$$+ CaO \cdot Fe_2O_3 \cdot H_2O$$

5) 水泥中含有少量石膏,与生成的水化铝酸钙发生反应,生成难溶的三硫型水化硫铝酸钙(称钙矾石)结晶

$$3CaO \cdot Al_2O_3 \cdot 6H_2O + 3(CaSO_4 \cdot 2H_2O) + 19H_2O$$
$$= 3CaO \cdot Al_2O_3 \cdot 3CaSO_4 \cdot 31H_2O$$

水泥水化的生成物以水化硅酸钙为主,约占50%以上(有的认为达70%),其次为氢氧化钙,约占20%左右,其余为水化硫铝酸钙(约占7%左右)和未水化的熟料矿物残余(约3%左右)。

(2) 硅酸盐水泥的凝结硬化。水泥水化后能凝结硬化成为一定强度的水泥石,是因为水泥与水拌和后在发生水化反应的同时,形成凝聚结构网和晶体结构网两种内聚结构的复杂的凝结硬化的物理化学变化。

水泥凝结硬化过程如图6-5所示。由图6-5可知,水泥凝结硬化过程经历:①水泥颗粒分散在水中;②水泥颗粒表面水化并形成凝胶膜;③凝胶膜破裂,内层继续水化,同时胶膜扩大,出现结晶网状结构;④水泥颗粒内层继续水化,凝胶体布满整个空间,结晶网增多加密具有强度,强度逐渐增大。

(3) 影响水泥凝结硬化的因素。影响水泥凝结硬化的因素可分为两类:水泥生产过程中控制的诸因素和水泥应用方面的诸影响因素。属于前者的因素有水泥熟料矿物的成分和含量、熟料矿物的磨细度、石膏的掺入量、混合材料的性质及掺量等;属于后者的因素包括拌和水泥的用水量、水的性质、外界温度、外加剂的种类和加量等。

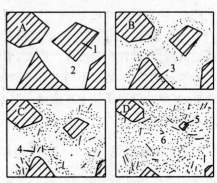

图6-5 水泥凝结硬化过程示意图
A. 分散在水中未水化的水泥颗粒;B. 在水泥颗粒表面形成凝胶膜层;C. 膜层长大并互相连接(凝结);D. 凝胶体进一步扩大发展,填充毛细孔硬化;1. 水泥颗粒;2. 水分;3. 凝胶;4. 晶体;5. 水泥颗粒的未水化内核;6. 毛细孔

1) 拌和用水量水灰比,即用水量与水泥量之比对水泥的凝结硬化有很大影响,如图6-6和图6-7所示。

由图6-6和图6-7可知,随着水灰比的增大,初凝及终凝时间增长,即水泥浆凝固时间

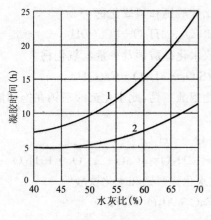

图 6-6 凝结时间与水灰比的关系
1. 终凝时间；2. 初凝时间

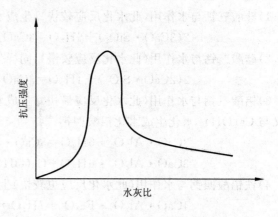

图 6-7 抗压强度与水灰比的关系

增长。而抗压强度与水灰比的关系有一最佳水灰比，此时抗压强度最高。水灰比过小，则水泥颗粒水化不充分；水灰比过大，水泥颗粒间距增大，使强度降低。在配制水泥浆时，不应该用加大水灰比的方法来提高流动性，而应该采用加入水泥减水剂（稀释分散剂）来提高水泥浆的流动性。钻孔灌浆的水灰比一般应以不超过 0.4~0.5 为宜。

2) 水的化学性质。拌和水中含有碱金属和碱土金属的氧化物、硫化物、碳酸盐、硝酸盐等，都将对水泥产生不良的侵蚀性。其次，如糖类、脂肪类等也对水泥有腐蚀作用。

3) 环境温度。温度高可加速水泥的水化、凝结和硬化过程，水泥的凝结时间缩短，强度增长速度加快。相反，温度降低，凝结时间相应延长，强度增长也相应减慢。温度在冰点以下，水泥硬化终止，即水泥不硬化。

4) 加入外加剂。不同的外加剂如速凝剂、缓凝剂、早强剂、减水剂等的加入，可以调节水泥浆的凝结时间、流动性和强度等。因此，可根据不同品种的水泥，合理选用不同的外加剂，以调节和改善水泥浆性能，适应不同工程的需要。

此外，水泥的储存条件不好或储存时间过长，也会影响水泥的性能，延长凝结时间，强度有所降低，甚至失效。

（二）硫铝酸盐水泥

以无水硫铝酸钙为主要熟料矿物的硫铝酸盐水泥，其特性是凝结快，早期强度高，且具有微膨胀性，是一种快硬早强水泥或超早强水泥。从钻孔护壁堵漏对水泥性能的要求看，这种水泥能较好地满足施工要求。

1. 熟料矿物组成

硫铝酸盐水泥熟料的主要矿物成分为：

无水硫铝酸钙 $3CaO \cdot 3Al_2O_3 \cdot CaSO_4 (C_3A_3\overline{CS})$　　51%~64%；

β 型硅酸二钙 $2CaO \cdot SiO_2 (\beta C_2S)$　　24%~36%；

无水石膏 $CaSO_4 (\overline{CS})$　　少量。

此外，当生料中的铝硫比（Al_2O_3/SO_3）较大时（>3.8），则在熟料中可能有七铝酸十二钙 $12CaO \cdot 7Al_2O_3 (C_{12}A_7)$ 存在。而当硅铝比过高时（$SiO_2/Al_2O_3 > 0.15~0.40$），则熟料中可能

有硅铝酸钙 $2CaO \cdot Al_2O_3 \cdot SiO_2$ 或 $CaO \cdot Al_2O_3 \cdot 2SiO_2$ 存在。

2. 水化反应及影响水化反应的因素

硫铝酸盐水泥熟料遇水后的正常水化反应为：

(1) 无水硫铝酸钙遇水反应生成钙矾石和铝胶

$3CaO \cdot 3Al_2O_3 \cdot CaSO_4 + 2(CaSO_4 \cdot 2H_2O) + 33H_2O \rightarrow 3CaO \cdot Al_2O_3 \cdot 3CaSO_4 \cdot 31H_2O + 2Al_2O_3 \cdot 3H_2O$

(2) 硅酸二钙遇水后生成水化硅酸钙和氢氧化钙

$2(2CaO \cdot SiO_2) + 4H_2O \rightarrow 3CaO \cdot 2SiO_2 \cdot 3H_2O + Ca(OH)_2$

(3) 二次反应，由(1)、(2)反应生成的铝胶和氢氧化钙，与含水石膏反应生成钙矾石

$Al_2O_3 \cdot 3H_2O + 3(CaSO_4 \cdot 2H_2O) + 3Ca(OH)_2 + 19H_2O \rightarrow 3CaO \cdot Al_2O_3 \cdot 3CaSO_4 \cdot 31H_2O$

硫铝酸盐水泥的速凝早强决定了无水硫铝酸钙转化为钙矾石的速度和数量。由上反应式可看出，它们决定于含水石膏和氢氧化钙的浓度。而氢氧化钙由硅酸二钙遇水反应而得，但硅酸二钙不能太多，否则因硅酸二钙反应速度较慢而影响水泥的速凝早强。解决 $Ca(OH)_2$ 来源的办法是直接加 CaO，它遇水生成 $Ca(OH)_2$，或外加钢渣(钢渣中含 C_3S、C_2S、$C_{12}A_7$ 及少量 MgO)，它遇水后提供 $Ca(OH)_2$。因此，为使硫铝酸盐水泥速凝早强，必须在水泥配方中保证有足够的石膏量和外加 CaO 或钢渣，以提供 $Ca(OH)_2$。

硫铝酸盐水泥的主要水化产物为钙矾石，在水化初期便以针状结晶析出，形成一个彼此相互交错的水化硫铝酸钙结晶骨架，强化了水泥石的早期结构，因此早期强度增加。同时，生成的水化硅酸钙和铝胶充填于钙矾石结晶骨架的孔隙中，构成了致密的水泥石结构，从而使早期强度有明显提高。

3. 硫铝酸盐水泥的特性

目前用于地质勘探护壁堵漏的硫铝酸盐水泥有两种型号：H 型凝结较慢，而后期强度较高；R 型则凝结较快，而后期强度稍低。H 型和 R 型硫铝酸盐水泥的凝结和强度特性如表 6-7、表 6-8 所示。

表 6-7 净浆凝结时间

型号	水灰比	温度(℃)	初凝时间(min)	终凝时间(min)
			不早于	初凝后不迟于
H	0.5	20±2	30	30
R	0.5	20±2	15	10

表 6-8 净浆强度

型号	水灰比	温度(℃)	抗压强度(MPa)				抗折强度(MPa)			
			4h	8h	1d	28d	4h	8h	1d	28d
H	0.5	20±2	—	31.4	44.1	56.4	—	3.43	4.41	6.67
R	0.5	20±2	11.8	22.6	46.6	46.6	1.77	3.14	3.92	6.18

由表 6-7 可看出，硫铝酸盐水泥与水拌和后凝结很快。为提高其流动度以保证可泵性，

一般应添加减水剂。其次硫铝酸盐水泥是早强水泥，一般 H 型水泥 8h 的强度即可达到扫孔开钻所需的强度，R 型水泥 4h 便可达到扫孔开钻所需的强度，故可大大缩短灌注水泥浆后的候凝时间，可以达到"当班灌注，当班开钻"的要求。

(三)油井水泥

专门用于油气井固井的水泥称为油井水泥。其分类和品种繁多，国外主要有 ASTM(美国材料试验学会)和 API(美国石油学会)标准。分别在不同温度、压力条件下使用，API 标准 10《油井水泥材料和试验规范》中提出九个级别的分类，即 A、B、C、D、E、F、G、H 和 J 九个级别，如表 6-9 所示。中华人民共和国国家标准亦按上述分为九个级别，并分为普通型(O)、中抗硫酸盐型(MSR)和高抗硫酸盐型(HSR)三类。我国油井水泥生产还保留温度系列的标准，分 45℃、75℃、95℃和 120℃四种油井水泥。

表 6-9 API 水泥的分类

级别	使用深度范围(m)	使用温度范围(℃)	类型 普通	抗硫酸盐 中	抗硫酸盐 高	说明
A	0～1 830	≤76.7	●			普通水泥
B				●	●	中热水泥，中、高抗硫酸盐型
C			●	●	●	早强水泥，普通和中、高抗硫酸盐型
D	1 830～3 050	76～127		●	●	用于中温中压条件，中、高硫酸盐型
E	3 050～4 270	76～143		●	●	基本水泥加缓凝剂，高温高压用
F	3 050～4 880	110～160		●	●	基本水泥加缓凝剂，超高压、高温用
G	0～2 440	0～93		●	●	基本水泥，分中、高抗硫酸盐型
H				●	●	(不允许掺加任何其他外加剂)
J	3 660～4 880	49～160	●			超高温用(加入适量的硅质材料和石膏)

由于石油天然气钻井的井深大，井内压力大，温度高，而且一次注入水泥的量大，注浆时间长，因此要求水泥浆有较好的流动性，保证足够的可泵期，耐高温，耐腐蚀等。油井水泥与普通水泥的根本区别在于油井水泥具有严格的化学成分和矿物组成。

油井水泥的水化是放热反应，按其水化速度和结构的形成，大致可分为起始期、迟缓期、凝结期和硬化期。

(1)起始期。在水泥干粉与水混合的几分钟时间内，迅速发生水化反应，有大量水化热生成，在水泥矿物表面形成一层水化硅酸钙凝胶，因这种作用最初仅在水泥颗粒表面进行，只消耗一部分水，其余的水分充满于水泥颗粒之间，水泥浆具有流动性能。

(2)迟缓期。由于最初在水泥矿物表面生成的水化硅酸钙凝胶渗透率非常低，阻止了矿物进一步水化，而使水化速度明显变慢，此阶段，水泥浆的流动性能相对比较稳定，水泥浆的泵送入井应在这一时期完成。这一段时间可延续数十分钟到数小时。

(3)凝结期。随着水化继续向水泥颗粒的深处发展,矿物表面的水化硅酸钙凝胶胀开,水化过程又加速进行,产生的水化物交互生成网状结构,失去了流动性能,水泥浆进入了凝结时期,这段时间大约需几十分钟。

(4)硬化期。随着水化物继续沉积,大量晶体析出,体系的孔隙度、渗透率逐渐降低,强度逐渐增加,硬化成微晶结构的水泥石。这一段时期,随着水泥石渗透率的不断降低,水化反应速度逐渐变慢,但持续时间很长,可达数十天,甚至数年。硬化期的明显特征是强度增长,这也是固井所期求的。

各级油井水泥适用于不同的井况。A级只有普通型一种,适合无特殊要求的浅层固井作业,在我国大庆、吉林、辽宁油田用量较大。配制的水泥浆体系也较为简单,一般是A级油井水泥加入现场水按比例混合即可,有时根据需要可适当加入少量的外加剂如促凝剂等。B级具有中抗硫酸盐型(MSR)和高抗硫酸盐型(HSR)。C级又称做早强油井水泥,具有普通(O)型、中抗硫酸盐型(MSR)和高抗硫酸盐型(HSR)三种类型,一般适用于需早强和抗硫酸盐的浅层固井作业。C级油井水泥凭借其自身低密高强的特性,在浅层油气井的封固和低密度水泥浆的配制方面都有较大的优势。D级、E级、F级又称做缓凝油井水泥,具有中抗硫酸盐型(MSR)和高抗硫酸盐型(HSR),一般适用于中深井和深井的固井作业。D级油井水泥在我国华北油田、中原油田使用较多。由于要通过控制特定矿物组成的水泥熟料来达到D级油井水泥的指标要求,工艺复杂、生产控制难度大而造成成本较高,而且D级油井水泥可以通过G级、H级油井水泥加入缓凝剂来代替,该工艺较为简单,所以近几年D级油井水泥的使用量也在逐渐下降。E级、F级油井水泥在我国应用较少。G级、H级油井水泥被称为基本油井水泥,具有中抗硫酸盐型(MSR)和高抗硫酸盐型(HSR),可以与外加剂和外掺料相混合适用于大多数的固井作业。水泥浆体系也多种多样,G级、H级油井水泥可以与低密材料(粉煤灰、漂珠、膨润土等)配制低密度水泥浆体系,用于低压、易漏地层的封固;可与外加剂配成常规密度水泥浆体系,用于常规井的封固,可与加重材料(重晶石粉、铁矿粉等)外加剂配成高密度水泥浆体系,用于深井和高压气井的封固。其中G级油井水泥在我国用量较大。H级油井水泥比G级油井水泥要磨得粗一些,水灰比小,配成水泥浆密度在1.98左右,更适合配制成高密度水泥浆体系用于高压气井的封固,在我国塔里木油田使用较多。J级油井水泥适用于超高温高压条件下的注水泥作业,与促凝剂或缓凝剂一起使用。

我国油井水泥按用途可分为普通油井水泥和特种油井水泥。普通油井水泥按油(气)井深度不同,分为45℃、75℃、95℃和120℃四个品种,适用于一般油(气)井的固井工程。特种油井水泥通常由普通油井水泥掺加各种外加剂制成。以温度系列为标准的国产油井水泥参数如表6-10所示。

普通油井水泥与硅酸盐水泥的区别是:①减少了水化快的矿物,增加了水化慢的熟料矿物,如减少C_3S和C_3A的含量,增加C_2S的含量;②一般灌注时需加入缓凝剂。

研究表明:温度高于110℃后,水泥的强度(特别是抗折强度)有明显的降低,其次是水泥的抗腐蚀性能降低。在水泥熟料中加入SiO_2粉(石英砂),不但可以抑制水泥强度的下降,而且可使其有所提高。SiO_2粉的掺入量为20%~25%。SiO_2的掺入量对水泥抗折强度的影响如表6-11所示。

由表6-11可看出,水泥:石英砂=3:1或更大较合适,掺石英砂的水泥,随温度的升高,强度有所增大,这是由于SiO_2与熟料矿物反应生成低碱水化硅酸钙和形成水化石榴石之故。

对于温度在200℃以上,井深在6 000m以上的深井或地热井(温度在200℃以上)也可采用无熟料水泥,如矿渣砂质水泥、石灰砂质水泥、赤泥砂质水泥、石灰火山灰水泥等。

表6-10 以温度系列为标准的国产油井水泥参数

检验项目及类别		水泥分类						
		45℃水泥		75℃水泥		95℃水泥		120℃水泥	
适用井深(m)		0~1 500		1 500~2 500		2 500~3 500		3 500~5 000	
MgO(%)		5		5		5		6	
SO_3(%)		3.5		3.5		3		3	
细度(0.08 mm筛)(%)		筛余15		15		15		15	
安定性(沸煮法)		合格		合格		合格		合格	
静止流动度(mm)		>200		>200		>180		>160	
水泥浆流动度(mm)		>240		>240		>220		>220	
水泥浆密度(g/cm³)		1.85±0.02		1.85±0.02		1.85±0.02		1.85±0.02	
自由水(析水)(%)		<1.0		<1.0		<1.0		<1.0	
凝结时间	温度(℃)	45±2		75±2		95±5		120±5	
	时间范围h (min)	初凝 1:30~2:30	终凝 不迟于1:30	初凝 1:45~3:00	终凝 不迟于1:30	初凝 3:00~4:30	终凝 不迟于1:30	初凝 以稠化时间	终凝 30Be 3:10
强度(MPa)		不低于3.5,常压 48h,>4.0(抗折)		不低于4.0~5.5, 常压48h(抗折)		不低于5.5,常压 48h(抗折)		120℃,养护压力2.1MPa, 48h抗压强度>15MPa	

表6-11 SiO_2掺入量对水泥强度的影响

温度(℃)	不同配比(水泥:石英砂)混合物抗折强度(MPa)			
	3:1	2:1	1:1	1:2
110	4.53	4.48	4.59	4.26
130	6.1	5.72	5.21	5.16
160	7.8	6.98	6.87	6.15
180	8.36	8.07	7.76	5.13
200	9.2	8.97	8.88	4.76

(四)低密度水泥

在地质岩心钻探及油井工程中,地下情况复杂,常遇到严重的漏失层、地下水活动的地层、大溶洞地层或低压油气层等。为了在施工过程中防止出现水泥浆流失,解决因水泥浆密度过大而压漏地层和因浆液堵塞低压油气层等问题,需采用低密度水泥。

目前,降低水泥浆密度通常有以下三种方法:

(1)在水泥中加入高保水材料,增大水灰比,如加垗土、硅藻土、膨胀珍珠岩和低密度材料如粉煤灰、火山灰、硬沥青等代替水泥。它们具有成本低、使用方便、材料来源广等特点。但是,在低温下强度过低,高温下强度退化严重,密度只能降至1.4g/cm³左右。

(2)用空心玻璃微珠或陶瓷球作低密度固相材料。空心玻璃微珠是将熔融的玻璃通过特殊喷头喷出产生。空心玻璃微珠的粒径在 20~200μm 范围,壁厚在 0.2~0.4μm 范围,表观密度在 0.4~0.6g/cm³ 范围。

若将空心玻璃微珠部分替代水泥配制水泥浆,就可将水泥浆的密度降低。用玻璃微珠可以配得密度在 1.0~1.2g/cm³ 范围的水泥浆。此外,也可用空心陶瓷微珠(表观密度约为 0.7g/cm³)和空心脲醛树脂微珠(表观密度约为 0.5g/cm³)配制低密度水泥浆。

(3)用充气泡沫水泥浆。它可将水泥浆密度降至 0.42~1.68g/cm³,并在该范围内任意调节,这是其最大的优点。常用的配比为:水灰比为 0.5~0.6 的水泥原浆加水泥重量 0.5%~1%的泡沫剂。充气后水泥浆相对密度可降至 0.35~1.30g/cm³ 之间。泡沫水泥的相对密度愈低,其强度也愈小。同时,在相同的密度下其流动性好,是目前国内外较为关注的方法。

四、水泥外加剂

水泥外加剂是在施工作业时向水泥中加入的少量化学药剂,这是改善和调节某些水泥性能的有效途径。其特点是:用量小、使用简便、成本低、技术经济效益高。在钻井工程中,水泥中一般都需加入外加剂,以满足不同的工艺要求。例如普通硅酸盐水泥凝固时间长,强度增长速度慢,需要速凝及早强时,必须加入速凝剂及早强剂;又如硫铝酸盐水泥,凝固过快,流动性差,为了提高流动性和减慢凝固,需要加入减水剂或缓凝剂;再如严重漏失地区要求降低水泥浆的密度和失水量,以及为了防止地下水对水泥的腐蚀和水泥对金属管材的腐蚀等,则需按要求加入加气剂或起泡剂、防腐剂、降失水剂等。外加剂对水泥物理性能的影响如表 6-12 所示。

(一)水泥外加剂分类

水泥外加剂按其功用分为以下几种类型:
(1)调节水泥凝结硬化速度的速凝剂和缓凝剂。
(2)提高水泥早期强度的早强剂。
(3)降低水灰比、改善水泥浆流动性能的减水剂或减阻剂、稀释剂。
(4)减少浆液析水和失水的降失水剂。
(5)调节浆液密度的减轻剂或加重剂。
(6)增强水泥与岩层粘结强度的膨胀剂。
(7)防止浆液流失的堵漏剂等。

(二)减水剂或减阻剂

减水剂或减阻剂是一种能减少水泥拌和用水量,即降低水灰比、改善水泥浆流动性的水泥外加剂。减水或减阻的作用有以下三个方面:
(1)在保持相同的流动性条件下,减少水泥拌和用水量,即降低水灰比。
(2)在保持相同的水灰比条件下,可明显地改善水泥浆的流动性,有利于泵送施工,并降低浆液的流动阻力。
(3)在保持相同流动度的条件下,可调节水泥的凝结时间,并且能改善水泥石的密实性,相应地提高水泥的强度。

常用的水泥减水剂，按其化学成分不同，可分为木质素磺酸盐类，如木钙粉 M 型等；芳香烷基磺酸盐类，如 NNO，FDN 等；水溶性树脂磺酸盐类，如密胺树脂等；糖蜜类，如己糖二酸钙等；腐植酸类，如腐植酸钠等。其中以木质素磺酸盐类、芳香烷基磺酸盐类和腐植酸类应用较多。减水剂按其对凝结时间的影响，可分为促凝型、标准型和缓凝型三类。

表 6-12　外加剂对水泥物理性能的影响表

影响	外加剂	膨润土	膨胀珍珠岩	火山灰	砂粗	砂细	重晶石粗	重晶石细	赤铁矿	食盐浓	食盐淡	硅藻土	单宁	氧化钙	酒石酸或酒石酸钠	硼酸化合物	铁铬木质素磺酸盐	木质素及其盐类	NNO或MF	CMC	羧甲基羟乙基纤维素	氧化锌	糖类或糖类浓缩物	柴油	减轻剂	活性炭	砷酸盐	降失水剂
密度	减小	●	●	×								●												×	×		●	
	增大				●	●	○	●	●					×														
需水量	减少														×			×							×	×		
	增加	○	×	×	×		×					○															×	
粘度	减小									○		×	○	×	○	×	×	×	●									
	增大	×	×	×	×	×	×	×	×	×										○	○	●					×	
凝结时间	缩短					×							●															
	延长			×						●				●	●	●	●	●	×				×	×	×		×
稠化时间	缩短					×						○													×			
	延长									×		○		○	○	●		●	●	●	●							●
早期强度	减小	×	×	×					×																×	×		×
	增大					○				×																		
长期强度	减小	×	×	×																					×	×		×
	增大				●	●																○						
耐久性	降低	×	×				×	×	×																			
	增强				●	×	×																			×		
失水率	减小	○																		●	●						×	●
	增大			×	×	×	×	×		×		×																

注：●表示影响大，外加剂主要目的；○表示影响大；×代表影响较小，空白表示没有影响或微小。

减水剂或减阻剂的作用机理如下：水泥微粒加水拌和后，由于微粒间的分子力的作用，当水泥微粒之间的凝聚力大于用来润湿微粒表面的吸附力时，水泥微粒相互聚结形成一种凝聚结构（图 6-8），被凝聚体包围的游离水不能自由运动，水泥初始流动性变差。当减水剂加入水泥浆中后，由于水泥微粒表面吸附减水剂，拆散了凝聚结构，使水泥微粒分散在水中。产生分散的原因为：一方面，减水剂的憎水基团的定向吸附，亲水基团指向水溶液，并与极性水分子氢键缔合，使吸附膜厚度增大，水泥微粒分子间的距离增大，从而减少了水泥微

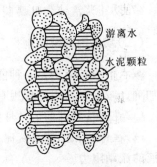

图 6-8　水泥微粒凝聚体结构示意图

粒分子间的分子引力;另一方面,水泥微粒表面吸附减水剂后,因亲水基团的电性,增加了水泥微粒的负电性。由于负电间的斥力,使水泥凝聚体结构破坏,水泥微粒分散在水中。由于这两方面的原因,凝聚体中被包围的水分子游离释放出来,从而改善了水泥浆的流动性,起到了减少拌和水、降低水灰比的效果。减水剂的作用机理如图6-9所示。常用的水泥减水剂推荐加量及性能如表6-13所示。

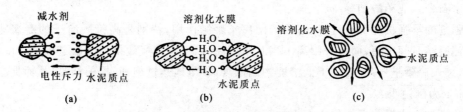

图6-9 减水剂作用机理示意图

表6-13 常用的水泥减水剂推荐加量及性能

类型	主要成分	掺量(%)	技术性能
木质素系	木质素磺酸钙(MG) 木质素磺酸钠 木质素磺酸镁	0.2~0.3	棕黄色粉末,属引气型减水剂,超掺导致数天或数十天不凝结,减水约10%,保持流动性不变,可提高强度8%~10%,适合夏季,泵送条件不宜高地温环境
萘磺酸盐系	β-萘磺酸盐甲醛缩合物,如 FDN,MNO,NF,MF	0.5~1.2	非引气型高效减水剂,减水率15%~30%,相应可提高28d强度10%以上,对钢材无腐蚀,具有早强功能,配制高强早强水泥,适合高温环境
树脂系	磺化三聚氰胺甲醛树脂减水剂	0.5~2.0	棕色液体,非引气型早强高效减水剂,性能优于萘系,价格较高,减水20%以上,1d强度提高1倍以上,7d可达28d强度基准,可泵性较差
糖蜜类	制糖业糖渣 +石灰中和	0.2~0.3	棕色粉末或液体,性能与MG相同,但缓凝比MG更强,减水10%左右

(三)早强剂

促使水泥浆凝结,加速水泥硬化过程,提高水泥早期强度的外加剂叫水泥早强剂。水泥早强剂可分为三类。

1. 无机化合物类

属于此类的有:

(1)氯盐,如 $NaCl,CaCl_2$ 等。

(2)硫酸盐,如 $CaSO_4,CaSO_4 \cdot 2H_2O,Na_2SO_4 \cdot 10H_2O,Al_2(SO_4)_3 \cdot 18H_2O,K_2SO_4$ 等。

(3)硝酸盐,如 $NaNO_2,Ca(NO_3)_2 \cdot 4H_2O,Ca(NO_2)_2 \cdot H_2O$ 等。

(4)碳酸盐,如 Na_2CO_3,K_2CO_3 等。

常用的为氯盐和硫酸盐。

2. 有机化合物类

目前使用较多的有三乙醇胺$[N(C_2H_4OH)_3]$、三异丙醇胺$[N(C_3H_6OH)_3]$、尿素和甲酸钙$[Ca(HCOO)_2]$等。

3. 复合类

它是有机化合物和无机化合物的复合,如三乙醇胺+氯化物、二乙丙醇胺+氯化钠、乙醇胺十二水石膏+亚硝酸钠等。

早强剂的早强机理:无机盐电解质的阳离子聚结作用,特别是高价阳离子的凝聚能力强,促使水泥凝结时间缩短,而低价阳离子当其浓度高时,也有促凝效果。其次是根据溶度积规则的原理,加入速凝早强剂,提高了低溶度物的浓度,较早地达过饱和,提前结晶,从而促凝早强。现以$CaCl_2$为例说明之。

氯化钙加入水泥浆后的作用机理如下:

(1)$CaCl_2$与水泥熟料矿物C_3A生成不溶性复盐——水化氯铝酸钙,早期就形成长纤维状结晶,并相互交叉结合,促使早期强度增加。

(2)水泥熟料中加入$CaCl_2$后,提高了水泥水化中$Ca(OH)_2$的浓度$[CaCl_2=Ca^{2+}+2Cl^-$,$Ca^{2+}+2OH^-=Ca(OH)_2]$,加速了水泥的水化速度,致使水泥速凝和早期强度增加。

(3)加入$CaCl_2$后,它能加速C_3A与石膏的反应,在水化初期就生成低硫型硫铝酸钙$C_3A \cdot CaSO_4 \cdot 12H_2O$和$C_3A \cdot Ca(OH)_2 \cdot 12H_2O$固溶体,使早期的水化物增多,水泥早期强度提高。

(4)加入$CaCl_2$后,增加了化学结合水,相应减少了自由水,这不仅有利于提高早期强度,而且还提高了水泥的密实度和不透水性。

氯化钠+三乙醇胺复合速凝早强剂的作用原理是:其中的氯化钠主要起速凝作用(原理与氯化钙相近,但较弱);其中的三乙醇胺主要起早强作用。因为三乙醇胺是表面活性剂,吸附在水泥颗粒表面,降低了其表面张力,加速了水泥的润湿水化分散,加快了水泥的水化反应。此外,三乙醇胺分子量小,在水泥颗粒表面形成薄的亲水膜,促使水泥分散,使单位体积中的颗粒数增加,故起速凝早强作用。这种复合速凝早强剂中,三乙醇胺掺量0.02%~0.03%为宜,掺量高于0.06%会引起水泥的严重缓凝,早期强度明显降低;氯化钠掺量为0.3%~0.5%。

(四)速凝剂

水泥速凝剂主要可以缩短水泥的凝固时间,而对强度的提前起的作用很小。常用的速凝剂有水玻璃、氯化钠、碳酸盐、磷酸盐、硫酸盐、铝酸盐、低分子有机酸盐等,复合型速凝剂有"711"等。促凝基本机理:通过压缩析出水化物表面的扩散双电层,使它在水泥颗粒间形成有高渗透性的网络结构,有利于水的渗入和水化反应的进行而起促凝作用。

水玻璃在水泥中的加量为2%~3%时起速凝作用,当加量少于2%时,则起缓凝作用。水玻璃速凝的原理是:水玻璃与水泥水化时生成的$Ca(OH)_2$发生强烈反应,生成大量的硅酸钙和二氧化硅胶体,从而使水泥迅速凝结。若水玻璃的加量达20%~30%时,则形成一种水泥-水玻璃速凝浆液,有速凝早强效果。

"711"速凝剂是由磨细的矾土、纯碱、石灰按一定比例混合烧成熟料后,再加无水石膏磨细而成。其中起速凝作用的主要成分是铝酸钠。"711"速凝剂的速凝性能是:当水灰比固定时,随着加量的增加，凝结时间缩短，强度增高。

(五)缓凝剂

能延缓水泥凝结时间的外加剂叫水泥缓凝剂。按化学成分可分为无机化合物和有机化合物。其缓凝机理包括：①吸附机理：缓凝剂吸附在水泥颗粒表面，阻碍与水接触。也可吸附在饱和析出的水泥水化物表面，影响其在固化阶段和硬化阶段形成网络结构的速率。②螯合机理：缓凝剂可与 Ca^{2+} 通过螯合形成稳定的五元环和六元环结构而影响水泥水化物饱和析出的速率。

无机化合物缓凝剂有硫酸铁 $Fe_2(SO_4)_3$、氯化锌 $ZnCl_2$、硼酸 $HaBO_3$、磷酸盐等。

有机化合物缓凝剂有纸浆废液、酒石酸、柠檬酸、单宁酸、糖蜜、纤维素等。

(六)降失水剂

固井施工时，水泥浆在压力下经过高渗透地层时将发生"渗滤"。水泥浆滤失速率比钻井液高得多，一般未加处理剂的水泥浆常规滤失量大于 1 500mL。一般固井要求失水量 <250mL，深井<50mL，油气层<20mL。水泥浆滤液进入地层，其后果一是使水泥浆失水，流动性变差，严重者可使施工失败；二是滤液进入储层对储层形成不同程度的伤害。降失水剂有以下作用：

(1) 当水泥浆液相向地层滤失时，水泥滤饼在地层表面形成。降失水剂的作用是改善滤饼结构使之形成致密、渗透率低的滤饼从而降低失水。

(2) 常用聚合物类降失水剂可增大水泥浆滤液粘度，增加向地层滤失的阻力，而降低水泥浆失水。

目前常用降失水剂主要有微粒材料和水溶性聚合物两大类。微粒材料包括膨润土、微硅、沥青以及热塑性树脂等，此外，胶乳水泥也有非常好的降滤失性能，胶乳是一种聚合物的悬浮体系，由油溶性或水溶性单体的乳液聚合或反相乳液聚合而成。水溶性聚合物降失水剂包括天然改性高分子材料 S24、S27、羟乙基田菁、羟乙基合成龙胶、改性纤维素、改性淀粉等以及合成水溶性聚合物，如 XS-2，LW-1，SZ1-1，SK-1，PQ-1 等。

降失水剂的作用机理：

(1) 物理充填堵塞作用。用降失水剂配制的水泥浆，在一定的压差作用下，分散在水泥浆中的降失水剂超细颗粒进入滤饼微孔隙中，并堆集在水泥颗粒之间，形成了可降低渗透性的水泥滤饼，控制水泥浆中的液体向渗透性地层漏失的速度，达到降低水泥浆失水的目的。

(2) 吸附和聚集作用。吸附和聚集双重作用是聚合物类材料降失水剂控制失水的主要作用机理。含有聚合物的水泥浆、聚合物微小颗粒或吸附在水泥颗粒表面，或通过相互交联桥接作用形成胶结的网状胶体聚集体，束缚更多的游离液，此水泥浆在一定的压差下，于滤饼和地层交界面处形成薄薄的一层非渗透性、韧性的膜或是薄而致密的非渗透性滤饼，阻止水泥浆中的自由水向渗透性地层渗透，从而控制了水泥浆失水。

(3) 提高液相粘度。聚合物水溶液的粘度和聚合物浓度与其分子量大小有关。高分子聚合物通过增大液相粘度来增大游离液向地层滤失的阻力，从而降低了水泥浆向渗透性地层失水，但这种聚合物将导致水泥浆稠度增大，很少单独使用。

(七)膨胀剂

锚固灌浆工程和油气固井工程也常用到膨胀剂。一般地,水泥浆在固化和硬化阶段会产生体积收缩,为增大锚固效果或防气窜(油气井)可采用膨胀剂。常用膨胀剂机理如下:

(1)半水石膏 $CaSO_4 \cdot 0.5H_2O + \frac{3}{2}H_2O \longrightarrow CaSO_4 \cdot 2H_2O$;

$$3CaO \cdot Al_2O_3 + 6H_2O \longrightarrow 3CaO \cdot Al_2O_3 \cdot 6H_2O;$$

$$CaSO_4 \cdot 2H_2O + 3CaO \cdot Al_2O_3 \cdot 6H_2O \longrightarrow$$
$$3CaO \cdot Al_2O_3 \cdot 3CaSO_3 \cdot 32H_2O(钙矾石)$$

(2)铝粉　$2Al + Ca(OH)_2 + 2H_2O \longrightarrow Ca(AlO_2)_2 + 3H_2 \uparrow$

(3)氧化镁　$MgO + H_2O \longrightarrow Mg(OH)_2$

氧化镁的固相密度为 $3.58g/cm^3$,而氢氧化镁为 $2.36g/cm^3$,所以水化后体积增大。

第四节　护壁与堵漏

一、不稳定地层护壁技术

解决孔壁稳定问题,首先应了解和弄清孔壁不稳定的性质和特点,它属于力学不稳定还是遇水不稳定,然后才能采取对策,正确地选用防塌方法和防塌泥浆的类型。在采用防塌泥浆稳定孔壁方面,随着有机高分子聚合物的应用,防塌的理论和新型防塌泥浆的应用发展较快。

(一)防塌机理

除保障孔内压力平衡外,稳定孔壁岩层的机理归纳起来还有以下几种。

1. 离子作用原理

离子作用的原理是利用无机盐类或无机碱类的离子,与粘土质的页岩表面进行离子交换,改变粘土的活性,从而控制粘土的水化膨胀性能。常用的无机盐和无机碱有 NaCl、KCl、$CaCl_2$、$MgCl_2$、NH_4Cl、KOH、$Ca(OH)_2$、$AlCl_3$ 等。尤其是 KCl 稳定孔壁的效能最好,这是由于:①钾离子水化能小,易紧密地吸附在负电荷中心附近,或易中和粘土表面的负电荷;②钾离子直径为 $2.66Å$,易嵌入粘土晶片的六角环中起封闭结构的作用,从而阻止泥页岩的水化;③钾离子一旦被粘土吸附后不易被其他离子交换下来。

关于碱金属氢氧化物,如氢氧化钾稳定粘土的机理,一些研究者认为是钾离子与粘土层中的 OH^- 发生作用,其一可能生成钾铝硅酸盐矿物沉积在岩层表面,阻止淡水与粘土的接触,从而抑制粘土的膨胀;其二是 KOH 与粘土发生不可逆作用,部分地溶解地层中的粘土,引起粘土的硅氧键破键,形成新的排列,从而使粘土稳定。碱土金属氢氧化物和 $Ca(OH)_2$ 稳定粘土的机理是 $Ca(OH)_2$ 与粘土发生不可逆的化学反应,产生一种与水泥水化物相类似的硅酸盐物质,形成渗透性低的阻层,从而减少粘土的分散膨胀。当然 K^+ 和 Ca^{2+} 同粘土表面的阳离子如 Na^+ 交换,降低粘土的水化程度,也可促使粘土稳定。

2. 包被作用

聚合物泥浆中的水溶性聚合物吸附在孔壁岩层或粘土矿物表面上,形成一层高分子吸附膜,阻止粘土与水的接触,从而抑制泥页岩的水化膨胀,对解理发育的岩层防止其进一步裂解。这种包被作用的实质是聚合物的长链在泥页岩表面产生多点吸附,一方面长链分子的多点吸附横向封闭了页岩的微裂缝,保持和增强了岩层的胶结强度;另一方面长链的多点吸附在岩层表面形成渗透性小的吸附膜,阻止了水分子的进入,从而抑制了泥页岩的水化膨胀。

3. 封堵作用

加入泥浆中的特种添加剂,如沥青、油渣等材料,可用来封堵属于力学不稳定的岩层的微裂缝或松散破碎带,防止钻井液中的水分沿岩层裂缝渗入地层和遇水剥落崩解的岩层,从而起到防止稳定孔壁坍塌的目的。近来应用较广的磺化沥青,是一种亲水性阴离子高聚物,其防塌机理是:①磺化沥青带有负电荷,岩层裂隙断裂边缘上常带正电荷,异性相吸,使带有负电荷的磺化沥青粒子被磺酸基团吸附到岩层裂隙边缘上,而憎水端朝向裂隙张开处,形成憎水膜,阻止水分子进入岩层;②泥浆失水后,磺化沥青微粒沉积粘附在孔壁上,形成薄而韧的可压缩性泥皮,阻止水的渗滤;③在孔内温度较高时,磺化沥青中未磺化的沥青微粒软化,软化的沥青粘贴在孔壁上,形成一层水不浸润的薄膜,起稳定孔壁的作用。

4. 活度平衡原理

活度平衡的实质是使泥浆的活度与地层水的活度相平衡,利用渗透原理来有效控制粘土、泥页岩的水化膨胀,保持孔壁的稳定。所谓活度平衡,就是调节泥浆中水相的含盐量,直到泥浆中水的化学位与页岩中水的化学位相等为止。活度平衡原理主要是用于油基泥浆抑制页岩地层,使油基泥浆中水相的活度与页岩水的活度相等,防止油基泥浆中的水转移到地层中去,从而抑制泥页岩的水化膨胀。

5. 正电势垒稳定原理

混合金属层状氢氧化物(MMH)与粘土矿物形成复合体后,在负电粘土颗粒的周围形成一层正电荷的势垒,能有效地阻止粘土的离子交换,从而起到稳定活度的作用,有效地抑制粘土矿物的渗透水化而膨胀。

实际应用的防塌泥浆,因其组成的不同,往往一种防塌泥浆具有上述5种机理中的几项防塌机理。例如KCl-聚合物泥浆既有无机盐离子作用的防塌机理,又有高分子聚合物包被作用的防塌机理,即一种防塌泥浆的配制,往往是采用了几种防塌机理的综合。

(二)防塌措施

(1)提高钻井液密度,使井内压力大于岩层的坍塌压力。

(2)在工艺允许条件下,增大泥浆的粘度和切力,增强封堵,强力携砟,如钙盐体系防塌泥浆。

(3)对于水敏性地层,使用防塌泥浆体系抑制页岩水化,常用的防塌泥浆体系有:低失水、高矿化度的水基泥浆;强抑制性泥浆,如甲基钻井液、MMH钻井液、甲酸盐钻井液、硅酸盐钻井液、聚合醇钻井液;油包水乳化泥浆;沥青类泥浆,如乳化沥青泥浆;合成基钻井液;泡沫泥浆以及气体钻井液。

(4)胶结法护孔。对于严重的力学不稳定地层,如破碎带和坍塌地段,以及不胶结的松散和流砂砾石层等,仅采用上述在钻进过程中维护孔壁稳定的措施往往难以见效。胶结护孔,即用水泥浆液或化学浆液灌注到破碎坍塌地段,将不稳定孔壁胶结起来以提高其稳固性。胶结材料的选用及胶结机理等将在其他章节中介绍。

(5)套管护孔。在条件允许的条件下采用套管护孔。

针对力学不稳定地层,如在胶结不好的砂、砾石地层钻进时,容易产生跳钻、井眼被填、越钻越浅、接单根和起下钻时阻卡严重以及泥浆漏失等现象。另外,由于机械原因造成井壁不稳定,如表6-14为机械因素诱发井内不稳定和解决措施。总之,针对力学不稳定地层的处理方法有以下几种:①增加低剪切速率下的粘度来改善携带能力;②如果可能,增加泥浆密度;③保证层流流态避免机械冲蚀;④用各种尺寸堵漏材料的稠塞子来对付漏失;⑤挤水泥;⑥下套管封隔。

表6-14 机械原因诱发的井下问题和解决方法

问题	原因	表现	解决方法
机械冲蚀	紊流,钻具的几何形状,不适当的流变性	返出大小形状不一的岩屑,井眼冲大,迟到时间过长	调整流变性或减低排量,减小钻具直径来保证达到层流或过渡流
液柱压力欠平衡	泥浆密度不够,高压地层	泥浆气侵,大量崩裂或凹陷的岩屑返出,起下钻时,下钻不到底	增加泥浆密度来平衡地层压力
钻具击打	过大的旋转速度	返出各种形状、各种岩性的混合小钻屑	降低转速,使钻具处于受张力状态
抽吸或压力激动	过快的起下钻速度,高切力,不适当的钻具组合	井漏,起下钻时有油、气、水侵入井内或大量岩屑充填井眼,不适当的泥浆顶替作业	减小起下钻速度,调低泥浆切力

针对水敏性地层,如页岩地层,页岩水化(表面吸附和渗透吸附)导致膨胀分散,表现为:钻头泥包,泥岩水化缩径,井眼冲刷,页岩剥落,井眼扩大,椭圆井眼,固相微粒的积累,容易形成砂桥或下钻不到底,卡钻或打捞落鱼困难以及清洁井眼困难等。这类地层(如页岩)需要采用抑制性钻井液来解决问题。

表6-15列出了典型钻井液和稳定页岩的物理化学方法。

表6-15 页岩稳定机理和应用

种类	钻井液类型	稳定机理	应用
电解质	使用NaCl,含钾、石膏、石灰、混合铝	阳离子交换Li^+,Na^+,K^+,Mg^{2+},Ca^{2+},AL^{3+}及交换顺序	软、高分散的水化泥页岩,蒙脱石含量高的泥页岩,含较多水化倾向大的混合层
聚合物	PHPA体系	包被机理	软、高分散泥页岩,高含蒙脱石和伊利石富含水化膨胀混层的页岩;结合使用电解质来增强抑制性
沥青类	加各种沥青类产品的体系	充填和封堵微裂缝,减少滤液在沉积层间的侵入	中硬、有剥落倾向、中等分散的页岩,粘土层间含页岩,有时伊利石和盐层间高含页岩
油基泥浆	各种类型的油基泥浆	油为外相,水相活度平衡	有剥落倾向的高分散和多裂缝页岩,硬脆页岩,其中中等分散的页岩出现严重剥落

第六章 护壁堵漏与固井

下面分别介绍油包水反相乳化泥浆和 MMH 泥浆抑制机理。

(1) 油包水反相乳化泥浆。油包水乳化泥浆可有效地抑制水敏性泥页岩地层、大段岩盐层；适用于钻低压的粘土含量高的油气层，也适用于高温、高压超深井钻进。这种泥浆能抗各种酸气对金属钻具的腐蚀，润滑性能良好，还具有防塌、防卡性能。

油包水反相乳化泥浆是以油为外相、水为内相，用乳化剂配制而成的。油包水反相乳化泥浆在孔内循环时，在孔壁上形成一层油膜阻挡层，阻止孔壁的水化膨胀。

油包水反相乳化泥浆的组成：①油相，一般采用柴油或煤油，油相占 60%～70%；②水相，一般采用饱和盐水或按活度要求调节其含盐量；③乳化剂，一般为主剂和辅助剂的复合剂，包括油溶性和水溶性乳化剂。常用的乳化剂有石油磺酸铁、十二烷基酰醇胺、腐植酸酰胺、司盘-80 等；④油中可分散的胶体用于悬浮重晶石和岩屑、增粘和降失水主要使用的有机膨润土和氧化沥青；⑤水相活度调节剂，按占水相体积计，常用的盐有氯化钠、氯化钾、氯化钙等；⑥碱度调节剂，调节泥浆的 pH 值，一般用石灰；⑦加重剂，提高泥浆的密度，常用重晶石；⑧消泡剂，可用甘油聚醚等。如某配方为：柴油 78%，饱和盐水 30%，石油磺酸铁 10%，司盘-80，加量为 7%，腐植酸酰胺 3%，有机土 3%，氧化沥青 3%；水相活度调节剂 NaCl 16%，KCl 5%，$CaCl_2$ 15%，生石灰 9%，重晶石 0～200%。

(2) MMH 泥浆。混合金属层状氢氧化物胶体（MMH 正电溶胶）。MMH 是人工合成晶体的溶胶，带正电荷。其主要用作特性吸附剂，如从海水中吸附、提取锂，作为泥浆处理剂是在 20 世纪 80 年代后期，由美国化学品公司开发。它属于无机处理剂，是一种很强的絮凝剂，可与易水化的粘土矿物发生作用，从而抑制其分散。用 MMH 处理低膨润土含量的水基泥浆可获得较高的粘切、较低的塑性粘度和特优的剪切稀释特性，其水溶液具有很高的屈服值和较弱的凝胶强度，因而表现出"动即流，静即凝"的特性。但其降滤失性能较差，必须配合使用非离子型的降滤失剂才能满足钻井要求。这类钻井液主要用于解决复杂地层的携岩与防塌问题，同时它对油气层的损害程度较小。MMH 的晶体构造随合成方法和化学成分的不同而异。一般而言，其单元晶层是由一层或数层为阴离子基团所围绕的混合金属离子相间重叠而成的。作为独立存在的单元，大小约 200～500Å，其厚度为 5～10Å，有的可达 80Å。

在 MMH 的层状结构中，没有足够的空间容纳等电量的阴离子基团，故 MMH 晶体带正电，层间吸附可交换的非结构性阴离子，以维持电荷平衡。

MMH 与粘土颗粒的吸附及泥浆的转化。由于 MMH 是带正电荷的胶粒，与带负电荷的粘土胶粒相吸引，形成复合体，从而把阳离子挤出去。这种复合体既可以粘土颗粒为中心，也可以 MMH 胶粒为中心，根据它们的相对浓度而定。当 MMH 浓度较低时（MMH 胶粒为中心），体系为负电体系；当 MMH 浓度较高时，体系以粘土颗粒为中心而转化为正电体系。

因此 MMH 泥浆依 MMH 在泥浆中的含量不同，可以是负电泥浆体系，也可能转化为正电的泥浆体系。泥浆为负电体系时，原来的各种泥浆处理剂均可使用。MMH 泥浆转为正电泥浆后，原来的处理剂不能使用，必须开发新的正电类处理剂，特别是降滤失剂。

目前在生产中应用的 MMH 泥浆，因 MMH 加量较小，都是负电体系，故仍可用原有的泥浆处理剂。

为使钠膨润土泥浆在 MMH 浓度较低时便能转为正电体系，可向钠膨润土-MMH 体系中加入 $AlCl_3$。当 $AlCl_3$ 加入到钠膨润土-MMH 复合体的负电体系中，体系便转化为正电性较大的正电泥浆。

MMH泥浆的防塌效果,经室内膨胀试验、页岩回收率试验、CST试验和抗粘土侵试验,证实1‰MMH的抑制作用达到了10%KCl的抑制水平。实际上MMH泥浆的防塌原理尚需进一步研究。

二、钻孔涌水与漏水的预防及治理

钻孔漏失与涌水从工艺角度讲,就是钻孔-地层系统的压力平衡问题。泥浆的重要作用之一就是平衡地层压力,保证井壁稳定。因此,泥浆压力必须保持在一个安全范围之内。泥浆压力取决于泥浆密度,即泥浆密度必须有一个安全密度窗口。密度太小,孔壁不稳定或涌水;密度太大,压裂地层或漏水。

为了便于分析,我们从泥浆密度角度介绍如何增加和降低泥浆。如要配制密度为$\gamma_{浆}$的泥浆,根据质量守恒和体积不变原则:

$$W + V_{水} \gamma_{水} = V_{浆} \gamma_{浆} \tag{6-31}$$

$$W/\gamma_{土} + V_{水} = V_{浆} \tag{6-32}$$

式中:W——加土量(kg);$V_{水}$——所需水体积(L);$V_{浆}$——配制的泥浆体积(L);$\gamma_{水}$、$\gamma_{土}$、$\gamma_{浆}$——分别为水、膨润土和泥浆密度(kg/L)。

将式(6-32)的$V_{水}$代入式(6-31),需要相应的膨润土质量为:

$$W = \frac{V_{浆} \gamma_{土}(\gamma_{浆} - \gamma_{水})}{\gamma_{土} - \gamma_{水}} \tag{6-33}$$

用水量为:

$$V_{水} = V_{浆} - \frac{W}{\gamma_{土}} \tag{6-34}$$

如钻孔涌水,泥浆密度达不到要求,需要进行加重,假设加入惰性加重剂,如重晶石、铁矿粉、方铅矿粉等。加重剂加量计算方法如下:

同样根据质量守恒、体积不变原则有下式:

$$\gamma_{加} V_{加} = \gamma_{原} V_{原浆} + m_{剂} \tag{6-35}$$

$$V_{加} = V_{原浆} + \frac{m_{剂}}{\gamma_{剂}} \tag{6-36}$$

由以上两式,计算得到加重剂用量:

$$m_{剂} = \frac{(\gamma_{加} - \gamma_{原浆})\gamma_{剂}}{\gamma_{剂} - \gamma_{加}} V_{原浆} \tag{6-37}$$

或

$$m_{剂} = \frac{(\gamma_{加} - \gamma_{原浆})\gamma_{剂}}{\gamma_{剂} - \gamma_{原浆}} V_{加} \tag{6-38}$$

式中:$m_{剂}$——加重剂用量(kg);$V_{原浆}$、$V_{加}$——分别为原浆体积和加重之后的泥浆体积(L);$\gamma_{加}$、$\gamma_{剂}$、$\gamma_{原浆}$——分别为加重后的泥浆密度、加重剂密度和泥浆原浆的密度(kg/L)。

本节主要讨论钻孔漏失的预防与处理措施。

(一)钻孔漏失的预防

由前面关于漏失原因的分析得出,预防钻孔漏失应从以下方面着手:①降低孔内液柱压力;②降低环空循环压力损失;③降低激动压力;④增加液体在漏失通道中流动时的阻力,减小漏失断面或完全堵塞漏失通道。因此防漏的主要措施如下:

(1)调节冲洗液的密度。冲洗液在孔内的液柱压力主要取决于冲洗液的密度。降低冲洗液的密度是降低孔内液柱压力的主要方法。为了降低冲洗液的密度,应采用优质土造浆,这样加土量小,密度能降至 $1.04\sim1.06\text{g/cm}^3$,并且用优质土造浆,泥浆的流变参数较好,泥浆的粘度和切力低,流型较好,这又可降低环空循环中的压力损失和升降钻具时的激动压力。

(2)强化泥浆的净化工作。岩粉混入泥浆,使泥浆的密度增大,从而使孔内静液柱压力增大,因此,必须尽量把携带出地表的岩粉从泥浆中分离出去,必须做好机械除砂。若净化仍不能达到所要求的低密度,则可向泥浆中加水进行稀释,以降低密度,此时应适当补充化学处理剂。降低泥浆密度,加水稀释所需的加水体积量计算公式如下:

$$x = \frac{V_{原}(\gamma_{原} - \gamma_{稀})}{\gamma_{稀} - \gamma_{水}} \tag{6-39}$$

式中:$V_{原}$——原浆体积(L);$\gamma_{原}$——原浆密度(kg/L);$\gamma_{稀}$——加水稀释后的泥浆密度(kg/L);$\gamma_{水}$——水的密度(kg/L)。

(3)调节冲洗液的流变特性。在实际钻进中,往往静止时钻孔不漏失,一旦钻进,冲洗液循环,便产生漏失,这便是动压力造成的孔内漏失。要降低漏失量,除钻孔结构及钻具组合应合理外,重要的是冲洗液的流变特性。泥浆的粘度和切力过高,必然会使环空压力增高,甚至会压裂地层造成漏失,因此应尽力降低泥浆的粘度和切力。此外,较高的粘度和切力在升降作业时激动压力亦必然较大,这时最易压裂地层而造成漏失。因此,调节冲洗液的流变特性是预防漏失的重要一环。

(4)冲洗液中添加惰性充填材料。钻进中往冲洗液中添加部分惰性充填材料,如植物果壳磨碎物、锯末、云母片和化学堵漏材料,在循环中堵塞漏失通道,达到减小漏失通道断面或完全封堵通道,以此来防止冲洗液的继续漏失。

(5)采用低密度冲洗液。若采用清水为冲洗液仍有漏失时,可往冲洗液中充气(配合泡沫剂)或采用泡沫作为冲洗介质以防止漏失。

(6)完善钻进技术及工艺措施。包括钻具配备及组合、工艺规程和钻进操作等各方面的措施均应合理。如井身结构与钻具的配备应尽量能用最小的泵量便能保证环空中有必要的流速,漏失孔段尽量限制冲洗液流量,减少升降钻具次数和限制升降钻具的速度,操作平稳等,以降低环空压力损失和激动压力值。

(二)钻孔漏失的治理

1. 治理方法分类

地质勘探钻进时治理钻孔漏失的方法很多,按其特点大致可分为下述四类。

(1)增阻法。增大漏失通道的流动阻力或减小以致完全堵塞漏失通道的断面,这种方法一般是非固结硬化性的,治理后必须用泥浆恢复钻进。属于这一类的有各种堵漏泥浆,加有惰性充填材料的各种泥浆。

(2)注浆固结法。采用各种堵漏浆液注入到漏失带,以封堵漏失通道,这种方法一般是固结硬化性的。治理后可得到强度较高的不漏失的固结圈,因而其后钻进可用不同种类的冲洗介质。属于这一类的有各种水泥浆液、化学浆液、沥青乳液等。

(3)隔离法。用金属或其他材料的套管下到孔内漏失孔段隔离漏失带,下套管隔离后钻进可恢复正常,但需减小一级口径。

(4)其他方法。包括改液体冲洗钻进为空气洗井钻进、气液混合液钻进、无泵钻进等。

上述四大类治理方法中,在实际工作中应用最普遍的是前两类方法。概括起来讲,治理漏失主要是灌注浆液(非固结硬化性的和固结硬化性的),无效时才改用下套管隔离法。在条件适合时亦可改用其他钻进方法来处理。

2.非固结硬化的堵漏浆液

这种浆液堵漏的原理是增大漏失通道中液体流动的阻力或减小漏失通道的断面,甚至完全堵塞漏失通道。

(1)非固结硬化堵漏浆液的种类及其应用。这类浆液大多是各种类型的泥浆,以及加有惰性充填材料的泥浆,主要用于轻微漏失。

1)稠泥浆。稠泥浆静止时,岩粉和粘土沉淀,堵塞漏失通道,减小或消除漏失,一般需静止沉淀一天以上时间才能有效。

2)高粘、高切、低密度泥浆。用优质膨润土造浆,加增粘及降失水用高聚物,以致密坚韧的泥皮封闭微裂隙。

3)冻胶泥浆及其他结构泥浆。泥浆中加入水泥、氯化钙、水玻璃等结构形成剂,配成的高粘度冻胶状膏浆,静止后能形成强度不高的凝结物,以减小或消除漏失。

4)聚丙烯酰胺泥浆。利用未水解聚丙烯酰胺起完全絮凝的原理,以絮凝物堵塞漏失通道,从而减小或消除漏失。

5)石灰乳泥浆。在泥浆中加10%~25%的石灰乳形成高粘度、高失水的泥浆,以聚结物堵塞漏失通道,从而消除漏失。

6)加有惰性充填材料的泥浆。泥浆中加入各种形状的惰性充填材料,以充填材料堵塞漏失通道,从而消除漏失。

(2)惰性充填材料的应用。在泥浆中使用惰性充填料,既是预防漏失的手段,又是治理漏失的方法。其功用主要是由于滤失而形成的充填颗粒堆积物在漏失通道中填塞、堆积、膨胀,并由于过滤压力的作用而压实,从而堵塞漏失通道,解决钻孔冲洗液的漏失。

目前惰性充填材料已系列化和商品化,其材料来源大多是工业生产中的废料。惰性充填材料大体上可分为纤维状的、片状的和粒状的三类。它们可以单独使用,也可以复配使用,在泥浆中的浓度依需要而改变。

惰性充填材料堵塞的有效性与堵漏材料的颗粒大小、形状、粒度数量(浓度)和颗粒的级配等有关。正确选择颗粒的粒度和级配,对堵塞漏失有重要意义。根据计算和实验得出,可靠地堵塞漏失通道的惰性充填材料的最大尺寸应等于裂缝张开量的1/2,而且不同大小的填充材料应按照一定的比例配合,才能得到最佳效果。粗颗粒在裂缝中造成堵塞骨架,而细小颗粒则充填其中,可减少渗透性和提高稳定性。

锯末、云母、棉子壳、核桃壳、赛璐珞、塑料粒、碎橡皮、纺织纤维的废料等,均可作为堵漏用惰性材料。表6-16是广泛应用的惰性充填材料堵塞性能的试验结果,可供现场应用参考。

常用的惰性充填材料的体积比配方如下:

1)核桃壳:云母:棉籽壳=1:1:0.5。

2)核桃壳:云母:甘蔗渣=1.5:1.0:0.5。

3)核桃壳:云母:石棉粉=1:1:0.5。

4)核桃壳:花生壳:棉籽壳=1:1:1。

5)棉籽壳:蛭石:纸屑=1:1:1。

表 6-16 各种堵漏材料堵塞性能的试验结果

充填材料	形状	组 成	浓度 (kg/m³)	堵塞裂缝的最大尺寸(mm)
核桃壳	粒状	50%粒径4.76~1.94mm和50%粒径1.94~0.146mm组成	57	5.0
核桃壳	粒状	50%粒径1.94~1.19mm和50%粒径1.19~0.59mm组成	57	3.0
塑料	粒状	50%粒径4.76~1.94mm和50%粒径1.94~0.146mm组成	57	5.0
石灰石	粒状	50%粒径4.76~1.94mm和50%粒径1.94~0.146mm组成	114	3.0
锯末	纤维状	粒径6.36mm	28.5	3.0
锯末	纤维状	粒径1.59mm	59	0.5
赛璐珞	片状	粒径19mm	23	3.0
赛璐珞	片状	粒径12.7mm	23	1.5
树皮	纤维状	粒径9.52mm	34	1.5
碎木	纤维状	粒径6.35mm	23	1.0
膨胀珠光体	粒状	50%粒径4.76~1.94mm和50%粒径1.94~0.146mm组成	170	3.0
棉籽	粒状	纤细的	28.5	1.2

6)花生壳∶云母∶皮革粉＝1.5∶1∶0.5。

3.固结硬化的堵漏浆液

(1)对堵漏浆液的要求。

1)能在岩石孔隙中形成坚固的堵塞物。

2)硬化时不形成砂眼和裂缝,水和气均不能渗透。

3)浆液在压差作用下能够渗入微裂隙,但在自重作用下不会沿裂隙流动。

4)对裂隙壁有良好的粘结性,对被封堵的岩石能产生加固作用。

5)浆液因物理化学作用而逐渐固结硬化,其形成的结构和固结硬化速度能够任意调节。

6)浆液具有沉降稳定性,有抵抗地下水冲刷的能力。

7)在低温和高温条件下不致改变其堵塞性能。

从工艺要求方面,这种堵漏浆液应使用方便安全,因而要求:水泵易于泵送;流变性能易调节;对搅拌不敏感;允许与其他冲洗液合用;无毒;储存时不易变质;材料来源广、价格便宜。

堵漏浆液应测定的主要性能参数有密度、流动性、可泵性、含水性、凝固时间、结构强度、沉降稳定性、耐热性等。

固结硬化应取样,测定其下列性能:抗压、抗拉、抗弯强度;样品的渗透性;抗地下水的腐蚀性;硬化后的体积变化等。

(2)固结硬化堵漏浆液的种类。目前,常用的固结硬化堵漏材料有下列几类:

1)水泥材料。它是以水泥为基础成分的固结材料,为调节其工艺性能,加有速凝剂、早强剂、减水剂等。因水泥品种不同和加入的外加剂不同,可形成多种类型的水泥固化材料,以满足不同孔深、不同温度条件下的堵漏需要。水泥类固结材料灌注或投放方法如下:

①孔口灌注法。将水泥配制成水泥浆,当孔较浅、裂隙宽且孔内水位很低,则可从孔口直接倒入浓度较大的水泥浆,利用孔口与孔内液面高差所产生的位能,将水泥浆压入所封堵层。

为了使孔口灌注顺利,也可在孔口插入小尺寸灌注导管至灌注孔段,再倒入水泥浆,借水泥浆的自重灌入。水泥浆液的优点是材料来源广、价格便宜、浆液性能可调、无毒、结石强度高、操作简便等。它是目前应用的主要堵漏浆液。其缺点是相对密度较大、微裂缝难以渗入、易被地下水稀释等。当孔口倒入困难时,则采用孔口泵送法,具体工艺见本章第五节。

②灌注器灌注法。当堵塞大的裂隙或溶洞时,为了减少水泥浆的流失,往往选用水灰比较小(0.3~0.35)、浓度大的水泥浆或速效混合液进行灌注。这时水泵无法吸入泵送,可采用灌注器灌注法。有时当封闭的孔段较短,浆量不多或钻进中遇到多层间断漏失,为了及时处理也可采用此法。此法优点是不受孔深限制,浆液性能不受流动性限制且对水泥浆稀释较少,但需专用灌注器,灌注时要求相当严格。

灌注器的种类较多,目前大多采用水压活塞式灌注器,其工作原理是:灌浆时,将水泥浆装入盛浆管内,然后将灌注器用钻杆下至漏失层位,开动水泵后压力水经钻杆进入灌注器推动水泥浆,上部活塞将灌注器的排浆阀打开,则水泥浆被压出进入漏失层。图6-10所示是一种水压活塞式灌注器。其结构简单,操作方便。工作时在水压作用下通过活塞6把盛浆管4的水泥浆往下挤压,剪断销钉9,打开阀门8,水泥浆即可排出管外,进入需要封堵的部位。

现场为了加大灌注量,采用不同尺寸的岩心管作为盛浆管,取得了良好的技术经济效益。

③网袋浆液或干料投放法。当遇到较大溶洞时,为了降低水泥浆的大量流失,最好采用网袋注水泥或投放干料,以控制水泥浆的扩散流失范围(图6-11)。近年来以水泥为主要材料,另外加入适量的其他成分而形成多种组分的混合浆液或速凝混合物,以适应不同的漏失层,取得了较好的效果。如水泥、聚丙烯酰胺配成的混合浆液,具有抗水性强、有一定弹性等特点,其配方为:水灰比为0.5的普通硅酸盐水泥,1%未水解的分子量(300~600)×10^4的聚丙烯酰胺水溶液,氯化钙3%。又如水泥和泥浆配合形成的冻胶水泥浆液。水泥和脲醛树脂形成的速凝混合物,可封堵大裂隙漏失地层等。将干粉或浆液用塑料袋装好,单独送入孔内或随钻具下入孔内,然后用钻具搅拌,利用钻孔内的水搅拌和捣固,使浆液进入裂隙而堵漏。

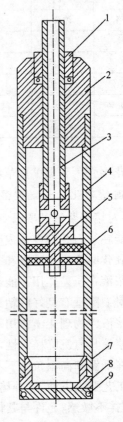

图6-10 活塞式灌注器结构示意图
1.压盖;2.滑动接头;3.钻杆;4.盛浆管;5.分水接头;6.活塞;7.接头;8.阀门;9.销钉

④水泥球投入法。将水泥与少量水混合成水泥球或专门制作具有合适的凝固时间和强度的水泥丸,投入孔内后再下入钻具冲击挤压,使其挤入漏失层,具体见第七章。

2)合成树脂浆液。也称化学浆液,它是以人工合成树脂为主要原料,在固化剂的作用下迅速形成具有一定强度的固结物,从而封堵裂隙、洞穴等漏失地层。合成树脂浆液有多种类型,如脲醛树脂浆液、氰凝浆液、不饱和树脂浆液等,其中以脲醛树脂应用较多。应当指出,虽然化学浆液有流动性好、固结快等优点,但由于化学浆液本身的化学组分来源不足、价格较高、有毒、易燃等缺点,在使用上受到了限制。

各种堵漏方法及其适用范围如表 6-17 所示。

三、其他护壁堵漏材料及方法

(一)脲醛树脂水泥球堵漏

脲醛树脂水泥球可用于裂隙较大并伴有地下水活动的漏失层。

脲醛树脂水泥球是用脲醛树脂胶粉,加入早强水泥或普通水泥后与水配制而成。脲醛树脂水泥球具有强的抗水稀释性能、与岩石结合力强、早期强度高的特点,且材料来源广,成本低,是一种较好的堵漏材料。

当用硫铝酸盐水泥配制脲醛树脂水泥球时用酒石酸作缓凝剂,而用普通硅酸盐水泥时则用水玻璃作促凝剂。具体配方可参考第七章。

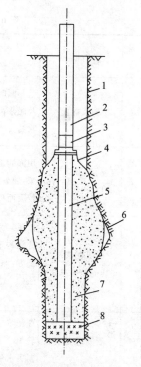

图 6-11　网袋灌注水泥浆示意图
1.钻孔;2.钻杆;3.正反接头;4.布袋;
5.带孔眼的钻杆;6.溶洞;
7.水泥浆;8.堵塞物

(二)堵漏片堵漏

堵漏片是一种干性堵漏材料,它是用聚乙烯醇、羟甲基纤维素、糊精、重晶石粉、粘土粉等为原料压制成型的干性堵漏材料,适用于中等以上漏失地层的堵漏。它有一定的湿强度、湿粘结性和耐水性,可以根据堵漏的要求制成各种尺寸的片剂,直接送入孔内(孔口投送和输送器输送),然后用无岩心钻头扫孔,将钻孔中未进入漏失通道的片剂挤向孔壁四周。试验表明,它对中等裂隙以上的漏失进行堵漏有较好的效果。

(三)干粉堵漏法

干粉堵漏法所用的速凝混合物的成分为矾土水泥60%、半水石膏35%、粉状熟石灰5%。其初、终凝时间相应为1~5min。

采用干粉堵漏时,将干粉装在专门的聚合物袋中,用岩心管送到需护壁堵漏的孔段,如图6-12(a)所示,送入冲洗液将聚合物袋压出岩心管,然后把钻具提出孔外,再向孔内下入专门器具。干堵漏的专用器具(图6-13)由牙轮钻头1、单流球阀3、左螺旋杆2和挤抹器4组成。当此器具下到复杂孔段时,钻头就钻散堆在孔内的、装在不透水聚合物袋内的速凝混合物。速凝混合物与水搅拌形成水溶性膏糊。钻头向下旋转时,专门器具上的左螺旋旋转时产生一定的压力把膏糊挤压到孔壁中去,挤抹器和螺旋杆则把堵漏材料往孔壁上涂沫,并使孔壁规整[图6-12(b)、(c)]。

表 6-17　各种堵漏方法及其适用范围

堵漏材料或方法	编号	名称	配方及性能	灌送方法	是否固化及强度高低	适用范围
泥浆	1	稠浆静止	遇井漏时,提钻静置 8~36h,利用岩粉及泥浆沉淀物堵塞漏失通道,减小或消除漏失	泵送冲洗液	不固化	处理轻微漏失
	2	高粘度、高切力轻相对密度泥浆	用膨润土配制比重为 1.1~1.15 的泥浆,加处理剂使粘度达 30~40s,切力较大而失水较小的泥浆循环	泵送冲洗液	不固化	用于预防或处理微漏失
	3	冻胶泥浆及其他结构泥浆	以泥浆为主,加入水泥、$CaCl_2$、水玻璃等结构形成剂,配成高粘度冻胶状物。配方:1m³ 泥浆加水泥 150~200kg,$CaCl_2$ 或水玻璃 15~20kg(原浆粘度为 50s)	泵送或从孔口注入,静止 24h	能凝固但强度很低	轻微漏失,孔内水位较低的完全漏失
	4	石灰乳泥浆	在泥浆中加入比重为 1.3~1.4 的石灰乳 10%~20%,形成高粘度泥浆(不控制失水量)	泵送或从孔中注入,静止一定时间	不固化	完全漏失,但失水对孔壁不利
	5	加入惰性材料的泥浆	在泥浆中加入各种形状的惰性堵漏材料,其尺寸按漏失通道大小确定	泵送冲洗液	不固化,可堵塞通道	轻微及中等漏失
	6	聚丙烯酰胺泥浆	加入未水解聚丙烯酰胺使泥浆中固相完全絮凝,加量由试验定	泵送或专用工具送入,搅匀静止	不固化,絮凝物堵漏	轻微漏失,中等漏失
	7	泡沫泥浆	泥浆中加入发泡剂及稳泡剂,使泡沫稳定地分散在泥浆中,比重为 0.7~1.0	泵送	不固化	轻微漏失至完全漏失
水泥浆	8	普通水泥浆	普通硅酸盐水泥,小水灰比,可加入各种外加剂调节水泥浆性能	泵送或专用工具送入	固化强度高	完全或严重漏失
	9	特种水泥浆液	油井水泥、矾土水泥、硫铝酸盐水泥等,使用时用外加剂调节其性能	同上	同上	同上
	10	带充填物的水泥浆	加入粘土配成胶质水泥浆,加入细砂、珍珠岩纤维状物质等配成充填物水泥浆,以增加堵塞能力	同上	固化,有一定强度	同上
	11	泡沫水泥浆液	水泥浆中加入发泡剂以降低浆液相对密度,如水灰比为 0.6 时,100kg 水泥加 0.2kg 铝粉,石灰 6~10kg,水玻璃 2L	同上	固化,强度较低	地层压力低的严重漏失、溶洞等
	12	水泥速凝混合物	水泥浆中加入 $CaCl_2$、水玻璃、烧碱、石膏或石灰等多种速凝剂,有多种配方	专用工具或孔口送入	固化,强度中等	严重漏失、溶洞地层

续表 6-17

堵漏材料或方法	编号	名称	配方及性能	灌送方法	是否固化及强度高低	适用范围
化学浆液	13	脲醛树脂浆液	改性脲醛树脂(加苯酚)合成后再加入脲素单体混溶而成,用酸作固化剂,双液井内混合	专用工具送入	固化,有一定强度	裂隙、破碎、坍塌地层
	14	氰凝浆液	氰凝浆液加其他外加剂或加入粘土、水泥、石灰粉及其他化学剂制成浆液或膏状物,遇水发泡固化	专用工具送入	固化,有一定强度	同上,完全或严重漏失
	15	301不饱和聚酯	由乙二醇、顺丁烯二酸酐与邻苯二甲酸酐酯化缩聚而成,用时加引发剂与促进剂	专用工具送入	固化,强度较高	完全漏失或严重漏失
	16	聚丙烯酰胺	聚丙烯酰胺加有机或无机交联剂	泵送或专用工具送入	凝结强度不高	中等漏失或完全漏失
	17	其他化学浆液	如水玻璃浆液、木铵浆液、铬木素浆液、丙凝浆液、丙强浆液、环氧树脂浆液、铝酸钠-水玻璃浆液	泵送或专用工具送入	固化,强度较低	坝基渗漏钻孔注浆
其他材料	18	粘土球	用优质粘土加入充填物麻丝、CMC水泥等做成球状	投入或岩心管送入	不固化;能堵塞裂缝	漏失或严重漏失
	19	石膏	特制高强度石膏	专用工具	固化	
	20	沥青	将乳化沥青或热溶沥青注入漏失通道中,乳化沥青注入后还要配合破乳措施	专用工具	固化或不固化,强度低,有塑性	完全或严重漏失
	21	充砂法	用大小不同的砂砾充填漏失通道,并用泥浆护壁	水冲入或投入	不固化	严重漏失、溶洞漏失
隔离法	22	下套管	下入全孔套管或局部套管(埋头套管或飞管),以隔离漏失层,用小一级钻头钻进		强度最大,安全、可靠	严重漏失,其他方法无效时,特别是大溶洞层
其他方法	23	空气钻进	有条件时采用空气钻进或充气混合液(空气升液器循环法)钻进漏失层	空气或气液混合液洗井		各种漏失层、缺水地区
	24	泡沫钻进	清水中加发泡剂形成泡沫	专用机具洗井		同上
	25	孔底局部反循环法	无泵钻进法,或用专用机具造成孔内局部反循环,减少孔内液柱压力	专用机具		各种漏失情况
	26	有进无出快速钻进	无坍塌,孔壁条件较好,水源充足时可采用此法,通过漏失层后再用其他方法处理			各种漏失情况

用干堵漏方法封闭漏失带,加固不稳定孔段,排除了水泥的候凝时间和钻碎水泥塞的时间,大大减少了钻孔护壁堵漏的时间,简化了护壁堵漏工艺,改善了劳动条件。

(四)沥青护壁堵漏

沥青是一种来源广、价廉、易得的有机胶凝材料,具有抗水性、粘结性、塑性和耐侵蚀性等优点。

钻孔用沥青护壁堵漏有两种方法:一种方法是将沥青加热至230℃~250℃,装在保温的

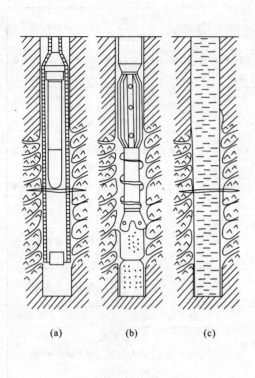
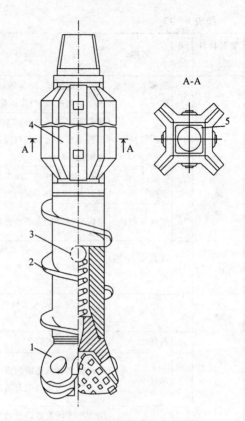

图 6-12 钻孔堵漏示意图
(a)向孔内送入速凝混合物；(b)堵漏过程；
(c)封堵后的孔段

图 6-13 干堵漏专用器具示意图
1.牙轮钻头；2.左螺旋杆；3.单流球阀；
4.挤抹器；5.支撑连接件

灌注器中送入孔内；另一种方法是采用磺化沥青或乳化沥青进行护壁堵漏。前者因需加热及保温器具，施工有一定危险性，应用很少。

乳化沥青的成分包括沥青、乳化剂和水，以及粘土或水泥作填料，必要时加石油或废油作增塑剂。乳化剂可用阴离子表面活性剂与碱类物质，也可用亚硫酸酒精废液作乳化剂，此时的配方为沥青 50%～60%，425# 水泥 8%～12%，水 30%～40%，亚硫酸酒精废液 0.2%～0.5%。乳化沥青注入孔内后，可注入酸使其破乳、脱水，粘结在岩石表面上，起到护壁堵漏的效用。

(五)套管护孔

对付大裂缝、大溶洞以及严重漏失、涌水、严重坍塌地层，使用前述方法护孔或堵漏无效时，或处理时间过长，材料消耗很大的情况下，采用套管护孔是行之有效的办法。下套管还可用于隔离表土覆盖层的严重垮塌和加固孔口基础。长孔段严重坍塌钻孔，采用跟套管钻进，下入的套管也起护孔作用。

为顺利下入套管，必须遵循下套管的有关操作规程。

第五节　钻孔灌浆和固井水泥浆

水泥作为一种固结性材料,与其他护壁堵漏浆液相比,具有货源广、成本低、无毒、无环境污染、使用方便等特点。同时它具有一定的渗透能力,与岩石的固结性好,性能耐久稳定,硬化后的水泥结石有较高的强度。而且在水泥浆灌注中,其流动性、凝结时间可以人为地调节,以满足不同钻孔条件下灌注工艺的要求。水泥浆灌注既可用于地基处理、基础施工,也可用于油气钻井的固井和地质岩心钻探的护壁堵漏,同时还可用于钻孔封孔、止水等。

根据钻孔灌浆的工艺方法,灌浆分为孔口漏斗灌浆法和水泵灌浆法。水泵灌注法是最常用的方法。它是指通过灌注导管或钻杆将水泥浆用水泵压入孔内漏失、坍塌的岩层或套管与地层的缝隙之间以达到护壁堵漏或固井的目的。根据灌注压力施加形式,水泵灌注分为加压灌注和充填灌注。加压灌注法:为了保证水泥浆液能更好地进入所堵漏地层或固井间隙,形成足够的渗流半径,有效地加固孔壁岩石或固井,可采用孔口管上部加密封装置,或在灌注管上加钻孔封隔器以封堵漏失层上部,以使在灌注时孔内造成高压,迫使水泥浆进入目标位置。充填注浆法:在护壁堵漏时,当裂隙较大或遇小溶洞时,灌注前最好先投入一定量的惰性材料起到堵塞、架桥、充填作用。投入后,下钻具进行挤压,然后再进行灌注。这样既可减少浆液流失,又能提高封堵效果。根据灌浆浆液在钻孔的不同部位分为一次灌浆法和分段灌注法。分段灌注法是指当遇到厚度较大的破碎带如硬、脆、碎的松散地层时,大小不等的卵砾石在钻进时会经常出现遇阻、卡钻或提钻后垮塌现象,这时可采用钻进一段灌注一段的分段灌注法。

一、灌注水泥浆的性能指标

1. 水泥浆流变性

流变学是研究物体中的质点因相对运动而产生流动和变形的科学,能够表述材料的内部结构和宏观特性之间的关系。水泥浆流变性与水泥浆的流动阻力有关,它关系到水泥浆对钻井液的顶替效率和固井质量。水泥浆流变性与泥浆流变性类似,通常采用回转圆筒粘度计的方法测定。粘度计的工作部分包括两个圆筒,在内外两个圆筒之间浸渍又要测定的试样。外筒的半径为 R,内筒的半径为 r,试样的有效高度为 h,当以不同的角速度旋转外筒时,通过水泥浆试样的内摩擦可以使内筒旋转。根据内筒的旋转角度可以得到扭矩。刻度读数和转速分别换成剪切应力和剪切速率。在测出剪切应力和相应的剪切速率后绘成曲线,从而确定接近实际的流变模式(牛顿模式、宾汉模式或指数模式)。当判断模型后,就能计算水泥浆的各种参数(宾汉塑性流体的塑性粘度屈服值,指数模式的流动特性指数和稠度系数)。

M·伊什·沙洛姆等人在研究水化时间分别为 15min、45min、3h 的水泥浆的流变特性时,发现它们具有三种不同的流变曲线。上升和下降流变曲线所包围的面积称为滞后圈,显示水泥浆具有触变性。所谓触变性是指某些胶体体系在外力作用下,流动性暂时增加,外力除去后,具有缓慢的可逆复原的性能。这是一种等温下胶凝-溶胶可逆互变的现象。

在图 6-14 中,(a)为水化 15min 的浆体,其下降曲线 2 在上升曲线 1 的右方,它说明在同样转速下,力矩增加即粘度增加,这个现象属于反触变现象;(b)为水化 45min 的浆体,它表现为可逆曲线;(c)为 3h 的浆体,其下降曲线在上升曲线的左方且成直线,第二次循环也移至第一次的左方,它表明在同样转速下,力矩减小即粘度减小,这种现象属于触变现象。

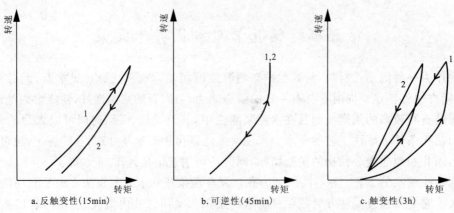

图 6-14 新拌水泥浆三种流动特性

反触变现象是某些粗粒子悬浮体的特性,而触变现象是某些胶体体系的特性。水泥浆随着水化过程进行而逐渐形成水化物胶凝体,因而,水泥浆的流变特性也从反触变现象过渡到触变现象,这是水泥粒子从初始分散体系向胶体尺寸粒子的水泥悬浮体以及凝聚结构转变的过程。

水泥浆流变性调整主要是通过加水泥浆减阻剂降低流动阻力。

2. 水泥浆凝结与稠化时间

水泥浆稠化:水与水泥混合后水泥浆逐渐变稠,水泥浆这种逐渐变稠的现象称为水泥浆稠化。水泥浆从配制开始到其稠度达到其规定值所用的时间,称为稠化时间。水泥浆稠化速率或水泥浆稠化的程度用稠度表示。水泥浆的稠度是用稠化仪通过测定一定转速的叶片在水泥浆中所受的阻力得到,单位为 Bc(伯登)。

API 标准:稠化时间是指水与水泥混合后稠度达到 100Bc 所需的时间,即从开始混拌到水泥浆稠度达到 100Bc 所用的时间。

API 标准中规定在初始的 15～30 min 内,稠化值应当小于 30Bc。好的流动性能在整个注替过程应保持在低的稠度,现场控制保持在 50Bc 以内。注替工序结束,就要求达到稠化时间,Bc 值应急剧升高。也就是说追求直角曲线,如图 6-15 所示。

一般地,固井时为使水泥浆顺利注入井壁与套管的环空,要求稠化时间应大于或等于注水泥浆施工时间,即从配水泥浆到水泥浆上返至预定高度的时间。

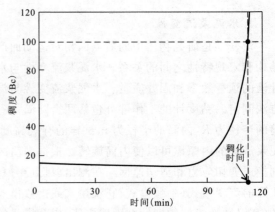

图 6-15 水泥浆的稠度随时间变化的曲线

3. 水泥浆滤失量

水泥浆同泥浆一样也存在浆液的滤失问题。高失水的水泥浆存在以下危害:

(1)改变水泥浆的流动性。失水使水泥浆变稠,增大泵压,如果遇到高渗透层,产生大量滤失,水泥浆会出现早凝或瞬凝,井下水泥浆运动状态发生改变。

(2)对油气产层而言,失水将对地层造成伤害。失水可以使大量 Ca^{2+} 和 OH^- 渗入地层。

如果地层中含有 SO_4^{2-}、CO_3^{2-}、S^{2-}、硅氧化物,都可能产生沉淀堵塞地层,使地层渗透率降低,或引起更为严重的物理堵塞。

(3)高失水是造成气窜的主要原因之一。如果气层之上有高渗透层,当水泥浆高失水后,泥饼将桥堵在高渗透层附近并支持上部液柱重力,造成气层井段水泥浆的有效压力降低。一旦该压力低于一定值,则可发生气浸,甚至导致整个环空被气体窜通。

水泥浆滤失量要求:一般固井常规滤失量小于250mL,深井固井小于50mL,油气层固井小于20mL。地层渗透率越高,滤失量应越低。水泥浆降滤失剂机理基于捕集和物理堵塞、增粘、吸附以及降低地层渗透率而起降滤失作用。

4. 水泥候凝时间(WOC)

使用的水泥及处理剂不同,各自规定的 WOC 时间也不同,石油天然气行业分别按表层、技术套管及油层套管规定了不同试压标准。一般情况下,表层 WOC 是 12h,恢复钻进,试压数值 689kPa(最短 WOC 为 8h),深的表层取 22.6kPa/m。技术套管的 WOC 为 12~24h;油层套管的 WOC 主要取 24h。技术套管试压取 4.1~10.4MPa;生产套管试压取 4.1~10.4MPa。

5. 水泥石强度

对于封固表层及技术套管,希望水泥能有较高的早期强度,如表 6-18 所示。通常希望固完井候凝 8h 左右,水泥浆开始凝结成水泥石,其抗压强度达 2.3MPa 以上即可开始下一次开钻。对于固井而言,水泥石强度能支撑和加强套管,能承受钻具的冲击载荷,能承受酸化、压裂等增产措施作业的压力以及抗硫酸盐腐蚀等。

表 6-18 API 油井水泥技术规定

级别	使用井深范围(m)	最小稠化时间(min)	养护温度和压力		最小抗压强度				配浆用水		
					养护 8h		养护 24h		水灰比(%)	50kg/SK (L)	94lb/SK (L)
			T(℃)	P(MPa)	(MPa)	(psi)	(MPa)	(psi)			
A	0~1 800	至 310m:90 至 1 800m:90	38	常压	1.79	260	12.41	1 800	46	23	19.6
B	0~1 800	至 310m:90 至 1 800m:90	38	常压	1.38	200	10.34	1 500	46	23	19.6
C	0~1 800	至 310m:90 至 1 800m:90	38	常压	2.07	300	13.78	2 000	56	28	23.9
D	1 800~3 000	至 1 800m:90 至 3 000m:90	77 110	20.7 20.7	— 3.45	— 500	6.89 13.78	1 000	38	19	16.2
E	3 000~4 300	至 3 000m:100 至 4 300m:154	77 143	20.7 20.7	— 3.45	— 500	6.89 13.78	1 000	38	19	16.2
F	3 800~4 900	至 3 000m:100 至 4 900m:190	110 160	20.7 20.7	— 3.45	— 500	6.89 6.89	1 000	38	19	16.2
G	0~2 450	至 2 450m:90	35 60	5.6 20.7	2.07 10.34	300 1 500	— —	— —	44	25	18.8
H	0~2 450	至 2 450m:90	35 60	5.6 20.7	2.07 10.34	300 1 500	— —	— —	38	19	16.2
I	3 660~4 900	至 3 050m:180 至 4 900m:180	143 177	20.7 20.7	3.45 —	500 —	6.89	100			

从钻孔的护壁堵漏的角度来看,水泥的流动度、凝结时间和强度这三项性能指标非常重要。影响上述性能的因素除水泥的熟料矿物成分、填充材料成分、水泥细度外,还与水泥的存放时间、水灰比、温度、添加剂以及孔内地下水质等因素有关。

(1) 水泥存放时间。水泥的质量好坏与水泥出厂时间的长短及存放保管的好坏有关。因为水泥在储存过程中,空气中的水分和二氧化碳与水泥颗粒表面将生成碳酸钙薄膜,这会降低水泥表面的活性,致使水泥结块,水泥浆凝结硬化的速度变慢,强度降低,严重者甚至完全失效。一般储存3个月的水泥,其强度降低20%,6个月降低30%。如果保管、储存不好,有时强度降低50%,甚至结块失效。封孔和堵漏不能使用降低了强度的水泥,严禁使用结块的水泥。

(2) 水灰比。配制水泥浆液时,水与水泥的重量比称为水灰比。水灰比越大,表示用水量越多。水泥浆液中水的作用有两种:一是保证水泥水化和水解反应中有足够的水量;二是保证在搅拌和灌注时水泥浆有足够的流动度。水泥在水化和水解时所需的水量不大,一般约为水泥重量的20%~30%,为了保证水泥浆液的流动度和灌注工艺的需要,则往往需将水灰比增大到50%~60%。增大水灰比虽可增大水泥浆液流动度,有利于灌注和水泥浆渗入岩石裂隙或孔隙,但水泥浆稠度的降低会延长它的凝结时间。同时,水泥在凝结时除水化和水解反应所需的水量外,多余的水分则从凝结的水泥中析出,造成无数细小的空隙或裂隙,降低了水泥的强度。API标准,注水泥的可泵性和流动性,常以控制水泥浆在注替水泥过程能保持15~30Bc指标来考虑用水量。

因此,确定水灰比时,应在保证灌注顺利进行及岩石对浆液渗透性能要求的条件下,尽可能地小些,以便能快速凝结和增长强度。

(3) 温度。水泥水化速度随温度的增高而加快,所以水泥的凝结时间随温度的增高而缩短。

(4) 水的化学性质。搅拌水泥用水应选用饮用水、软水,至少用净水,应少含矿物。因为水中所含钾、钠、胺等硫酸盐、镁盐都会与水泥中的化学成分起化学变化,使其体积膨胀或水泥石松软。

二、钻孔护壁堵漏灌浆

(一) 护壁堵漏的特点及对水泥浆的要求

水泥是目前应用最广泛、最主要的护壁堵漏材料。水泥与水混合后,经过物理化学过程,能由可塑性浆体变成坚硬的结石体,并能将散状材料胶结成为整体,是一种良好的矿物胶凝材料。水泥不仅能在空气中硬化,而且在水中硬化效果更好,并能保持和继续增长其强度。但水泥凝结固化过程所需时间较长,早期强度低,且增长缓慢,特别是普通硅酸盐水泥,上述缺点更为突出。另外,若因配制方法和灌注工艺不尽合理,在灌注过程中会出现长期不凝固或候凝时间过长或浆液流失等问题,使水泥在护壁堵漏工作中的应用和推广受到了一定的影响。

当钻井遇到卵砾石层、破碎带、大裂隙、溶洞、厚砂层,用泥浆难以护壁堵漏时,即应采用水泥等固结材料进行护壁堵漏。这时,在工艺上需要停止钻进,从井内提出钻具,再向井内灌注水泥浆材,待水泥浆材渗挤、充填到地层空隙中并凝固复杂层段后,再重新下入钻具扫孔钻进成井。因此,钻孔中用水泥进行护壁堵漏作业,与在地表条件下使用水泥有很大的区别,钻孔中往往由于岩性复杂、地下水的运动状态不同、水质和水温各异，或因注浆方法与工艺不当、漏失原因不清而导致注浆失败。另外，与泥浆随钻护壁堵漏相比，水泥护壁堵漏在工序上增加了专门灌注、候凝固结和重新扫孔时间，护壁堵漏的有效性与水泥浆液固结时和孔壁岩石的胶结好坏有关，不仅要有一定强度，而且水泥固化后体积稳定性要好，体积不收缩（最好是微膨胀），不发生龟裂现象。钻孔灌注有以下特点：

（1）护壁堵漏灌注水泥最常用的方法是用水泵通过钻杆将水泥浆液输送到井底，然后水泥浆液在井底能够有效地渗入地层的孔裂隙中。水泥浆自地面搅拌均匀后，需经很长的输送管路才能送达灌注地点，在管路中浆液必须保持其初始的流动度，而管路的长度依孔深的不同，短则几百米，长则达数千米，因此要求浆液的流动度是可调的。这就要求水泥浆液在这一阶段具有良好的流动性。

（2）灌注点由于受孔深、水位、压力温度等条件的影响，加之孔壁或是坍塌或是漏失，水泥浆的凝固环境条件非常恶劣，要求水泥浆液达灌注点后立即凝固，以免浆液渗漏掉或被地下水侵污。普通建筑用硅酸盐水泥的候凝固结时间很长，如要达到它们的最终强度往往需要 10d 以上，这么长的停待时间对钻井工作来说是难以接受的，因此希望能够尽量缩短水泥的候凝固结时间（如 1~2d，甚至更短）。

（3）由于地下水的矿化度一般较高，加上深孔时孔内温度较高，易造成水泥浆因侵污而失去稳定性，降低结石强度，因此要求水泥浆及其结石的抗腐蚀、抗侵污能力较强。钻井护壁堵漏对水泥的后期强度并不要求很高，只要满足井眼稳定和阻塞漏失即可，它一般的抗压强度只需达到建筑用固结体强度的 20%。

根据钻孔灌注的上述特点，对水泥浆液提出如下要求：

（1）流动性适当，可泵性好，且是可调的。水泥的流动度和可泵性与孔深、灌浆量以及灌注方法有密切关系，因此，要求可泵性依孔深、灌注量、灌注方法等因素的不同而可在一定范围内调节。一般要求水泥与水混合后在 30min 到 1h 内流动度不小于 14~16cm。当孔深、灌注量大、钻孔温度高时，流动度应偏大些。水泥浆的流动度可用水泥拌和用水量，即水灰比大小来调节，也可加入外掺剂来调节。

（2）凝结时间要适当，且也是可调的。从满足灌注时间出发，要求水泥浆的初凝时间应长一些，但为防止浆液因过长时间不凝而被地下水稀释或漏失掉，要求初凝开始到凝结终了的时间间隔愈短愈好。初凝时间随孔深、灌注量和孔内温度不同而调整，一般采用加入水泥速凝剂、缓凝剂、早强剂等来调节。

（3）早期强度较高。为了确保钻孔护壁堵漏的质量和缩短水泥候凝时间，尽早恢复钻进，要求水泥结石早期强度的增长愈快愈好，要求 1d、2d 的强度达到开钻要求的水泥结石强度。用普通硅酸盐水泥则需要 3~4d 才能达到开钻强度，而硫铝酸盐水泥则 4~8h 便可达到开钻强度，可实现"当班灌注，当班扫孔"的要求。根据经验，堵漏时水泥结石强度达(5~7)MPa 时进行扫孔钻开水泥塞比较合适，以免水泥结石强度过高发生扫偏导致孔斜或出现新孔事故。

（4）与围岩粘结牢固、不收缩、不龟裂、抗腐蚀。水泥浆在凝固硬化过程中应与孔壁围岩牢固地粘结，体积不发生收缩，不产生龟裂，并能抵抗地下水的腐蚀，这样才能保证护壁堵漏的成功。因此要全面满足护壁堵漏的要求，必须依据施工特点选用相应的水泥品种，如普通硅酸盐水泥、油井水泥、硫铝酸盐水泥、地热井水泥等，以及应用不同的水泥外加剂以改变或调节水泥浆或结石的性能。

(5)适当的细度。对孔壁裂隙、孔隙尺寸大于水泥标准细度的岩层,普通的合格水泥均可采用。但在特殊情况下,如对那些以微细孔隙、裂隙为主的岩层采用水泥灌浆时,则应对水泥细度有适当的要求,以提高水泥在孔隙、裂隙中的可灌性。

总之,钻井护壁堵漏对水泥性能的主要要求可以归结为初期流动性好,能够快凝早强,后期强度要求不高,可用图 6-16 的曲线来反映这种要求。

水泥浆的灌注包括灌注前的准备工作和孔内灌注两个方面。

1. 灌注前的准备工作

灌注前的准备工作包括地面准备和孔内准备。地质勘探孔的灌注水泥浆,一般采用水泵通过钻杆灌注,只是水灰比小、稠度大的水泥浆或速效混合液的灌注才用专门的灌注器灌注。地面设备管线系统包括水泵、动力机、钻杆、水泵管线及阀门、灌注器,以及容器、搅拌装置等。

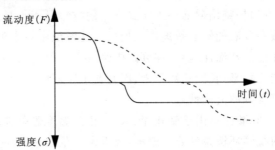

图 6-16 钻井护壁堵漏水泥特性曲线
(注:实线为钻井水泥,虚线为普通建筑水泥)

地面准备:

(1)利用各种探测方法摸清孔内复杂地层的类型、构造特征、岩性特点(如破碎坍塌程度、孔隙、裂缝情况)、溶洞漏失层的结构及漏失程度、含水层情况以及涌水程度,以确定灌注孔深、浆液的用量及灌注方法等。

(2)根据孔内灌注地段的特点,确定灌注方法和要求,选用水泥品种和外加剂,室内进行模拟孔内情况的水泥性能试验,选定水泥浆配方。

水泥性能试验包括:①在规定的水灰比条件下,测定水泥浆的流动度,测定用规定的流动度仪测定。为了钻孔护壁堵漏,用水泵经钻杆灌注时,要求在常温下水泥浆的流动度不小于160mm。若小于 160mm,则调节水灰比,或者加减水剂来调节流动度。最后得出水灰比、减水剂加量和流动度值。②测定水泥浆的凝结时间。水泥浆的凝结时间分为初凝和终凝时间。用维卡仪配合专用试针及试模进行测定。测定在规定的温度和湿度条件下进行。在上述规定的水灰比、减水剂加量情况下测定初凝和终凝时间。若初凝和终凝时间达不到要求,则必须加速凝剂或缓凝剂。③测定水泥结石在规定养护时间后的强度,一般测抗压强度。测定按有关规定程序由强度试验机进行。

根据试验的结果,最后确定出水泥浆的配方(水灰比、外加剂的品种和加入量)。

(3)进行灌注浆量和替水量的计算,备足必需的材料。

(4)灌注前应准备和检查灌注系统各种设备和部件的可靠性,消除灌注中可能出现的各种故障。

孔内准备包括:通过分析,确定孔内封堵孔段的位置;进行扫孔、冲孔,保证孔底和填塞孔段清洁干净,需中部灌浆则应做好架桥工作;丈量钻具,校正孔深;测定孔内水位等。

2. 孔内灌注工艺

水泵灌注法的操作过程为:堵漏时,钻具下到预定深度距孔底约 0.3~0.5m 时,先泵入清水以检查钻杆内部确实畅通良好,即可泵入配好的水泥浆。将水泵莲蓬头放入水泥浆桶内即泵送水泥浆。不论堵漏或护壁,刚开泵时应先打开水泵回水管,将吸水管及水泵中的清水排出,喷浆后再打开三通将水泥浆送入孔内。待泵吸水泥浆过程完后,立即将莲蓬头放入准备好的替浆水桶中,开泵替浆。为了使孔底返流均匀,替浆时可适当慢转钻具。水泵灌注示意如图 6-17 所示。

水泵灌注法应遵循的技术规程如下:

(1)堵漏时,坚持冲孔;护壁时,坚持扫孔到底,保证清除孔内岩屑并检查钻具通畅。

(2)钻具下到离孔底 0.3~0.5m 或架桥处,以减少水泥浆的稀释。

(3)灌注过程或灌浆完毕,可转动钻具,不能上提钻具,待替浆后方能上提钻具。

(4)当灌注长度不大时,全部浆量应一次灌完,不得中途停泵,防止浆液断开或被水稀释。

(5)泵浆前打开回水管,排出的清水不得注入孔内。

(6)应考虑孔内水位高低,准确计算替浆压水量。

(7)替浆完提钻应离开水泥面 10~15m 方能清洗钻具。

(8)提钻速度要慢,防止抽吸作用并及时在孔口回灌清水。

(9)尽量减小水灰比,采用水泥减水剂保证浆液可泵性好。

(10)坚持探测水泥面强度,合理确定候凝时间。

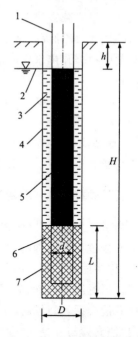

图 6-17 水泵灌注示意图
1.导管;2.地下水位;3.泥浆;4.钻孔壁;5.替水;6.水泥浆;7.灌注段

有关计算如下:

(1)灌注水泥浆体积计算。需要配制的水泥浆体积为:

$$V = K \frac{\pi}{4} D^2 L \tag{6-40}$$

式中:V——水泥浆液体积(m^3);K——附加系数,与水泥浆地面损耗、钻孔超径、渗漏、孔内稀释有关,一般取 1.2~1.5;D——钻孔直径(m);L——灌注孔段长度(m)。

(2)水泥和用水量计算。首先需要得出水泥浆的综合密度 ρ 的计算公式,设水灰比为 c,水泥质量为 m_1,水泥和水的密度分别为 ρ_1、ρ_2,则有:

$$\rho = (m_1 + cm_1)/(m_1/\rho_1 + cm_1/\rho_2) \tag{6-41}$$

可以推出水泥浆的综合密度计算公式为:

$$\rho = (1+c)\rho_1/(1+c\rho_1) \tag{6-42}$$

实际上,钻孔灌浆所需的水泥浆体积是已知的,所需水泥质量是未知的,有了综合密度公式,就可以计算水泥浆的质量,进而计算出实际水泥的质量和用水量:

水泥浆质量为:

$$M = \rho V \tag{6-43}$$

设所需水泥质量为 M_1,则用水量为 cM_1,水泥浆质量 $M = M_1 + cM_1$,因此,所需水泥质量为:

$$M_1 = M/(1+c) = \rho V/(1+c) \tag{6-44}$$

所需用水量为:

$$M_2 = M_1 c \tag{6-45}$$

注意加水量应减去溶解水泥附加剂所用水量。

(3)替水量计算。替水是根据孔内压力平衡原理把所灌注的水泥浆压到目标地层，替浆的压水量应根据孔内水位高低，以达到孔内液柱压力平衡为原则，可参考图 6-17，并按下式进行计算：

$$Q = (H - L - h)q + Q_1 \tag{6-46}$$

式中：Q——替水量(L)；H——地面以下灌浆管长度(m)；h——孔内静水位距孔口距离(m)；L——灌浆段长度(m)；q——每米灌浆管容积(L/m)；Q_1——地面管线容积(L)，根据地表管汇容积量大小确定。一般取 60~80L。

(二)固井及固井水泥浆

为了达到加固井壁，保证继续安全钻进，封隔油、气和水层，以保证勘探期间的封层测试及整个开采过程中合理的油气生产等目的而下入优质钢管，并在井筒与钢管环空充填好水泥的作业，称为固井工程。因此，固井包括了两部分：下入套管的工艺和注入水泥浆的工艺，称固井工艺。通过固井设计，应用配套的固井设备、辅助设备及工具，将油井水泥、水和添加剂按一定的比例混合后，通过固井泵泵注入井，并顶替到预定深度的井壁与套管、套管与套管的环形空间内，使套管与井壁、套管与套管之间形成牢固粘结。

一口油井深达数千米，在钻井过程中常常遇到井漏、井塌、井喷等复杂情况，影响正常钻进，严重时甚至导致井眼报废。遇到上述情况就应下套管固井，封隔好复杂地层后，再继续钻进，直到建立稳定的油气通道为止。因此，为了优质快速钻达目的层，保证油气田的开采，就要采用固井，固井工程的主要目的为：

(1)在钻进过程中封隔易坍塌、易漏失等复杂地层，保证钻井顺利进行。

(2)封隔油、气、水层，防止层间互窜。防止油、气层与水层间互相窜通。当油、气层压力大于水层压力时，油、气便会窜入水层内，既污染了水层又影响到油气的产量；当水层压力大于油、气层压力时，水便会窜入油气层内，造成油田开发早期出水，严重时会因水淹破坏整个油气田。因此，必须确保固井质量，对地层内不同类型的流体有效封隔。

(3)支撑套管和井口装置，建立油气通道。钻完井工艺要求固井后套管与地层间在水泥作用下应具有良好的胶结，固井后的水泥环不仅要支撑套管重量，而且要承受安装在套管上井口装置的重量，否则会导致套管下沉或井口装置的不稳定，影响正常作业或油气通道的建立。

(4)保护上部地层中的淡水资源不受下部岩层中油、气、盐水等液体的污染。

(5)油井投产后，为酸化压裂进行增产措施创造条件。

因此，固井质量的好坏关系到油井能否正常投产和油田寿命的长短。

油、气中注水泥程序包括现场施工前的准备、注水泥施工和质量保证程序。尽管注水泥方法不同，程序有些差别，但有共同点。

1.注水泥的前期准备工作

(1)施工前固井设备试运转和试压。试压压力必须满足注浆工艺中所需最高泵压的要求，管汇试压不低于35MPa。

(2)施工前准确掌握钻井、地质、泥浆参数，尤其是钻井液环空上返速度、泥浆泵效率、薄弱地层的破裂压力、高孔隙压力等主要数据。合理确定注水泥浆和顶替水泥浆的排量，调整领浆和尾随浆的高度，确保固井后不发生溢流和压裂地层。

(3)注水泥前泥浆循环程序。循环时环空返速等于或稍大于钻井时环空的上返速度,充分循环冲洗,使泥浆进出口性能稳定,有条件尽量调整钻井液性能。主要降低粘度、切力,并确保在井底循环时的温度等于水泥浆稠化的试验温度。

2. 注水泥施工程序

(1)陆地固井与海上固井稍有差异,陆地固井采用单胶塞较多,海洋固井采用双胶塞较多。释放上、下胶塞程序:注水泥浆前释放下胶塞,注完水泥浆后释放上胶塞。在陆地固井通常使用单胶塞,注完水泥浆后开水泥头挡销释放胶塞。尾管固井不存在释放下胶塞程序。

(2)泵送前置液程序。应根据钻井液类型选择和使用有效的前置液类型。前置液类型分水基型和油基型两类,分别适用于水基钻井液和油基钻井液。前置液中一般由清洗液和隔离液组成,可以单独使用也可以配合使用。常用前置液是由表面活性剂、清水、海水和硅酸钠与纤维素组成;隔离液有高粘型隔离液,如用海泡石水化后通过重晶石调节密度的液体;多功能隔离液,它既可用于水基钻井液也可用于油基钻井液;低密度水泥浆也被用作隔离液使用,广泛用于大斜度井固井。双塞固井时,如无特殊要求,泵送前置液程序是在释放下胶塞之前。单塞固井时,直接泵送前置液。泵送前置液可以通过固井泵或泥浆泵来完成。如稠度较高、密度较大的隔离液应由泥浆泵来完成,避免注水泥管汇中残留隔离液污染水泥浆。

(3)配注水泥浆程序。要求水泥浆密度均匀,保持泵注的连续性。平均密度误差不得超过$\pm 0.02 g/cm^3$。

(4)泵注后置液(压塞液)程序。注完水泥浆后,水泥泵立即停泵,迅速打开水泥头的挡销并变换水泥头及管线的阀门,注意应先开后关,开泵释放胶塞,注意观察泵压的变化。

(5)顶替水泥浆程序。当胶塞释放以后,也就是压塞液泵注结束,停泵变换阀门,开泥浆泵顶替水泥浆,替浆泵排量根据固井施工要求来确定。

(6)固井碰压程序。顶替直到上胶塞坐落在下胶塞或承托环上,原则上不要多替。任何一种固井方法,要求碰压要有明显的显示。对于双级注水泥工艺,第二级固井,虽有明显的碰压显示,但不意味着注水泥孔已被关闭。因此应加压到关闭注水泥孔所要求的附加泵压。又如尾管固井,像 TIW 装置,尾管胶塞必须以高于循环压力约 6.89MPa 的压力下坐入承托环锁紧圈。

(7)释放套管压力,检查回流程序。一般应通过立管阀门中速放压。如有回流,关闭阀门,重新加压到碰压前的最高压力。候凝期间因水泥水化反应发热,管内压力上升,可通过装上的针形阀放掉上升部分的压力;如无回流发生,拆固井井口管线、水泥头等,水泥候凝。

(8)对于高压气井,应考虑环空加压候凝。环空静压大于地层最大孔隙压力 2.1MPa 左右。加压时间一直维持到水泥凝固,一般为 8h 或更长时间。

(9)水泥候凝时间一般不少于 48h。

3. 注水泥计算

注水泥计算通常包括水泥浆计算、水泥量计算、顶替量计算、碰压前最高压力计算、作用在地层上的静液柱压力计算以及水泥浆流型计算。按 API 规范 10(SPE C10)第 5 版(1990 年 7 月 1 日)附件 J"水泥浆在管内和环空压力降塞流和紊流流量计算程序"进行。现分述如下:

(1)水泥浆计算。水泥浆计算项目包括水泥浆密度、混合水用量和造浆率。API 标准已规定了各级纯水泥的用水量,因而可以获得相应的水泥浆密度、造浆率。API 规定如表 6-19 所示。

表 6-19　API 水泥混合水用量、水泥浆密度和造浆率

水泥级别	用水量		水泥浆密度	造浆率
	水灰比	L/S_k	g/cm³	L/S_k
A	46	19.68	1.87	33.39
B	46	19.68	1.87	33.39
C	56	23.85	1.77	37.36
D	38	16.28	1.97	29.72
E	38	16.28	1.97	29.72
F	38	16.28	1.97	29.72
G	44	18.93	1.89	32.55
H	38	16.28	1.97	29.72

表 6-19 中的用水量仅是纯水泥用水量，而不是水泥浆体系中的用水量。如果加入某些固相添加剂后，按规定需要增加配浆水量。如 API 规定，每添加 1% 的墢土粉（水泥质量比）需增加 5.3%（水泥质量比）的水，但并非所有加入的固相添加剂都需增加用水量，如常用的加重材料赤铁矿粉和硅粉不需增加水泥浆系统中的用水量。不论何种添加剂的加入都会改变水泥浆系统中的水泥浆密度、混合水用量和造浆率。

水泥浆综合密度等于水泥浆各组合的质量总和除以它们所占的绝对体积之和，关系式如下：

$$\gamma = (W_c + W_w + W_a)/(V_c + V_w + V_a) \tag{6-47}$$

式中：γ——水泥浆密度（g/cm³）；W_c——水泥质量（kg）；W_w——水质量（kg）；W_a——添加剂质量（kg）；V_c——水泥体积（L）；V_w——水体积（L）；V_a——添加剂体积（L）。

水泥浆密度是以一袋水泥为基础计算的，其单位是 g/cm³。造浆率 Y_s 是每袋水泥加上所用的水和添加剂的体积，其单位为升/袋（L/S_k）。每袋水泥是以 42.63kg 为质量标准。

下面分五种不同情况分别对水泥浆密度和造浆率进行计算：

1）计算纯水泥浆的密度和造浆率（表 6-20）。设水泥浆为 G 级水泥，水灰比为 0.44。

表 6-20　G 级水泥纯水泥浆计算列表

水泥浆组分	质量(kg)	组分密度(g/cm³)	绝对体积(L/kg)	总体积(L)
水泥	42.63	3.14	0.318 5	13.57
水	18.76	1	1.0	18.76
总和	61.39			32.33
计算得	综合密度 γ(g/cm³)			1.90
	造浆率 Y_s(L/S_k)			32.33

第六章 护壁堵漏与固井

2)加入添加剂需增加水的水泥浆,计算水泥浆密度、造浆率和用水量(表6-21)。G级水泥+2%预水化膨土的水泥浆,预水化膨土的效率是干混合膨土的4倍,2%的预水化膨土相当于8%的干混合膨土,而API规定每添加1%的干膨土粉需增加5.3%(水泥质量比)的水,因此,本例题中需增加水:$42.63 \times 8 \times 5.3\% = 18.07$(kg)。

表6-21 加入添加剂需增加水的水泥浆计算

水泥浆组分	质量(kg)	组分密度(g/cm³)	绝对体积(L/kg)	总体积(L)
水泥	42.63	3.14	0.318 5	13.57
水	18.76	1	1.00	18.76
膨土粉	0.852	2.65	0.377 3	0.321
增加水	18.07	1	0.100	18.07
总和	80.31			50.72
计算得	综合密度 γ(g/cm³)			1.58
	造浆率 Y_s(升/袋)			50.72
	每袋水泥用水量(升/袋)			36.83

3)加入添加剂不需增加水的水泥浆,计算水泥浆的造浆率(表6-22)。G级水泥,0.44水灰比,计算配制密度为2.22 g/cm³所需的赤铁矿粉重量。

表6-22 加入添加剂不需增加水的水泥浆计算

水泥浆组分	质量(kg)	组分密度(g/cm³)	绝对体积(L/kg)	总体积(L)
水泥	42.63	3.14	0.318 5	13.57
赤铁矿	X	4.92	0.203 4	$0.203 \times X$
水	18.76	1	1	18.76
总量	$61.39+X$			$32.33+0.203 \times X$

已知综合密度 $\gamma=2.22$,通过公式:

$$\gamma = (61.39+X)/(32.33+0.203 \times X) \tag{6-48}$$

可得所需的赤铁矿粉重量:$X=18.87$(kg)

造浆率 $Y_s = 32.33 + 0.203 \times 18.87 = 36.16$(L/$S_k$)

4)加有多种添加剂情况的计算。水泥浆配方:API G级水泥加入35%(水泥质量比)硅粉,加1%固体降失水剂,再加入0.757L/S_k的液体分散剂。水灰比为44%,计算水泥浆密度、造浆率和混合水量(表6-23)。

5)规定水泥浆密度的水泥浆计算。要求配制密度为1.90g/cm³的水泥浆。计算:每袋水泥淡水用量(V)、每袋水泥混合水用量 y_{mix} 以及每袋水泥造浆率 Y_s(表6-24)。

通过公式:$\gamma=(60.996+V)/(22.345+V)=1.90$,计算得:$V=20.60$(L/$S_k$);混合水用量 $y_{mix}=0.453\ 3+0.566\ 8+1.514+0.567\ 7+20.60=23.70$(L/$S_k$);造浆率 $Y_s=22.345+20.60=42.94$(L/S_k)。

(2) 水泥量计算。在计算出水泥造浆率的基础上,再计算出环空总容积及其附加量和套管内留的水泥浆容积,最后得出充填这些容积所需的水泥袋数,计算公式如下:

$$S_k = [V_0(1+E) + V_c + V_i]/Y_s \tag{6-49}$$

式中:S_k——水泥袋数;V_0——环空裸眼部分容积(L);E——附加数;V_c——套管与套管之间环形容积(L);V_i——管内水泥塞容积(L);Y_s——水泥造浆率(L/S_k)。

表 6-23 加入多种添加剂的水泥浆体系

水泥浆组分		质量(kg)	组分密度(g/cm³)	绝对体积(L/kg)	总体积(L)
G 级水泥		42.63	3.14	0.318 5	13.57
硅粉		14.92	2.63	0.380 2	5.673
降失水剂(1%)		0.426	1.29	0.775 2	0.330
分散剂		0.893	1.18	0.847 5	0.757
水(44%)		18.757	1.0	1.0	18.757
总计		77.626			39.087
计算得	综合密度 γ(g/cm³)			1.986	
	造浆率 Y_s(L/S_k)			39.087	
	混合水量 y_{mix}(L/S_k)			0.757+18.757=19.514	

表 6-24 规定水泥浆密度的水泥浆计算

水泥浆组分	质量(kg)	组分密度(g/cm³)	绝对体积(L/kg)	总体积(L)
G 级水泥	42.63	3.14	0.318 5	13.570 0
硅粉	14.92	2.63	0.380 2	5.673 0
高温缓凝剂	0.544	1.20	0.833 3	0.453 3
高温增强剂	0.655 2	1.156	0.865 0	0.566 8
高温降失水剂	1.676	1.107	0.903 3	1.514 0
延迟胶凝强度剂	0.571 1	1.006	0.994 0	0.567 7
淡水	1×V	1.0	1.0	V
总计	60.996 +V			22.345 +V

为了计算所需容积,必须按质量控制和安全措施确定如下设计参数:裸眼容积附加数、管内水泥塞高度以及水泥返高面。

1) 水泥返高面必须满足产层和复杂地层的封固要求,一般应根据目的层性质确定水泥返高面:①常压油气层固井,水泥返到油气层顶界以上至少 150m;②高压油气层固井,水泥返到油气顶界以上至少 300m;③隔水套管、表层套管固井,水泥必须返到泥面;④技术套管固井,水泥一般返到上层套管鞋内以上 100m 左右;⑤尾管固井,水泥返至尾管顶部。

2)根据油田经验,确定裸眼容积附加数,保证产层封固要求。规定如下:①隔水管套固井,按钻头直径计算的环空容积附加数为200%;②表层套管固井,按钻头直径计算的环空容积附加数为100%;③技术套管和油层套管,按钻头直径计算的环空容积附加数为50%;④尾管固井,按钻头直径计算的环空容积附加数为30%。

(3) 顶替量计算。胶塞碰压时的顶替量就是简单的套管内容积计算,表达式如下:

$$V_d = V_i \times h_c / 1\,000 \qquad (6-50)$$

式中:V_d——顶替量(m^3);V_i——单位套管内容积(L/m);h_c——浮箍深度(m)。

(4) 碰压前最高压力计算。最高碰压主要为管内与环形空间静液柱压力之差,同时还要考虑顶替时摩阻压力。计算公式如下:

$$P_{max} = P_0 - P_i \qquad (6-51)$$

式中:P_{max}——碰压前最高压力(MPa);P_0——环空静液柱压力(MPa);P_i——管内静液柱压力(MPa)。

(5) 作用在地层的静液柱压力计算。为了确保井下安全和固井效果,有必要确定在注水泥过程中及施工完毕后是否会发生溢流或压裂地层。静液柱压力计算公式如下:

$$P_h = 0.009\,8 \times \gamma \times H \qquad (6-52)$$

式中:P_h——静液柱压力(MPa);γ——液体密度(g/cm^3);H——液柱高度(m)。

第七章 化学灌注浆材

化学灌浆是在一定压力下，通过钻孔、埋管等辅助设施，将化灌浆材配置的溶液灌入地层或建筑裂缝等部位，使其充填、扩散、胶凝固化，达到增加强度、降低渗透性等效果的一项工程技术。化学灌浆技术的应用范围很广，且还在不断扩大，主要应用如下：

(1) 在矿井、油井开凿中用于硐室、井巷的补强加固和防渗堵漏。
(2) 基础加固和堤防、大坝的防渗。
(3) 基坑、地下建(构)筑物的加固和防水。
(4) 隧道开挖过程中的防渗止水和软弱带加固。
(5) 地面建(构)筑物地基加固、纠偏和组织沉降。
(6) 桥基防冲刷和加固。
(7) 边坡加固，提高边坡稳定性。
(8) 核电站、水电站基础防渗与加固。
(9) 钢筋混凝土和混凝土补强。

化学灌浆技术最早记载为1884年英国的豪斯古德(Hosagood)在印度一座桥梁的建设过程中用于固沙。1887年德国开始使用水玻璃和氯化钙作为化灌材料，并申请了专利。1909年比利时的勒马尔和塔蒙特发明了双液单系统灌浆法，使用的材料为稀硅酸盐和酸溶液。1914年，法国的阿伯特·弗兰科伊斯将硫酸铝和硅酸盐用于化灌。1920年荷兰科学家乔斯顿(E J Joosten)论证了化学灌浆的可靠性，发明了水玻璃、氯化钙的"乔斯顿灌浆法"，并于1926年申请了专利，化学灌浆技术开始显露出明显的效果。欧美国家从此开始广泛地使用水玻璃进行化灌。20世纪40年代以前，化学灌浆基本为水玻璃灌浆。此后，化灌技术的研究与应用开始进入高峰期，各种化灌浆材纷纷涌现，尤其是60年代开始，有机高分子材料被引进化灌浆材，各国化灌浆材及其灌浆技术进入了新的时期。20世纪50年代，美国研制了粘度接近水、胶凝时间可以任意调节的丙烯酰胺浆液(AM-9)。1956年左右，又出现了尿素-甲醛类浆液，此后国际上相继推出了木素类(英国的TDM铬木素浆液，中国的微毒性铬木素浆液)、丙烯酸盐类、聚氨酯类、环氧类等品种繁多的化学灌浆材料。1964年日本开发了首个聚氨酯类浆材(TACSS)，并在1967—1971年四年时间里在800多个工程里得到成功应用。1974年，日本福冈丙烯酰胺灌浆引起了环境污染并造成了中毒事故，这使得化灌浆材及其技术的研发与应用受到了极大打击，对使用灌浆材料所引起的环境污染十分注意，日本禁止了除水玻璃之外的其他化灌浆材的使用，世界各国也纷纷禁止了有毒化灌浆材的使用。20世纪80年代，由于化灌浆材的改进，化灌技术又重新得到发展。目前，化学灌浆材料向着低毒和高性能的方向发展。

随着化学工业的发展，作为地质钻探护壁堵漏用的化学浆液，从其类型、品种以及应用上都有了新的进展。目前就其浆液成分可分为无机的、有机高分子的；就其性能可分为固化的、非固化的。常用的水玻璃就是无机类的代表;常用的脲醛树脂、丙烯酰胺是高分子类的代表;常用的水泥则是固化的化学浆液,而沥青等则为非固化的化学浆液。近年来,品种繁多的无机与高分子化合物复合使用已成为化学浆液的发展趋势。

非固化化学浆液作为注浆材料,不足之处在于向孔内灌注后易被水稀释而流失。能固化的化学浆液——水泥浆液作为注浆材料,它的材料来源广、成本较低、固结性好、强度高,是目前普遍应用的一种注浆材料。其缺点是在没有固化前易被水稀释,固化时间慢且难以控制等。我国20世纪70年代期间,采用高分子化合物、合成树脂等化学浆液,在地质钻探上用于护壁堵漏,取得了一定的成效。其主要优点是凝结时间可调,可实现瞬间固化,渗透能力和流动性好,能利用专用的灌注器注入到封堵部位,提高了成功率。应当指出,有些化学浆液如氰凝、丙凝等材料来源缺,成本高,且有一定的毒性,故在使用上受到了限制,不便推广用于地质钻探;对于一些高分子化合物,如聚丙烯酰胺、脲醛树脂等,在地质钻探护壁堵漏领域有积极的应用推广价值。

本节重点介绍在钻井护壁堵漏中具有代表性的化学浆液,包括水玻璃浆液、聚氨酯浆液、脲醛树脂浆液、聚丙烯酰胺浆液等。此外,还有其他品种的化学浆液,如铬木素浆液、丙凝浆液、丙强浆液等,分类如表7-1所示。

表7-1 化学注浆材料分类表

类别			主要成分	起始浆液粘度 (mPa·s)
无机浆材	水玻璃类	水玻璃-氯化钙	硅酸钠、氯化钙	100
		水玻璃-铝酸钠	硅酸钠、铝酸钠	5~10
		水玻璃-磷酸	硅酸钠、磷酸	3~5
		水玻璃-有机物	硅酸钠、甲酰胺、乙二醛、三乙酸甘油酯、乙酸乙酯、1,4-丁内酯等	1.8~3.5
有机浆材	木质素类		纸浆废液、重铬酸钠、氯化铁	2~5
	丙烯酰胺(丙凝)类		丙烯酰胺、甲撑双丙烯酰胺	1.2
	丙烯酸盐类	丙烯酸镁	丙烯酸镁30%	6.2
		丙烯酸钙	丙烯酸钙20%	4.0
	聚氨酯类	非水溶性	异氰酸酯、聚醚树脂	10~200
		水溶性	异氰酸酯、聚醚树脂	8~25
		弹性聚氨酯	异氰酸酯、蓖麻油	50~200
	脲醛类	脲醛树脂	尿素、甲醛	10
		丙强	脲醛树脂、丙烯酰胺	10
		木胺	纸浆废液、尿素、甲醛	2~5
	环氧树脂类		环氧树脂、胺类、稀释剂	1~10
	甲基丙烯酸酯(甲凝)类		甲基丙烯酸酯、丁酯	0.7~1.0

第一节 水玻璃浆液

水玻璃化学灌浆材料由于毒微价廉,使用量越来越大,占了化学灌浆材料总用量的80%。水玻璃是一种能溶于水的硅酸盐,它由不同比例的碱金属和二氧化硅组成。水玻璃一般用湿法生产。它是将石英砂和火碱溶液置于压蒸锅内,在0.2~0.3MPa压力下用蒸汽加热、搅拌,直接反应成液体水玻璃。水玻璃是化学浆液中无机类的一种注浆材料。由于它的价格低廉,货源较广,适于各种工程的需要以及配制简便等优点,故目前仍然是一种大量使用的行之有效的化学浆液。我国所用的水玻璃浆液类型,除了有单一使用的外,大多使用的是水玻璃复合浆液,如水玻璃-氧化钙、水玻璃-铝酸钠、水玻璃-水泥、水玻璃-稀磷酸等。

最常用的水玻璃是硅酸钠水玻璃 $Na_2O \cdot nSiO_2$,还有硅酸钾水玻璃 $K_2O \cdot nSiO_2$。

通常把水玻璃组成中的二氧化硅与氧化钠(或氧化钾)的克分子摩尔数之比,称为模数 M。

$$M = \frac{SiO_2 \text{摩尔数}}{Na_2O \text{摩尔数}} \tag{7-1}$$

一般水玻璃的模数在1到4之间、模数为0.5的水玻璃(相当于原硅酸钠)没有实用价值,而实用价值最大的水玻璃其 M 为2.0~3.5。模数是影响水玻璃性能的重要因素,水玻璃的模数越大,其胶凝体的强度越大,但其相同浓度时的粘度也越大,灌浆时的难度也会随之增大。水玻璃在水中溶解的难易程度随模数而定,M 为1时能溶于常温水中;M 加大,则只能溶于热水中;当 M 大于3,要在 $4 \times 10^5 Pa$ 以上蒸汽中才能溶解。低模数的水玻璃晶体组分较多,粘结能力较差。模数高时,胶体组合相对增多,粘结能力也大。同模数的水玻璃溶液,其浓度越高,则比重越大,粘结力越强。

除液体水玻璃外,还有不同形状(块状、粒状、粉状)的固体水玻璃。液体水玻璃呈青灰色或黄绿色,以无色透明为好。它与水可按任意比例混合成不同浓度(比重)的溶液。常用的固体水玻璃模数为2.6~2.8,比重为1.36~1.50。其浓度常用波美比重计来测定,以波美度(°Be)表示。工厂生产的水玻璃浓度为50~56波美度。水玻璃的浓度与水玻璃比重的关系为:

$$\nu = \frac{145}{145 - °Be} \tag{7-2}$$

一般注浆则多采用35~40°Be,故使用时需加水稀释。水玻璃稀释时加水量计算公式为:

$$V_水 = \frac{\nu_0 - \nu_1}{\nu_1 - \nu_水} \cdot V_0 \tag{7-3}$$

式中:$V_水$——稀释用水量(L);ν_0、ν_1——水玻璃稀释前后比重;$\nu_水$——水的比重;V_0——水玻璃溶液原体积(L)。

水玻璃的粘度与模数、浓度和温度关系密切。通常粘度随温度升高而降低,随模数、浓度的增加而加大。温度为$-2°C$时,水玻璃会开始冻结。液体水玻璃吸收空气中的CO_2,形成无定形硅酸,并逐渐干燥而硬化。二氧化碳亦可与水玻璃溶液在被灌体内生成硅酸凝胶。反应式为:

$$Na_2O \cdot nSiO_2 + CO_2 + mH_2O \longrightarrow Na_2CO_3 + nSiO_2 \cdot mH_2O$$

水玻璃(硅酸钠)是化学灌浆中最早使用的一种材料,水玻璃类浆液是由水玻璃溶液和相应的胶凝剂组成。其无机胶凝剂有氯化钙、铝酸钠、氟硅酸、磷酸、草酸、硫酸铝、混合钠剂等,有机胶凝剂有醋酸、酸性有机盐、有机酸酯、醛类(乙二醛类)、聚乙烯醇等。

如为加速水玻璃的硬化,常加入硅氟酸钠 Na_2SiF_6 或氟化钙,水玻璃中加入硅氟酸钠会发生以下反应,能促使硅酸凝胶加速析出:

$$2[Na_2O \cdot nSiO_2] + Na_2SiF_6 + mH_2O \longrightarrow 6NaF + (2n+1)SiO_2 \cdot mH_2O$$

硅氟酸钠的适当加量为水玻璃重量的 12%～15%,加量越多,凝结越快。

当水玻璃与水泥水化时所析出的活性很强的氢氧化钙作用时,可生成具有一定强度的硅酸钙胶体,使水泥石的强度相应增大,其反应式为:

$$Na_2O \cdot nSiO_2 + Ca(OH)_2 \longrightarrow CaO \cdot nSiO_2 \downarrow + 2NaOH$$

因此,将水玻璃加入水泥浆中,可使水泥浆急骤硬化,可用于堵水堵漏。

水玻璃类浆材主要特点及性能如下:

(1)胶凝时间从瞬间至 24h 不等。
(2)固砂体强度可达 6MPa。
(3)粘度从 $1.2 \sim 200 \times 10^{-3} Pa \cdot s$。
(4)可灌性好,渗透系数可达 $10^{-5} \sim 10^{-6} cm/s$,可灌入 0.1mm 以上的土层。
(5)毒副作用小,造价低。

化学浆液方面,目前世界各国大力研究可注性好、注浆效果好、强度大、价廉源广的不污染环境的注浆材料。水玻璃类浆液由于水玻璃本身来源丰富,价格低廉,污染较小,再加上各种新型固化剂的不断出现,使水玻璃浆液性能不断改善,是配制新浆液的一个方向。

硅酸盐浆材以含水硅酸钠(又称水玻璃)为主剂,另加入胶凝剂反应生成凝胶。水玻璃($Na_2O \cdot nSiO_2$)是水溶性的碱金属硅酸盐。向水玻璃中加入酸、酸性盐和一些有机化合物都能在体系中产生大量成胶体状态的硅酸。这是水玻璃凝胶的基本原理。

胶凝剂的品种多,大体可分为盐、酸和有机物等几类,早期的水玻璃在进行化学灌浆施工时,一般使用氯化钙、氯酸钠、磷酸等无机物作为胶凝剂。无机物对水玻璃进行胶凝时,其化学反应极为迅速,具体使用时难于控制,施工不便。有些胶凝剂与硅酸盐的反应速度很快,例如氧化钙、磷酸和硫酸铝等,它们和主剂必须在不同的灌浆管或不同的时间内分别灌注(双液法);有的胶凝剂如盐酸、碳酸氢钠和铝酸钠等与硅酸钠的反应速度则较缓慢,因而主剂与胶凝剂能在注浆前预先混合起来注入同一钻孔中(单液法)。另外,无机物胶凝固化的水玻璃稳定性和固结强度也较差。

为了提高水玻璃类浆材的性能,近年来,越来越多的有机胶凝剂开始受到重视。有机胶凝剂相对于无机物,更容易调节胶凝时间,特别是能得到较长的胶凝时间,而且在凝胶后的固结物中,因反应缓慢进行,所以能有较高的反应效果,稳定性和固结强度较好,对降低碱性也有作用。工程中使用的有机固化剂有甲酰胺、乙二醛、二乙酸乙二醇酯、乙烯碳酸盐、γ-丁内酯、三乙酸甘油酯及乙醇酸纤维素等。

1. 水玻璃-氯化钙浆液

浆液用水玻璃的模数为 2.0～3.0,浓度为 43～45°Be。氯化钙溶液相对密度为 1.26～1.28(30～32°Be),即 1L 溶液中不少于 550g 氯化钙。

作为地基灌浆材料使用时,常将水玻璃溶液与氯化钙溶液交替地灌入基础中,其反应式如下:

$$Na_2O \cdot nSiO_2 + CaCl_2 + mH_2O \longrightarrow nSiO_2 \cdot (m-1)H_2O + Ca(OH)_2 + 2NaCl$$

反应生成的硅胶起胶结作用,能包裹土粒并充填于孔隙中,而生成的氢氧化钙,也起胶结与充填孔隙的作用,故既使基础提高强度,又能增强其不透水性。加固后的地层强度,砂层可达 1.5～3.0MPa,粉砂土为 0.5MPa,黄土为 0.8MPa 左右。

2. 水玻璃-铝酸钠浆液

浆液的配方为:甲液-水玻璃(37～45°Be)100L;乙液-铝酸钠(铝量100g/L)100L,双液的反应为:$3(Na_2O \cdot nSiO_2) + Na_2O \cdot Al_2O_3 \rightarrow Al_2(SiO_3)_3 + 3(n-1)SiO_2 + 4Na_2O$,胶凝时间通常不超过10min。生成的结石龄期为110d时,平均抗压强度1.6MPa。

目前,我国应用水玻璃类材料比较成熟的有水玻璃-氯化钙和水玻璃-铝酸钠两种浆液。这些浆液多用于地基加固、建筑和铁道部门。硅酸盐浆材的主要性质如表7-2所示。

表7-2 硅酸盐浆材的主要性质

胶凝剂名称	浆液粘度(10^{-3}Pa·s)	胶凝时间	固砂体抗压强度(MPa)	灌浆方法
氯化钙	800～100	瞬时	<3	双液
铝酸钠	5～10	数分钟至几十分钟	<3	单液
碳酸氢钠	2～5	数分钟至几十分钟	0.3～0.5	单液
磷 酸	3～5	数秒钟至几十分钟	0.3～0.5	单液
氟硅酸	2～4	几秒钟至几十分钟	2～4	单液或双液
乙二醛	2～3	几秒钟至几小时	<2	单液或双液

相对于其他化灌浆材,水玻璃浆材在耐久性方面存在着一些缺陷。水玻璃凝胶体随着时间增长,其渗透性会逐渐增大,力学强度也会逐渐降低,在大孔隙地层中可能会脱水收缩,不过在细粒地层中和小孔隙地层中不会发生此现象。另外,在非饱和环境中,水玻璃凝胶体也容易脱水收缩,降低使用效果,因此最好在饱和水环境中使用。

常用的水玻璃属强碱性材料,其凝胶体有脱水收缩和腐蚀现象,这影响了它的耐久性和可能对环境造成一定的污染。为克服这些缺点,国内外从20世纪70年代后期开展了酸性水玻璃的研究,这种水玻璃能在中性区域内胶凝,而且胶凝体没有碱溶出,在潮湿地层中可看作是永久性浆材。

酸性水玻璃的制备有酸化法和离子交换脱钠法两类。离子交换脱钠法因操作比较困难,工程中一般不采用。酸化法又分直接法和间接法两种。前者是把酸性材料直接用作水玻璃的胶凝剂,后者是用酸性材料先把水玻璃酸化,然后再用碱性胶凝剂使之在弱酸性或中性范围内发生胶凝,

在酸化过程中,必须保持pH值不大于2,因为这时它的稳定性最高,不易自凝。

研究表明,酸性水玻璃浆液的起始粘度仅为$(1.5～2.5)×10^{-3}$Pa·s,胶凝时间可以从瞬间到几十分钟内调整,凝胶体的渗透系数为$10^{-8}～10^{-10}$cm/s,固砂体的抗压强度变化在0.2～0.5MPa之间。

3. 水玻璃-水泥混合液

在钻孔护壁堵漏中常采用水玻璃-水泥的混合浆液,其凝结时间快,结石强度比上述水玻

璃浆液高,具体见第九章第三节。

4. 水玻璃-甲酰胺混合液

甲酰胺的分子式为 $HCONH_2$,密度为 $1.13g/cm^3$,其在碱性介质中可水解成甲酸和氨气,其中,甲酸可与水玻璃中和反应生成不溶于水的 SiO_2 凝胶。

$$HCONH_2 + H_2O \longrightarrow HCOOH + NH_3 \uparrow$$

$$Na_2O \cdot nSiO_2 + 2HCOOH \longrightarrow nSiO_2(固体) + 2HCOONa + H_2O$$

通过调节甲酰胺、水和水玻璃的比例,可控制其胶凝固结时间和强度,如表 7-3 所示。

表 7-3 室温条件下胶凝时间与性能

体积比(水玻璃:甲酰胺:水)	初凝时间	性能
50:10:0	速凝	立即反应,出现白色絮状物,反应不均匀
50:10:5	速凝	迅速反应,反应不均匀,产生白色絮状沉淀
50:10:10	2h 5min	反应较慢,刚胶凝时强度较弱,12h 后为中强
50:20:20	1min	迅速反应,反应均匀,呈乳白色,12h 后强度为强
25:10:15	43min	反应较慢,20min 后液体颜色变白,开始出现乳白色浑浊现象,刚胶凝时强度较低
50:20:30	1h	反应较慢,1h 后出现胶凝现象,液体颜色发生变化,呈乳白色,2h 后胶凝,12h 后强度为中强
50:20:40	2h	反应较慢,2h 后才出现胶凝现象,刚胶凝时强度较差,3h 后胶凝强度较明显,12h 后强度为中强

第二节 聚氨酯类材料

聚氨酯化学灌浆材料是一种防渗堵漏能力较强、固结强度较高的防渗固结材料,属于聚氨基甲酸酯类的高聚物,是由多异氰酸酯和多羟基化合物反应而成。

(1) 多异氰酸酯。常见的多异氰酸酯有甲苯二异氰酸酯(TDI)、二苯基甲烷二异氰酸酯(MDI)和多亚甲基多苯基多异氰酸酯(PAPI)等。

以上三种多异氰酸酯中,以甲苯二异氰酸酯(TDI)的粘度最小,用它合成的预聚体粘度低、活性大,遇水反应速度快,而由 MDI 或 PAPI 合成的预聚体粘度大,且固结强度高。一般"一步法"常采用 PAPI,"二步法"采用 TDI 较适宜。

(2) 多羟基化合物。常用的多羟基化合物有聚酯类和聚醚类两种,由于酯键容易水解,而醚键比较稳定,且相同分子量的聚醚树脂其粘度比聚酯树脂小,故作为灌浆材料,一般采用聚醚树脂。聚醚树脂的品种很多,它随引发剂、链增长剂、官能团、分子量的不同而异,常见的聚醚树脂有 204、303、505、604 等。水溶性聚氨酯常用的有环氧乙烷聚醚、环氧丙烷聚醚,或其混合物。

由于浆液中含有未反应的异氰酸基团,遇水发生化学反应,交联生成不溶于水的聚合体,因此能达到防渗、堵漏和固结的目的。反应过程中产生二氧化碳,使体积膨胀,增加了固结体积比,且产生较大的膨胀压力,促使浆液二次扩散,从而加大了扩散范围。浆液还有遇水不易被稀释和冲走、凝胶时间可以控制等特点,因而前几年国内外使用较多,均取得了较好的效果。我国的氰凝、固结新、PM 型,日本的塔克斯(TACCS)和海索尔-OH(Hysol-OH)均属于此类。

聚氨酯注浆材料是应用于土木建筑工程中起加固、堵水、防渗作用的一种新型灌浆材料。它遇水后立即反应,体积迅速膨胀,生成一种不溶于水、有较高强度和弹性的凝胶体,广泛用于地下工程的防水堵漏、建筑物地基加固、复杂地层的稳固、大坝基础加固、阻止渗水、破碎带加固、地下铁道基础加固、桥基加固和裂隙补强、矿井建设中的止水和加固等方面。

聚氨酯化灌材料可分为水溶性(简称 SPM)和非水溶性(简称 PM)两大类,它们的区别在于,前者与水能混溶,而后者只溶于有机溶剂。非水溶性聚氨酯浆液制备可分为"一步法"和"二步法"两种。"一步法"就是在注浆时,将主剂的组分和外加剂直接一次混合成浆液。"二步法"又称预聚法,是把主剂先合成为聚氨酯的低聚物(预聚体),然后,再把预聚体和外加剂按需要配成浆液。预聚的目的是使大部分的异氰酸基团先进行反应,减少放热,便于控制胶凝时间。

油溶性聚氨酯材料(又称氰凝)与水溶性聚氨酯材料都能防水、堵漏、加固地基。PM 与 SPM 的主要区别在于 SPM 所用的聚醚是环氧乙烷聚合物,而 PM 所用的聚醚是环氧丙烷聚合物,前者具有亲水性。油溶性注浆材料形成的固结体强度高、抗渗性好,适用于加固地表和防水兼备的工程。水溶性注浆材料包水量大、渗透地层半径大,适用于涌水封堵和土质表面层的防护。

当聚氨酯作为灌浆材料注入被灌体时,它的分子两端的异氰酸酯基(—NCO)遇水后,在催化剂的作用下,迅速发生链增长反应,使分子链增大。分子两端的—NCO 基团也会与分子链中的氨基甲酸酯基和脲基发生反应,生成网状结构,致使反应物粘度迅速增大,逐渐形成不溶于水的聚合体,起到堵漏和加固地基的作用。聚氨酯浆液有以下特点:

(1)浆液与水反应,形成不透水的固结层,可用于封堵强烈的涌水和阻止地基中的渗水。

(2)浆液遇水后发生交联反应,分子链段迅速增长,浆液粘度增大,产生大量 CO_2 气体,借助气体压力,使浆液向四周渗透扩散,推动料浆向裂缝或孔隙深处扩散,使多孔性结构或地层能完全充填密实。

(3)聚氨酯与土粒粘合力大,形成高强度弹性固结体,防止地基变形、龟裂、崩坏,从而使地基得到补强加固。

(4)浆液的粘度、固化速度可以调节。注浆设备与工艺简单,投资费用少。

(5)油溶性聚氨酯注浆材料(氰凝)由主浆液与促进剂两种组分组成,水溶性聚氨酯灌浆材料是属于单组分材料。

(6)两种物料应保存在阴暗干燥地点,保质期为常温 6 个月,夏季 3 个月。

一、LW、HW 水溶性聚氨酯注浆材料

LW、HW 是由多异氰酸酯与含多羟基的化合物在一定的条件下通过反应合成的一种预聚体,是快速高效防渗堵漏补强加固材料。LW、HW 对于各类工程中出现的大流量涌水、漏水等有独特的止水效果,已在大量工程中得到广泛应用,适用于水利、水电、隧道、地铁、人防、冶金工程、工业和民用建筑中混凝土裂缝、施工缝和建筑物基础的防渗堵漏补强加固处理。

1. LW、HW 的主要特点

(1)具有良好的亲水性,遇水能均匀地分散乳化,进而凝胶固化。水既是稀释剂又是固化

第七章 化学灌注浆材

剂,浆液遇水反应而凝固,不会产生未固化浆液的流失现象。操作中控制水量是关键,水不能太多,水太多浆液固结体质量差。

(2)LW 的固结体为具有水胀性的弹性体,适应变形能力强,并可遇水膨胀,具有弹性止水和以水止水的双重功能,特别适用于变形缝的防水处理。

(3)HW 浆液粘度低,可灌性好;强度高,对潮湿面的粘结力强。

(4)可在潮湿或有涌水的情况下进行灌浆,尤其是快速堵漏,效果十分显著,浆液对水质适应性强,在海水和 pH 值在 3~13 的水中均能固化。

(5)LW、HW 可以任意比例混合使用,HW 能与 LW 混掺,所得固结体性能介于二者之间,可调整固结体的强度和遇水膨胀的倍数。补强加固以 HW 为主,防水堵漏以 LW 为主。

(6)固结体无毒。施工工艺简单,浆液无须繁杂的配制,用单液法直接灌注。

2. LW、HW 的性能指标

LW、HW 的性能指标如表 7-4 所示。

表 7-4 LW、HW 的性能指标

性能		LW	HW
粘度(mPa·s)		150~350	40~70
凝胶时间(min)		≤3	≤20
包水量(倍)		≥20	—
遇水膨胀率(%)		≥100	—
粘结强度(MPa)	干燥	≥0.8	≥2.5
	饱和面干	≥0.7	≥2.1
拉伸强度(MPa)		≥2.1	—
扯断伸长率(%)		≥130	—
压缩试验	抗压屈服强度(MPa)	—	≥10
	抗压破坏强度(MPa)	—	≥20

二、油溶性聚氨酯注浆材料

由多异氰酸酯和聚醚树脂制成的主剂(预聚体),与一些添加剂组成的一种高分子化学浆液,不溶于水,只溶于有机溶剂中,故称为油溶性聚氨酯灌浆材料(氰凝)。氰凝不遇水则不反应,稳定性好。使用时,加入少量的促进剂以调节凝结时间(即与水起反应的速度)。当被灌注到漏水部位,与水发生反应的过程中,同时放出二氧化碳,使浆液体积膨胀并自动地扩散(即产生二次渗透),最终形成体积大、强度高的固结体。浆液在被灌物内反应,由于外界的压力和空间限制,使最终形成的固结体相应紧密,使抗压强度与抗渗能力均有提高。已广泛用于各种土建工程的防水、堵漏、地基加固、土坝的稳定等方面。

此外,氰凝注浆材料是由预聚体和添加剂两部分组成,故现场施工可将预聚体与添加剂按比例混合均匀,实现单液注浆。

1. 氰凝注浆材料的特性

(1)浆液具有遇水发生化学反应的特性,遇水前是稳定的。浆液在灌注前应密闭保存,防止潮湿,注浆机具使用时亦应保持干燥。浆液遇水反应时,放出二氧化碳,使浆液产生膨胀,向四周渗透扩散,直到反应结束时止。由于膨胀而产生了二次扩散现象,因而有较大的扩散半径和凝固体积,固结体积比达2~9倍。

(2)可注性好,粘度较低。配制好的浆液粘度为100mPa·s左右。可与水泥灌浆相结合,采用单液系统灌浆,工艺设备简单。

(3)堵水能力强,其抗渗能力好,渗透系数可达$10^{-8}\sim10^{-6}$cm/s。随着地下水压力增大,灌注压力也应提高,抗渗能力也将有所提高。

(4)抗压强度与注浆压力和膨胀系数有关,膨胀越受到限制,强度越高,固砂体抗压强度可达到7.0~25.0MPa(固结砂)、35.0~80.0MPa(固结辉绿岩粉),粘结强度>10.0MPa(钢—钢)。

(5)凝胶时间与催化剂用量、溶剂用量、水的pH值、温度等有关。催化剂用量增加,溶剂增加,水的pH值为酸性,温度高时凝胶速度加快。一般凝胶时间可由几秒钟至几十分钟,使用时可根据具体情况将凝胶时间进行调整。浆液比重为1.036~1.125,遇水开始反应,因此不易被地下水冲稀,可用于动水条件下堵漏,封堵各种形式的地下、地面及管道漏水,止水效果好。

2. 氰凝注浆材料的组成

氰凝主剂性能和添加剂的作用分别如表7-5和表7-6所示。

表7-5 氰凝主剂(预聚体)性能表

产地	名称	外观	比重	粘度(mPa·s)	混凝土堵漏抗渗性能(MPa)
上海	TD-330(聚醚型)	褐色液体	1.1	282	0.8
	T-830(聚硫型)	棕黄色液体	1.125	24	0.4
天津	TT1	浅黄色透明液体	1.057~1.125	6~50	>0.9
	TT2	浅棕色透明液体	1.036~1.086	12~70	>0.1
	TM1	棕黑色半透明液体	1.008~1.125	100~800	>0.9

表7-6 氰凝添加剂的作用

种类	名称	作用	备注
催化剂	二乙胺、二甲胺、基乙醇胺、二甲基环乙胺、三乙烯二胺、二月桂酸二丁基锡	调整浆液凝胶时间	用量可视对浆液凝胶速度的要求而定
溶剂	丙酮、二甲苯	调整浆液粘度	不应含有与预聚体中的异氢酸基作用的基团
增塑剂	邻苯二甲酸二丁酯	提高固结物的韧性和弹性,同时亦可降低浆液粘度	
乳化剂	吐温-80号	提高催化剂在浆液的分散性及浆液在水中的分散性	
表面活性剂	硅油	提高泡沫的稳定性和改善泡沫结构	

氰凝浆液的配制可在现场随配随用。在定量的主剂内按顺序掺入定量的添加剂,在干燥容器中搅拌均匀后倒入灌浆机具内进行灌浆施工,其典型配方用量及顺序如表7-7所示。

表7-7 氰凝浆液配方及加料顺序(重量比)

类别	主剂	添加剂						
名称	预聚体	硅油	吐温	邻苯二甲酸二丁酯	丙酮	二甲苯	三乙胺	有机锡
加料顺序	1	2	3	4	5	6	7	8
1号产品	100	1	1	10	5～20	—	1～3	—
2号产品	100	—	—	1～5	—	1～5	0.3～1	0.15～0.5

注:有机锡常用的为二月桂酸二丁基锡。

三、马丽散聚亚胺胶脂

马丽散是一种低粘度、双组分合成高分子——聚亚胺胶脂材料,采用高压灌注进行堵水时,当树脂和催化剂掺在一起时起反应或遇水产生膨胀,本身反应或发泡生成多元网状密弹性体,当它被高压推挤,注入到岩层或混凝土裂缝(在高压作用下可以使煤岩层的闭合裂隙张开),可沿岩层或混凝土裂缝延展直到将所有裂隙(包括肉眼难以觉察的裂隙及在高压作用下重新张开的裂隙)充填。在封堵裂隙加固岩层时,岩层不含水时产品膨胀率也相应变小(膨胀倍数为2～4倍),高压推力将马丽散压入并充满所有缝隙,达到止漏目的,成品抗压介于25～38MPa;在遇水后(掺水)产生交联反应,发生膨胀,在膨胀压力的作用下产生二次渗压(膨胀倍数为20～25倍),高压推力与二次渗压将马丽散压入并充满所有缝隙,从而达到止漏目的,成品抗压介于15～25MPa,可以说马丽散是性能优异的堵漏材料之一。马丽散的使用范围:加固裂隙和不稳定地层、封闭水流出入口、密实地层、岩石加固、锚杆的密封等。它具有以下特点:

(1)粘度低,能很好地渗入细小的裂缝中。
(2)极好的粘合能力,与地层形成很强的粘合体。
(3)其良好的柔韧性能承受随后的地层运动。
(4)反应速度快,遇水后在十几秒钟内发生反应,能迅速封堵水流。
(5)反应后形成的泡沫不溶于水。
(6)良好的抗压性能。

马丽散N主要性能参数如表7-8和表7-9所示

表7-8 马丽散N技术参数1

主要成分	树脂	催化剂
密度(25℃)(g/cm³)	1.04	1.23
粘度(25℃)(mPa·s)	200	220
混合体积比	1	1
有效储存期(20℃)(月)	6	6

表7-9 马丽散N技术参数2

聚合产品	环境温度	
使用温度(℃)	15	25
最初粘度(mPa·s)	450	250
膨胀开始时间(h:min)	1:15	0:45
反应结束时间(h:min)	2:10	1:25
膨胀倍数	2	2
压力(MPa)	>35	>35
粘合力(MPa)	>5	>5

类似的产品还有艾格劳尼、罗克休、巴斯夫等可以满足地层安全需要的系列环保聚合产品,已经在国内众多的煤矿和隧道推广应用。

艾格劳尼是一种双组分泡沫产品,专用于堵截空气和瓦斯,充填机械强度要求低的空隙。该产品的使用设备为一台泵和一支发泡枪。双组分树脂和发泡剂以1:1的体积比混合,在发泡枪内受压气作用机械发泡,20min粘合成型,无须模具。

应用范围:工作面余角堵截气体密闭墙,临时密闭,废弃工作面密闭,快速密闭,充填空隙。

优点:即时发泡,快速充填空隙,高膨胀倍数,充填用量少,密封性好,简单经济,有效地降低了通风损耗,避免瓦斯聚集,抗静电,可大面积使用,防火等级一级,不蔓延火焰。

罗克休液是一种双组分注射产品,低温反应,专用于稳固和加固煤层和地层,特别是易发火区。该产品的使用设备为一台泵和一支注射枪。双组分树脂和催化剂以1:1的体积比混合生成该产品。注射进地层后,低粘度的罗克休液渗透微细裂缝,产生聚合反应,粘合加固处理区域。

工程应用:加固掘进巷道工作面,加固回采工作面,加固巷道与工作面夹角。优点:低温聚合,强粘合力,迅速粘合地层,高弹性,持久粘合,抗静电,低粘度,易渗透裂隙,反应迅速,防火等级一级,使用安全。

罗克休胶NX-1是一种双组分注射产品,防火等级一级,低温反应,专用于稳固和加固煤层和地层,特别是易发火区。该产品的使用设备为一台泵和一支注射枪。双组分树脂和催化剂以1:1的体积比混合生成该产品。注射进地层后,低粘度的罗克休液渗透微细裂缝,产生聚合反应,粘合加固处理区域。

工程应用:加固掘进巷道工作面,加固回采工作面,加固巷道与工作面夹角。优点:低温聚合,强粘合力,迅速粘合地层,高弹性,持久粘合,抗静电,低粘度,易渗透裂隙,反应迅速,方便现场操作,快速达到性能指标,使用安全。

罗克休泡沫是一种双组分充填产品,防火等级一级,专用于注射加固严重裂隙地层和充填空隙。该产品的使用设备为一台泵和一支注射枪。双组分树脂和催化剂以4:1的体积比混合,即时发泡,迅速膨胀,膨胀倍数可达最初体积的30倍。膨胀泡沫几分钟内即可凝固。罗克休泡沫防火等级为一级,可以用在高热易发火区和煤矿灭火。

第三节　环氧树脂注浆材料

环氧树脂作为灌浆材料，初见于20世纪50年代末期。美国开始应用环氧树脂来修复以往很难处理的混凝土裂缝。从此，许多国家对环氧树脂灌浆材料进行了广泛的研究和应用，应用范围也从混凝土裂缝的补强发展到固结岩体裂隙和油井固砂。因为环氧树脂灌浆材料的粘结力和内聚力均大于混凝土的内聚力，因此对于恢复结构的整体性能起很好的作用。

环氧树脂具有强度高、粘结力强、收缩小、化学稳定性好等特点。自20世纪50年代开始，环氧树脂就被广泛用作混凝土的缺陷修复处理材料，但其浆液粘度大、可灌性差、憎水性强、与潮湿混凝土基面结合力差，限制了环氧树脂的应用。近年来，有关科研和施工单位对上述问题进行了卓有成效的研究，降低了浆液粘度，提高了潮湿或水下粘结强度，从而进一步扩大了环氧树脂的应用范围。常用的环氧树脂灌浆有HK-G系列环氧灌浆材料、EA改性环氧灌浆材料、CW等。

环氧树脂是指分子结构中含有环氧基的树脂状高分子化合物，它是一大类树脂的总称。由于结构上的差异，有不同类型的环氧树脂，如双酚A型环氧树脂、酚醛环氧树脂、脂肪族环氧树脂、元素有机环氧树脂、含氮环氧树脂等。

双酚A型环氧树脂是一种最普遍、最常用的环氧树脂，通常所说的环氧树脂就是指该类型的环氧树脂。它是由环氧氯丙烷与双酚A在苛性钠作用下缩聚而成。

未固化的环氧树脂是热塑性的线型结构，只有加入固化剂并在一定条件下进行交联固化反应，生成体型网状结构，它才表现出优良的性能。

环氧树脂的固化剂种类很多，如脂肪胺类、芳香族氨类和各种胺改性物，有机酸及其酸酐，树脂类固化剂等。在化学灌浆工作中，所用的固化剂主要是脂肪族伯、仲胺，因为它们可以使环氧树脂在室温下固化。

稀释剂包括非活性稀释剂和活性稀释剂。

(1)非活性稀释剂。非活性稀释剂不参与环氧树脂的固化反应，属于物理混合。环氧树脂常用的非活性稀释剂有丙酮、甲苯、二甲苯等。非活性稀释剂在固化过程中会挥发，引起较大的体积收缩，如用量过大，还会降低固化物的性能。

(2)活性稀释剂。活性稀释剂的大多数分子中都含有一个或一个以上的环氧基团，它能参与固化反应。常用的活性稀释剂有环氧丙烷苯基醚、环氧丙烷丁基醚、甘油环氧树脂、乙二醇二缩水甘油醚等。由于活性稀释剂中的环氧基也会与胺类固化剂反应，因此使用活性稀释剂时，同样可以根据活性稀释剂的环氧值来计算所需增加的胺固化剂用量。单环氧化合物活性稀释剂在分子中只有1个环氧，不能形成网状结构，因此它的掺入会降低固化物的交联密度，用量过多，还会降低固化物的性能。使用双环氧化合物作稀释剂时，如反应适当，不会降低交联密度，因而对性能的影响较小。但是由于它本身的粘度较大，故稀释效果较差。

环氧树脂可以通过三种交联固化反应成为热固性树脂：①环氧基之间的直接连接；②环氧基与羟基的连接；③环氧基与固化剂的活性基团发生反应，彼此连接。伯、仲胺类固化剂的作用属于第三种。以伯胺和环氧树脂反应为例，第一阶段是伯胺和环氧基反应生成仲胺，第二阶段为生成的仲胺和环氧基继续反应生成叔胺。反应生成的羟基亦能和环氧基反应(当伯、仲胺存在时，醇-环氧基的反应是很困难的)，并具有加速胺与环氧基反应的作用。

一般采用的胺类固化剂是多元伯胺和仲胺,如乙二胺、二乙撑三胺、三乙撑四胺、多乙撑多胺等。它们都含有多于 3 个能与环氧基反应的活泼氢,而环氧树脂也具有 2 个环氧基,这种多个官能团化合物之间的反应,必然产生三维空间的立体网状结构,成为不溶不熔的高分子化合物。

用伯胺或仲胺作固化剂时,微量的有机酸、酚、醇、硫酰胺等都能加速胺-环氧基的反应。这种加速作用是由于受氢键的影响,有助于环氧基的开环。在实际应用时,常用苯酚作为胺固化反应的促进剂,这是因为苯酚的氢原子有一定的活性,可以加速胺-环氧基之间的反应,缩短固化时间。DMP-30 是较有效的促进剂之一。

用胺类固化剂固化环氧树脂时,必须正确地选择固化剂的用量。用量过多或过少都会影响固化物的交联密度,使固化物物理力学性能受到影响,过量的游离胺还会降低固化物的耐水性。下面介绍几种典型的环氧注浆材料。

1. HK-G 环氧注浆材料

HK-G 环氧注浆材料具有粘度小、强度高、双组分、操作方便等优点,可以对微细的混凝土裂缝和岩基缝隙进行注浆处理,从而达到防渗补强加固之目的,适用于水工建筑的基础和坝体裂缝的防渗补强加固;高速公路、桥梁、桥墩、地铁、隧道、渡槽、渠道及工业民用建筑中的各种混凝土裂缝和基础的防渗补强加固处理。浆液性能指标如表 7-10 所示。其特点如下:

(1)粘度小,可灌性好,可以灌注 0.2mm 以下的裂缝。
(2)粘结强度高,如和混凝土粘结时,一般都大于混凝土本身的抗拉强度。
(3)浆液固化后的抗压强度和抗拉强度都很高,因此有补强作用。
(4)浆液具有亲水性,对潮湿基面的亲和力好。
(5)凝固时间可由固化剂来调节,范围可在数十分钟至几十小时之内调节。
(6)操作方便,配制简单。只需将 A 组分和 B 组分按比例混合均匀后即可灌浆。

表 7-10 HK-G 环氧注浆材料性能指标

性能	指标
粘度(25℃)(mPa·s)	5～15
凝固时间	在数十分钟至数十小时内可任意调节
抗压强度(MPa)	40.0～80.0
抗折强度(MPa)	9.0～15.0
抗拉强度(MPa)	5.4～10.0
粘结强度(MPa)	2.4～6.0

2. EA 改性环氧注浆材料

EA 改性环氧注浆材料是以环氧及其他聚合物相互贯穿成链锁而形成的交织网络聚合物。它不但具有原环氧树脂强度高、收缩小、粘结好及化学稳定性好等优点,而且克服了其粘度大、可灌性差的特点,满足细微裂缝尤其是深层裂缝的灌浆要求,而且浆液不含任何溶剂,是一种理想的既可补强加固又可防渗堵漏的多功能注浆材料。

(1)主要技术指标。①抗压强度 15～40MPa;②抗拉强度 3～7MPa;③粘结强度 5～15MPa;④粘度 20～100mPa·s。

(2)适用范围。可对 0.15mm 以上的裂缝进行灌浆补强。各种构筑物裂缝补强,如隧道、码头、闸坝、道路的裂缝修补,厂房、住宅的梁、板缝补强以及基岩化学固结注浆。

3. CW 系列化学灌浆材料

CW 系列化学注浆材料是长江水利委员会长江科学院在原环氧-糠醛-丙酮化学灌浆材料的基础上,结合水电工程,特别是三峡工程特点研制的系列新型注浆材料。CW 系列化学注浆材料具有以下特点。

(1)配制简便,粘度适中,可调,渗透性好。

(2)可操作时间长。

(3)适应性广,可在干燥、潮湿、水下等条件下使用。

(4)通过独具特色的工艺措施灌注,浆材在处理对象内固化物密实性好,力学强度高,与被灌体粘结牢固。

(5)除具有国内环氧-糠醛-丙酮类浆材可灌性好等特点外,CW 系列化学注浆材料兼具憎水性与亲水性特色,并以憎水性为主。新型环氧树脂和憎水固化剂的使用,进一步降低了浆液粘度,简化了操作,克服了同类浆材早期发热量大、粘度增长过快、初凝时间过长、强度增长过慢等问题。

CW 系列化学注浆材料基本配方如表 7-11 所示。

表 7-11 CW 系列化学注浆材料基本配方

组分名称	作用	用量(重量比)
新型环氧树脂	主剂	100
糠醛	反应性稀释剂	5~50
丙酮	非活性稀释剂	5~50
憎水性改性胺	固化剂	20~40
表面处理剂	表面湿润、渗透、粘结增强剂	微量
其他添加料	根据处理对象及用户要求	非活性稀释剂适量

CW 系列化学注浆材料的主要性能如表 7-12 所示。

表 7-12 CW 系列环氧类注浆材料的性能

项目	指标
粘度(mPa·s)	<20
相对密度	1.05±0.05
胶凝时间(h)	8~100
砂浆"8"模粘结抗拉强度(龄期 2 个月)(MPa)	>3.0
纯聚合体的抗压强度(龄期 1 个月)(MPa)	>30
模拟灌浆 0.3 mm 的混凝土裂缝的劈拉强度(龄期 1 个月)(MPa)	湿缝>2.0
	有水缝>2.0

第四节 脲醛树脂类注浆材料

脲醛树脂是一种水溶性树脂,它在酸性条件下能迅速凝固成有一定机械强度的固结体,是适合于钻孔护壁堵漏的注浆材料。脲醛树脂是由原料易得的尿素和甲醛水溶液合成的一种聚合物,其性能可调,可人为地控制固化时间,成本较低,配制简单,且是低毒的化学注浆材料。近十多年来,在钻孔护壁堵漏方面,开展了生产工艺、性能改性、注浆工具等的研究。目前已生产出适合地质钻探用的粉末脲醛,其灌注工具也得到了进一步地改进,可实现钻孔"快速堵漏"的效果。

尿素与甲醛的反应是一个复杂的化学反应过程,整个反应可分为三个阶段,即加成反应阶段、缩聚反应阶段和固化阶段。开始阶段为尿素与甲醛在弱碱性或弱酸性介质中发生加成反应,生成脲的羟甲基($—CH_2OH$)衍生物;同时进行缩合反应,从而得到缩聚的初产物(即脲醛树脂),在实际使用时,以酸作催化剂(一般用盐酸)使树脂固化生成不溶的体型网状结构的固结体。

脲醛树脂类浆液根据工艺可分为脲醛树脂浆液、脲素-甲醛浆液、改性脲醛树脂浆液三类。

(1)脲醛树脂浆液。市售固体含量为55%左右的脲醛树脂为主剂,注浆时加水稀释至40%,然后加入酸或强酸弱碱盐作固化剂。该浆液的特点:材料来源丰富,价格便宜;浆液结石体的强度较高,达40~890MPa,但较脆;浆液粘度较大,并且在酸性条件下对设备有腐蚀性;凝胶体抗渗性差。

(2)脲素-甲醛浆液。直接用脲素和甲醛作注浆材料的甲液、固化剂作乙液的一种浆液。脲素-甲醛浆液有以下特点:浆液的流动性好,粘度低;解决了浆液不易长期存放的问题;材料来源广泛,成本下降。

(3)改性脲醛树脂浆液。脲醛树脂生产过程中,加入一种或几种能参与反应的化合物或在脲醛树脂浆液中加入另一种浆材混合使用,以取长补短。改性脲醛树脂的特点是:浆液结石体强度大,胶结力强,固砂强度可达10.0MPa;浆液粘度低,为2~5mPa·s;浆液胶凝时间可控范围宽;凝胶及固砂体耐久性好,可抗5%浓度的强酸、强碱和盐的腐蚀;材料来源丰富,成本较低。

1. 浆液材料

(1)基本材料:尿素$CO(NH_2)_2$和甲醛(HCHO)。

(2)固化剂:酸类,常用的是盐酸(HCl)。

2. 脲醛树脂的固化过程

尿素和甲醛的反应及固化是一个复杂的化学反应过程,它可分为三个阶段,即加成反应阶段、缩聚反应阶段和在酸催化下的固化阶段。

加成反应阶段生成一羟甲基脲和二羟甲基脲;缩聚反应阶段是一羟甲基脲和二羟甲基脲进一步缩聚生成含有羟甲基的用亚甲基键连接的缩聚初产物,即脲醛树脂。它是低分子量(300~500)的水溶性线性结构的聚合物,其结构式为:

$$H-[NH-\underset{O}{\overset{\|}{C}}-\underset{CH_2OH}{\overset{|}{N}}-CH_2-NH-\underset{O}{\overset{\|}{C}}-NH-CH_2]_n-OH$$

此缩聚物在酸的催化作用下,进一步缩聚,发生分子间交联,形成不溶的体型网状结构的高聚物,逐渐凝结。其强度随时间延长逐渐增长。

脲醛树脂的固化过程与酸催化剂的种类和用量有直接的关系。一般强酸、弱酸以及强酸、弱酸中和生成的盐类均可作催化剂。常用的有盐酸、硫酸、草酸、氯化铵、三氯化铁等。试验表明,强酸的浓度增加,凝固时间缩短;若酸的浓度一定时,随加量增加而凝结时间缩短。目前常用的是工业纯盐酸和硫酸,一般使用浓度为3%~36%,用量为树脂液体的1/10~1/5,初凝时间可在几秒钟至数十分钟的范围内控制。在使用时,应注意环境温度的影响,温度高,则固化速度快;温度低,则固化速度慢。在灌注时,一定要做地表试验,并应考虑到孔内的温度。

3. 脲醛树脂的凝结时间、强度及其影响因素

脲醛树脂的固化过程可分为初凝(胶化)和终凝(硬化)两个阶段。所谓"初凝"是加催化剂后至失去流动性这段时间(称初凝时间)。所谓"终凝"是加催化剂后至失去弹性所需的时间(称终凝时间)。然而,失去弹性并不立即具有一定强度,所以终凝实际上是一个缓慢的过程,一般凝固后还需在水中养护16~24h后才具有较高的机械强度。

影响固结硬化的因素有:

(1)酸的强弱,强酸比弱酸固化快。

(2)酸的浓度,酸的浓度增大则固化加快。

(3)酸的加量,加量增大则固化时间缩短。

(4)温度,温度升高则固化时间缩短。

4. 脲醛树脂浆液的改性

脲醛树脂浆液虽有很多优点,但固化后的强度不够高、性脆易碎、粘结岩石的能力不强。为了提高护壁堵漏效果,必须对脲醛树脂进行改性,以提高其物理力学性质。

为了提高脲醛树脂的强度,增加韧性,在提高其物理力学性质方面,常采取在脲醛生产过程中加苯酚、苯酚-聚乙烯醇等进行改性,来改变反应生成物的化学结构,增大树脂的分子量和内聚力。目前,在合成脲醛树脂的同时,常加入苯酚,使羟甲基苯酚参与羟甲基脲的混合接枝与镶嵌,使树脂的机械强度和粘结力得到一定的改善。

改性的方法有:在脲醛树脂合成过程中加入苯酚或苯酚-聚乙烯醇;在灌注前往树脂中加入尿素等。

苯酚改性的配方是:尿素:甲醛:苯酚=1:1.485:0.032(克分子比),结石的抗压强度可提高到45.8MPa,抗冲击强度提高到0.576J/cm²。

苯酚-聚乙烯醇改性是在上述配方中加尿素量1.41%的聚乙烯醇。结石的抗压强度为52.3MPa,抗冲击强度为0.788J/cm²。

尿素改性是在灌注前加入10%~15%的尿素。改性后强度增长较快,凝固时间缩短。加10%尿素后,其抗压强度可增大为53.9MPa。尿素改性的固化时间变化如表7-13所示。

表7-13 尿素改性的凝固时间

脲醛树脂种类	凝固时间(min:s)	硬化时间(min:s)
苯酚改性脲醛树脂	1:0.5	60:00
脲酚树脂+10%尿素	0:32	3:30

5. 脲醛树脂的应用

脲醛树脂浆液用于钻孔护壁堵漏,常采用的灌注方式是应用专门的灌注器。专门设计的双液灌注工具解决小口径金刚石钻探中严重漏失层的快速堵漏问题,它与其他注浆堵漏器相比,有以下特点:基于射流泵原理,双液在孔内定量地连续均匀混合,可灌注数秒凝固的浆液;借用现场钻杆盛堵漏浆液,大大简化了工具的结构和操作,并可实现大剂量注浆;孔底动作过程的报信,由地面水泵压力表读数显示,信号明显,操作者可据此灵活调整操作工艺;注浆后可不提钻通水扫孔,实现注浆、透孔、清孔一个回次完成。它应能满足脲醛树脂与一定酸混合后在很短时间内能凝固,且能准确地将已充分混合、但尚未凝固的浆液注射到预定的孔段上。

脲醛树脂水泥球是选用脲醛树脂胶粉,加入早强水泥或普通水泥后,与水配制而成。脲醛树脂水泥球具有强的抗水稀释性能,与岩石粘结力强,且可堵期可调、早期强度高,特别是在地下水活动剧烈、裂隙较大、漏失量较大的地层,只要选准漏失层位,一次就能将漏失层堵住,成功率高。所用的材料较其他浆液材料来源广,成本较低,故有其推广价值。

当用硫铝酸盐水泥配制脲醛树脂水泥球时用酒石酸作缓凝剂,而用普通硅酸盐水泥时则用水玻璃作促凝剂。脲醛树脂水泥球的配方及强度如表 7-14 所示。

表 7-14 脲醛树脂水泥球的配方及强度

配方						可堵期 (h:min)	强度(MPa)			
水泥		脲醛树脂(g)	酒石酸(g)	水玻璃(mL)	水(mL)		4h	8h	12h	24h
早强水泥(g)	普通水泥(g)									
100		23	0		20	0:0~1:00	4.5	9.7	13.9	22.7
100		23	0.01		20	0:30~1:30	0.7~4.0	5.5~11.0	10.0~17.0	16.0~24.0
100		23	0.03		20	1:30~2:30	0.2~4.0	5.0~10.0	9.0~16.0	15.0~20.0
	100	23		12	20	2:00~3:00	0.5~0.8	1.0~1.5	1.5~2.5	2.5~4.5
	100	23		14	20	1:30~2:30	0.6~1.4	1.2~2.5	1.8~4.5	3.0~8.5
	100	23		16	20	0:30~1:00	1.0~1.5	1.5~3.0	2.5~5.0	5.0~9.0

表中所测得的可堵期为从拌和混合物料开始,直到压力表指示压力为 $50kg/cm^2$ 时终止的时间,其测定方法由一专门试验装置测得。根据试验得知,从脲醛树脂水泥球的固化过程分析,水泥中加脲醛树脂起到减水剂作用。脲醛树脂中加水泥不能促进固化,早强水泥树脂球中加酒石酸则起到缓凝作用,呈现出的是早强水泥的性质,因为酒石酸对脲醛树脂是起促进固化作用。普通水泥树脂球中加水玻璃是起促凝作用,呈现出的是普通水泥的性质,因为水玻璃呈碱性,不能促进脲醛树脂的固化。所以脲醛树脂水泥球的固化主要是水泥起作用,固化时间的调整是靠增减水泥的促凝剂、缓凝剂加量来调整。

第五节 丙烯酸盐类注浆材料

丙烯酸盐类注浆材料是 20 世纪 40 年代由美国海军与麻省理工学院(MIT)在军事方面首次试用于加固地基。在日本,1953 年前后才着手研究和应用。当时由于丙烯酸还不能大量生产,材料来源困难,未能广泛应用。近年来,日本的丙烯酸的年产量已达数万吨,丙烯酸价格较廉且容易得到，所以此类材料在日本已被推广使用。随着化学注浆技术的发展，我国于 20 世纪 70 年代初对丙烯酸盐作为地基加固化学注浆材料也作了探讨。

1. 原材料组成

丙烯酸盐是由丙烯酸和金属结合组成的有机电解质。丙烯酸盐单体一般是溶于水的，视成盐金属之不同，聚合后可得到溶于和不溶于水的两种聚合物。丙烯酸钠、钾这类一价金属盐，生成水溶性的聚合物，它们是典型的高分子电解质，广泛用作絮凝剂、土壤团粒化剂、纤维上浆剂等。如在一价丙烯酸盐聚合时加入交联剂，可生成不溶于水的聚合物。

丙烯酸的多价金属盐是溶于水的，一旦聚合后，就成为不溶于水的聚合物。

丙烯酸盐浆液是由一定浓度的单体、交联剂、引发剂、阻聚剂等组成的水溶液。根据不同目的可使用各种共聚单体。常用的共聚单体有丙烯酰胺、轻甲基丙烯酰胺、丙烯腈等。丙烯酸盐单体浓度在 10%～30%之间变化，对不同盐类，使用的浓度范围亦不同。

丙烯酸单价金属盐作为灌浆材料时，须使用交联剂；对多价金属盐，可以不使用交联剂，也可掺加某种交联剂以增加交联点，并可提高强度。

2. 浆液和凝胶体的主要性能

(1) 聚合反应开始前，粘度基本保持不变。聚合反应一旦开始，粘度急剧变化，具有很快达到最终凝胶的性能。

(2) 浆液可灌性好，丙烯酸盐浆液能浸润土粒，对地基内的微细孔隙有较好的可灌性。

(3) 浆液胶凝时间可在数秒到数小时内控制。

(4) 凝胶体的渗透系数在 10^{-10}～10^{-7}cm/s 之间，固砂体的渗透系数在 10^{-8}～10^{-5}cm/s 之间。

(5) 固砂体抗压强度在 0.3～1MPa 之间。

丙烯酸盐化学注浆浆液的组成参考表 7-15。

表 7-15 丙烯酸盐化学注浆浆液组成

组成部分		原料名称	含量	
			重量百分数(%)	体积比
甲液	主剂	丙烯酸盐(A)	5～15	3
	交联剂	双丙烯酰胺(M)	1～2	
	促进剂	三乙醇胺(TEA)	1～2.5	
	缓凝剂	铁氰化钾(KFe)	0～0.1	
	溶剂	水	63～55.4	
乙液	引发剂	过硫酸铵(AP)	1.0～1.5	1
	溶剂	水	24.5～23.5	

注：丙烯酸盐的浓度一般用 10%；当灌注细微裂隙时用 12%；当灌注涌水井段时用 15%。

3. 注浆工艺及计算

(1) 灌注工艺。丙烯酸盐化学注浆的施工程序为：钻孔→裂隙冲洗→压水→注浆→扫孔→

进行下一段钻灌或封孔。除灌浆外,其他都与水泥灌浆相同。注意事项有:

1)注浆方式:采用纯压式。要求用可调速的注浆泵。

2)尽可能采用双液灌浆,节约浆液,有利于灌浆质量的提高。当没有双液灌浆设备时,也可将甲乙液分批混合进行单液灌浆。

3)各种成分的加量要准确,特别是缓凝剂的加量应有专人负责;每配一次浆液,必须检查一次不加缓凝剂的胶凝时间和凝胶的性质。甲液存放时间超过24h,也应进行同样的检查。乙液和铁氰化钾溶液易分解变质,应现配现用。

4)灌前尽可能排出注浆段内的积水,当以浆排水时,等回浆管出原浆时,才能关闭回浆管的阀门,减少水对浆液的稀释。

5)当用双液注浆设备时,事先应检查通过泵的配比是否正确,混合是否均匀;当用单液灌浆设备时,每次混合的浆液均应取样观测胶凝时间。如遇异常情况,应采取相应措施。

6)结束标准。一般情况下,灌浆应尽快达到设计压力,在下水流速较大时,应灌至浆液胶凝。

(2)浆液用量计算。

1)每孔段需要准备的浆量可按下式计算:

$$V = V_1 + Q \times T \times E \tag{7-4}$$

式中:V——每1孔段需要准备的浆量(L);V_1——钻孔和管路占浆量(L);Q——压水时孔段的压入流量(L/min);T——浆液的胶凝时间(min);E——与地层渗透系数和注浆操作有关的系数,可先取$E=1.3$,然后根据实际情况修改。

2)浆液胶凝时间的选择。浆液的胶凝时间应根据孔深和泵量来选择,还应根据现场注浆试验效果确定。

3)每种原料需要量可按下列各式进行计算:

$$A = V \times (C_1/C) \times d \tag{7-5}$$

$$M = V \times C_2 \times d \tag{7-6}$$

$$TEA = V \times C_3 \times d \tag{7-7}$$

$$Ap = V \times C_4 \times d \tag{7-8}$$

式中:A——所需主剂丙烯酸盐溶液用量(kg);C_1——浆液中丙烯酸盐的浓度(%);C——丙烯酸盐溶液的出厂浓度,一般为36%;d——浆液的密度,其值为1.05~1.08g/cm³;M——交联剂$N-N'$次甲基双丙烯酰胺用量(kg);C_2——浆液中交联剂的含量(%);TEA——促进剂三乙醇胺的用量(kg);C_3——浆液中促进剂的含量(%);Ap——引发剂过硫酸胺的用量(kg);C_4——浆液中引发剂的含量(%)。

各种成分的称量误差不得大于3%。

(3)浆液配制程序。

1)先称取计算量的交联剂双丙烯酰胺,用浆液体积35%的热水溶解成溶液,水温以60℃~70℃为宜。

2)称取计算量的丙烯酸盐溶液加入交联剂溶液中。

3)称取计算量的促进剂三乙醇胺加入交联剂溶液中,加水稀释至浆液体积的3/4,搅拌均匀。上述三种成分的混合液称为甲液。

4)称取计算量的过硫酸铵放入另一容器中,加水溶解,并稀释至浆液体积的1/4,称为乙液。

5）称取5g或50g铁氰化钾放入量杯或量筒中,加水至500mL,使其溶解成1%或10%的铁氰化钾溶液倒入棕色瓶中备用。

（4）胶凝时间的调试。为使浆液有较长的胶凝时间,可在甲液中添加缓凝剂铁氰化钾,胶凝时间随着铁氰化钾加量的增加而延长,延长的程度与温度等因素有关,因此,必须现场调试。取5～6个一次性塑料杯,在每个杯中分别加入1%的缓凝剂铁氰化钾溶液0.6mL、1.2mL、1.8mL、2.4mL、3.0mL、3.6mL。接着在每个杯中加入45mL甲液,搅拌均匀,最后再在每个杯中加入15mL乙液。搅拌均匀后记录时间,然后观测并记录每个杯子中的浆液失去流动性的时间。失去流动性的时间与开始时间之差为浆液的胶凝时间。上述试验结果分别为铁氰化钾加量为0.01%、0.02%、0.03%、0.04%、0.05%、0.06%的胶凝时间。最后根据需要的胶凝时间和浆量添加相应数量的铁氰化钾。

第六节 其他化学注浆材料

一、丙烯酰胺类

丙烯酰胺类浆材国外称为AM-9,国内则称丙凝。20世纪50年代美国最先使用丙烯酰胺作注浆材料,称为AM-9。其以水溶液状态注入地层,在地层中发生聚合反应而形成具有弹性、不溶于水的聚合体。20世纪60年代日本研制成功日东-SS,该类产品与我国MG-646浆液一样,主剂均是丙烯酰胺,只是交联剂或其他辅助剂不同,而其性能并无本质的差别。AM-9在工艺方面采用双液注浆系统,其粘度为1.2×10^{-3}Pa·s,近似于水(1×10^{-3}Pa·s)。其标准配方如表7-16所示。

表7-16 丙凝浆液的标准配方

试剂名称	代号	作用	浓度（重量百分比）
丙烯酰胺	A	主剂	9.5%
N-N'亚甲基双丙烯酰胺	M	交联剂	0.5%
过硫酸铵	AP	引发剂	0.5%
β-二甲氨基丙腈	DAP	促进剂	0.4%
铁氰化钾	KFe	缓凝剂	0.01%

丙烯酰胺类浆液的性能主要是指其凝胶时间和抗压强度,它的抗压强度一般来说是比较低的,改变配方对抗压强度的影响不大,而其凝胶时间则可以控制在几秒钟到几个小时之间,影响凝胶时间的因素主要有温度、过硫酸铵（AP）、β-二甲氨基丙腈（DAP）、硫酸亚铁、pH值、铁氰化钾及水中离子等。

如配制的浆液案例:甲液（50L）,其中,丙烯酰胺9.5kg,N-N'亚甲基双丙烯酰胺0.5kg;β-二甲氨基丙腈0.8kg,加水至50升;乙液（50L）,其中,过硫酸铵1.2kg,加水至50L。

丙凝浆液及凝固体的主要特点为:

(1)浆液属于真溶液,其粘度仅为1.2×10^{-3}Pa·s,与水甚接近,其可灌性非常好。

(2)浆液从制备到凝结所需的时间,可以在几秒钟到几小时内精确地加以控制,而且其凝结过程不受水和空气的干扰或很少干扰。

(3)浆液的粘度在凝结前维持不变,这就能使浆液在灌浆过程中维持同样的渗入能力。

(4)浆液凝固后,凝胶本身基本上不透水(渗透系数约为 10^{-9} cm/s),耐久性和稳定性都好,可用于永久性工程。

(5)丙凝浆液能在很低的浓度下凝结,例如目前采用的标准浓度为10%,其中有90%是水,而且浆液凝结后在潮湿条件下不干缩,因此,丙凝浆液的成本相对较低。

丙凝的主要缺点是浆材有一定的毒性,反复和丙烯酰胺粉末接触会影响中枢神经系统,对空气和水也存在环境污染问题,将被无毒丙凝所代替。

二、木质素类浆液

木质素类浆液是以纸浆废液为主剂,加入一定量的固化剂所组成的浆液,由于目前仅有重铬酸钠和过硫酸铵两种固化剂能使纸浆废液固化,因此目前木质素类浆液包括铬木质素浆液和硫木质素浆液两种。

1. 铬木质素浆液

铬木质素浆液是一种双液系统注入的注浆材料,浆液由三部分组成,甲液是亚硫酸钙纸浆废液(简称废液),乙液包括固化剂和促进剂,固化剂目前国内外均采用重铬酸钠,促进剂有三氯化铁、硫酸铝、硫酸铜、氯化铜等。

铬木质素浆液是由亚硫酸盐纸浆废液和重铬酸钠组成。浆液材料来源丰富,价格低廉,粘度低,可控制凝胶时间,凝胶体稳定,抗渗性好,能满足注浆堵水要求。但重铬酸钠是一种剧毒品,可能出现铬离子污染地下水的严重问题。

国外曾大量应用过铬木质素注浆,但近年有些国家已禁止使用。我国一些部门正进行铬木质素浆液的消铬研究,并对其污染范围进行测定,推算非污染区半径,限制其使用范围。铬木质素浆液有如下特点:

(1)浆液的粘度较小,可灌性好,渗透系数为 $10^{-3}\sim10^{-4}$ cm/s 的基础均可适于灌浆。

(2)防渗性能好,用铬木质素浆液处理后的基础,其渗透系数达 $10^{-7}\sim10^{-8}$ cm/s。

(3)浆液的凝胶时间可在几秒钟至数十分钟范围内调节。

(4)新老凝胶体之间的胶结较好,结石体的强度达 $0.4\sim0.9$ MPa。

(5)原材料来源广,价格低廉。

2. 硫木质素浆液

由于重铬酸钠是一种剧毒药品,在地层中注浆存在着铬离子(Cr^{6+})污染地下水的问题,因此铬木质素浆液的广泛应用受到了一定的限制,硫木质素浆液是在铬木质素浆液的基础上发展起来的,是采用过硫酸铵完全代替重铬酸钠,使之成为低毒、无毒的木质素浆液,是一种很有发展前途的材料。硫木质素浆液有如下特点:

(1)浆液粘度与铬木质素相似,可灌性能好。

(2)胶凝时间随浆液中木质素、氯化铁、氨水等含量的增加而缩短,一般可在几十秒钟至几十分钟之间控制。

(3)凝胶体不溶于水、酸及碱溶液中,化学性能较稳定。

(4)结石体抗压强度在 0.5MPa 以上。

第七节 双液注浆工艺及材料

双液注浆技术是采用较短时间即能发生胶凝反应的两种不同的材料,即 A 液和 B 液,通过浆液混合器在钻井内充分混合,凝结硬化,改变岩土层强度或达到止水堵漏等目的的一种工艺方法。双液注浆时能实施定向、定量、定压双液注浆,使岩土层的空隙或孔隙间充满浆液并固化,从而达到改变岩土层的性状、改良土壤、止水堵漏的目的。针对各种复杂的地层和实际情况需要注入各种类型的双液注浆材料,采用多种双液注浆方法,才能达到理想的效果。由于浆液混合方式和双液注浆的方向性可随时调节,双液注浆材料的胶凝时间可以从瞬凝到缓凝,配比可任意搭配,以及能够实现定向、定量、定压双液注浆施工,因此此施工方法已被广泛地利用。

目前国内常采用的双液注浆施工方法多为静压双液注浆法、高压喷射双液注浆法、深层搅拌双液注浆法等。

钻孔堵漏时,双液注浆主要是利用浆液的快凝特性及时堵住大通道漏失。地基和基础加固时,能增强岩土体的密实度和压缩模量,扩大应力场,提高承载能力,减少沉降量。双液分为悬浊液型及溶液型的浆液。图 7-1 和图 7-2 分别为化学 A、B 浆液以及水泥-水玻璃双液注浆工作示意图。这里主要介绍水泥浆和水玻璃溶液双液注浆。

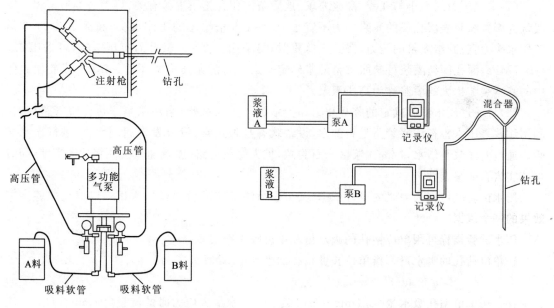

图 7-1　化学 A、B 浆液双液灌注示意图　　图 7-2　水泥-水玻璃双液注浆工作示意图

水泥浆和水玻璃溶液混合后立即发生反应,很快形成具有一定强度的固结体。随着反应连续进行,结石体强度不断增加,早期强度主要是水玻璃反应的结果,后期强度主要是水泥水化反应的结果。在基岩裂隙地面预注浆和工作面预注浆、壁后注浆、堵特大涌水等场合优先选用水泥-水玻璃双液注浆;断层泥带,当裂隙宽度(或粒径)小于 1mm,或渗透系数 $K \geqslant 1 \times 10^{-5}$

m/s时,加固压浆优先选用水泥-水玻璃双液注浆;断层破碎带、各砂卵石地层,或当裂隙宽度(或粒径)大于1mm时的堵水注浆,应在水泥浆液中加入膨润土、粉煤灰等填料。

注浆工艺,以双液(水泥-水玻璃)注浆为例。注浆前应先进行现场注浆试验,确定注浆参数。如水泥为普通425#水泥,掺5%的水玻璃,水玻璃浓度为35°Be,模数为2.4。注浆压力为初压1.0MPa,水灰比1:1,浆液扩散半径不少于0.5m。

注浆工艺顺序为:确定注浆参数——→设立注浆站——→试泵——→压水试验——→正式注浆——→检查——→记录。

按试验确定的注浆参数,准备好储浆桶,进行浆液配制。先进行注浆管路系统的试运行,以合适的压入速度,压注几分钟的单浆,检查止浆情况,测定钻孔吸水率,防止造成上压过快返浆、漏浆等异常现象,然后再进行双液注浆。

压浆时,配合比一般是先稀后浓,逐级变换,并通过两台注浆泵的流量系数来控制胶凝时间。当相邻未注浆孔中出现灰浆、注浆压力达到设计终压、浆液注入量达到计算值的80%以上时,即可停止注浆。注浆过程应及时做好施工记录,为灌浆或处理提供必要的依据。

一、灌浆压力的确定

注浆压力大小影响注浆效果,其大小取决于涌水压力(开挖工作面静水压力、突水的动压力)、裂隙大小和粗糙程度、浆液的性质及各成分浓度、要求的扩散半径等。

(1)灌浆压力的大小与孔深、灌浆要求、地质条件和有无压重等有关,可参考类似工程。一般认为帷幕灌浆表层孔段的灌浆压力不宜小于1~1.5倍帷幕的工作水头,底部则以2~3倍工作水头为宜;固结灌浆的压力,浅孔无压重时,可采用0.2~0.5MPa,有压重时,可采用0.3~0.7MPa,深孔固结灌浆可参照帷幕灌浆确定。通常将灌浆压力大于3~4MPa或能使岩体中的基本裂隙扩大的灌浆称为高压灌浆。

(2)可通过压水试验确定的临界压力作为依据。压水试验:当注浆泵连接注浆管路后,先利用注浆泵压水检查注浆管路是否漏水,设备状态是否正常,没有发现问题后,再进行压水试验。通过向注浆孔压水,冲洗注浆区岩石裂隙,扩大注浆通路,以增加注液冲塞的密实度,同时可核实岩石的渗透性。

压水试验既可作为灌浆的设计依据,又可作为注浆完成后再作压水试验以对比检验注浆效果的一个依据。

压水试验指标可用单位钻孔的吸水量和单位吸水率表示。

1)单位钻孔的吸水量。指单位长度钻孔的吸水量,计算公式为:

$$q = Q/H \tag{7-9}$$

式中:q——单位钻孔吸水量[L/(min·m)];Q——压水最大压力时的流量(L/min);H——注浆段高(m)。

通常认为注浆孔段的吸水量q小于7L/(min·m)时,用单液水泥浆或粘土水泥浆是经济的。如q大于该值,则应采用水泥-水玻璃双液注浆。

2)单位吸水率。在一定压力之下,通过钻孔将水压入孔壁四周的缝隙中,根据压入的水量和压水时间,计算出代表岩层渗透特性的技术参数ω。单位吸水率计算公式为:

$$\omega = Q/LH \tag{7-10}$$

式中：ω——单位吸水率[L/(min·m·m)]；Q——压入流量(L/min)；H——试验压力(m)，通常为同段注浆压力的70%～80%；L——试验孔段长度(m)，与灌浆段长一致，一般为5～6m。

双液注浆在进行压水试验时，先开单泵压水，水路畅通后关闭，再开另一单泵压水，用以测定混合器是否串水。混合器正常，即可同时开泵压水，压水压力应由小逐渐增大到预定注浆压力，并持续10min。压水试验时，用注浆泵压注清水，其流量由小逐渐加大。注浆压力控制在比预计采取的注浆终压高0.5MPa。一般压水时间为10～20min，在破碎或大裂隙岩石中，可缩短压水时间。

水泥-水玻璃浆液的胶凝，充塞过程不同于水泥浆液。水泥-水玻璃注浆压力控制通常根据该段所需浆量，一开始就在短时间内将压力升到最大允许压力，并一直保持到注浆结束。在规定压力下，每一级浓度浆液的累计吸浆量达到一定限度后，调换浆液配比，逐级加浓，随着浆液浓度的逐级增加，裂隙逐渐被填充，单位吸浆量逐渐减少，达到结束标准时，即结束注浆。

二、浆液浓度

由于各孔段裂隙大小、分布情况以及疏密程度都不一样，每一注浆段中各种宽度的裂隙所占的比例也不相同，合理的注浆浓度需适应上述两种情况。

一般地，岩基注浆中的浆液稠度即水灰比有8∶1、5∶1、3∶1、2∶1、1.5∶1、1∶1、0.8∶1、0.6∶1、0.5∶1等。注浆过程中，必须根据注浆压力或吸浆率的变化，适时调整浆液稠度。

浆液稠度的变换遵循由稀到浓的原则。当注浆压力保持不变，吸浆率均匀减少时；或吸浆率不变，压力均匀升高时，不得改变水灰比。为适应大小不同的裂隙，一般是先压稀浆后压浓浆。浆液浓度的变换是在同一浓度下一步注浆持续一定时间后，或压入量达到一定数量，而注浆压力、吸浆量均无显著改变时，即可加浓一级。若加浓后压力显著增大，或吸浆量突减时，均说明浓度变换可能不当，应立即换原来浓度。采用限量法控制时一般当某一级水灰比浆液的灌入量已超过限量，而注浆压力或吸浆率均无改变或改变不明显时，应改为浓一级水灰比。

注浆过程中，合理地选择与控制注浆压力，适时地变换浆液配合比，并使它们之间很好地配合，是保证注浆质量的重要因素。

(1) 以注浆压力为主的控制。适用于透水性不大、裂隙不太发育、岩层比较坚硬完整、使用的灌浆压力不高的地层。优点是使细小的裂缝得到充分的灌注，有利于提高注浆质量。缺点是可能造成浆液扩散太远，在缓倾角地质软弱面注浆时，易引起岩层抬动。

可结合吸浆率和浆液稠度一起考虑。当吸浆率较小时应注稀浆，尽快升到规定的最大注浆压力；当吸浆率较大时，应注浓浆，并逐渐升压。

(2) 以吸浆率为主的控制。适用于岩层破碎、透水性较大或使用的注浆压力较高的地层。优点是可以减少浆液的流失，不易引起岩层的抬动，不需使用大排浆量的灌浆泵。缺点是影响细小裂缝的灌注效果，增加钻孔数量。

在注浆过程中对吸浆率大小的控制，主要视地质结构而定。对具有缓倾角裂缝和软弱面的岩层，一般可控制在5L/(min·m)左右。若吸浆率大于规定值，就降低压力，以控制吸浆率不超过规定值。

三、浆液注入量

在地基处理与加固工程中,注浆量的计算公式如下:

单孔注入量:
$$q = \lambda \frac{\pi R^2 H \eta \beta}{m} \tag{7-11}$$

注入总量:
$$Q = n \times q \tag{7-12}$$

式中:q,Q——分别为单孔和群孔注入量(m^3);R——浆液有效扩散半径(m);H——注浆段高(m);η——岩层裂隙率,$\eta=0.5\%\sim3\%$;β——浆液有效充填系数,$\beta=0.8\sim0.9$;m——结石率,$m=0.56\sim0.99$;λ——浆液损失系数,$\lambda=1.2\sim1.5$;n——注浆孔个数。

对于大的裂隙、大的溶洞,η(裂隙率)>5%时,浆液注入量难以计算,因此,在这种情况下宜用注浆压力控制注浆量,注浆量只能按注浆终压规定值时的注浆总量来决定。浆液扩散半径(浆液的有效范围)与岩石裂隙大小、浆液粘度、凝固时间、注浆速度和压力、压注量等因素有关。水泥-水玻璃浆液实际的有效扩散半径如表7-17所示。

表7-17 有效扩散半径

岩层类别	实际有效扩散半径(m)	岩层类别	实际有效扩散半径(m)
砂砾	1.75~2.00	细砂	0.50~0.70
粗砂	1.20~1.45	淤泥	0.5
中砂	0.80~1.00	粘土	0.5

四、注浆结束标准

结束标准:一般用两个指标控制,一个是最终吸浆量,即残余吸浆量,也就是灌到最后的限定吸浆量;另一个是达到预定设计压力(即终压)时的持续时间。闭浆时间即在残余吸浆量的情况下保持设计规定压力的延续时间。在正常的情况下,一般采用定压注浆,当注浆压力达到或接近终压时结束注浆,而当压力接近终压或达到终压的80%时,如出现较大的跑浆,经间歇注浆后,达到或接近终压也可结束注浆。

注浆结束标准:

(1)实际浆液注入量大于或接近设计计算的注入量。

(2)注浆压力有规律的增加,并达到注浆设计终压。

(3)达终压时,最小吸浆量,单液注浆为40~60L/min,双液注浆为60~120L/min,稳定20~30min即可。

一般水泥-水玻璃双液结束标准是:注浆压力达到设计终压;吸浆量为50~100L/min,稳定约20min即可结束。国内帷幕灌浆工程中,大多规定在设计规定压力之下,灌浆孔段的单位吸浆量小于0.4L/min时,延续30~60min,即可结束;固结灌浆的结束标准是单位吸浆量小于0.4L/min时,延续时间30min。

五、浆液材料

双液注浆浆液应具有良好的流动性、触变性和扩散性,浆液初凝快且具可调性能,能适时提高强度,具有速凝性能,可以调节时间,缩短沉降周期,在瞬时间内能起到强化和加固作用,比单液注浆更具有时效性。

水泥-水玻璃浆液的配方应综合考虑凝结时间、结石体强度以及施工操作等因素。围岩裂隙越大,用浆也越浓。在每段每次压浆时应先稀后浓,同一分段多次压浆时,则先浓后稀。浆液的常用配方如表 7-18 所示。

表 7-18 水泥-水玻璃浆液组成及配方举例

原料	规格要求	作用	用量重量份比	主要性能
水泥	325 或 425	主剂	1	1.凝胶时间可控制在几秒钟至几十分钟范围; 2.抗压强度 5～20MPa
水玻璃	模数:2.4～3.4,浓度 30～45°Be	主剂	0.5～1	
氢氧化钙	工业品	速凝剂	0.05～0.2	
磷酸氢二钠	工业品	缓凝剂	0.01～0.03	

第八章 完井液与压裂液

第一节 保护油气层技术概论

一、油气层损害的评价方法

1. 常见岩心分析方法

岩心分析(Rock Analysis)的主要目的是全面认识油藏岩石的物理性质及岩石中敏感性矿物的类型、产状、含量及分布特点,确定油气层潜在损害的类型、程度及原因,从而为各项作业中保护油气层工程方案的设计提供依据和建议。岩心分析有多种实验手段,其中岩相学分析的三项常规技术分别是 X-射线衍射分析、薄片分析、扫描电镜分析。

(1)X-射线衍射(XRD)分析。X-射线衍射分析是根据晶体对 X-射线的衍射特性来鉴别物质的方法。由于绝大多数岩石矿物都是结晶物质,因此该项技术已成为鉴别储层内岩石矿物的重要手段。

(2)薄片分析。薄片分析技术主要用于测定油藏岩石中骨架颗粒、基质和胶结物的组成和分布,描述孔隙的类型、性质及成因,了解敏感性矿物的分布及其对油气层可能引起的损害。薄片分析的特点是直观、试验费用低,常安排在 X-射线衍射和扫描电镜之前进行。但应注意,只有选择有代表性的岩心制成薄片,分析结果才有实用价值。

(3)扫描电镜(SEM)分析。扫描电镜分析能提供孔隙内充填物的矿物类型、产状和含量的直观资料,同时也是研究孔隙结构的重要手段。该项技术在保护油气层中的应用包括对油气层中的粘土矿物和其他敏感性矿物进行观测,获取油气层中孔喉的形态、尺寸、弯曲度以及与孔隙的连通性等资料。

2. 油气层敏感性评价

油气层敏感性评价是指通过岩心流动实验对油气层的速敏、水敏、盐敏、碱敏和酸敏性强弱及其所引起的油气层损害程度进行评价,通常简称为"五敏"实验。

(1)速敏评价实验。油气层的速敏性是指在钻井、完井、试油、注水、开采和实施增产措施等作业或生产过程中,流体的流动引起油气层中的微粒发生运移,致使一部分孔喉被堵塞而导致油气层渗透率下降的现象。一般情况下,需要首先进行速敏评价实验,所有后面评价实验的流速应低于临界流速,一般控制在临界流速的 0.8 倍。

对于采油井,速敏评价实验应选用煤油作为实验流体;对于注水井,则应使用地层水或模拟地层水作为实验流体。通过测定不同注入速度下岩心的渗透率,判断储层岩心对流速的敏感性。对临界流速的判定标准为:若流量 Q_{i-1} 对应的渗透 K_{i-1} 与流量 Q_i 对应的渗透率 K_i 之间满足下式:

$$[(K_{i-1} - K_i)/ K_{i-1}] \times 100\% \geqslant 5\% \tag{8-1}$$

则表明已发生流速敏感,流量 Q_{i-1} 即为临界流量,然后由临界流量求得临界流速(v_c)。

(2)水敏评价实验。所谓水敏,主要指矿化度较低的钻井液等外来流体进入地层后引起粘土水化膨胀、分散和运移,进而导致渗透率下降的现象。进行水敏评价实验的目的,就是对油藏岩石水敏性的强弱作出评价,并测定最终使储层渗透率降低的程度。

测定时,首先用地层水或模拟地层水测得岩心的渗透率 K_f,然后用次地层水(将地层水与蒸馏水按 1:1 的比例相混合而得到)测得岩心的渗透率 K_{af},最后用蒸馏水测出岩心的渗透率 K_w,通常用 K_w 和 K_f 的比值来判断水敏程度,其评价标准如表 8-1 所示。

表 8-1 水敏程度评价指标

K_w/K_f	≤0.3	0.3~0.7	≥0.7
水敏程度	强	中等	弱

(3)盐敏评价实验。该项实验是测定当注入流体的矿化度逐渐降低时岩石渗透率的变化,从而确定导致渗透率明显下降时的临界矿化度(C_c)。实验程序与水敏评价实验基本相同。首先用模拟地层水测定岩样的盐水渗透率,然后依次降低地层水的矿化度,再分别测定盐水渗透率,直至找出 C_c 值为止。

若矿化度 C_{i-1} 对应的渗透率 K_{i-1} 与矿化度 C_i 对应的渗透率 K_i 之间满足下式:

$$[(K_{i-1} - K_i)/ K_{i-1}] \times 100\% \geqslant 5\% \tag{8-2}$$

则表明已发生盐敏,矿化度 C_{i-1} 即为临界矿化度。

(4)碱敏评价实验。地层水一般呈中性或弱碱性,但大多数钻井液、完井液的 pH 值在8~12 之间。当高 pH 值的工作流体进入储层后,将促进储层中粘土矿物的水化膨胀与分散,并使硅质胶结物结构破坏,促进微粒的释放,从而造成堵塞损害。该项实验的目的在于,确定临界 pH 值以及由碱敏引起油气层损害的程度。

测定时,首先以地层水的实际 pH 值为基础,通过适量添加 NaOH 溶液分别配制不同 pH 值的盐水,最后一级盐水的 pH 值等于12。如果$(pH)_{i-1}$ 所对应的盐水渗透率 K_{i-1} 与$(pH)_i$ 所对应的盐水渗透率 K_i 之间满足式(8-1)的条件,则表明已发生碱敏,$(pH)_{i-1}$ 即为临界 pH 值。

(5)酸敏评价实验。该项实验的目的,是通过模拟酸液进入地层的过程,用不同酸液测定酸化前后渗透率的变化,从而判断油气层是否存在酸敏性并确定酸敏的程度。

评价实验的步骤可简要概括为:先用地层水测出岩样的基础渗透率,再用煤油正向测出注酸前的渗透率 K_L;反向注入 0.5~1.0 倍孔隙体积的酸液,关闭阀门反应 1~3h,最后用煤油正向测定注酸后的渗透率 K_Z。根据两渗透率之间的比值(K_Z/K_L),可对酸敏程度作出评价,评价指标如表 8-2 所示。

表 8-2 酸敏程度评价指标

K_Z/K_L	≤0.3	0.3~0.7	≥0.7
酸敏程度	强	中等	弱

敏感性评价是诊断油气层损害的重要实验手段。一般来讲,对任何一个油田区块,在制定

保护油气层技术方案之前,都应系统地开展敏感性评价实验。

3. 工作液对油气层的损害评价

开展本项评价实验的目的,是通过测定工作液侵入油藏岩石前后渗透率的变化,来评价工作液对油气层的损害程度,判断它与油气层之间的配伍性,从而为优选工作液的配方和施工工艺参数提供实验依据。

该项评价实验应尽可能模拟地层的温度和压力条件。一般先用地层水饱和岩样,再用中性煤油进行驱替,建立束缚水饱和度,并测出污染前岩样的油相渗透率 K_o;然后在一定压力下反向注入工作液,历时2h。若2h内不见滤液流出,可通过延长接触时间或增大驱替压力,直至有滤液流出时为止;将岩样取出并刮除滤饼后,再次用煤油驱替,正向测定污染后岩样的油相渗透率 K_{op},并用下式评价工作液的损害程度:

$$R_s = [1-(K_{op}/K_o)] \times 100\% \tag{8-3}$$

式中,R_s 称为渗透率的损害率,表示工作液对油气层的损害程度。

二、油气层损害机理

油气层损害机理(Mechanism of Formation Damage),是指油气层损害的产生原因以及伴随损害而发生的物理、化学变化过程。关于油气层损害的类型及产生原因,美国岩心公司根据全世界近4 000口井的资料,对各个作业环节中每种机理所造成损害的严重程度进行了系统的总结,总结情况如表8-3所示。

表8-3 各井下作业过程中油气层损害程度的相对大小

不同阶段 问题类型	建井阶段			油田开采阶段			
	钻井固井	完井	修井	增产	中途测试	开采	注液开采
钻井液固相颗粒堵塞	****	**	***	—	*	—	—
微粒运移	***	****	***	****	****	***	****
粘土膨胀	****	**	—	—	—	—	**
乳化堵塞/水锁	***	***	**	****	*	****	****
润湿反转	***	***	**	****	—	—	***
相对渗透率下降	***	***	**	****	—	**	***
有机垢	*	—	—	—	—	****	—
无机垢	**	—	—	*	—	****	***
外来颗粒堵塞	—	****	**	***	—	—	****
次生矿物沉淀	—	—	—	****	—	—	***
细菌堵塞	**	**	**	—	—	**	****
出砂	*	***	*	****	—	***	**

注:"—"表示不存在该类储层损害;"*"表示存在该类储层损害的严重程度。

从表8-3可以看出,微粒运移(Fines Migration)引起的损害是最普遍的,其次是乳状液堵塞(Emulsion Plugging)和水锁(Water Plugging),再次是润湿反转(Wettability Reversal)和结垢(Scaling)等引起的损害。在钻井和固井作业中,损害最严重的是钻井液固相颗粒堵塞(Particle Plugging)和粘土的水化膨胀(Hydration Swelling)。

1. 油气层的潜在损害因素

油气层潜在损害因素是指导致渗透率降低的油气层内在因素。它包括以下几个方面:

(1)油气层储渗空间。首先从微观角度来看,孔喉类型和孔隙结构参数与油气层损害关系很大。一般情况下,若孔喉直径较大,则固相颗粒侵入的深度较深,因固相堵塞造成的损害就会比较严重,而滤液造成的水锁、气阻等损害的可能性较小。此外,如果孔喉的弯曲度越大和连通性越差,则油气层越易受到损害。

(2)油气层的敏感性矿物。敏感性矿物是指油气层中容易与外来流体发生物理和化学作用并导致油气层渗透率下降的矿物。按照其引起敏感的因素不同,可将敏感性矿物分为速敏、水敏、盐敏、酸敏和碱敏五类,分类情况及主要的损害形式如表8-4所示。

此外,油气层损害的形式还与敏感性矿物的产状有关。一般来说,敏感性矿物含量越高,油气层损害程度越大。当其他条件相同时,油气层渗透率越低,敏感性矿物造成损害的程度会越大。因此,通过岩心分析准确测定敏感性矿物的含量,对预测受损害的形式和可能造成的损害程度是十分重要的。

表8-4 油气层中常见的敏感性矿物及其损害形式

敏感性类型		敏感性矿物	主要损害形式
速敏性		高岭石、毛发状伊利石、微晶石英、微晶长石、微晶白云母等	分散运移、微粒运移
水敏性和盐敏性		蒙脱石、绿蒙混层、伊蒙混层、降解伊利石、降解绿泥石	晶格膨胀、分散运移
酸敏性	盐酸酸敏	绿泥石、绿蒙混层、铁方解石、铁白云石、赤铁矿、黄铁矿等	$Fe(OH)_3\downarrow$、非晶质$SiO_2\downarrow$、微粒运移
	氢氟酸酸敏	方解石、白云石、浮石、钙长石、各种粘土矿物等	$CaF_2\downarrow$、非晶质$SiO_2\downarrow$
碱敏性(pH>12)		钾长石、钠长石、斜长石、微晶石英、蛋白石、各种粘土矿物等	硅酸盐沉淀、形成硅凝胶

(3)油藏岩石的润湿性。润湿性(Wettability)是油藏岩石最重要的表面特性,它一般分为亲水性、亲油性和中性润湿三种情况。在油气开采过程中,油藏岩石的润湿性有以下作用:

1)润湿性是控制地层流体在孔隙介质中的位置、流动和分布的重要因素。对于亲水性岩石,水通常吸附于颗粒表面或占据小孔隙角隅,油气则位于孔隙中间部位,而亲油性岩石正好出现与此相反的情况。

2)润湿性决定着岩石中毛管力的大小和方向。由于毛管力方向总是指向非润湿相一方,因此对于亲水性岩石,毛管力是水驱油的动力;而对于亲油性岩石,毛管力则是水驱油的阻力。

3)润湿性对油气层中微粒运移的情况有很大影响。一般只有当流动着的流体润湿微粒时,运移才容易发生。

(4)油气层流体性质。除油气藏岩石外,油气层流体也是引起损害的潜在因素。因此在进行钻井液等工作流体设计时,必须全面了解地层水、原油和天然气的性质。

1)地层水性质。地层水性质主要包括矿化度、离子类型与含量、pH值和地层水的水型等。

2)原油性质。影响原油性质的主要因素有粘度和含蜡量、胶质和沥青质含量、析蜡点和凝固点等。

3)天然气性质。与油气层损害有关的天然气性质主要体现在 H_2S 和 CO_2 等腐蚀性气体的含量上。

2．固体颗粒堵塞造成的损害

(1)流体中固体颗粒堵塞油气层造成的损害。当井筒内流体的液柱压力大于油气层孔隙压力时，外来流体中的固体颗粒就会随液相一起进入油气层，其结果会堵塞油气层而引起损害。特别是在泥饼形成之前，固相侵入的可能性更大。影响外来固体颗粒对油气层的损害程度和侵入深度的因素有：

1)固体颗粒粒径与孔喉直径的匹配关系。实验研究表明，只有满足颗粒粒径大于孔喉直径 1/3 这一条件，颗粒才能通过架桥形成泥饼。显然，越细的颗粒越易侵入深部的油气层。为了有效地阻止固相颗粒的侵入，大于孔喉直径 1/3 的颗粒在工作流体中的含量，应不少于体系中固相总体积的 5%。

2)固体颗粒的质量分数。工作流体中固体颗粒的质量分数越高，则颗粒的侵入量越大，造成的损害越严重。若使用清洁盐水钻开油气层，基本上可以避免这种形式的损害。

3)施工作业参数。显然较大的正压差对固相颗粒的侵入有利，因此近平衡或欠平衡压力钻井是目前保护油气层的一项重要工程措施。此外，工作流体的剪切速率越大，与油气层的接触时间越长，固体颗粒会侵入越深，损害程度越大。

(2)地层中微粒运移造成的损害。从表 8-3 可以看出，在各种井下作业过程中都会出现由于微粒运移造成的油气层损害。产生微粒运移的原因，是由于储层中含有许多粒度极小的粘土和其他矿物的微粒(一般称粒径小于 $37\mu m$ 的颗粒为微粒)。在未受到外力作用时，这些微粒附着在岩石表面被相对固定。但在一定外力作用下，它们会从孔壁上分离下来，并随孔隙内的流体一起流动。当运移至孔喉位置时，一些微粒便会被捕集而沉积下来，对孔喉造成堵塞。

导致微粒运移的临界流速与岩石和微粒的润湿性、岩石与微粒之间的胶结强度、孔隙的几何形状、岩石表面的粗糙度、流体的离子强度、pH 值以及界面张力等因素有关。

3．工作液与油气层岩石不配伍造成的损害

(1)水敏性损害。水敏性损害的含义是，当进入油气层的外来流体与油气层中水敏性矿物不相配伍时，将使这类矿物发生水化膨胀和分散，从而导致油气层的渗透率降低。这种类型的损害具有以下特点：

1)储层中水敏性矿物含量越高，水敏损害的程度越大。

2)各种粘土矿物所造成水敏性损害的程度不同，由高到低的顺序为：蒙脱石、伊蒙混层、伊利石、绿泥石和高岭石。

3)当油气层中水敏性矿物的含量相似时，低渗油气层的水敏性损害程度要大于高渗油气层。

4)外来流体的矿化度越低，水敏性损害越严重。

(2)碱敏性损害。当高 pH 值的外来流体侵入油气层后，油气层中的碱敏性矿物发生相互作用造成油气层渗透率下降的现象称为碱敏性损害。产生碱敏性损害的原因主要有以下两点：

1)碱性环境下更有利于油气层中粘土矿物水化膨胀。

2)碱可与隐晶质石英、蛋白石等矿物反应生成硅凝胶而堵塞孔道。

(3)酸敏性损害。由于酸化作业时所使用的酸液与油气层岩石不配伍而导致油气层渗透率下降的现象称为酸敏性损害。损害形式一是造成微粒释放,二是某些已溶解矿物所电离出的离子在一定条件下再次生成沉淀。造成酸敏性损害的沉淀物和凝胶有 $Fe(OH)_3$、$Fe(OH)_2$、CaF_2、MgF_2、Na_2SiF_6、Na_3AlF_6 以及硅酸凝胶等。影响酸敏性损害程度的因素有油气层中酸敏性矿物的含量、酸液的组成及质量分数,还有酸化后反排酸液的时间。大部分沉淀在酸液质量分数很低时才能生成。

(4)油气层岩石润湿反转造成的损害。在外来流体中某些表面活性剂或原油小沥青质等极性物质的作用下,岩石表面会发生从亲水变为亲油的润湿反转。润湿反转通常会对油气层造成以下后果:

1)油相由原来占据孔隙的中间位置变成占据较小孔隙的角隅或吸附于颗粒表面,从而大大地减少了油流通道。

2)毛管力由原来的驱油动力变成驱油阻力,会使注水过程中的驱油效率显著降低,使相对渗透率曲线发生改变,造成油、气的相对渗透率趋于降低。试验表明,当油气层转变为油润湿后,油相渗透率将下降 15%~85%。影响润湿性发生改变的因素主要有外来流体中表面活性剂的类型及质量分数、原油沥青质的含量及组成,以及水相的离子组成及强度、pH 值和地层温度。

4. 工作液与油气层流体不配伍造成的损害

(1)无机垢堵塞。如果外来流体与油气层流体各含有不相配伍的离子,便会在一定条件下形成无机垢。常见的无机垢类型有 $CaCO_3$、$CaSO_4 \cdot 2H_2O$、$BaSO_4$、$SrSO_4$、$SrCO_3$ 和 FeS 等。

(2)有机垢堵塞。当外来流体与油气层的原油不配伍时,可导致形成有机垢而堵塞油气孔道。有机垢一般以石蜡为主要成分,同时还有含量不等的沥青质、胶质、树脂及泥砂等。

(3)乳化堵塞。外来流体中常含有一些具有表面活性的添加剂。当这些添加剂进入油气层后会使油水的界面性质发生改变,从而使外来的油相(如油基钻井液中的基油)与地层水,或者外来的水相与储层原油相混合后形成某种相对稳定的 W/O 或 O/W 型乳状液。油气层中的一些固体微粒也会促进乳状液的形成并增强其乳化稳定性。乳状液的形成一方面直接对孔喉造成堵塞,另一方面由于乳状液粘度极高,会增加油气的流动阻力。

(4)细菌堵塞。在各作业环节或油气开采过程中,地层中原有的细菌或随外来流体一起侵入的细菌在遇到适宜的生长环境时,便会迅速繁殖,所产生的菌落和粘液可堵塞油气孔道而对油气层造成损害。常见的细菌类型有硫酸盐还原菌、腐生菌和铁细菌等。

5. 油气层岩石毛细管阻力造成的损害

岩石的孔道是油气层中流体流动的基本空间。由于从宏观来看这些孔道很小,因此可将其看作是无数个大小不等、形状各异、彼此曲折相连的毛细管。由岩石的毛细管阻力引起的主要损害形式是水锁效应。水锁效应是指当油、水两相在岩石孔隙中渗流时,水滴在流经孔喉处遇阻,从而导致油相渗透率降低的损害形式。对于低渗或特低渗油气藏,水锁效应往往是其主要的损害机理,应引起特别的重视。

水锁效应通常是由于钻井液等外来流体的滤液浸入而引起的。因此,尽量控制外来流体滤失量是防止水锁损害的有效措施。目前,解除这种损害的方法是选用某些表面活性剂或醇类有机化合物进行处理,以降低油、水界面张力,从而减小毛细管阻力。此外,在采油过程中适当提高生产压差以克服毛细管阻力,也是减轻水锁损害的有效途径。

以上介绍了可能导致油气层损害的各种机理。实际上,对于不同类型油气藏以及在不同的外界条件下,损害机理是不同的。因此,必须根据储层的类型和特点,在全面、系统地进行岩心分析和室内损害评价的基础上,才能对某一具体油气层的主要损害机理作出准确的诊断,然后在此基础上才能制定出保护油气层的技术方案。

第二节 保护油气层的钻井液类型及其应用

钻井液是与油气层相接触的第一种工作流体,因此在钻井过程中做好保护油气层工作是实施保护油气层成套技术的第一个重要环节。

一、保护油气层对钻井液的要求

钻开油气层的优质钻井液不仅要在组成和性能上满足地质和钻井工程的要求,而且还必须满足保护油气层技术的基本要求。这些基本要求可归纳为以下几个方面:①必须与油气层岩石相配伍;②必须与油气层流体相配伍;③尽量降低固相含量;④密度可调,以满足不同压力油气层近平衡压力钻井的需要。

为了达到上述要求,经过多年来的室内研究和现场试验,我国已先后研制出水基型、油基型和气体型三大类、共计10余种钻开油气层的钻井液。

二、保护油气层的水基钻井液

由于水基钻井液具有配制成本较低、所用处理剂来源广、可供选择的类型多以及性能比较容易控制等优点,因此一直是钻开油气层的首选钻井液体系。该类钻井液按其组成与使用范围又分为如下八种不同的体系。

1. 无固相清洁盐水钻井液

该类钻井液不含膨润土及其他任何固相,密度通过加入不同类型和数量的可溶性无机盐进行调节。选用的无机盐包括$NaCl$、$CaCl_2$、KCl、$NaBr$、KBr、$CaBr_2$和$ZnBr_2$等,各种常用盐水基液的密度范围如表8-5所示。由于其种类较多,密度可在$1.0\sim2.3g/cm^3$范围内调整。因此基本上能够在不加入任何固相的情况下满足各类油气井对钻井液密度的要求。无固相清洁盐水钻井液的流变参数和滤失量通过添加对油气层无损害的聚合物来进行控制,为了防止对钻具造成的腐蚀,还应加入适量缓蚀剂。

(1)$NaCl$盐水体系。在以上各种无机盐中,$NaCl$的来源最广,成本最低。其溶液的最大密度可达$1.188g/cm^3$左右。当基液配成后,常用的添加剂为HEC(羟乙基纤维素)和XC生物聚合物等。配制时应注意充分搅拌,使聚合物均匀地完全溶解,否则不溶物会堵塞油气层。通常还使用$NaOH$或石灰控制pH值。若遇到地层中的H_2S,需提高pH值至11.0左右。

(2)KCl盐水体系。由于K^+对粘土晶格的固定作用,KCl盐水液被认为是对付水敏性地层最为理想的无固相清洁盐水钻井液体系。KCl盐水基液的密度范围为$1.00\sim1.17g/cm^3$。该体系使用聚合物的情况与$NaCl$盐水体系基本相同,KCl与聚合物的复配使用使该体系对粘土水化的抑制作用更加增强;单独使用KCl盐水液的不足之处是配制成本高,且溶液密度较小。为了克服以上缺点,KCl 常与 NaCl、CaCl$_2$ 复配,组成混合盐水体系。只要 KCl 质量分数保持在 3%～7%,其抑制作用就足以得到充分的发挥。

表 8-5 各类盐水基液所能达到的最大密度

盐水基液	21℃时饱和溶液密度(g/cm^3)
NaCl	1.18
KCl	1.17
NaBr	1.39
CaCl$_2$	1.40
KBr	1.20
NaCl/CaCl$_2$	1.32
CaBr$_2$	1.81
CaCl$_2$/CaBr$_2$	1.80
CaCl$_2$/CaBr$_2$/ZnBr$_2$	2.30

(3) CaCl$_2$ 盐水体系。CaCl$_2$ 盐水基液的最大密度可达 1.39g/cm^3。为了降低成本,CaCl$_2$ 也可与 NaCl 配合使用,所组成的混合盐水的密度范围为 1.20～1.32g/cm^3。CaCl$_2$ 是极易吸水的化合物。目前使用的 CaCl$_2$ 产品主要有两种,其纯度分别为 94%～97%(粒状)和 77%～80%(片状)。前一种含水约 5%,后一种含水约 20%。该体系需添加的聚合物种类及用量范围与 NaCl 体系也基本相似。

(4) CaCl$_2$-CaBr$_2$ 混合盐水溶液。当油气层压力要求钻井液密度在 1.4～1.8g/cm^3 范围内时,可考虑选用 CaCl$_2$-CaBr$_2$ 混合盐水液。Doty 的全尺寸模拟钻井试验结果表明,在相同钻压下,使用密度为 156g/cm^3 的 CaCl$_2$-CaBr$_2$ 聚合物清洁盐水液钻 Berea 砂岩的机械钻速,是使用密度相同的常规水基和油基钻井液的 5～10 倍(图 8-1)。与此同时,该清洁液对砂岩渗透率的损害程度却比常规水基和油基钻井液小得多。但是,如果在该清洁液中混入含量大于 6% 的模拟钻屑(Rev Dust),则会引起钻速显著下降,对砂岩渗透率的损害也明显加剧。

由于 CaCl$_2$-CaBr$_2$ 混合盐水液本身具有较高的粘度(马氏漏斗粘度可达 30～

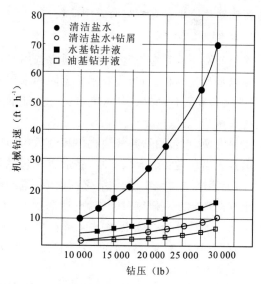

图 8-1 不同钻井液体系对机械钻速的影响(1lb = 4.5N)

100s),因此只需加入较少量的聚合物。HEC 和生物聚合物的一般加量范围均为 $0.29\sim0.72g/L$。该体系的适宜 pH 值范围为 $7.5\sim8.5$。当混合液密度接近于 $1.80g/cm^3$ 时,应注意防止结晶的析出。

配制 $CaCl_2-CaBr_2$ 混合液时,一般用密度为 $1.70g/cm^3$ 的 $CaBr_2$ 溶液作为基液。如果所需密度在 $1.70g/cm^3$ 以下,就用密度为 $1.38g/cm^3$ 的 $CaCl_2$ 溶液加入上述基液内进行调整;如果需将密度增至 $1.70g/cm^3$ 以上,则需加入适量的固体 $CaCl_2$,然后充分搅拌,直至 $CaCl_2$ 完全溶解。

(5)$CaBr_2-ZnBr_2$ 与 $CaCl_2-CaBr_2-ZnBr_2$ 混合盐水体系。以上两种混合盐水体系的密度均可高达 $2.30g/cm^3$,专门用于某些超深井和异常高压井。配制时应注意溶质组分之间的相互影响(加密度、互溶性、结晶点和腐蚀性等)。对于 $CaCl_2-CaBr_2-ZnBr_2$ 体系,增加 $CaBr_2$ 和 $ZnBr_2$ 的质量分数可以提高密度,降低结晶点,然而成本也相应增加;而增加 $CaCl_2$ 的质量分数,则会降低密度,使结晶点上升,配制成本却相应降低。

使用无固相清洁盐水钻井液钻开油气层的优点在于:可避免因固相颗粒堵塞而造成的油气层损害;可在一定程度上增强钻井液对粘土矿物水化作用的抑制性,减轻水敏性损害;由于无固相存在,机械钻速可显著提高。但由于该类钻井液的配制成本高,工艺较复杂,对固控要求严格,还有对钻具、套管腐蚀较严重和易发生漏失等问题,因此在使用上受到较大的限制。目前,国内外主要将无固相清洁盐水液用作射孔液和压井液。

为了克服无固相清洁盐水液腐蚀性强的缺点,近年来研制出一种新型的无固相甲酸盐钻井液。它由甲酸的碱金属盐——甲酸钠、甲酸钾和甲酸铯等配制而成。除了腐蚀性极低,这种新型的盐水液还具有以下特点:在不加固体加重剂的情况下,可提供钻井所需的高密度,使用甲酸铯时盐水液密度可高达 $2.20g/cm^3$;在 150℃高温条件下可保持性能稳定;易于泵送,环空压耗低;甲酸盐容易生物降解,因而有利于环境保护。如果甲酸盐的成本能降至合理范围,这类新型钻井液将会有广阔的应用前景。

2. 水包油钻井液

水包油钻井液是将一定量的油(通常选用柴油)分散在淡水或不同矿化度的盐水中,形成的一种以水为连续相、油为分散相的无固相水包油乳状液。其组分除水和油外,还有水相增粘剂、降滤失剂和乳化剂等。其密度可通过改变油水比和加入不同类型、不同质量分数的可溶性无机盐来调节,最低密度可达 $0.89g/cm^3$。

实验发现,水包油钻井液油相体积分数(f_o)的大小对所形成乳状液的稳定性和密度有直接的影响。当 f_o 在 0.26 以下时,易形成水包油乳状液;当 f_o 在 0.74 以上时,易形成油包水乳状液;而当 f_o 在 0.26 与 0.74 之间时,究竟形成何种乳状液,则主要取决于配制方法和所选用乳化剂的性质。在研制过程中,发现选用 HLB 值为 $12\sim13$ 的某些阴离子表面活性剂较适于配制水包油钻井液。当其加量保持在 0.7% 以上时,乳状液的稳定时间大于 72h,并且在 120℃温度下静置 36h 之后,性能保持稳定。当 f_o 等于 0.35 时,所配成的水包油钻井液的密度可降至 $0.93g/cm^3$。

水包油钻井液的滤失量和流变性能可通过在水相或油相中加入各种与储层相配伍的处理剂来调整。这种钻井液特别适用于技术套管下至油气层顶部的低压、裂缝发育、易发生漏失的油气层。同时,也是欠平衡钻井中的一种常用钻井液体系。其不足之处是油的用量较大,因而配制成本较高;同时对固控的要求较高,维护处理也有一定难度。

3. 无膨润土暂堵型聚合物钻井液

膨润土颗粒的粒度很小,在正压差作用下容易进入油气层且不易解堵,从而造成永久性损害。为了避免这种损害,可使用无膨润土暂堵型聚合物钻井液体系。该体系由水相、聚合物和暂堵剂固相颗粒组成,其密度依据油气层孔隙压力,通过加入 $NaCl$、$CaCl_2$ 等可溶性盐进行调节,但也不排除在某些情况下(地层压力系数较高或易坍塌的油气层)仍然使用重晶石等加重材料。其滤失量和流变性能主要通过选用各种与油气层相配伍的聚合物来控制,常用的聚合物添加剂有高粘 CMC、HEC、PHP 和 XC 生物聚合物等。暂堵剂也在很大程度上起降滤失的作用。在一定的正压差作用下,所加入的暂堵剂在近井壁地带形成内泥饼和外泥饼,可阻止钻井液中的固相和滤液继续侵入。目前常用的暂堵剂按其不同的溶解性分为以下三种类别。

(1)酸溶性暂堵剂。常用的酸溶性暂堵剂为不同粒径范围的细目 $CaCO_3$。$CaCO_3$ 是极易溶于酸的化合物,且化学性质稳定,价格便宜,颗粒有较宽的粒度范围,因此是一种理想的酸溶性暂堵剂。对于密度低于 $1.68g/cm^3$ 的钻井液,它还可兼作加重剂;而对于密度更高的钻井液,则应配合使用 Fe_2O_3 才能加重至所需的密度。有时根据需要,还应加入适量的缓蚀剂、除氧剂和高温稳定剂等。当油井投产时,可通过酸化而实现解堵,恢复油气层的原始渗透率。但这类暂堵剂不宜在酸敏性油气层中使用。

选用酸溶性暂堵剂时应注意其粒径必须与油气层孔径相匹配,使其能通过架桥作用在井壁形成内、外泥饼,从而能有效地阻止钻井液中的固相或滤液继续侵入。试验表明,能否有效地起到暂堵作用,主要不取决于暂堵剂固相颗粒的质量分数,而是取决于颗粒的大小和形状。一般情况下,如果已知储层的平均孔径,可按照"三分之一架桥规则"选择暂堵剂颗粒的大小。储层平均孔径的数据可以通过压汞试验等手段获得,也可由下式近似求出:

$$r_p = \sqrt{\frac{8K}{\phi}} \tag{8-4}$$

式中:r_p——储层的平均孔径(μm);ϕ——储层的有效孔隙度(%);K——储层的原始渗透率($10^{-3}\mu m$)。

在实际应用中,有时可根据室内评价实验或现场经验来确定暂堵剂的粒度范围。目前,对于多数储层,一般使用 200 目的 $CaCO_3$ 颗粒。酸溶性暂堵剂的加量一般为 3%~5%。

(2)水溶性暂堵剂。使用水溶性暂堵剂的钻井液通常称为悬浮盐粒钻井液体系。它主要由饱和盐水、聚合物、固体盐粒和缓蚀剂等组成,密度范围为 $1.04\sim2.30g/cm^3$。由于盐粒不再溶于饱和盐水,因而悬浮在钻井液中,常用的水溶性暂堵剂有细目氯化钠和复合硼酸盐($NaCaB_5O_9 \cdot 8H_2O$)等。这类暂堵剂可在油井投产时用低矿化度水溶解盐粒而解堵。正是由于投产时储层会与低矿化度的水接触,故该类暂堵剂不宜在强水敏性的储层中使用。

(3)油溶性暂堵剂。常用的油溶性暂堵剂为油溶性树脂。按其作用方式不同可分为两类:一类是脆性油溶性树脂,在钻井液中主要作为架桥颗粒,如油溶性的聚苯乙烯、改性酚醛树脂和二聚松香酸等;另一类是可塑性油溶性树脂,其微粒在一定压差作用下可以变形,主要作为充填颗粒。油溶性暂堵剂可被产出的原油或凝析油自行溶解而得以清除,也可通过注入柴油或亲油的表面活性剂将其溶解而解堵。

试验表明,如果将不同类型的暂堵剂适当进行复配,会取得更好的使用效果。无膨润土暂堵型聚合物钻井液通常只适于在技术套管下至油气层顶部,并且油气层为单一压力层系的油气井中使用。虽然这种钻井液有许多优点,但由于其配制成本高,使用条件较为苛刻,特别是对固控的要求很高,故在实际钻井中并未广泛采用。辽河油田的稠油先期防砂井、古潜山裂缝性油藏,以及长庆低压低渗油层所钻的井上曾使用过这种钻井液。

4. 低膨润土暂堵型聚合物钻井液

膨润土对油气层会带来危害,但它却能够给钻井液提供所必需的流变和降滤失性能,还可减少钻井液所需处理剂的加量,降低钻井液的成本。低膨润土暂堵型聚合物钻井液的特点是,在组成上尽可能减少膨润土的含量,使之既能使钻井液获得安全钻进所必需的性能,又能够对油气层不造成较大的损害。在这类钻井液中,膨润土的含量一般不得超过 50g/L。其流变性和滤失性可通过选用各种与油气层相配伍的聚合物和暂堵剂来控制。除了适量的膨润土外,其配制原理和方法与无膨润土暂堵型聚合物钻井液相类似。

例如,新疆克拉玛依油田克 84 井钻开储层时,便采用了典型的低膨润土暂堵型聚合物钻井液体系。该井设计的三开钻井液配方为:3%膨润土浆+0.3%FA367+0.3%XY27+0.5%JT888+7%KCl+5%SMP-1+3%SPNH+0.6%NPAN+1%RH101+2%单封(或 KYB,或 XWB-1)+2%QCX-1+1.5%JHY+适量铁矿粉。目前,低膨润土暂堵型聚合物钻井液已在我国各油田得到较广泛的应用。

5. 改性钻井液

我国大多数油气井均采用长段裸眼开油气层,技术套管未能封隔油气层以上的地层。这种情况下,为了减轻油气层损害,有必要在钻开油气层之前对钻井液进行改性。所谓改性,就是将原钻井液从组成和性能上加以适当调整,以满足保护油气层对钻井液的要求。经常采取的调整措施包括:①废弃一部分钻井液后用水稀释,以降低膨润土和无用固相含量;②根据需要调整钻井液配方,尽可能提高钻井液与油气层岩石和流体的配伍性;③选用适合的暂堵剂,并确定其加量;④降低钻井液的 API 和 HTHP 滤失量,改善其流变性和泥饼质量。

使用改性钻井液的优点是应用方便,对井身结构和钻井工艺无特殊要求,而且原钻井液可得到充分利用,配制成本较低,因而在国内外均得到广泛的应用。但由于原钻井液中未清除固相以及某些与储层不相配伍的可溶性组分的影响,因此难免会对油气层有一定程度的损害。

6. 屏蔽暂堵钻井液

屏蔽暂堵是近 20 年来在我国发展起来的一项技术。其特点是利用正压差,在一个很短的时间内,使钻井液中起暂堵作用的各种类型和尺寸的固体颗粒进入油气层的孔喉,在井壁附近形成渗透率接近于零的屏蔽暂堵带(或称为屏蔽环),从而可以阻止钻井液以及水泥浆中的固相和滤液继续侵入油气层。由于屏蔽暂堵带的厚度远远小于油气井的射孔深度,因此在完井投产时可通过射孔解堵。

屏蔽暂堵带的形成已通过大量试验得以证实。从表 8-6 所示的室内试验数据可以看出,暂堵剂颗粒可在原始渗透率各不相同的储层中形成渗透率接近于零的屏蔽暂堵带,其厚度一般不应超过 3cm。从表 8-7 可见,其渗透率随压差增加而下降,表明一定的正压差是实现屏蔽暂堵的必要条件。为了检验在实际钻井过程中其渗透率和厚度各有多大,吐哈油田在陵 10-18 井使用屏蔽暂堵钻井液钻开油层,并通过取心进行检测。检测结果表明,屏蔽环的渗透率均小于 $1\times10^{-3}\mu m^2$,暂堵深度在 $0.58\sim2.09cm$ 之间。当切除岩心的屏蔽环后,渗透率基本上可完全恢复。

表 8-6 屏蔽暂堵的深度与效果

岩心号	$K_{切}(10^{-3}\mu m^2)$	$K_{w1}(10^{-3}\mu m^2)$	$K_{w2}(10^{-3}\mu m^2)$	截长(cm)	$K_{切}(10^{-3}\mu m^2)$	渗透率恢复值(%)
5-1	1 089.2	985.3	0	2.83	982.2	99.7
3-10	316.9	293.2	0	2.51	291.1	99.3
2-8	78.2	63.2	0	2.63	59.1	94.0

注:K_{w1}和K_{w2}分别为暂堵前后用地层水测得的渗透率;$K_{切}$为岩心被切割后其剩余段用地层水测试的渗透率。

表 8-7 压差对屏蔽暂堵效果的影响

压差(MPa)	暂堵后的渗透率 $K_{w2}(10^{-3}\mu m^2)$	K_{w2}/K_{w1}
0.10	51.98	0.044 0
0.20	7.90	0.006 7
0.30	1.19	0.001 0
0.40	0.64	0.000 54
0.50	0.63	0.000 53

注:暂堵前后用地层水测得的渗透率 $K_{w1}=1\ 177.9\times10^{-3}\mu m^2$,岩心孔隙度为0.348,平均孔喉直径为14.9$\mu m$,暂堵体系的颗粒级配为1.5~8.0$\mu m$。其中,架桥颗粒粒径为8.0$\mu m$,可变形颗粒粒径为1.5~2.0$\mu m$(含量1.4%),各种暂堵剂总量4.1%,测定温度为室温。

屏蔽暂堵带的形成是有条件的。除需要有一定的正压差外,还与钻井液中所选用暂堵剂的类型、含量及其颗粒的尺寸密切相关。其技术要点是:①用压汞法测出油气层孔喉分布曲线及孔喉的平均直径;②按平均孔喉直径的1/2~1/3选择架桥颗粒(通常用细目$CaCO_3$)的粒径,并使这类颗粒在钻井液中的含量大于3%;③选择粒径更小的颗粒(大约为平均孔喉直径的1/4)作为充填颗粒,其加量应大于1.5%;④再加入1%~2%可变形颗粒,其粒径应与充填颗粒相当,其软化点应与油气层温度相适应。这类颗粒通常从磺化沥青、氧化沥青、石蜡、树脂等物质中进行选择。

通过实施屏蔽暂堵保护油气层钻井液技术(简称屏蔽暂堵技术),可以较好地解决裸眼井段多套压力层系储层的保护问题。目前,该项技术已在全国3 000多口井上广泛推广应用。应用情况表明,油气井产量可普遍得到提高。

7. 聚合醇钻井液

聚合醇JLX是一种新型的泥浆处理剂,是协调钻井工程技术和环境保护之间矛盾的产物。现场应用表明,聚合醇具有优异的防塌、润滑和保护油气层等特性。

它是一种环境可接受的非离子型钻井液处理剂,聚合醇显示浊点效应,当温度超过其浊点时,聚合醇发生相分离作用而从水相中析出,成一种憎水而类似油的膜并自动地富集在粘土表面,使粘土的水化膨胀受到抑制;它是一种非离子型低分子聚合物,具有一般表面活性剂的特点,具有表面活性,能降低油水界面张力,使侵入的钻井液滤液易于返排,有利于保护油气层;聚合醇具有极低的荧光级别和生物毒性,满足地质录井和环境保护的要求;聚合醇钻井液体系

(PEM)具有很强的抑制性与封堵性,能有效地稳定井壁;润滑性能好,对油气层损害程度低,渗透率恢复值在85%以上,有利于保护油气层;毒性极低,易生物降解,对环境影响小;维护简单。

8. 烷基葡萄糖甙钻井液

烷基葡萄糖甙是糖的半缩醛羟基与某些具有一定活性基团的化合物起反应,生成含甙键结构的淀粉与糖的衍生物。烷基葡萄糖甙钻井液具有如下性能:①强的抑制性、封堵和降滤失作用;②良好的润滑性能;③良好的保护油气层性能,对油气层损害低,其渗透率恢复值高达88.7%;④良好的生物可降解性和热稳定性;⑤流变性易调整,抗污染性强。

图8-2 甲基葡萄糖甙分子结构图

甲基葡萄糖甙(MEG)钻井液的性能与油基钻井液相似,具有优良的页岩抑制作用,这与甲基葡萄糖甙独特的分子结构有关。在其分子结构上,有1个亲油的甲基($-CH_3$)和4个亲水的羟基($-OH$)(图8-2)。这些羟基可以吸附在井壁岩石和钻屑上,而亲油基($-CH_3$)则朝外。当加量足够时,甲基葡萄糖甙可在井壁上形成一层膜,这种膜是一种只允许水分子通过,而不允许其他离子通过的半透膜。只要通过控制甲基葡萄糖甙钻井液的活度,就可以实现活度平衡钻井,控制钻井液和地层内水的运移,从而达到抑制页岩水化、保持井壁稳定的目的。

三、保护油气层的油基钻井液

目前使用较多的油基钻井液是油包水乳化钻井液。由于这类钻井液以油为连续相,其滤液是油,因此能有效地避免对油气层的水敏损害。与一般水基钻井液相比,油基钻井液的损害程度较低。但是,使用油基钻井液钻开油气层时应特别注意防止因润湿反转和乳化堵塞引起的损害,同时还应防止钻井液中过多的固相颗粒侵入储层。

在使用油基钻井液钻开储层时,防止发生润湿反转的关键在于必须选用合适的乳化剂和润湿剂。一般来说,对于砂岩储层,应尽量避免使用亲油性较强的阳离子型表面活性剂,最好是在非离子型和阴离子型表面活性剂中进行筛选。

油基钻井液的配制成本高,易造成环境污染,因而在使用上受到限制。与水基钻井液相比,目前在我国油基钻井液的使用相对较少。

四、保护油气层的气体类钻井流体

对于低压裂缝性油气层、稠油层、低压强水敏或易发生严重井漏的油气层,由于其压力系数低(往往低于0.8),要减轻正压差造成的损害,需要选择密度低于1的钻井流体来实现近平衡或欠平衡压力钻井。使用气体类钻井流体便可以实现这一点。气体类钻井流体按其组成可分为空气、雾、充气钻井液和泡沫四类,其中后两种已在我国得到推广应用。这四种流体的共同特点是密度小、钻速快,通常在负压条件下钻进,因而能有效地钻穿易损失地层,减轻由于正压差过大而造成的油气层损害。

1. 空气

空气钻井流体是由大气中的空气(有时亦使用天然气)、缓蚀剂和干燥剂等组成的一种循环介质,常用于钻开已下过技术套管的下部易漏失地层、强水敏性油气层和低压油气层。此种流体密度最低,肯定是在负压下钻进,本身又不含固相和液相,因而可最大限度地减轻对油气层的损害。与常规钻井液相比,使用空气钻井时机械钻速可增大 3~4 倍,具有钻速快、钻时短、钻井成本较低等特点,还可有效地防止由于井漏对油气层造成的损害。但是,该类流体的使用受到井壁不稳定和地层出水等情况的限制,并且需在井场配备大排量的空气压缩机等专用设备。一般情况下,地面注入压力为 0.7~1.5MPa,环空返速为 12~15m/s 时可有效地进行空气钻井。

2. 雾

这里指的雾是由空气、发泡剂、防腐剂和少量水混合组成的循环流体。其中空气作为分散介质、液体为分散相,它们与岩屑一起从环空中呈雾状返出。使用这种流体钻井是空气钻井和泡沫钻井之间的一种过渡。当钻遇地层液体(如盐水层)而不宜再继续使用于空气作为循环介质时,则可转化为此种钻井流体。其保护油气层的原理与空气钻井流体相类似,适用于钻开低压、易损失和强水敏性的油气藏。在所用液体中,可加入 3%~5% 的 KCl 和适量聚合物以利于防塌。为了能有效地将岩屑携至地面,注入压力不得低于 2.5MPa,环空返速应保持在 15m/s 以上,其空气需要量应比空气钻井时高 15%~50%。

3. 泡沫

泡沫流体按其中水量的不同可分为干泡沫、湿泡沫和稳定泡沫。目前在钻低压油气层时,通常使用的是稳定泡沫。它是在地面形成泡沫后再泵入井内的一种流体,又称做预制稳定泡沫。其液相(分散介质)是发泡剂和水,气相是空气。典型配方为发泡剂(1%)、稳定剂(0.44%~0.5%)、增粘剂(0.5%)。

气液体积比对泡沫的稳定性和流变性有很大影响。试验表明,形成稳定泡沫的气液体积比范围为 (75~98)/(25~2),即含液量为 2%~25%。配制泡沫时,用一台注塞泵将发泡剂等各种添加剂、水和一定比例的空气同时注入泡沫发生器内,经过剧烈搅拌,便形成由细小气泡组成的稳定泡沫,然后经由立管泵入井内。

稳定泡沫是比较理想的保护油气层的钻井流体,特别适于钻低压油气层,也是目前欠平衡钻井中常使用的一种钻井流体。这种体系的不足之处在于配制成本较高,作业时对气液比的要求十分严格,控制气液比有一定难度;废泡沫的排放问题必须加以考虑等。此外,还需配置一整套专用设备,在较大程度上限制了该项技术的广泛应用。我国主要在新疆、华北、长庆和辽河等油田推广应用了该项技术,均取得了明显效果。

4. 充气钻井液

充气钻井液是将空气注入钻井液内所形成的钻井液体系。注入空气的目的是为了减小密度,从而降低流体对井底的静液压力。在这种体系中,空气是分散相,钻井液是分散介质。通过充入气量的改变,可随时调整钻井液的密度以平衡地层压力,从而能够为实现平衡压力钻井创造更为有利的条件。充气钻井液的最低密度一般可达 $0.7g/cm^3$,钻井液与空气的混合比一般为 10∶19。

在使用充气钻井液时,环空流速应保持在 1~10 m/s,地面正常工作压力为 3.5~8MPa。在经过地面除气器后,气体从充气钻井液中脱出,液相再进入泥浆泵继续循环。

充气钻井液主要适于钻开压力系数为 0.7~1 的储层,并经常在欠平衡压力钻井时使用。对某一特定的储层,所需充气钻井液的密度可按下式计算:

$$\rho_m = \frac{102.04 P_m}{H} + \Delta\rho_m \tag{8-5}$$

式中：ρ_m——充气钻井液密度（g/cm³）；P_m——储层孔隙压力（MPa）；H——储层厚度（m）；$\Delta\rho_m$——密度附加值（g/cm³）。

一般情况下，油层的密度附加值可选择 1.5～3.5MPa 或 0.05～0.10g/cm³；气层的密度附加值可选择 3.0～5.0MPa 或 0.07～0.15g/cm³。

近年来，我国辽河和新疆油田均推广应用了该项技术。根据他们的经验，充气钻井液的技术关键在于：①充气钻井液的基液应具有较好的质量。基液的粘度、切力切勿过高，以利于充气和脱气；能够抗水泥、钻屑污染；并具有较强的抑制泥页岩水化膨胀与分散的能力；②要从装备上做好充分准备，如配齐混气器、携砂液混气器（先期防砂井使用）、计量仪表和除气器等；③充气后气泡应均匀稳定，气液不分层，以确保其基液的反复泵送，满足钻井工艺的要求；④应具有良好的流变性能，特别是流性指数 n 值的范围要适当，以确保在漏斗粘度较低的情况下有较强的携屑能力。应注意充气钻井液属于塑性流体，其塑性粘度和动切力均随气液比增加而有所增加。

现以辽河油田为例介绍充气钻井液的应用情况。为了满足在高升地区低压稠油油藏进行先期防砂井近平衡压力钻井施工的需要，该油田研制出一种充气钻井液体系，其基液的主要处理剂类型和加量如下：

增粘降滤失剂——高粘 CMC，加量 0.8%～1.0%；

粘土稳定剂——羟基铝，加量 0.5%～1.0；

暂堵剂——SAS(磺化沥青)，加量 0.5%～1.0%。

经多口井的现场试验，确认使用充气钻井液有以下优点：①密度可低至 0.78g/cm³，完全能满足低压油气层钻井和修井作业的需要；②具有良好的携带岩屑能力，返出岩屑的最大直径为 23mm，且井径规则，电测顺利；③机械钻速快，达 29.9m/h，是邻井的 2.0～4.3 倍；④保护油层的效果显著，平均单井原油日产量是用常规钻井液钻成的先期防砂井平均单井原油日产量的 1.39 倍；⑤使用充气钻井液的成本较低，仅为泡沫钻井液成本的 1/4。

五、合成基钻井液

为了解决油基钻井液对环境的污染问题，在 20 世纪 80 年代末，美国、英国、挪威等国的石油公司就开始了合成基钻井液的研究开发工作。其中酯基钻井液于 1990 年 3 月在北海首次应用并获得成功，之后合成基钻井液的种类不断增加，首先是酯、醚、聚 α-烯烃基钻井液，后来在权衡环境保护因素和成本的前提下开发了第二代合成基钻井液。第二代合成基钻井液以线型 α-烯烃、内烯烃和线型石蜡基钻井液为代表，其特点是运动粘度和钻井液成本较第一代合成基钻井液低，环境保护性能较第一代要差。在合成基钻井液中，酯基钻井液用得最早，而且在早期用得最多，目前使用最多的是聚 α-烯烃基钻井液。

1. 合成基钻井液的组成

合成基钻井液以人工合成或改性的有机物为连续相，盐水为分散相，并有乳化剂、流型调节剂等组分，是一种非水溶性合成油基钻井液，具有油基钻井液的作业性能。

(1) 基液。研制基液的主导思想是将柴油或矿物油换成可以生物降解又无毒性的合成或改性有机物，并要求这些有机物的物理化学性能与矿物油接近。经大量研究表明，它们大多是含有 14~22 个碳原子的直链型分子,分子链基本上都有双键。目前合成基钻井液是按基液类型划分的,现已在现场应用并见到效果的合成基钻井液主要有(不包括基液为混合物的体系)酯基,醚基,聚 α-烯烃基,线型 α-烯烃基,内烯烃基和线型石蜡基钻井液。

(2)乳化剂和其他处理剂。乳化剂是该类钻井液的另一种重要组成材料,它起着稳定体系和调整性能的作用。乳化剂包括水包油型(O/W)和油包水型(W/O)。其他处理剂包括降滤失剂、增粘剂和稀释剂等。

2. 基液的物理化学性能

(1)酯。酯(Ester)基钻井液是最早成功应用于现场的一种合成基钻井液。酯由植物油脂肪酸与醇反应制得,植物油脂肪酸可由棕桐油、椰子油等水解得到。

(2)醚。醚(Ether)的分子结构式为 R_1—O—R_2,可以由醇与酸反应生成。醚分子结构中没有活泼的梭基,在水溶液中不会电离,性质较稳定,因而有较好的抗盐、抗钙能力。

(3)聚 α-烯烃。聚 α-烯烃(Poly Alpha Olefin,缩写为 PAO),由烯烃聚合而成,含双键,可逐渐降解,结构式如下:

$$CH_3-(CH_2)_n-\underset{\underset{CH_3}{|}}{\underset{(CH_2)_p}{|}}C=CH-(CH_2)_m-CH_3$$

PAO 有小的运动粘度以及高闪点、低倾点、较好的稳定性、不随温度和 pH 值而改变性能等特性,能抗石灰污染、抗温(一般在 150℃ 或 170℃ 以上),有的资料报道抗温在 200℃ 以上。

(4)线型 α-烯烃和内烯烃。线型 α-烯烃(Linear Alpha Olefin,缩写为 LAO),结构式为:

$$CH_3-(CH_2)_n-CH=CH_2$$

内烯烃(Internal Olefin,缩写为 IO),结构式为:

$$CH_3-(CH_2)_n-CH=CH-(CH_2)_n-CH_3$$

线型 α-烯烃可由纯烯烃制得,而后用蒸馏过程分离特殊的馏分,也可经由精炼和纯化过程生成。一般纯化过程必须要有加氢裂化、附加蒸馏以及使用分子筛等步骤。

(5)线型石蜡。线型石蜡(Linear Paraffin,缩写为 LP),结构式为 $CH_3-(CH_2)_n-CH_3$。除了不含双键外,线型石蜡与 LAO 和 IO 有类似的化学性质。线型石蜡与具有相同碳原子数的 LAO 和 IO 相比,倾点和动力粘度均有所升高。因此要调整基液的组成以获得合适的流体性质,就需要把不同低分子量的线型石蜡混合在一起。线型石蜡既可通过合成过程,也可通过精炼过程制得。

3. 合成基钻井液性能

(1)物理性能。各种基液的物理性能如表 8-8 所示。从表 8-8 可以看出,第一代合成基液的密度和粘度较第二代合成基液高,闪点也较高。除了线型石蜡外,其他基液都不含芳烃。表 8-8 中的降解温度是利用示差扫描热分析(DSC)测定的基液发生氧化反应的初始降解温度,并不对应钻井液的热稳定性温度,钻井液的热稳定性还和乳化剂以及其他添加剂的热稳定性有关。

表 8-8 合成基液的物理性质

基液	$\rho(g \cdot cm^{-3})$	粘度($mm^2 \cdot s^{-1}$)	闪点(℃)	倾点(℃)	降解温度(℃)
酯	0.85	5.0~6.0	>150	<-15	171
醚	0.83	6.0	>160	<-40	133
聚α-烯烃	0.80	5.0~6.0	>150	<-55	167
线型α-烯烃	0.77~0.79	2.1~2.7	113~135	-14~-2	
内烯烃	0.77~0.79	3.1	137	-24	
线型石蜡	0.77	2.5	>100	-10	

注：除线型石蜡中有微量芳烃外，其余基液均不含芳烃。

(2) 环境污染。在北海，一种合成基钻井液要得到使用及排放岩屑的允许，必须进行毒性和生物降解测试以及生物聚集能的研究。线型α-烯烃和内烯烃由于它们的分子量和支化度较低，降解比聚α烯烃更为迅速。一般认为，基液蒸汽中所含的芳香馏分对哺乳动物的毒害最大。聚α-烯烃、酯、线型α-烯烃和内烯烃等基液是相对无毒的。

(3) 钻井液性能。

1) 第一代与第二代合成基液流变性上最明显的差别在于粘度。基液越稀，一般会导致合成基液的粘度越低。研究了经过 204℃、16h 老化后，基液/水比值为 90/10、密度为 2.17g/cm³、聚α-烯烃与内烯烃钻井液在 48℃时的流变性能（图 8-3）。研究结果表明，动、静切力相差不大，粘度差异较大（$\eta_{aPAO}=112mPa \cdot s$，$\eta_{pPAO}=103mPa \cdot s$，$\eta_{aIO}=65.5mPa \cdot s$，$\eta_{pIO}=59mPa \cdot s$）。

2) 热稳定性和抗污染能力。聚α烯烃钻井液的热稳定性和抗污染能力最强。

3) 岩屑合成物滞留量（CSR）。岩屑合成物滞留量在控制或减少合成物损失方面起着重要的作用。粘度影响着钻井液的滞留量，进而影响基液残留在岩屑上的量；基液粘度越高，残留在岩屑上的量越多。

4) 润滑作用。如酯是强极化物质，可作为优良的界面润滑剂。

5) 虽然合成基液的成本较高，但由于提高了钻速、井眼稳定性，节约了用油基钻井液要处理钻屑和环境污染的费用。因此，使用合成基钻井液的钻井成本比油基钻井液甚至水基钻井液低。

六、暂堵型钻井液

在石油、天然气和地下水等地下流体资源的钻进过程中，因这些地层通常比较破碎或裂隙较发育，通常会采用泥浆等粘度较大的钻井液进行钻进。但是，这样会遇到一个突出的技术问题，就是既要护壁堵漏，又要防止因粘土等固相颗粒侵入产层引起的对产层的伤害，即固相颗粒堵塞原有地下流体的孔隙裂隙，引起生产井的产量降低。

针对这一矛盾，提出采用粘性可变的多种聚合物作为主剂，并结合现代生物技术中的聚合物断链降解原理，研制出了适合这类钻进领域的自动降解无伤害钻井液（亦称暂堵型钻井液）。

1. 原理

目前生物酶已经较大量地应用于钻井工程中。比如在油气田生产中,酶可以用作破胶剂,也可以用于清除完成使命而有害无益的化学剂,如钻井液滤饼中或者压裂后压裂液中的生物聚合物,还可以用于就地产生油田化学剂,进行酸化解堵、防砂和堵水。

(1)暂堵型钻井液的基本原理。暂堵型钻井液的主剂由羧甲基纤维素钠、瓜尔胶和魔芋等聚合物中的一种或几种构成。主要利用这些大分子链网在井(洞)壁上的隔膜作用,这些大分子物质相互桥接,滤余后附在井(洞)壁上形成隔膜,这些隔膜薄而坚韧,渗透性极低,足以阻碍自由水继续向地层渗漏。同时这类聚合物钻井液具有良好的包被抑制性,能有效地抑制钻屑分散。

通过选配特殊的复配生物酶制剂,添加到这些聚合物的溶液中。生物酶制剂作为生物催化剂,控制聚合物由长链大分子变成了短链小分子的降解速度。在钻进工作结束后,聚合物分子由长链变成短链,钻井液粘度以人为可控的方式下降。随着钻井液的粘度下降,先前形成的泥皮自动破除,产层的流体流动性增强,这样就可以恢复井周地层的渗透性,达到提高油气井产量的目的。

和传统的暂堵技术相比,暂堵型钻井液体现为自动降解,本质性地改进了解堵工艺,提高了生产效率。生物酶能有效地并完全降解聚合物,因此暂堵型钻井液避免了钻进完成后聚合物对产层的伤害问题。

(2)几种典型的聚合物的酶降解原理。

1)纤维素糖甙键特异酶降解机理。纤维素是一种直链多糖聚合物,由 β-1,4-D-糖甙键将萄糖基连接在一起。β-1,4-D-糖甙键环内水解酶可有效地分解纤维素,生成约80%的单糖和20%的二糖。发生的化学反应是纤维素中 β-1,4-D-糖甙键的环内水解反应。添加某种O键环外水解酶,例如一种 β-D-糖甙葡糖水解酶(纤二糖酶),可分解末端的非还原性 β-D-葡萄糖基,将剩余的20%二糖分解成单糖。该机理简示于图8-3中。木聚糖环内、环外水解酶也可有效地分解纤维素。木糖中的 β-1,4糖甙键与纤维素中的类似,所使用的复合酶是 β-1,4木聚糖环内分解酶和 β-1,4木糖环外分解酶的组合(木二糖酶或 β-木糖甙酶)。

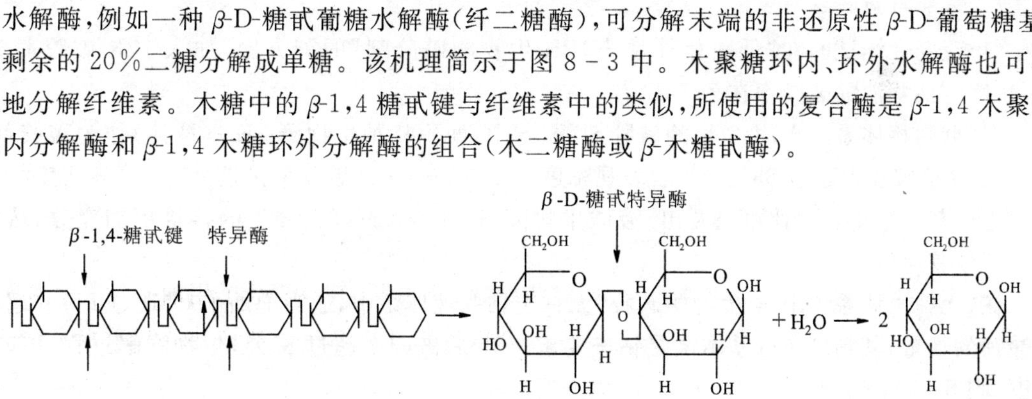

图8-3 纤维素糖甙键特异酶降解机理

2)瓜尔胶糖甙键特异酶降解机理。瓜尔胶属于半乳甘露聚糖类,所用瓜尔胶分子主链由 β-1,4糖甙键将D-甘露糖单元连接而成,D-半乳糖取代基通过 α-1,6糖甙键接在甘露糖主链上,沿甘露糖主链随机分布,半乳糖与甘露糖单元之比约为1:2。半乳甘露聚糖特异复合酶可有效地水解半乳甘露聚糖,它由两种O键水解酶组合而成,两种酶的降解机理示于图8-4中。第一种O键水解酶是 α-半乳糖甙酶(蜜二糖酶),专门作用于半乳糖取代基,可用来水解

末端的非还原性 α-D-半乳糖甙键。第二种 O 键水解酶过去常用来分解瓜尔胶分子,在此专门作用于甘露糖主链,这种水解酶被称做 β-1,4 甘露聚糖环内水解酶,可随机水解 β-1,4-D-甘露糖甙键。

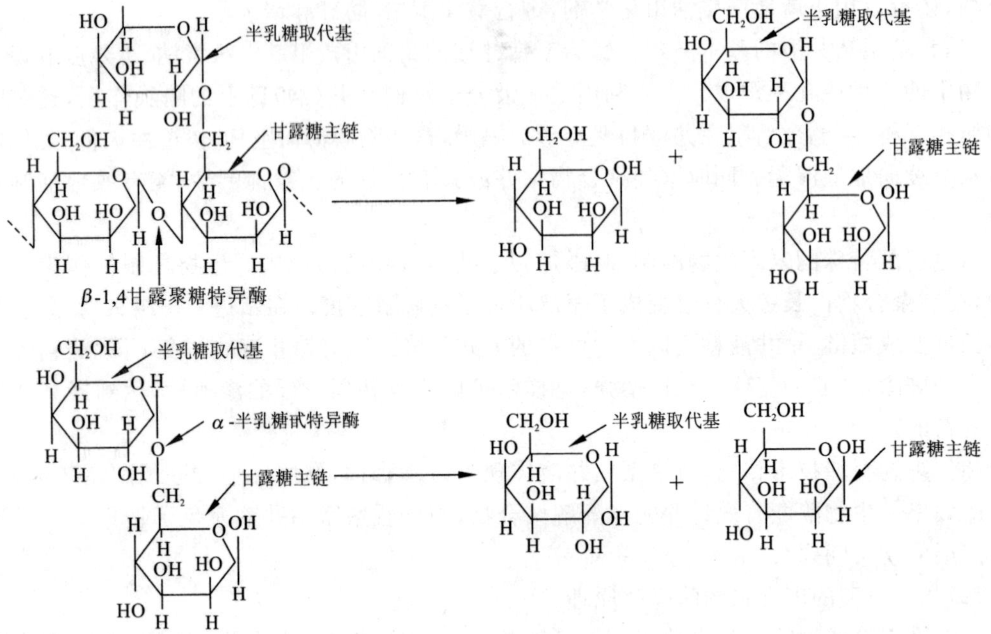

图 8-4 瓜尔胶糖甙键特异酶降解机理

2. 结果与讨论

(1) 流变性测试。在"低固相体系+JBR 生物酶破胶剂"的配方中,加入 JBR 破胶剂 2h 后,暂堵型钻井液的破胶率在 70% 左右。

在"低固相体系+SE-4 生物酶破胶剂"配方中,使用特种生物酶 SE-4(液体)作为破胶剂。2h 后钻井液破胶率超过 85%,5h 后表观粘度为 2.5 mPa·s,破胶率接近 90%,这表明生物降解过程已基本结束。对比可以看出,液体生物酶 SE-4 与 CMC 大分子的接触更加充分,从而加快了破胶速度。

在"无粘土体系+SE-4 生物酶破胶"无粘土钻井液体系中,适当增加了 CMC、DFD 和超细碳酸钙的加量,其粘度指标基本满足钻进要求。2h 后破胶率超过 85%,生物降解过程已基本结束(图 8-5)。

(2) 滤失性测试。如前文所述,钻井液滤失量的增加说明了聚合物降解程度的增加。由图 8-6 可以看出:①生物酶 SE-4 可有效降解瓜尔胶,并增加其滤失量;②生物酶 SE-4 降解瓜尔胶的较优条件是 pH 值接近中性,温度为 40℃。

(3) 气体渗透率测试。煤岩气体渗透率测试结果(表 8-9)表明:晋-3 煤样经过"污染—生物酶降解—酸化"三个阶段,其渗透率表现出"下降—上升—上升"的趋势,而且经过生物酶降解和酸化(也包括之前的加热处理)之后,煤岩的气体渗透率甚至超过了污染前的气体渗透率(如图 8-7 所示,推测盐酸亦与煤岩中的方解石和白云石发生反应,增大了煤岩孔隙裂隙),这也证实了"生物酶降解—酸化处理"的综合解堵工艺是有效的,有利于提高煤层气藏的采收率。

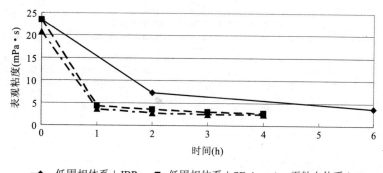

图 8-5　暂堵型钻井液表观粘度随时间的变化曲线

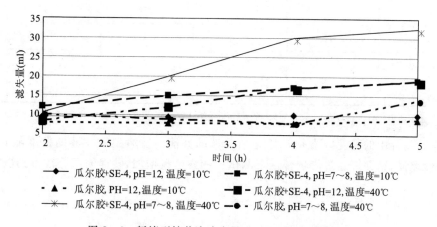

图 8-6　暂堵型钻井液滤失量随时间的变化曲线

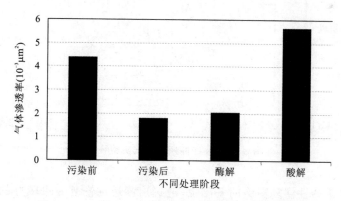

图 8-7　不同处理阶段煤岩平均气体渗透率变化情况

(4)渗透性恢复测试。采用渗透性恢复测试实验装置(图 8-8)对暂堵型钻井液进行渗透性恢复实验。实验中,氮气瓶用于产生恒定的压力,密实的砂样用来模拟地层情况,测试在生物酶的作用下,储液罐中的暂堵型钻井液通过渗透性恢复测试仪的渗流量随时间的变化。用单位时间内渗流量的大小来模拟实际工程中的油气(水)的产量。

表 8-9 煤岩气体渗透率测试结果

围压	上流压力	渗透率($10^{-3}\mu m^2$)				ΔK(%)
		污染前 K_1	污染后 K_2	酶解后 K_3	酸解后 K_4	
0.4	0.25	5.27	2.48	2.63	7.15	35.67
	0.28	5.49	2.60	2.60	6.64	20.95
	0.30	5.43	2.32	2.42	6.27	15.47
0.5	0.28	4.33	1.68	2.14	5.89	36.03
	0.30	4.20	1.68	1.98	5.53	31.67
	0.32	4.06	1.45	1.75	5.00	23.15
0.6	0.30	3.70	1.43	1.73	5.14	38.92
	0.32	3.63	1.28	1.62	4.70	29.48
	0.34	3.37	1.23	1.53	4.49	33.23

注：①下游压力(出口压力)为 0.1MPa(即 1 个大气压)；②$\Delta K = (K_4 - K_1) \times 100/K_1$。

该实验装置中的可变因素是暂堵型钻井液的性能。暂堵型钻井液的粘度随着时间而下降，流动性增强，钻井液通过渗透性恢复测试仪的渗流量增加，砂样的渗透性得到恢复。

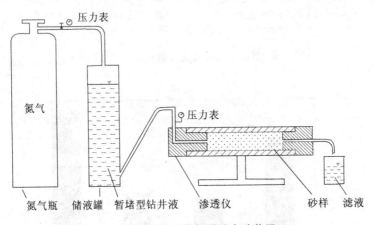

图 8-8 渗透性恢复测试实验装置

在进行大量的渗透性恢复实验的基础上，遴选出渗透性恢复效果较好的配方(6g 瓜尔胶＋2g 特种酶 3 号＋3 000mL 水)。典型的渗透性恢复效果为：从第一天下午 5 点开始，29h 内，在系统压力衡定的条件下，14h 内基本无渗透，之后渗透速率达到 155mL/h(图 8-9)。

3. 现场试验

2001 年 12 月在甘肃省张掖地区进行水井钻探现场试验，该地区主要是第四纪砂砾卵石层。钻进时护壁困难，井壁不稳定，以致上返泥浆中含砂量过大，经常堵塞泥浆泵，泥浆泵维修频繁，钻进效率低。使用暂堵型钻井液后不仅克服了这些问题，而且提高了生产井的产量。该水井预计出水量是 2 400m³/d，使用暂堵型钻井液后，实际水井出水量达到 3 062m³/d。

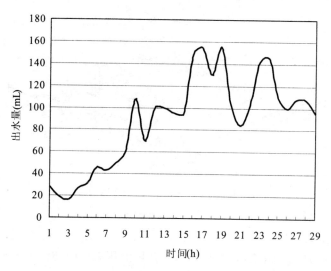

图 8-9　暂堵型钻井液的渗透性恢复曲线

2002年8月在广西柳州地区进行两口水井的现场钻探试验。该地区岩溶和裂隙较为发育,钻进过程中护壁困难,经常发生掉块等问题,漏失严重,钻进效率低。在使用暂堵型钻井液后,不仅成功地解决了护壁难题,而且加快了钻进效率,也提高了生产井的产量。两口井的预计产量分别为 $5m^3/h$ 和 $15\sim 20m^3/h$,而相应的实际产量分别达到 $6m^3/h$ 和 $20m^3/h$。

以上较全面地介绍了保护油气层的钻井液类型及其应用。钻井液作为循环流体,其配方和性能对保护油气层起着至关重要的作用。但需要注意的是,还必须与保护油气层的钻井工艺技术紧密结合起来。通过建立孔隙压力、坍塌压力、破裂压力和地应力四个压力剖面,进行合理井身结构和钻井液密度设计,在此基础上实现近平衡压力钻井。此外,还应通过减少钻井液浸泡时间,优选环空返速,防止井漏、井喷等措施来减轻对油气层的损害。

第三节　压裂液

油层水力压裂,简称为油层压裂或压裂,是20世纪40年代发展起来的一项改造油层渗流特性的工艺技术,是油气井增产、注水井增注的一项重要工艺措施。它是利用地面高压泵组,将高粘液体以大大超过地层吸收能力的排量注入井中,随即在井底附近形成高压。此压力超过井底附近地层应力及岩石的抗张强度后,在地层中形成裂缝。继续将带有支撑剂的液体注入缝中,使缝向前延伸,并填以支撑剂。这样在停泵后即可形成一条足够长、具有一定高度和宽度的填砂裂缝,从而改善油气层的导流能力,达到油气增产的目的(图 8-10)。

在提高油气产量和可采储量方面,水力压裂起着重要的作用。1947年出现的压裂技术已成为标准的开采工艺,到1981年压裂作业数量已超过80万井次,至1988年作业总数发展至100万井次以上,大约近代完钻井数的35%～40%进行了水力压裂。美国石油储量的25%～30%是通过压裂达到经济开采条件的。在北美通过压裂增加 $13\times 10^9 m^3$ 石油储量。在我国,愈来愈多的油田采用水力压裂来提高油气井的开采能力和注水井的增注能力,取得了明显的效果。例如,20年来,华北油田共计实施压裂 2 000 余井次,累计增油 $200\times 10^4 t$,对老油田的

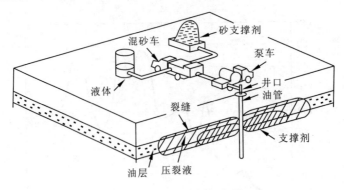

图 8-10 压裂过程示意图

后期治理起到了重要的作用。

压裂液提供了水力压裂施工作业的手段，但在影响压裂成败的诸因素中，压裂液及其性能极为重要。对大型压裂来说，这个因素就更为突出。使用压裂液的目的有两方面：一是提供足够的粘度，使用水力尖劈作用形成裂缝使之延伸，并在裂缝沿程输送及铺设压裂支撑剂；二是压裂完成后，压裂液迅速化学分解破胶到低粘度，保证大部分压裂液返排到地面以净化裂缝。

压裂液是一个总称，由于在压裂过程中注入井内的压裂液在不同的阶段有各自的作用，所以可以分为：

(1) 前置液。其作用是破裂地层并造成一定几何尺寸的裂缝，同时还起到一定的降温作用。为提高其工作效率，特别是对高渗透层，前置液中需加入降滤失剂，加细砂或粉陶(粒径 100～320 目，砂比 10% 左右)或 5% 柴油，堵塞地层中的微小缝隙，减少液体的滤失。

(2) 携砂液。它起到将支撑剂(一般是陶粒或石英砂)带入裂缝中并将砂子放在预定位置上的作用。在压裂液的总量中，这部分占的比例很大。携砂液和其他压裂液一样，都有造缝及冷却地层的作用。

(3) 顶替液。其作用是将井筒中的携砂液全部替入到裂缝中。

根据不同的设计工艺要求及压裂的不同阶段，压裂液在一次施工中可使用一种液体，其中含有不同的添加剂。对于占总液量绝大多数的前置液及携砂液，都应具备一定的造缝力并使压裂后的裂缝壁面及填砂裂缝中有足够的导流能力。这样它们必须具备如下性能：

(1) 滤失小。这是造长缝、宽缝的重要性能。压裂液的滤失性主要取决于它的粘度、地层流体性质与压裂液的造壁性，粘度高则滤失小。在压裂液中添加降滤失剂能改善造壁性，减少滤失量。在压裂施工时，要求前置液、携砂液的综合滤失系数 $\leqslant 1\times 10^{-3} (m/min)^{1/2}$。

(2) 悬砂能力强。压裂液的悬砂能力主要取决于其粘度。压裂液只要有较高的粘度，砂子即可悬浮于其中，这对砂子在缝中的分布非常有利。但粘度不能太高，如果压裂液的粘度过高，则裂缝的高度大，不利于产生宽而长的裂缝。一般认为压裂液的粘度为 $50\sim150 mPa\cdot s$ 较合适。由表 8-10 可见，液体粘度大小直接影响砂子的沉降速度。

(3) 摩阻低。压裂液在管道中的摩阻越大，则用来造缝的有效水马力就越小。摩阻过高，将会大大提高井口压力，降低施工排量，甚至造成施工失败。

(4) 稳定性好。压裂液稳定性包括热稳定性和剪切稳定性。即压裂液在温度升高、机械剪切下粘度不发生大幅度降低，这对施工成败起关键性作用。

表 8-10 粘度对悬砂的影响

粘度(mPa·s)	1.0	16.5	54.0	87.0	150
砂沉降速度(m·min^{-1})	4.00	0.56	0.27	0.08	0.04

(5)配伍性好。压裂液进入地层后与各种岩石矿物及流体相接触,不应产生不利于油气渗滤的物理、化学反应,即不引起地层水敏及产生颗粒沉淀。这些要求非常重要,往往有些井压裂后无效果就是由于配伍性不好造成的。

(6)低残渣。要尽量降低压裂液中的水不溶物含量和返排前的破胶能力,减少其对岩石孔隙及填砂裂缝的堵塞,增大油气导流能力。

(7)易返排。裂缝一旦闭合,压裂液返排越快、越彻底,对油气层损害越小。

(8)货源广。便于配制,价格便宜。

目前国内外使用的压裂液有很多种,主要有油基压裂液、水基压裂液、酸基压裂液、乳化压裂液和泡沫压裂液。其中水基压裂液和油基压裂液应用比较广泛。常用各种类型压裂液或压裂液体系如表 8-11 所示。

在设计压裂液体系时主要考虑以下问题:①地层温度、液体温度剖面以及在裂缝内的停留时间;②建议作业液量及排量;③地层类型(砂岩或灰岩);④可能的滤失控制需要;⑤地层对液体的敏感性;⑥压力;⑦深度;⑧泵注支撑剂类型;⑨液体破胶需要。

20 世纪 50 年代末,第一次使用交联瓜尔胶液进行施工,那时约 10% 的压裂施工是使用胶化油处理的。在 20 世纪 70 年代,考虑伤害引用了低残渣的羟丙基瓜胶(HPG)。现在,70% 的压裂施工用瓜尔胶或羟丙基瓜尔胶。用胶化油施工约占 5%,约 25% 的施工含有增能气体。

表 8-11 各类压裂液及其应用条件

压裂液基液	压裂液类型	主要成分	应用对象
水基	线型	HPG、TQ、CMC、HEC、CMHPG、CMHEC、PAM	短裂缝、低温
	交联型	交联剂+HPG,HEC 或 CMHEC	长裂缝、高温
油基	线型	油、胶化油	水敏性地层
	交联型	交联剂+油	水敏性地层、长裂缝
	O/W 乳状液	乳化剂+油+水	适用于控制滤失
泡沫基	酸基泡沫	酸+起泡剂+N_2	低压、水敏性地层
	水基泡沫	水+起泡剂+N_2 或 CO_2	低压地层
	醇基泡沫	甲醇+起泡剂+N_2	低压存在水锁的地层
醇基	线性体系	胶化水+醇	消除水锁
	交联体系	交联体系+醇	

注:HPG—羟丙基瓜尔胶;HEC—羟乙基纤维素;TQ—田菁胶;CMHEC—羧甲基羟乙基纤维素;CMHPG—羧甲基羟丙基瓜胶。

第九章 基础工程浆液

第一节 成桩和成槽稳定液

基础工程施工中,大口径钻孔桩通常用泥浆作为排碴循环液和稳定液,深基础中的槽壁式地下连续墙在施工时使用钻掘机械形成深度较大、开挖长度较大的槽,槽壁的稳定也要通过泥浆对墙壁施加液压力来支撑开挖。泥浆具有一定重度,对钻挖形成的新鲜面产生一定静液柱压力,可抵抗作用在孔、槽壁上的侧土压力和水压力,相当于一种液体支撑,可防止孔、槽壁坍塌和剥落,所以,在某种程度上泥浆主要起着稳定孔壁的作用,更多时候泥浆被称为稳定液。随着对地下施工的要求越来越高,较大断面的孔、槽施工也逐年增多,较大断面孔、槽的稳定问题引起了工程人员的重视,岩土稳定液技术正是适应市场需求而形成的一种技术。

大断面钻掘地层不稳定的因素有:

(1)深基础施工一般常在覆盖层较厚或软弱的冲积层上施工,而且很少有单一土质构成的地层。大多数是由粘土、粉土、砂和砾石等互层构成。对于这样的复合地基,一般是不良地质体,最容易坍塌。

(2)施工形成的孔、槽断面较大,从力学角度就是不稳定的。大孔径的自拱效应不如小孔径,槽壁的拱效应不如圆拱效应,槽壁的稳定性分析要比孔壁复杂得多。

(3)因为孔、槽的自由空间大,形成的新鲜断面更有吸水膨胀或剥落的机会,特别是页岩、泥岩等吸水后发生显著形变的地层。

(4)在钻挖期间,地下水是常常遇到的最棘手的问题之一。开挖中遇到的一些最坏的情况都出现在水位以下。目前对饱和含水砂层的施工是土木工程界的一大难题,极易发生涌水、涌砂等工程灾害。另外,地下潜流较大时,不仅会稀释泥浆,而且也容易引起槽壁坍塌,土质与坍塌性的关系如表9-1所示。

表9-1 土质与坍塌性的关系

土质	坍塌性	
	无地下水时	有地下水时
粘土	无	一般无
粉土	一般无	略有
含粉土的砂	略有	有
细砂	有	略大
粗砂	略大	大
砂砾	大	很大
砾石	很大	很大

(5)泥浆在砂砾层、卵石层、漂石层以及裂隙多的土层中会出现流失现象,很难保持预定的泥浆液面高度,这种现象就叫做漏浆。一旦出现漏浆,就会发生泥浆液面下降,引起孔、槽壁坍塌。

(6)泥浆的动水压力如钻头和抓斗的急速升降易产生压力激动,造成垮塌。

另外,深基础施工泥浆易与灌注混凝土接触而引起泥浆性能恶化,对孔、槽壁的稳定增加了不安定因素。本章只着重介绍反循环泥浆和槽壁泥浆,它们具有一定的代表性。

造成孔、槽壁坍塌掉块或缩径膨胀等不稳定的因素有许多,归纳起来有地层应力作用、地质因素、起下钻压力激动和钻进工艺因素等。

对于圆形钻孔而言,稳定性分析见前面有关章节。一般来说,侧压力随孔深增加、孔径增大而相应增大,从这一点说明大口径孔的稳定性相对于小口径孔要差得多。

地层本身的强度不够是造成地层失稳的基本原因,不稳定地层一般是松散、破碎、胶结性差或松软地层,其侧压系数一般较大,故侧压力大,钻孔形成后极易产生失稳现象。

利用液柱压力来平衡地层压力是维持孔壁稳定的基本方法,也是稳定液作用的基本机理。

以上简单地说明了孔的稳定机理,对槽壁的稳定而言则更为复杂。由于泥浆的存在,稳定系数和临界开挖槽深都大大增加,并且当泥浆重度接近土的重度时,安全系数就与深度无关,槽壁总是稳定的,因此施工中使用加重泥浆有利于槽壁的稳定。通常的泥浆重度为 1.15~1.25g/cm³,如采用重晶石(密度为 4.3~4.5g/cm³)作加重剂,可以大大提高槽壁稳定性,但过大的泥浆重度影响泥浆的泵吸、泵送和碴土分离。

如果是在地下水位以下的地层中成槽,地下水位对槽壁的稳定性会产生显著的影响,地下水位离地表越浅,泥浆对地下水的相对超压力越小,稳定液的液体支撑作用减少,槽壁失稳的可能性越大,因此,成槽过程中要重视地下水的影响,尽量提高稳定液的液面,确保槽壁稳定。

对于无粘性砂土,在无稳定液条件下成槽施工是不可能的,其理论分析和数学模型可根据经典土力学滑动理论来分析讨论。

一、钻孔桩泥浆

钻孔桩泥浆循环分为正循环方式和反循环方式。一般以反循环钻进法在大口径(一般大于 Φ600)钻孔灌注桩中应用广泛,特别是泵吸反循环以功率消耗最小和方便实现受到广大工程界的青睐。它与正循环工法相比体现出来的优越性表现在泥浆方面:

(1)在大口径钻孔桩的施工中,由于存在较大的环状空间,如果采用正循环就要求有较强的浮碴能力。浮碴能力与泥浆流速和泥浆浓度有直接关系,大口径正循环中泵量一定的情况下提高流速是不现实的,只有靠提高泥浆浓度、比重等指标来增强浮碴能力,而这些指标的提高,钻速就会下降,泥皮会增厚,在浇灌混凝土时,这层泥皮是不会去掉的,因此在混凝土桩与原始结构的孔壁间就加了一层如润滑剂一样的滑动层。另外,成孔后要花比较长的时间清孔,由于泥浆的浓度大,孔底很难清理干净,这将造成桩的承载力下降。而反循环浮碴能力依赖于钻杆内腔大的泥浆流速,大的沉碴和岩屑会从钻杆内腔返回地表,避免了重复破碎,时效大大提高,而且增加了钻头的寿命,这正是反循环的优势。

(2)反循环护壁效果好,泥皮薄。在一般地质条件下,只用清水护壁,自然造浆,只有在地层极不稳定时才用优质泥浆,但比重一般不超过 1.05~1.07。正循环需要很大的泵压力才能推动泥浆返流,同时泥浆在大的压力下失水造壁,泥皮增厚。另外,正循环需要的泥浆浓度大,钻具起下钻的抽吸作用大,也不利于保护孔壁。相反,反循环的泥皮薄,清孔容易,桩的承载力提高。泥浆与基本工法对应的基本指标如表 9-2 所示。

泵吸反循环施工中一定要注意以下几点:

(1)保持一定的水头高度。特别是地下水位较高时,护筒内水头高度保持 2m 以上来保护孔壁的稳定性。

(2)一般采用清水护壁,自然造浆,只有在地层极不稳定时才采用泥浆护壁。设计泥浆时,要以最容易发生坍塌的土层为对象,推荐采用如表 9-3 所示的泥浆。

表 9-2 泥浆性能基本指标

工艺方法	地层情况	泥浆性能指标						静切力(Pa)	pH 值
		比重	粘度(s)	含砂率(%)	胶体率(%)	失水量(mL/30min)	泥皮厚		
正循环	一般地层	1.02~1.20	16~22	4~8	≥96	≤25	≤2	1.0~2.5	8~10
	易坍塌地层	1.20~1.45	19~28	4~8	≥96	≤15	≤2	3~5	8~10
反循环	一般地层	1.02~1.06	16~20	≤4	≥95	≤20	≤3	1.0~2.5	8~10
	易坍塌地层	1.06~1.10	18~28	≤4	≥95	≤20	≤3	1.0~2.5	8~10
	卵石层	1.10~1.15	20~35	≤4	≥95	≤20	≤3	1.0~2.5	8~10
冲击、冲抓法	一般地层	1.10~1.20	18~24	≤4	≥95	≤20	≤3	1.0~2.5	8~11
	易坍塌地层	1.20~1.40	22~30	≤4	≥95	≤20	≤3	3~5	8~10

表 9-3 不稳定地层泥浆推荐表

地质条件	浓度(%)	粘度(s)	比重
含水少的砂层	8~9	25~30	1.02~1.10
含水多的砂岩	9~11	30~40	1.15~1.30
有大压力地下水砂层	9~13	30~60	1.2 以上
砾加粘土层	8~10	25~35	1.10~1.30
砂砾层	10~12	35~60	1.2 以上

(3)使地层稳定的泥浆,最经济的是膨润土+纯碱+增粘剂(一般为 CMC),膨润土粒子可充填孔壁间隙,CMC 是一种纤维素,起胶体保护和隔水作用。推荐采用如表 9-4 所示的经济型 CMC 泥浆。

表 9-4 经济型 CMC 泥浆

地质条件	CMC(%)	膨润土(%)
以粘土为主的地层	0.02	8~10
含水少的砂层	0.03	8~10
含水多的砂层	0.05	8~10
容易涌出地下水的地层	0.05~0.1	8~10

(4)泥浆池的容积一般为单桩桩孔容积的 1~1.2 倍,以用砖块砌筑为好,沉淀池的容积一般为 6~20m³,其数量依场地大小设置 2~3 个,以轮换使用。

二、挖槽护壁泥浆

挖槽护壁泥浆的作用是在地基或地连墙施工过程中,通过泥浆的静水压力防止槽壁坍塌或剥落,并维持挖成的形状不变。成槽之后,浇灌混凝土把泥浆置换出来,在地下筑成一道混凝土单元墙段。

使槽壁稳定的泥浆叫护壁泥浆,由于是使用泥浆护壁进行挖槽,所以才用"泥浆护壁挖槽法"这个术语。护槽与护孔是不一样的概念,因为槽壁的稳定要比孔壁复杂得多,并且槽壁的拱效应不如圆拱效应。

泥浆护壁挖槽法方法新颖,在基本理论以及施工方法上与通常的大不相同,具有极其独特的特征。该法充分利用其特征,获得了十分迅速的发展和推广,以至在地下工程中占有重要的地位。尽管泥浆的使用方法和泥浆的性质是该法的关键,可是人们对泥浆的认识还远远不够。

混凝土连续墙(以下简称连续墙)是一种在充满膨润土泥浆的窄沟里施工地下墙的方法,连续墙用作承载墙或挡土墙等,如地下通道深基础(地下火车站、隧道、船坞和泵房等)的施工。目前施工深度已达到 100m 以上。

连续墙的施工首先需要开挖一个 1m 或更深的沟,然后建筑导向墙。导向墙起导向、储液、支承施工机械和保持液面高度等作用。

泥浆被导入导向墙里,并维持尽可能高的水位以提供槽壁最大的液柱压力,通常建议沟中泥浆的液面高度必须至少高出附近水位 1.25m 以上。工艺上应采取一些措施来满足要求,如加高导墙;降低地下水位,向泥浆中添加砂或重晶石进行加重。

1. 槽壁的稳定和放置时间

所谓放置时间是指挖槽结束时到浇灌混凝土之前的这段时间,一般条件下 2~3 天左右。在这段期间内无须采取特别的措施,但要控制泥浆的性质、泥浆液面的高度以及地下水位的变动等,只要没有变化则相对安全。

良好的泥浆能与外压力平衡,就可保持槽壁稳定,并与放置时间的长短无关。但实际上泥浆随着沟槽放置时间的延长,其性质和状态也会发生变化。如由于悬浮在泥浆中的土碴沉淀减小了上部泥浆的比重;由于阳离子等的作用使泥浆恶化,从而通过泥皮而渗出的水量就会增多,产生泥浆液面下降。因此尽管地基土压力和地下水压力没有变化,但如果长时间地放置,槽壁就会坍塌。

2. 槽壁泥浆的使用方法

泥浆的使用方法可根据挖槽方式大致分为静止方式和循环方式,循环方式又可分为正循环和反循环两种。

(1)静止方式。使用抓斗挖槽属于泥浆静止方式,随着挖槽深度的增大,不断向槽内补充新鲜泥浆,直到浇灌混凝土将泥浆置换出来为止,泥浆一直容储在槽内。使用泥浆的目的只是为了使槽壁稳定。

(2)循环方式。采用泥浆循环方式使用钻头或切削刀具挖槽,在槽内有充分泥浆的同时,用泵使泥浆在槽底与地面之间进行循环从而把土碴排出地面。

3. 对稳定液的要求

保持槽壁稳定是泥浆稳定液最重要的一项功能,主要有以下作用:

(1) 泥浆的静水压力可抵抗作用在槽壁上的土压力和水压力,并防止地下水的渗入。

(2) 泥浆在槽壁上形成不透水的泥皮,从而使泥浆的静水压力有效地作用在槽壁上,同时防止槽壁的剥落。

(3) 泥浆从槽壁表面向地层内渗透到一定的范围就粘附在土颗粒上,通过这种粘附作用可使槽壁减少坍塌性和透水性。

泥浆具有支承开挖、悬浮岩屑、避免土碴层在开挖底部堆积等作用,同时要求泥浆具有泵送容易的特性,具有被混凝土置换的能力,对钢筋与混凝土间粘结没有妨碍等。

通常,泥浆既要有高浓度,又要具有良好的流动性。这两项要求是矛盾的,但必须解决,以便能够得到一个满意的泥浆性能。

膨润土在泥浆中的浓度(通常以粘度指标衡量)必须得到保证,才能使泥浆发挥其应有的功能,如沟的支承、防止流失到邻近地层中、开挖期间抓斗浮力和阻力的减少以及防止过多的土悬浮在泥浆里等。出于墙壁稳定性的考虑,泥浆的浓度越大,稳定性越好。但如果泥浆浓度明显影响开挖速度,这样的泥浆就必须替换。在预制的钢筋笼被放入或混凝土灌注之前泥浆也必须替换。

另外,在泥浆静止状态下挖槽,特别是采用大型抓斗上下提拉的挖槽方式很容易使槽壁坍塌,所以要求泥浆粘度大于采用泥浆循环挖槽方式时的粘度。根据这些条件,为了保证地基稳定所必需的泥浆粘度(漏斗粘度),工程实践中有各自的经验数值。表 9-5 是在静止状态下使用的泥浆粘度实例。表 9-6 是在循环状态下使用的泥浆粘度实例。在地下水丰富或者在施工时槽壁的放置时间较长时(2d 以上),要参考各表中较大的粘度值。

表 9-5 保持地基稳定的泥浆漏斗粘度(泥浆静止工法)

地基条件	泥浆性能	对策	漏斗粘度的经验数值(s)
N 值为 0~2,软弱的粘土粉土层,即所谓烂泥地基	泥浆效果不能充分发挥,需增大泥浆比重或抑制性能	用高浓度、高比重的膨润土,掺加重晶石等	100 以上
N 值较低的粘土层	一般情况下不需要用泥浆,可用清水。考虑到地下水等,也可以用低浓度而失水量稍小的泥浆	膨润土浓度 4%~5%,少量掺加 CMC	20~30
N 值较高,亚粘土或粉土	保持最低的粘度和失水量,而亚粘土或粉土又不会被冲洗掉的程度	膨润土浓度 5%~6%,少量掺加 CMC	25~33
在粘土层中含有较厚的砾石层,含砂量较多,但坍塌的可能性小	粘度可以低些,但是要有较小的失水量和较大的屈服值	膨润土浓度 6%~8%,要稍多掺加一些 CMC	28~35
全部是 N 值较高的砂层和粉土层的互层	粘度可不用过高,但是用 CMC 调节失水量,使屈服值稍大一些	膨润土浓度 6%~8%,掺加少量的 CMC	28~35
一般的粉土层,含砂粉土层	粘度、凝胶强度和失水量都不用过高	膨润土浓度 7%~8%,掺加较少的 CMC	30~38
全部是 N 值较高的细砂、粗砂层	凝胶强度和失水量都不要过高,粘度不要过低	膨润土浓度 7%~9%,掺加 CMC	32~38

续表 9-5

地基条件	泥浆性能	对策	漏斗粘度的经验数值(s)
一般砂层	粘度、凝胶强度和失水量达到质量标准,泥皮既薄而又结实	膨润土浓度8%~10%,掺加CMC	35~50
N值略低的砂层	粘度要稍高,使地基土不被冲刷。使用高粘度的泥浆,降低失水量	膨润土浓度8%~10%,掺加CMC	40~60
全部地层N值较低,粘土质粉土较多	膨润土浓度较低,增多CMC,防止洗刷地基土	膨润土浓度7%~9%,掺加较多的CMC	40~50
砂砾层	膨润土浓度较高,用CMC降低失水量	膨润土浓度8%~10%,掺加CMC稍多	45~80
有地下水流出或潜流(承压地下水,预计的漏失泥浆坍塌层)	增大泥浆的比重和掺加防漏剂,以提高其粘度	膨润土浓度10%~12%,掺加CMC、重晶石及其他外加剂	80以上

注：N—标准贯入击数。

表 9-6　保持地基稳定的泥浆漏斗粘度（泥浆循环工法）

土质分类	苏式漏斗粘度(s)
含砂粉土层	25~30
砂质粘土层	25~30
砂质粉土层	27~34
砂层	30~33
砂砾层	35~44

4.泥浆材料的选择

(1)水。若能使用自来水是没有问题的,但在使用地下水、河水或海水等时,要对水质进行检查。对于膨润土泥浆,最好使用钙离子浓度不超过 100×10^{-6}、钠离子浓度不超过 500×10^{-6} 和 pH 值为中性的水。超出这个范围,应考虑在泥浆中增加分散剂和使用耐盐性的材料或改用盐水泥浆。

(2)膨润土。钠膨润土与钙膨润土相比,其湿胀度较大,但容易受阳离子的影响。对于溶解水中含有大量的阳离子或在施工过程中可能会有阳离子的显著污染时,最好采用钙膨润土。

膨润土的种类不同,泥浆的混合浓度、外加剂的种类及掺加浓度、泥浆的循环使用次数等会有很大的差异,所以要选用可使泥浆成本比较经济的膨润土。一般选用塑性指数大于25,粒径小于0.074mm,粘粒含量大于50%的粘性土制浆。

(3)CMC。预计会有海水混入泥浆时,应选用耐盐性CMC。当溶解性有问题时,要使用颗粒状的易溶CMC。CMC的粘度可分为高、中、低三种,越是高粘度的CMC价格越高,但是其防漏效果好。

(4)Na_2CO_3。纯碱起调节 pH 值、提高泥浆胶体率和稳定性的作用。pH 值以 8～10 为宜,这时可增加水化膜厚度降低失水量,pH 值过小粘土颗粒难以分解,粘度降低,失水量增加,流动性降低。Na_2CO_3 掺入量为膨润土的 0.3%～0.5%。

(5)分散剂。常用分散剂包括铁铬木质素磺酸钠盐(FCLS)、硝酸基腐植酸钠(煤碱剂)和纸浆废液等。FCLS 可改善混杂有土、砂粒、碎卵石及盐分等而变质的泥浆性能,可使上述钻渣等颗粒聚集而加速沉淀,改善流动性能。由于膨润土的种类不同,分散剂的效果大不相同,所以要加以选择。掺入量为膨润土的 0.1%～0.3%。煤碱剂与 FCLS 相似,它具有很强的吸附性能,防止自由水渗透,降低失水量,具有部分稀释作用。

(6)加重剂。一般来说,除重晶石以外,其他加重剂取材较难。

(7)防漏剂。泥浆的漏失通常分为大、中、小三种情况,选用防漏剂时要根据漏失的规模和漏浆层的空隙大小而定。

5. 基本配合比的决定

(1)膨润土及 CMC 的掺加浓度。为保持易坍塌地基的稳定性,需确定必要的漏斗粘度,为获得这个粘度需掺加膨润土及 CMC。掺加浓度时可参考表 9-7。

表 9-7 有代表性的配合比实例

土质	膨润土(%)	CMC(%)	分散剂(%)	其他
粘性土	6～8	0～0.02	0～0.5	
砂	6～8	0～0.05	0～0.5	
砂砾	8～12	0.05～0.1	0～0.5	防漏剂

(2)分散剂的掺加浓度。使用分散剂的浓度通常为 0～0.5%。在地下水丰富的砂砾层中挖槽,由于泥浆粘度容易减小,所以有时不用分散剂。但是为使泥浆能形成良好的泥皮而使用分散剂时,可增加膨润土或 CMC 量来调节粘度。分散剂的种类不同,掺加浓度的效果不同。有的分散剂增大掺量反而减小分散效果。

(3)加重剂的掺加浓度。泥浆的比重应有适当的安全窗口,保障泥浆压力比地基压力(有效土压力和水压力)略高一些。

(4)防漏剂的掺加浓度。通常是根据挖槽过程中的泥浆漏失状况逐渐改变防漏剂的种类、组成和浓度。

6. 泥浆的制备

对施工中所需泥浆数量的计算,要考虑施工过程中发生的种种泥浆损失。泥浆损失的主要原因是:① 由于泥皮的形成而消耗的泥浆;② 由于向地基土内渗透和漏浆而消耗的泥浆;③ 混在排除的土碴中而被消耗的泥浆;④ 由于泥浆变质等原因而被废弃的泥浆;⑤ 由于泥浆溢出导墙或飞溅等而消耗的泥浆。

计算泥浆需要量的方法有多种,本章介绍一种方法,即按泥浆重复使用次数进行计算的方法。

$$泥浆的总需要量 Q = \frac{V}{n} \qquad (9-1)$$

式中：V——设计总挖土方量(m^3)；n——泥浆重复使用次数(次)。

这个方法是把各种损失量一起都包括在泥浆重复使用的次数中，但是泥浆重复使用次数不仅由于土质条件和挖槽方式的不同而有差异，而且很多其他因素也会使重复使用次数不同，所以这个方法只是经验使用。通常的泥浆重复使用次数为 1.2～2.0 之间。

制备泥浆时，一般搅拌泥浆的顺序为：①水；②膨润土；③纯碱；④CMC；⑤分散剂；⑥其他外加剂。

由于 CMC 溶液可能会妨碍膨润土的溶胀，所以要在膨润土之后放入。

7. 泥浆的污染

通过沟槽循环或混凝土置换而排出的泥浆，由于膨润土、CMC 等主要材料的消耗以及土碴和电解质离子的混入，使泥浆性质改变，最多的污染形式是水泥污染，其性质比原泥浆的性质显著恶化。其恶化程度因挖槽方法、地基条件和混凝土浇灌方法等施工条件而异。失去了原有优良性质的泥浆，就不能发挥其应有的效能，所以要按其恶化程度决定舍弃或进行再生处理。

泥浆中混入大量土碴时，容易出现下述弊病：①由于泥浆中混入土碴，所形成的泥皮厚而弱，槽壁的稳定性降低；②难以浇灌良好的混凝土；③沉淀于槽底的沉碴增多，不能形成地下墙的良好基底；④泥浆的粘度增大，循环困难；⑤泵和管道等泥浆循环装置和部件的磨损增大。

当泥浆中混入混凝土时，水化阳离子进入膨润土中，阳离子就吸附于膨润土颗粒的表面上，土颗粒就容易相互凝集，增强泥浆凝胶化倾向。在水泥乳状液中含有大量钙离子时，浇灌混凝土会使泥浆产生凝胶化。易出现如下弊病：①泥浆重要的功能之一——形成良好泥皮的效果变差，因而槽壁的稳定性减弱；②粘性增高，土碴分离困难；③在泵和管道内的流动阻力增大。

在制定使用泥浆的计划时，由于制备泥浆的费用较高，而且考虑到防止公害和不影响交通，泥浆的舍弃颇受限制，所以最好进行再生处理，以便重复使用。再生处理的工序因挖槽方法而异：用泥浆循环挖槽方法时，是以处理含有大量土碴的泥浆和浇灌混凝土所置换出来的泥浆为对象；用直接出碴挖槽方法时，无须在挖槽过程中进行泥浆处理，而只需处理浇灌混凝土所置换出来的泥浆。

8. 泥浆的质量控制

泥浆在重复使用过程中，由于有下述各种原因会使其性质恶化：

(1) 由于形成泥皮消耗了泥浆材料。

(2) 由于雨水或地下水使泥浆稀释。

(3) 粉土或粘土等细颗粒土混入泥浆。

(4) 混凝土成分中的钙离子混入泥浆。

(5) 地下水中或土中的阳离子混入泥浆。

直接使用恶化了的泥浆，不仅会给各种施工带来不良影响，而且会造成施工精度降低或引起槽壁坍塌，结果将使工程受到重大损失。泥浆质量的控制就是要制备适合地基条件和施工条件的泥浆，而且通过控制，使泥浆在施工过程中保持它的性质。

工程实践中，应定时采取泥浆试样，根据试验结果采取对泥浆的舍弃、再生和修正配合比等适当的措施，以提高施工精度、安全性和经济性。

第二节 地下浇筑混凝土

我国最早的混凝土,目前发现的是4 500年以前新石器时代的白灰夯土地基。在国外,2 000年前的古罗马已用石灰、火山灰作混凝土建造了万神殿圆屋顶,现代的水泥混凝土是从英国的一位瓦匠约瑟夫·阿斯普丁于1824年写的《改进人造石块的生产方法》论文取得了发明水泥专利而开始的,以后,法国人制成钢筋混凝土和预应力锚具,奠定了预应力混凝土的基础。经过近200年的实践,混凝土的科学技术在理论上已成为一个独立的体系,在工艺上有许多创新和变革,在建筑材料中的地位也越来越重要,其范围从陆上建筑到地下建筑、从海港码头发展到海上漂浮物等,成为人类时代的一种不可缺少的工程材料。

混凝土之所以发展快、应用广,是由于有以下几个优点:

(1)原材料非常丰富,水泥的原材料以及砂、石、水等材料在自然界极为普遍,均可就地取材,而且价格低廉。

(2)混凝土可以制成任何形状,能单个预制或连续性整体浇筑。

(3)能适应各种用途,既可按需要配制各种强度的混凝土,又可以制成耐火、耐酸、防辐射的特殊混凝土。

(4)经久耐用,寿命长。

目前混凝土向高强、轻质、耐久、多功能方向发展。聚合物混凝土、纤维混凝土已逐步推广应用。混凝土发展到现在,由于材料领域、工艺领域、使用领域的不断拓展,已成为一个庞大的家族。本章仅介绍建筑物或构筑物中常用的现浇混凝土(区别于预制混凝土),尤其是桩基础施工等地下构筑物用混凝土。

灌注混凝土工艺分干孔浇筑和水下灌注两种。干作业成孔或孔底标高在地下水位以上的干孔,在清除孔底浮碴、下入钢筋笼后,即可将拌和好的混凝土由孔口直接倾倒入孔,并利用混凝土自重落差产生的冲捣作用实现浇筑捣实,当落差减小,依靠冲捣不能实现浇筑捣实,就要使用混凝土振捣器具予以捣实。干孔浇筑要求的混凝土性能与地面结构混凝土性能基本相同。干孔浇筑使用的设备器具也比较简单。

对桩底或全部桩身位于水位以下,或在水流无法封闭的地方浇筑混凝土,必须采用水下灌注法施工。在地面拌制而在水中浇筑和硬化的混凝土,叫做水下浇筑混凝土,简称水下混凝土。水下混凝土的应用范围很广,如沉井封底、钻孔灌注桩浇筑、地下连续墙浇筑、水中浇筑基础结构及一系列水工和海工结构的施工等。

影响水下灌注混凝土的不利因素很多,施工难度较大,易产生断桩、凝固不良、严重离析、夹碴缩径、稀释、空洞等质量事故。所以,灌注水下混凝土,对其组成材料和性质、配合比与拌和质量、灌注设备机具与灌注工艺,以及施工操作等方面都有严格的要求和规定。若直接将混凝土拌合物倒于水中,当其穿过水层时,骨料便和水泥分离,且很快沉到水底。被水冲刷下来的水泥,部分被水流带走,部分处于悬浮状态。当水泥下沉时已呈凝固状态,失去胶结的能力。这样注入的混凝土拌合物,成为一层砂砾石骨料和一层薄而强度很低的水泥絮凝体或水泥碴,完全不符合工程要求。

因此,水下混凝土应该在与环境水隔离的条件下浇筑,不允许直接向水中倾倒混凝土拌合物,到达浇筑地点以前,避免与环境水接触;进入浇筑地点以后,也要尽量减少与水接触,尽可能使水接触的混凝土始终为同一部分。浇筑过程宜连续进行,直到达到一次浇筑所需高度或高出水面为止,以减少环境水的不利影响,并可减少清除凝固后强度不符合要求的混凝土的数量。已浇筑的混凝土不宜搅动,使它逐渐凝固和硬化。

19世纪中叶就有人开始着手进行水下浇筑混凝土的试验,后来有人用木溜槽成功地将混凝土直接注入水下河床。20世纪初,美国成功地应用了导管法即利用密封连接的钢管(或强度较高的硬质非金属管)作水下混凝土的灌注通道,管下端埋入混凝土内适当的深度,使连续不断灌入的混凝土与桩孔内冲洗液隔离并逐步形成桩身,进行水下混凝土浇筑收到了较好的效果。浇筑混凝土所用的导管分为底盖式及滑阀式两种。两种方法截然不同,目前较常使用的方法是滑阀法,在使用滑阀式导管浇筑混凝土时,应连续浇灌混凝土,利用连续浇灌的混凝土重量将导管内的水排挤出去,另外还要保证导管在使用中的水密性。30年代以后又发展了水下预填骨料灌浆法等。至1968年,荷兰又发明了柔性管法。自20世纪以来,国内外不少科学研究和生产单位对水下浇筑混凝土进行了广泛的研究和实践,使其理论日渐成熟,工艺日趋完善。目前水下不但能浇筑一般的水泥混凝土,还能浇筑纤维混凝土、沥青混凝土、树脂混凝土等。水下浇筑混凝土的规模越来越大。

一、灌注混凝土原材料

1. 水泥

水泥作为胶凝材料,它的性能见前面有关章节。这里以硅酸盐水泥为例来说明,它的强度主要与硅酸三钙 C_3S 和硅酸二钙 C_2S 含量有关。C_3S 含量高,水化作用速度快,水泥的早期强度高。而水泥28d以后的强度则与 C_2S 的含量成近似直线的关系,含量越高,则28d以后的强度越大。铝酸三钙 C_3A 的水化反应速度最快,对早期强度的形成起重要作用。但含量过高会促使水泥浆液的凝固硬化速度加快,不利于水下灌注施工,并可能对最终强度有不利影响。亚铁铝酸四钙 C_4AF 在水泥中的含量较少,与水起化学反应后强度不高,水化物没有胶凝性。常用水泥的主要性能及选用如表9-8和表9-9所示。

表9-8 常用水泥的主要性能

性能\水泥品种	硅酸盐水泥	普通水泥	矿渣水泥	火山灰水泥
水化热	高		低	
凝结时间	快	较快	较慢,低温下尤甚	
强度增长	早期强度高,7d强度约为28d的65%~70%	早期强度较高,7d强度约为28d的60%~65%	早期强度低,7d强度约为28d的45%~55%	
和易性	好	较差	好	
抗腐蚀性	差	较强	抗硫酸盐,腐蚀性差	
抗冻性	好		差	较差
干缩性	小		较大	大
比重	3~3.15	3~3.2	2.85~3	2.85~2.95
容重(kN/m³)	11~12	11~13	8.5~11.5	8.5~11.5
保水性	较好		差	好

表 9-9　常用水泥的选用

混凝土工程特点或 所处环境条件	优先选用	可以使用	不宜使用
受水流冲刷、水冻作用的地下或水中桩基结构	硅酸盐水泥或普通水泥425#以上	矿渣水泥425#以上	火山灰水泥
干作业成孔的桩基结构	硅酸盐水泥或普通水泥425#以上	矿渣水泥	火山灰水泥
处在严寒地区水位升降范围内的桩基结构	硅酸盐水泥、普通水泥425#以上		火山灰水泥、矿渣水泥
有抗冻要求的桩基结构	硅酸盐水泥、普通水泥、火山灰水泥	油井水泥	矿渣水泥
有抗腐蚀要求的桩基结构	按腐蚀介质种类、浓度等情况，选用抗硫酸盐水泥、火山灰水泥、矿渣水泥或油井水泥等，或专门通过试验选用。不宜使用硅酸盐水泥、普通水泥		
在低温环境施工要求有一定早期强度的桩基结构	硅酸盐水泥、普通水泥	油井水泥	矿渣水泥、火山灰水泥
修补地下和水中的桩基结构缺陷，修整桩头，露出地面的桩身、锚杆、锚固灌浆	地勘水泥、高强硅酸盐水泥	快硬硅酸盐水泥	

选择水泥标号（软练法）应以能达到要求的混凝土标号并能尽量减少混凝土的收缩和节约水泥为原则。水泥软练是指目前所采用有级配的标准砂和相对高的水灰比（与欧洲标准一致），硬练则采用细的标准砂。硬练方法测试的水泥标号一般比软练法高一个标号，如硬练测试 525 标号，软练是 425 标号。一般可按下列关系确定选用的水泥标号：

水泥标号（软练法）＝(1.5～2)×设计混凝土标号

例如设计混凝土标号为 200#。考虑到水下混凝土的最终强度一般都低于空气中同标号混凝土的最终强度，故选用的水泥标号一般不宜低于 425#，不得低于 325#。

2. 骨料

骨料是混凝土的主要组成材料，占混凝土体积的 3/4 以上。骨料通过水泥浆的胶结作用形成坚硬的混凝土固结体，使混凝土具有良好的强度、稳定性和耐久性。骨料按粒径大小分为粗骨料和细骨料。一般把粒径为 0.15～5mm 的细骨料称为砂，把粒径大于 5mm 的粗骨料称为卵石或碎石。

(1) 粗骨料。粗骨料通常为卵石或碎石，卵石经风化磨蚀，表面光滑，无棱角，形体多为圆环形。作为混凝土拌合物其内摩阻小，流动性好。碎石是经过人工破碎而成，表面粗糙，富有棱角，在相同水灰比的条件下，与水泥浆的胶结比卵石好，不易分层，配制的混凝土强度比卵石的可提高 10%。

(2) 细骨料。按生成条件分为河砂、海砂、山砂及人工砂等。使用最普遍的是河砂。砂按细度模数 M_k 不同分为粗、中、细三类。粗砂 $M_k=3.1～3.7$（平均粒径≥0.5mm）；中砂 $M_k=2.3～3.0$（平均粒径 0.35～0.49mm）；细砂 $M_k=1.6～2.2$（平均粒径 0.25～0.34mm）；特细砂 $M_k=0.7～1.5$。

(3) 骨料的级配。骨料的级配是指各种粒径的骨料分布配合情况。合理的级配具有一定的范围,在该范围内的骨料级配空隙率小,骨料的总表面积也较小,用于填充空隙及包裹骨料的水泥用量也相对减少。在不改变水灰比的条件下,混凝土拌合物的和易性好,离析和泌水少,凝固后均匀密实,即使不增加水泥用量也可提高混凝土的强度。骨料的级配以通过各号标准筛时的累计筛余量百分比表示,并绘制成级配曲线,直观地分析判断情况,检查级配是否符合要求。碎石或卵石的级配标准分为五个连续级和五个单粒级。这样分的优点,一是可避免连续级配中较大粒级的石料在堆放装卸时产生自动分选;二是有利于进行不同级配的组合,如将连续级的单粒级进行合理组合,就可得到有效宽粒级分布的连续级配。

将连续级的骨料去掉一级或中间几级而形成的级配为中断级配,中断级配易于造成混凝土拌合物离析,工作性能较差。

采用导管水下灌注工艺时,混凝土是在水中或饱和状态的土中养护硬化。故在选择骨料品种、级配时,不仅要考虑到混凝土拌合物的工作性、混凝土强度和水泥用量,还要考虑不使骨料在灌注导管内架桥堵管,最大粒径不超过桩身结构中钢筋最小净距的1/3的要求。因此,粗骨料最好采用连续级加单粒级或单粒级加单粒级的组合级配,最大粒径一般不超过40mm。

3. 混凝土外掺剂与拌合用水

(1)外掺剂。混凝土中掺入适量外掺剂,能改善混凝土的工艺性质。如降低水灰比、调节工作性、提高密实性和早期强度、节约水泥用量等。外掺剂的种类很多,水下混凝土常用的有减水剂、缓凝剂等。

减水剂能在水灰比保持不变的情况下提高混凝土的和易性或保持同样的和易性,而降低混凝土水灰比,提高强度。减水剂分普通型和高效型两类。普通型减水剂用得最多的是木质素磺酸钙,它能吸附于水泥颗粒表面,破坏水泥水化颗粒间形成的絮凝网状结构,将被包裹在其中的水释放出来,从而减少混凝土的需水量,改善和易性。对水灰比和配合比相同的混凝土,加入木钙后的混凝土比不加木钙的混凝土用水量可减少10%~20%,坍落度提高5~15cm,泌水率降低15%~30%。高效减水剂用得较多的有MF和NNO,这两种减水剂均属萘系磺酸盐类有机化合物。混凝土中加入这类减水剂后,需水量可减少20%~30%以上,坍落度提高20cm,3d的混凝土强度可达到设计强度的75%以上。

缓凝剂的作用是延缓混凝土的凝固时间,使其在较长时间内保持一定的流动性,这对深长大直径钻孔桩或灌注量大的钻孔桩的水下混凝土灌注施工是很有意义的。常用的缓凝剂有酒石酸、柠檬酸、糖蜜、木钙、Na_2SO_4等。对于大坍落度的水下混凝土,缓凝剂与高效减水剂配合使用可减少坍落度的损失,并弥补缓凝剂造成的早期强度下降。缓凝剂对凝固时间的影响如表9-10所示。

表9-10 缓凝剂对水泥凝固时间的影响

缓凝剂品种	加量(%)	初凝(h:min)	终凝(h:min)
(不加)	0	3:10	5:10
酒石酸	0.3	9:40	28:00
柠檬酸	0.3	2:10	10:30
糖蜜	0.35	6:00	7:30
木钙	0.3	12:00	17:30

常见早强减水剂有三乙醇胺、甲醇、三异丙醇胺、NC 早强减水剂和 H 型早强减水剂等。这些早强剂能与水泥水化产物生成不溶于水的复盐晶体,同时加速水泥水化,使生成的水泥石致密,从而提高早期强度。为了保护混凝土内的钢筋不受氯离子 Cl^- 的锈蚀危害,根据《钢筋混凝土施工及验收规范 GBJ10—65》的规定,处在饱和湿度条件下或水中的钻孔桩钢筋混凝土不能使用氯盐作早强剂。

(2)拌合用水。混凝土拌合用水要求不含有超过规定的盐类、油脂和酸性化合物及有机质。对 pH 值小于 4 和 SO_4^{2-} 的含量超过 2 700mg/L 的水也不能使用。工业污水、废水、矿化水等含有大量有害的物质,不应使其侵入混凝土中,破坏混凝土的工作性。海上施工钻孔桩,不宜使用海水来拌制混凝土。水质情况不明时,应先取样进行水质分析,确定水质是否符合要求,具体要求可参照 GBJ204—83 之规定。凡是可饮用的自来水及天然水都能用来拌制混凝土。

二、水下混凝土的主要技术性能

1. 和易性(工作性)

和易性是混凝土拌合物性能的综合反映,包含流动性、可塑性、稳定性和易密性四个方面,综合反映了混凝土拌合物的水灰比与流动性、动切力、骨料离析与泌水性能和密实能力。

和易性的测定通常有坍落度、流动度、稠度、密实性试验等。其中坍落度试验是目前现场采用的一种方法。坍落筒是内壁光滑、上下端面平行、上口直径为 Φ100mm、下口直径为 Φ200mm、高为 300mm 的锥形筒。试验时,将坍落筒置于一光滑水平面上,将混凝土分三层装入筒内,每层用捣棒插捣 25 次,顶面插捣完后用捣棒刮去多余混凝土并搓平。然后将筒小心垂直提起,立即量测坍落后混凝土试体最高点与坍落筒上口顶面之间的高度差,即为混凝土的坍落度,以厘米计,精确到 0.5cm。

实际上混凝土拌合物的坍落度是随着时间的增长而变化的,时间越长,坍落度越小。因此,对水下混凝土来说,有必要使拌合物的坍落度在一定时间里保持在一个变化较小的范围内,以保证水下灌注能顺利进行。该范围值通常以混凝土拌合物保持流动性指标时间 t 来表示,一般 t 为 1~1.5h。

流动性试验是将一截头圆锥筒放置在一个直径为 760mm、落差为 13mm 的跳桌中心。将混凝土分两层装入锥筒内,然后提起锥筒,以每秒一次的速度跳动 15 次,使坍落的混凝土在桌面扩展,量取扩展后的直径 D(mm),按下式算出流动度 F:

$$F = \frac{D-254}{254} \times 100\% \tag{9-2}$$

这种试验一般在实验室中进行,现场采用不方便。

稠度试验是利用维勃稠度仪测得的时间来表示混凝土拌合物的稠度值,适用范围在维勃稠度 5~30s 内的混凝土拌合物。坍落度、流动性、和易性的关系如表 9-11 所示。

2. 粘聚性和保水性

粘聚性和保水性是反映混凝土拌合物离析和泌水的性能。由于混凝土拌合物是由不同体积重量的石料、砂子、水泥和水拌合而成,容易形成石料及砂子的下沉,水泥浆液上浮,使拌合不均匀,组分失去连续性,这种现象就是混凝土的离析。如果在其表面又有水析出则为泌水。混凝土拌合物产生严重的离析和泌水会造成混凝土凝固不良,连续性差,强度下降。与钢筋的粘结力降低,给水下灌注施工造成困难,极易发生堵管断桩事故,因此要避免出现严重的离析和泌水现象。在配制混凝土时,了解掌握所用水泥的性能,合理选择粗骨料与细骨料的级配。特别是要严格控制粗骨料的粒径,掺入适量高效减水剂或保水性能好的粉煤灰等,遵循搅拌程序和时间,使水泥能充分水化并与骨料拌合均匀,提高粘聚性。粘聚性和保水性的检验按《普通混凝土配合比设计技术规定 JGJ55—81》的方法进行。

表 9-11　混凝土拌合物和易性、流动性、坍落度关系

和易性	流动性能	坍落度(mm)	适用范围
低	低塑性	10~40	
中等	塑性	50~90	各种地面混凝土和干孔灌注地下混凝土
高	流动性	100~150	
高	高流动性	≥160	钻孔桩水下混凝土,水位以下地下连续墙混凝土

3. 凝固时间

水下混凝土灌注往往需要较长的时间,因而对入孔的混凝土拌合物须控制其凝固时间,使拌合物在灌注时间内保持良好的和易性,避免因凝固时间短造成灌注失败。凝固时间可通过调整水灰比、掺入缓凝型减水剂或其他缓凝剂来加以控制。在延缓凝固时间的同时,应注意不可使混凝土的早期强度过低。冬季施工,若水温很低,水下混凝土的水化速度会减慢,凝固时间延长。此时不宜使用缓凝剂,以免凝固时间过长造成离析分层的质量事故。

4. 抗压强度与混凝土标号

抗压强度是混凝土的主要力学性质。钻孔桩的荷载主要是以垂直方向的压力作用于桩身,所以桩身钢筋混凝土的抗压强度是衡量判断钻孔桩质量好坏的重要指标。抗压强度的测定按标准试验方法进行,即将 150mm×150mm×150mm 的立方体试块,在温度 20±3℃、相对湿度 95% 以上的条件下养护 28d,而后在材料试验机上作抗压强度试验,至破坏为止。所得立方体的极限抗压强度即为该配合比条件下的混凝土抗压强度,其值即是该混凝土的标号。对使用不同粒径的卵石或碎石配制的混凝土,立方体的边长可为 150mm 或 100mm,在计算抗压强度时,乘以相应尺寸的换算系数,如表 9-12 所示。

表 9-12　同规格混凝土试块强度换算系数

粒径(mm)	边长(mm)	换算系数
最大粒径≤30	100×100×100	0.90
最大粒径≤50	150×150×150	0.95
最大粒径≤70	200×200×200	1.00

按钻孔灌注桩相关规范,20m 以上的桩孔应每桩留置 3 组标准试块。

影响水下混凝土抗压强度的因素有混凝土的密实性、水灰比、骨料种类、含气量、外掺剂、养护温度、水泥标号和用量以及孔内泥浆性质等。提高混凝土的密实性、减小水灰比,则可提

高抗压强度。但若混凝土密实性不高,减小水灰比会导致抗压强度下降。骨料性质对强度的影响主要表现在骨料强度、粒形和表面形状以及粒径等方面。水下混凝土使用的骨料以接近球体或立方体为佳。粒形不太规则的骨料,有利于增加混凝土的抗压强度。如当水灰比和坍落度一定时,碎石混凝土的抗压强度比卵石混凝土提高20%～35%,这是由于不规则的碎石骨料其棱角和表面的粗糙性,使之与水泥浆及砂浆的粘结力提高之故。骨料粒径大小对强度的影响,通常表现为在一定的水灰比时,粒径增大,强度则会下降。当水灰比不变,混凝土含气量增加也会导致抗压强度的下降。一般含气量增加1%,抗压强度约下降4%～6%。

混凝土中掺入适量木钙,其早期强度虽低,但随龄期增长后期抗压强度比较高。掺入适量粉煤灰,后期抗压强度比不掺可提高4%～8%。温度对抗压强度的影响主要表现在一定范围内的养护温度(4℃～23℃),混凝土初期强度上升幅度很大,养护温度愈高,早期强度增长愈快。而早期养护温度低,则后期强度增高。此外,桩孔内泥浆的粘土含量达到20%～25%时,混凝土强度约会下降20%～30%。

5. 粘结强度

粘结强度是指混凝土阻止钢筋滑动的能力,它是保证混凝土和钢筋共同工作的主要因素。粘结强度高,则桩身钢筋混凝土的结构稳定性强,整体性好,承受垂直及水平荷载的能力大。反之,若粘结强度较低,不但桩的承载性能差,而且在桩身混凝土的荷载作用下,容易沿钢筋面产生大量裂缝,导致混凝土剥落露筋,桩身钢筋混凝土的整体强度很快下降甚至破坏。粘结强度随着混凝土中水泥含量的增加而增大,但随用水量的增多而减少。钢筋埋置的形状也对粘结强度产生影响。一般变形钢筋的粘结强度约为光面钢筋的两倍。设置箍筋,将光面钢筋的末端做成弯钩,采用焊接骨架及焊接网都可以增加混凝土的粘结强度。水平设置的钢筋,由于水平钢筋下面含水较多,因而混凝土的粘结强度要比垂直钢筋低。

粘结强度一般通过混凝土与钢筋的粘结力来表示,其值通过钢筋的拉拔试验确定,通常以不超过400N/s的加荷速度进行,由钢筋滑动在0.25～0.5mm时的荷载决定。钢筋的形状、混凝土的性质及试验方法对拉拔试验均有影响。拉拔试验的试件采用长方形棱柱体,尺寸为100mm×100mm×200mm,骨料最大半径不超过30mm,试件所用钢筋为Φ16mm光面钢筋,长度为350mm,表面光滑程度一致,粗细均匀,试件每组数量为6块。在万能材料试验机上进行拉拔试验,测定钢筋滑动0.25～0.5mm时的最大荷载值$P(kN)$,此时即可停止试验。假设钢筋直径为$d(cm)$,钢筋混凝土内的埋置长度为$l(cm)$,那么按下式计算混凝土与钢筋的粘结力$R(MPa)$:

$$R = 10 \cdot \frac{P}{\pi d l} \tag{9-3}$$

混凝土与钢筋的粘结系数K按下式计算:

$$K = \frac{R}{R_2} \tag{9-4}$$

式中:R_2——混凝土的抗压极限强度(MPa)。

对光面圆钢筋来说,粘结力主要由钢筋与水泥间的结合力和摩擦力构成。钢筋表面粗糙,这种结合力和摩擦力也相应增大。对螺纹钢筋来说,粘结力主要是结合力和钢筋所产生的机械阻力。钻孔桩钢筋与混凝土的粘结力除受钢筋的品种、直径、不同配置部位、混凝土的和易性与密实性等因素影响外,还与桩孔内泥浆的粘土含量有关。粘土含量增加到8%～12%,垂直钢筋与混凝土的粘结力下降40%～50%,而水平钢筋与混凝土的粘结力只有垂直钢筋的一半,而且钢筋浸入泥浆中的时间越长,粘结强度下降的幅度越大。

6. 抗冻性与抗腐蚀性

混凝土的抗冻性是指在水饱和状态下混凝土承受反复冻融的能力。混凝土处在饱和状态并遇结冰温度时,内部的水分冻结使体积膨胀9%,并产生很大的内压力;当温度升高,这些冰融化时,混凝土内部的孔隙因已产生塑性变形而不能恢复到原来的程度。如此反复冻融,使孔隙逐渐变为细裂隙;随着冻融加深,裂缝逐渐扩展,形成由表及里的开裂,导致混凝土剥落,逐渐使混凝土发生破坏,这种破坏称为混凝土的冻融破坏。混凝土如在未凝固状态时冻结,其强度和其他性质也将受到严重影响,这种现象为混凝土早期冻结损害。无论哪一种情况的出现,对寒冷季节施工的钻孔桩特别是位于水下的桩身都是非常有害的。

混凝土的抗冻性能大小以抗冻标号来表示,它是以28d龄期的混凝土棱柱体试件(100mm×100mm×400mm)在中心温度为$-15℃$和$+8℃$条件下反复进行冻融循环,至试件的动弹性模量下降不大于25%或失重率不大于5%的冻融循环次数,即为混凝土的抗冻标号。提高混凝土的抗冻性,可采取使用吸水量小、坚硬、耐久的骨料;选择适当的水泥品种;掺用引气剂;适当调整减小水灰比;控制单位用水量等措施。

混凝土的抗腐蚀性是指混凝土抵抗有害化学物质侵入腐蚀的能力。钻孔桩混凝土通常情况下被腐蚀的主要原因是酸类物质及海水的侵蚀作用。

酸类物质的侵蚀主要来自含有大量硫酸、硝酸、盐酸类物质的工业废水及土层中的硫化氢。这些有害物质易使混凝土中的铝酸钙和硅酸钙分解,造成混凝土结构疏松而致大量剥落破坏。其中的硫酸,即使其浓度很低,也可与混凝土中的含水铝酸钙作用,生成水泥杆菌。这种双重有害作用使混凝土破坏程度更严重。

海水对混凝土的侵蚀主要是因为海水中含有氯化镁、硫酸镁及海水中的氯离子等。氯化镁与混凝土中的钙作用生成氯化钙,并溶解于海水,使混凝土内形成大量的小孔,密实程度变差。硫酸镁与混凝土氢氧化钙作用生成硫酸钙,又进一步与铝酸钙作用生成硫铝酸钙,亦即水泥杆菌,使混凝土体积膨胀,导致混凝土的组织破坏。此外,由于混凝土具有一定的渗透性,海水中的氯离子向混凝土内渗透,使低潮位以上反复干湿的混凝土中的钢筋发生严重锈蚀,形成体积膨胀,造成混凝土开裂。

提高钻孔桩混凝土抗腐蚀能力的主要措施是根据不同的酸类物质,配制抗酸蚀或抗海水蚀混凝土,适当降低水灰比,调整骨料粒径和级配,提高混凝土的密实性和抗渗性,同时考虑采用抗硫酸水泥及矿渣硅酸盐水泥等。

7. 抗渗性

混凝土抵抗渗透的能力即为其抗渗性,以抗渗标号作为抗渗性指标。它是以$\Phi 150mm \times 150mm$圆柱形试件,一组6个,以试件底部施加1MPa水压开始试验,在8h内观察试件顶部有无渗水现象。以后每经8h增加1MPa,一组4个试件不出现渗水现象的最大水压称混凝土的抗渗标号。例如连续试验经过64h,最大不透水压力为8MPa,则抗渗标号为S_8。抗渗性是混凝土的一项重要性能指标,水上、港口、水管、水塔和桩基结构工程对混凝土都有抗渗性要求。此外,混凝土的耐久性、抗腐蚀性、抗冻性也都与混凝土抗渗性有关。

影响混凝土抗渗性的因素主要是粗骨料粒径和水灰比。一般来说,粗骨料粒径愈大,骨料空隙率也相应增大,则混凝土的抗渗性愈差。对于碎石混凝土,由于为获得一定的和易性,配制混凝土的单位用水量比使用卵石有所增加,使得抗渗性能下降。水灰比是影响抗渗性的重要因素。水灰比从 0.4 增至 0.7 时,其水的渗透系数增加 100 倍以上;水灰比超过 0.5 时,渗透系数增加比较显著,说明水灰比对于混凝土的抗渗性有重要的控制作用。

8. 混凝土的容重

混凝土的容重是指单位体积混凝土的重量,反映混凝土的内部结构情况。混凝土的容重随使用骨料的情况(种类、比重、石子最大粒径)、混凝土的配合比、干燥程度等而异,其中骨料的比重影响最大。混凝土容重与抗压强度的关系,一般容重小的混凝土,抗压强度相对偏小。但对人造轻骨料的混凝土,尽管容重小,但其强度与普通混凝土相比差别不大。钻孔桩混凝土的容重一般在 $24\sim25\text{kN/m}^3$。

三、水下混凝土的配合比设计

混凝土的配合比是指用于配制混凝土的各种材料的比例,通常以质量计。确定水下混凝土配合比的原则是在保证所要求的强度、耐久性、抗渗性和良好的和易性、粘聚性与保水性,凝固时间以满足水下灌注作业需要的前提下,尽可能地节省水泥用量,降低成本。

1. 配合比设计的参数选择

配合比设计首先要确定水下混凝土的配制强度、和易性、石料的最大粒径和凝固时间等参数。

(1)配制强度。水下混凝土的配制强度是根据桩结构设计计算采用的混凝土最小强度确定的。实际上由于混凝土质量的差异和操作误差因素等,混凝土的实际强度也在一定范围内波动。考虑到现场施工条件,在确定水下混凝土的配制强度时,可按下式计算选择:

$$R_h = \lambda p \tag{9-5}$$

式中:R_h——配制强度(MPa);λ——考虑现场施工条件的系数,$\lambda=1.15\sim1.25$。清水中的水下混凝土取较小值,泥浆中的水下混凝土取较大值;p——桩身混凝土设计标号强度(MPa)。

(2)和易性选择。在进行配合比设计时,根据下列两个因素选择和易性:桩身结构尺寸和钢筋笼的配制情况;水下灌注工艺。

对直径较大、钢筋间距较小,特别是扩底的钻孔桩,混凝土需要有良好的和易性才能比较快速均匀地穿过钢筋笼,将桩孔填满。

从灌注工艺来说,为使灌入导管的混凝土能顺利流出导管上升而不发生堵管等故障,也需要混凝土有良好的和易性。由于现场判别混凝土和易性好坏的主要指标是混凝土的坍落度,所以通常选择坍落度 $18\sim22\text{cm}$ 来设计水下混凝土配比。

(3)石料的最大粒径。石料的最大粒径通常在保证强度的前提下,根据灌注导管的内径和钢筋笼的配置情况来选择。虽然石料粒径越大,需水性越小,水泥用量也相对减少,但由于粒径过大会引起强度下降,且大粒径石料容易在高流动性的水下混凝土中分层离析,所以石料最大粒径以不超过 40mm 为好。

(4)凝固时间。水下灌注必须在最初灌入的混凝土还具有一定的流动性前结束。因此,要根据灌注时间来控制混凝土的凝固时间,一般混凝土的初凝时间至少应大于灌注时间的一倍。

确定了配合比条件后,需着重考虑配合比的经济性,以求降低材料耗用量,降低成本。如合理选择水泥标号,避免用标号很高的水泥来配制低标号混凝土,造成浪费;选择级配合理的粗骨料、最佳的含砂率,这样既可配制出和易性好的混凝土,又可减少水泥用量,降低成本。还可选择使用合适的外掺剂来达到降低成本、改善混凝土性能、提高混凝土质量的目的。

2. 配合比的计算

(1)用水量的计算。用水量与混凝土拌合物的坍落度有直接的关系。每立方混凝土需水量可按下式计算确定：

$$W = \frac{10}{3}(T+K) \tag{9-6}$$

式中：W——需水量(kg 或 L)；T——水下混凝土坍落度(cm)，按不同的水下灌注方法选择(表 9-13)；K——反映骨料品种和粒径的参数(表 9-14)。

由上式可以看出，每增减 3~4kg(或 L)的水量，坍落度增减约 1cm。

表 9-13 水下混凝土坍落度的选择

灌注方法	导管法	泵送法
坍落度(cm)	16~22	13~18

表 9-14 K 值表

最大粒径(mm)	K		说明
	碎石	卵石	
10	57.5	54.5	1. 采用火山灰水泥时,增加 4.5~6.0;
20	53.0	50.0	2. 采用细砂时,增加 3.0
40	48.5	45.5	

(2)确定水灰比和水泥用量。由于混凝土强度与灰水比在 1.2~2.5 之间近似地成线性关系，故有如下的近似表达式：

$$R = AR_c\left(\frac{C}{W} - B\right) \tag{9-7}$$

式中：R——标准立方体试件在标准养护条件下 28d 的抗压强度(MPa)；R_c——水泥的软练标号强度(MPa)；C/W——灰水比，为水灰比的倒数；A、B——经验常数。

运用上式计算水下混凝土的配合比，可将式中 R 用配制强度(即试配强度)R_h 代替，确定 A、B 常数，则水下混凝土的水灰比可按下面的经验公式计算确定：

碎石混凝土(中砂)

$$\text{普通水泥} \quad R_h = 0.675\ R_c\left(\frac{C}{W} - 0.827\right) \tag{9-8}$$

$$\text{矿渣水泥} \quad R_h = 0.608\ R_c\left(\frac{C}{W} - 0.827\right) \tag{9-9}$$

卵石混凝土(中砂)

$$\text{普通水泥} \quad R_h = 0.696\ R_c\left(\frac{C}{W} - 0.894\right) \tag{9-10}$$

$$\text{矿渣水泥} \quad R_h = 0.597\ R_c\left(\frac{C}{W} - 0.827\right) \tag{9-11}$$

式中：R_h——混凝土配制强度(MPa)。

由上式求出灰水比(C/W)值后,按下式计算每立方混凝土的水泥用量C。

$$C = W \times \left(\frac{C}{W}\right) \tag{9-12}$$

已知需水量W和水泥用量C,可校核确定水灰比。为使水下混凝土有较好的和易性,以便灌注顺畅,水灰比宜在$0.45\sim0.55$范围内选用。

(3)骨料用量的计算。骨料用量按砂石料的比例及混凝土组成材料的体积来计算,依据绝对体积法即每立方混凝土中各材料用量有如下关系式:

$$\frac{W}{\gamma_w} + \frac{C}{\gamma_c} + \frac{G}{\gamma_g} + \frac{S}{\gamma_s} = 100(\text{L}) \tag{9-13}$$

式中:W、C、G、S——分别为每立方混凝土中水、水泥、石料和砂的用量(kg);γ_w、γ_c、γ_g、γ_s——分别为水、水泥、石料和砂的重度。

砂石料的比例通常用含砂率S_p来表示:

$$S_p = \frac{S}{S+G} \tag{9-14}$$

式中:S_p——含砂率(%);其他符号意义同前式。

该式反映了在保证混凝土强度与和易性要求的条件下粗细骨料之间的级配情况。显然,如果砂石料的级配适当,则用水量或水泥用量少,此时的含砂率是较佳的。对于水下混凝土来说,含砂率不仅要体现砂石的级配,同时还要满足水下的粘聚性和流动性、保持坍落度稳定在灌注需要的时间内等要求。所以水下混凝土的含砂率比空气中混凝土的含砂率在相同水灰比及石料粒径的情况下要提高$12\%\sim18\%$,如表9-15所示。

表9-15 水下混凝土与地面建筑混凝土含砂率

石料粒径(mm)		地面建筑混凝土(%)	钻孔桩水下混凝土(%)	备注
卵石	10	30~35	45~48	1.水下混凝土水灰比每增大0.05,含砂率相应增加1.5%; 2.表中所列之值,其水灰比为0.5
	20	29~34	43~46	
	40	28~33	42~45	
碎石	15	33~38	48~50	
	20	32~37	46~49	
	40	30~35	45~57	

确定了含砂率之后,将式(9-13)与式(9-14)联立并求解方程,即可求得每立方混凝土砂石用量。

(4)外掺剂用量的确定。外掺剂对混凝土性能有显著的影响,使用不当,会造成水下灌注受阻和凝固不良甚至不凝等一系列质量问题。因此要根据灌注工艺的需要和混凝土技术性能要求,选择外掺剂种类,然后通过掺量试验,选定最佳掺量,最后确定外掺剂的加入程序和加入方式。

外掺剂的掺量一般用占水泥重量的百分比F_p来表示,即:

$$F_p = \frac{F}{C} \times 100\% \tag{9-15}$$

式中：F——外掺剂干粉掺量(kg)；C——水泥用量(kg)。

若将外掺剂配制成一定浓度的水溶液使用，则要相应减少混凝土的用水量。

3. 配合比的试验及调整

计算初步确定了混凝土配合比之后，应进行配合比试验（即试配），以便检验配合比能否达到设计要求。试配时应采用工程中实际使用的混凝土材料，并在条件允许的情况下，模拟现场水下灌注施工条件进行试配。试配所需的混凝土量，按要求试验的项目一次配定。采用机械搅拌配制，配制量要达到搅拌机容量的 1/4。

试配的混凝土拌合物若和易性、粘聚性及保水性能不好，应对配合比作相应的调整，并继续试配直至符合要求为止。一般在保持水灰比不变的条件下调整和易性，可以通过调整含砂率或者掺入适量缓凝型减水剂。和易性不变而调整水灰比，可通过调整水泥用量和含砂率；用水量基本不变，也可使用高效减水剂来调整水灰比。配合比的调整可参见表 9-16。

表 9-16 混凝土配合比参数调整表

变化情况	含砂率(S_p)调整(%)	用水量(W)调整(L/m³)
水灰比每增加 0.05	1	0
砂的细度模数 M_K 每增加 0.1	0.5	0
坍落度 T 每增加 1cm	0.5	3～4
含砂率 S_p 每增加 1%		2
含气量每增加 1%（引气剂）	-0.5～-1.0	-5～-6
碎石	3～5	10
人工砂	2～3	6～9

试配的混凝土配合比一般要求至少要有三个不同的水灰比，以便于进行比较选择。检验试配混凝土强度时，每种配合比要做一组三块试样，在标准养护条件下，检验混凝土的实际标号强度。

现场配合比需根据实际使用的砂石级配含水率、材料称量误差及混凝土搅拌机的搅拌容量等技术条件对试验确定的配合比进行修正。

对现场各种材料称量的误差，根据我国《钢筋混凝土工程施工及验收规范》的规定，水泥和干燥状态的外掺剂（料），按重量计允许偏差为 2%，砂石料为 5%，水或外掺剂溶液及潮湿状态的外掺料为 2%。

四、水下混凝土的配送

1. 混凝土搅拌机械的选配

混凝土搅拌机械按其搅拌原理分为自落式搅拌机和强制式搅拌机两类。前者适用于拌制高流动性和塑性混凝土，后者适用于拌制干硬性混凝土。由于钻孔桩水下混凝土坍落度较大，流动性高，故应采用自落式搅拌机。并根据灌注施工特点，选择可移动的搅拌机，以尽可能缩短混凝土拌合物入孔的运送时间和距离。根据单桩灌注量、灌注控制时间和灌注设备机具等情况选用,一般要求出料容量不低于 $0.35\sim0.4m^3$。目前国内通常采用商品混凝土,商品混凝土质量、管理更加可靠科学。

对于体积较大的钻孔桩或深长钻孔桩,灌注时间必须控制在埋管混凝土不丧失流动性的时间内。必要时可掺入适量缓凝剂,以获得必需的灌注时间,但加入缓凝剂后的灌注时间不宜超过 $8\sim10h$,以免影响混凝土质量(表 9-17)。

2. 拌制工艺

传统的混凝土拌制采用沿袭工艺和砂浆裹石工艺。前者将水泥、砂和石料加入搅拌机拌匀后,再加水拌合 3min 左右形成混凝土拌合物。后者是将水泥和砂加入搅拌机拌匀,再加水拌合 $1.5\sim2min$,最后加入石料搅拌 2min 左右形成混凝土拌合物。沿袭工艺拌制的混凝土拌合物,水泥易结成小团粒,得不到充分的水化,往往出现离析和泌水,导致混凝土分层,硬化后水泥浆砂与石料表面粘结力差,强度降低。

表 9-17 灌注时间参考表

孔深(m)	<20			20~30			30~40		
孔径(mm)	Φ600~800	Φ1000~1200	Φ1200~1500	Φ600~800	Φ1000~1200	Φ1200~1500	Φ600~800	Φ1000~1200	Φ1200~1500
灌注时间(h)	1.0~1.5	1.5~2.5	2.5~3.5	1.5~2.0	2.5~3.5	3.5~4.5	2.0~3.0	2.5~4.0	4.0~5.0
孔深(m)	40~50			50~60			60~70		
孔径(mm)	Φ600~800	Φ1000~1200	Φ1200~1500	Φ600~800	Φ1000~1200	Φ1200~1500	Φ600~800	Φ1000~1200	Φ1200~1500
灌注时间(h)	2.5~3.5	4.0~5.5	5.5~7.0	3.0~4.0	4.5~6.0	6.0~8.0	4.0~25.0	5.5~7.0	7.0~9.0

说明:1. 灌注采用直径为 Φ200、Φ273 的导管;2. 灌注时间指从开灌至结束的纯灌注时间,不包括准备时间。

研究资料表明,拌制混凝土采用净浆裹石工艺可有效地解决沿袭工艺的不足。尤其是采用净浆裹石工艺拌制的混凝土拌合物流动性好,坍落度保持时间长,不容易产生离析和泌水,凝固后的混凝土强度明显提高,对于水下混凝土灌注施工是十分有利的。

净浆裹石工艺是将水泥和水先加入搅拌机拌成水泥浆,再加入石料搅拌 1.5min 左右,使石子表面粘附一层水泥浆液,最后加入砂搅拌 $1\sim1.5min$,形成混凝土拌合物。由于充分水化的水泥浆液填充并包裹了石料凹陷不平的表面,石料表面形成一层水膜,游离水分不易向石料界面集中,增强了水泥与界面的粘结作用。同时混凝土内游离的水分也不易向混凝土表面迁移形成泌水,避免混凝土分层离析现象的发生,保证了混凝土整体均匀性和稳定性,增强效果显著。

根据以上不同拌制工艺的比较,拌制水下混凝土应优先采用净浆裹石工艺。

3. 混凝土的运输

拌制好的混凝土应尽可能缩短运输距离,以减少运输过程中造成的离析、泌水和坍落度损失。必要时,可掺入适量能改善混凝土拌合物流动性、延缓初凝时间、保持浆液一定稠度的增塑型外掺剂,或掺入 $15\%\sim25\%$ 的粉煤灰。如果达到灌注地的混凝土出现离析或泌水,坍落度损失较大,则不能灌入孔内,应进行第二次搅拌至符合要求。

第三节 岩土加固静压注浆液

注浆技术是一项实用性很强、应用范围很广的工程技术，随着现代土木建筑工程的迅速发展，注浆已成为一种解决各种不良工程地质问题的重要方法。它是用液压、气压或电化学的方法，把某些能很好的与岩土体固结的浆液注入到岩土体的孔隙、裂隙中去，增加其强度、抗渗性和稳定性，从而达到改善岩土体的物理力学性质和堵水的目的。目前，土建注浆已发展成为集岩土力学、化学（包括高分子有机化学）、材料学等多学科为一体的新兴交叉应用学科。我国注浆技术的研究和应用较晚，经过50多年的发展，已经取得了较大进展，特别是在水泥注浆材料的研制方面已处于世界先进行列，注浆应用的领域也逐渐扩大，已遍及水利、建筑、铁路和矿业等多个领域。

注浆在土建中的应用主要包括：
(1)地基的灌浆加固。
(2)坝基及帷幕灌浆，作为坝基的有效防渗加固措施或基坑开挖前预处理等。
(3)对钻孔灌注桩外侧和底部进行灌浆（即灌注桩后压浆技术），以提高其承载力。
(4)后拉锚杆灌浆，在深基坑开挖支护中用灌浆法做成锚头。
(5)钻孔、竖井或隧洞灌浆，用以治水、处理流砂和不稳定地层等。
(6)纠偏和抬升建筑物。
(7)加固桥索支座。

注浆法的分类方法很多，可以按注浆时间、浆液注入形态、浆液材料类型、被注浆的岩土类别和注浆的目的进行分类。

按注浆工作与井巷掘砌工序的先后时间次序进行分类，可分为预注浆法和后注浆法。预注浆法是在凿井前或在井筒掘进到含水层之前所进行的注浆工程。依其施工地点而异，预注浆法又可分为地面预注浆和工作面预注浆两种施工方案。后注浆法是在井巷掘砌之后所进行的注浆工作。它往往是为了减少井筒涌水，杜绝井壁和井帮的渗水和加强永久支护采取的治水措施。

按浆液注入形态，注浆施工可分为渗透注浆、劈裂注浆、压密注浆和充填注浆。

(1)渗透注浆。渗透注浆是指在压力作用下，浆液均匀地注入岩石的裂隙或砂土孔隙，排挤出孔隙和裂隙中的水和气体，而基本上不改变土和岩石的结构和体积，所用压力相对较小。渗透注浆一般只适用于中砂以上的砂性土和有裂隙的岩石，这种渗透注浆是建筑上最常适用的一种注浆类型。具有代表性的渗透注浆理论有球形扩散理论和柱形扩散理论。

(2)劈裂注浆。劈裂注浆是指在压力作用下，浆液克服地层的初始应力和抗拉强度，引起岩石和土体结构的破坏和扰动，使地层沿垂直于小主应力的平面劈裂，使地层中原有的裂隙或孔隙张开，或形成新的裂隙或孔隙，浆液的可灌性和扩散半径增大。劈裂注浆所用的压力相对较大，注浆压力的选用应根据土质及其埋深确定。

(3)压密注浆。压密注浆是指通过钻孔在土中注入极浓的浆液，在注浆点压实松散土及砂，具有低注入速度的特点。压密注浆是采用高压力注入高固相含量的浆液使土体压密。压密过程中，在注浆管端部形成浆泡，浆泡一般为球形或圆柱形。随着浆泡尺寸的逐渐增大，便产生较大的上抬力而使地面抬动，常用此法调整地基的不均匀沉降。研究表明，向外扩张的浆泡在土体中引起复杂的径向和切向应力体系。紧靠浆泡处土体遭到严重破坏和剪切,并形成塑性变形区;离浆泡较远的土体则基本上不发生塑性变形。压密注浆常用于中砂地层和有适宜排水条件的粘土层。

(4)充填注浆。主要用以充填并稳定自然孔洞与废矿空间。实践证明,几种注浆机理在实际施工中有可能单独发生,也有可能两种或两种以上同时发生。严格地说,纯粹的渗透注浆仅发生在极其特殊的情况下,而实际施工中往往会伴随劈裂、压密等作用。

一、基本概念

注浆工艺设计时,注浆压力、浆液扩散半径、浆液浓度、粘度、凝胶时间、结石率与强度等指标至关重要。

1. 注浆压力

注浆压力是给予浆液在土层中渗透、扩散及劈裂、压实的能量,其大小决定着注浆效果的好坏及费用的高低。用较高的注浆压力可增加浆液的扩散能力,使钻孔数尽可能的少,从而降低注浆费用。但注浆压力超过某一界限时,可导致地基土产生剪切破坏。注浆压力的大小与土的密度、强度、渗透性、钻孔的深度、位置、注浆顺序及注浆材料的性质有关,因而难以准确制定,常常通过现场注浆试验确定。

钻孔注浆工艺中压水试验工作非常重要。压水试验是利用注浆泵向注浆区段压注清水。主要目的是:

(1)检查止浆管头并着重检查止浆塞的止浆效果。

(2)把未冲洗净,残留在孔底,或粘滞在孔壁的岩粉或杂物推挤到注浆范围以外,以提高浆液结石体与裂隙面的结合强度及抗渗能力。

(3)根据测定钻孔的吸水量,核实岩层的透水性,为注浆设计与确定注浆泵的泵量、泵压并决定单液或双浆注浆浆液的起始浓度。

(4)注浆孔注浆之后,可再做压水试验。注浆前后试验所得吸水量资料,是检验注浆效果的一个依据。压水试验要求见第七章第七节。

2. 浆液扩散半径

浆液扩散半径是一个重要参数,其值可用理论公式估算。通常,浆液的实际扩散半径都小于各种理论值。这是由于水泥浆液在进入细小裂隙的过程中,注浆压力使浆液中水分被渗滤出来,浆液逐渐变稠,流动的距离就会变小。其次,计算所用的某些参数在注浆过程中为一变量,从而导致了计算值与实际值的差别,当地基条件复杂或计算参数不易准确选定时,应通过现场注浆试验来确定。

3. 浆液浓度和凝胶时间

在注浆过程中,浆液的浓度是根据注浆压力及吸浆量的变化而改变的。稀浆的流动性好,但延长的注浆时间可造成浆液的浪费及工期的增加。通常可采用高压、浓浆来改进注浆效果,缩短注浆时间,避免浆液的浪费。凝胶时间的确定同所要求的浆液渗透范围有关,可加入不同的外加剂来调整凝胶时间。工程要求的凝胶时间应能准确控制,浆液凝胶前其粘度变化不大,凝胶后其粘度应急剧增大。

浆液的凝结有初凝和终凝之分,但浆液的凝结时间并无严格定义。许多试验室都是根据自己拟定的方法研究浆液的凝结时间,由于标准不一,难以进行比较。

浆液的凝结时间变幅较大,例如化学浆液的凝结时间可在几秒钟到几小时之间调整,水泥浆一般为3~4h,粘土水泥浆则更慢,可根据注浆土层的体积、渗透性、孔隙尺寸和孔隙率、浆液的流变性和地下水流速等实际情况决定。

总的来说,浆液的凝结时间应足够长,以使计划注浆量能渗入到预定的影响半径内。当在地下水中注浆时,除应控制注浆速率以防浆液被过分稀释或被冲走外,还应设法使浆液能在灌注过程中凝结。

4. 浆液粘度

粘度是表示浆液流动时,因分子间相互作用产生的阻碍运动的内摩擦力。其单位为 mPa·s。现场常以简易粘度计测定,以"秒"为单位。一般所称的粘度,系指浆液配成时的初始粘度。粘度大小影响浆液扩散半径,影响注浆压力、流量等参数的确定。

浆液在固化过程中,粘度变化有两种类型:

(1)一般浆液材料,如单液水泥浆、环氧树脂类、铬木素等,粘度是逐渐增加,直至最后固化,浆液扩散的过程也是粘度增长的过程。

(2)丙烯酰胺类浆液。凝胶前,虽聚合已开始,但粘度不变,到凝胶发生,粘度突变,顷刻形成固体,有利于注浆。

5. 浆液的渗入能力

(1)基本概念。浆液的渗入性是指浆液渗入缝隙中的能力,渗入性越好,浆液在一定压力下的扩散距离就越大,或者只需用较小的注浆压力就能把浆液输送至预定的距离。

浆液的渗入能力受尺寸效应及流变效应的控制,但随所用注浆原理和浆材品种的不同,控制因素又分为下述几种情况:

1)渗入性注浆当采用粒状浆材时,材料颗粒尺寸越小和浆液流动性越好,浆液渗入能力就越高。

2)渗入性注浆当采用真溶液化学浆材时,浆液的渗入能力仅受浆液流动性的影响。

3)劈裂注浆也受上述规律的制约,但因被注缝隙的尺寸和形式可能在注浆过程中发生变化,故尺寸效应和流变效应的影响比较复杂。

表9-18是几种注浆材料渗入能力的主要性能指标,以供选择。

表9-18 注浆材料的主要性能指标

性能 浆液名称	粘度 (mPa·s)	可能注入的最小 粒径(mm)	渗透系数 (cm/s)	结石体抗压强度 (MPa)
纯水泥浆	15~140	1.1	10^{-1}~10^{-3}	5~25
水泥-水玻璃			10^{-2}~10^{-3}	5~20
水玻璃类	3~4	0.1	10^{-2}	<3
铬木质素类	3~4	0.03	10^{-3}~10^{-5}	0.4~2
脲醛树脂类	5~6	0.06	10^{-3}	2~8
丙烯酰胺类	1.2	0.01	10^{-5}~10^{-6}	0.4~0.6
聚氨脂类	几十~几百	0.03	10^{-4}~10^{-6}	6~10

(2)颗粒细度的影响。从尺寸效应出发,浆材颗粒的细度越高,渗入能力就越强。但细度越高,其比表面积也越大,在相同时间内颗粒的水化程度和絮凝程度就越快,从而导致浆液变稀,粘度增加。这就说明颗粒细度将导致相对矛盾的两种效果,如果处理不当,对渗入能力和注浆效果将造成不利的影响。

颗粒注浆渗入地层的能力取决于悬浮材料的颗粒尺寸,这就必须要求浆液的颗粒比需要充填的空洞要小。根据试验,砂性土孔隙直径(D)必须大于浆液颗粒直径(d)的3倍以上浆液才能注入,即:

$$K = \frac{D}{d} \geqslant 3 \qquad (9-16)$$

式中:K——注入系数。

据此,国内标准水泥,粒径0.085mm,只能注入到0.255mm的孔隙或粗砂中。凡水泥不能渗入的中、细、粉砂层,只能用化学浆液。

(3)流动性维持能力。浆液的粘度在凝结前维持不变,就能使浆液在注浆过程中维持同样的渗入能力,然而除少数几种浆液如丙凝外,大多数浆液的流动性都随时间而变小,即浆液的粘度随时间而增加,在理论计算中把浆液粘度视为常数将使计算结果出现误差。

另外,在注浆过程中,由于浆液受搅拌和摩擦等作用,其粘度变化将更明显,例如把水泥浆连续搅拌和循环,浆液即逐渐变稠,出现"回浓"现象,粘度也大大增加。

(4)特殊条件。一般情况下,浆液渗入能力越强越有利于注浆,但在某些特殊条件下,高渗入能力反而不利,在大孔隙地层中注浆时,往往要采用流动性和维持能力较差的浆液,才能提高注浆质量和降低施工成本。在地下水流速较大的地层,除采用上述浆液外,还常需采取两项措施:其一,掺入促进剂以加速浆液的凝固过程;其二,若地层孔隙较大,还要在地层中投入石块或级配砂石料,才能实现预期的注浆目的。

6.浆液的稳定性

对于化学浆材,稳定性是指它在常温常压下存放时是否会发生强烈的化学反应和改变其基本性质。对于粒状浆材,除化学稳定性外,还包含下面两个意义。

(1)颗粒沉淀分层性。水泥浆和水泥砂浆等是一种不稳定的悬浮体系,其颗粒极易在水溶液中沉淀分层;粘土浆则是比较稳定的悬浮体系,有些高塑性粘土和膨润土甚至能用较低的浓度制成稳定性很高的浆液;粘土水泥混合浆的稳定性介于以上两种浆液之间。

在注浆过程中,当浆液在缝隙中的流动速度减慢或完全终止流动,以及搅浆机因故暂停工作时,粒状浆材的颗粒将发生沉淀分层,使浆液的均匀性降低、流动性变坏或完全丧失。因此,稳定性较差的浆液可能带来下述对注浆工程极为不利的后果:颗粒沉积后使浆体底部的密度变为最大,上部最小,结石强度亦按此规律分布;易造成包括注浆机具、管路和地层缝隙等注浆通道的堵塞,尤其是在卵砾石地层,由于孔隙纵横交错和凹凸不平,不稳定浆液很容易将某些渗流断面缩小或填满,通道被堵塞后,将导致注浆过程的过早结束,或者要采取特殊措施如用水冲洗通道或施加更大的注浆压力,才能恢复正常的注浆。

(2)析水性。随着固体颗粒的下沉,浆液中的水将被析出并向浆液顶端上升,这种析水机理可用斯脱克定律表达如下:

$$q = \frac{9}{32} \cdot \frac{d_m}{\eta} \cdot \frac{\rho_c - \rho_w}{\rho_w} \cdot \frac{W^2}{(1+3W)} \qquad (9-17)$$

式中：q——起始析水速度；d_m——悬液中水泥颗粒的当量圆球直径；η——水的运动粘度；ρ_c——水泥的密度；ρ_w——水的密度；W——浆液的水灰比，$W=1$。

从式(9-17)可以看出，浆液水灰比是影响析水率的主要因素。研究证明，当水灰比为1.0时，水泥浆的最终析水率可高达20%。由于浆液析出，也可能造成下述几种后果：

1) 由于析水与颗粒沉淀现象是伴生的，所以析水的结果也将导致浆液流动性变差，造成机具和注浆通道的堵塞，并使结石强度均匀性降低。

2) 若析水作用发生在注浆结束之后，则可能在注浆体的顶部造成空穴，如不进行补灌，将使注浆效果降低。

但是，由于水泥颗粒凝结所需的水灰比仅为0.25~0.45，远小于注浆时所用的水灰比，因而只有把多余水分尽量排走，才能使注浆体获得必要的强度。沉淀析水也是渗入性灌浆的一种理论依据。

7. 结石率

结石率是指浆液凝固后结石体积 V_s 与浆液最初体积 V_0 之比，以百分数表示。如果结石率大于1，则结石体膨胀；如果结石率小于1，则结石体收缩。在强度指标得到满足的条件下，结石率越高，加固效果就越好，然而由于种种原因，不少浆材都难以达到理想的结石率。

(1) 析水沉淀。析水沉淀现象是导致结石率降低的重要原因之一，这里不再赘述。降低浆液含水量和在浆液中掺入高塑性粘土等，可减少这种不利影响。

(2) 体积收缩。有些浆液如丙凝，因含水量太多，凝固后若处于干燥条件下，凝胶将产生不同程度的收缩。虽然干缩后再浸水又会使凝胶膨胀，但在体积变化过程中可能在凝胶体内产生裂缝。因此，这类浆液不宜在干燥环境中应用。

有些浆液如硅凝胶，即便在潮湿状态下也会发生一定的收缩。但这种收缩不属于干缩，也不是水或有害化学剂对硅胶的溶蚀，而是由于硅胶中的硅离子发生缩聚作用而把自由水从硅胶中挤出的结果，这种作用被称为脱水收缩，其结果将使注浆效果降低。

有些高分子聚合体的收缩性很高，例如甲凝的收缩率高达15%~20%。这是因为甲凝浆液的主要成分是甲基丙烯酸甲酯和甲基丙烯酸丁酯，在引发剂过氧化苯甲酰和促进剂二甲基苯胺等的作用下，各单体分子逐步组成聚合链，分子间距也随之缩短，从而引起较大的收缩。

但据研究，高分子聚合物的这种体缩仅出现在聚合过程中，浆液一旦凝固，聚合物的体积就不再发生变化，而且浆液在收缩过程中，其密度也相应地增加。

水泥浆材结石略有收缩，但有的试验结果证明，不管结石是用压力成型还是自由沉降成型，只要在水中养护，不但不发生收缩，反而略有膨胀。

8. 力学强度

岩土加固注浆的实质在于：①改良被灌介质的现有性质；②从根本上改变被灌介质的物理化学状态，从而在被灌范围内产生一种新的物质。

注浆之所以能达到上述目的，主要依靠下述三种作用：

(1) 化学胶结作用。不管是水泥浆或化学浆，都具有能产生胶结力的化学反应，把分开的岩石或土连结在一起，从而使岩土的整体结构得到加强。

(2) 惰性填充作用。填充在岩石裂隙及土孔隙中的浆液凝固后，因其具有不同程度的刚性而能改变岩层及土体对外力的反应机制，使岩土的变形受到约束。

(3)离子交换作用。浆液在化学反应过程中,某些化学剂能与岩土中的元素进行离子交换,从而形成具有更加优良性质的新材料。

浆材强度越高,自然加固效果越好,但根据注浆实践经验及室内试验研究可知,被灌介质强度的增减是一种受多种因素制约的复杂的物理化学过程,注浆材料本身的性质固然是很重要的因素,还需有各方面的配合才能得到比较理想的加固效果。

9. 耐久性

在某些条件下,注浆体的结构将遇到破坏,力学强度将逐渐降低,从而使注浆效果降低甚至变得无效,因而浆材的耐久性也是一个重要课题,下面分几方面来叙述。

(1)养护条件。处于潮湿环境或在无压水下养护时,多数注浆体的结构和强度都比较稳定或有所提高;在干燥条件下,由于浆体水分的损失,导致体积的缩小和密度的提高,有些材料的强度将明显地增长;但在反复干湿循环条件下,由于注浆体结构遭到破坏,其强度将呈现连续下降趋势。

(2)水压力作用。有些浆材,如水泥注浆体,当长期承受水压力作用时,结石中的氧化钙可能被溶解和带走,晶体结构因而破坏,从而使结石强度降低。

研究资料表明,当水泥石中的氧化钙被溶出25%时,其强度将损失50%。有人以此作为注浆体破坏的标准,推导出注浆体的寿命为:

$$T = \frac{0.081W \cdot b}{KJ}\left(\frac{1}{C_1} + \frac{1}{C_2}\right) \qquad (9-18)$$

式中:T——注浆体中的氧化钙被溶出25%的时间(年);W——每立方米注浆体中的水泥量(kg/m³);b——注浆体承受水压力的厚度(m);K——注浆体的渗透系数(m/a);J——水力比降;C_1——水泥中水化铝酸四钙的极限氧化钙浓度,$C_1=1.08$kg/m³;C_2——水泥中水化铝酸三钙的极限氧化钙浓度,$C_2=0.56$kg/m³。

从上式可以看出,影响注浆体耐久性的因素主要有二:一为结石承受的渗透压力,压力越大,寿命就越短;二为注浆体自身的质量,在渗透压力相同的条件下,结石越密实和渗透性越小,寿命就越长。

(3)化学侵蚀。自然界水中含有数十种化学离子成分,其中 Cl^-、SO_4^{2-}、HCO_3^-、K^+、Na^+、Mg^{2+}、Ca^{2+} 等七种离子分布最广,当水泥注浆体处在这些地下水环境中时,将产生各种类型的侵蚀作用,其中以下述两种侵蚀最为有害:

1)溶出性侵蚀。有害化学离子将使水泥石中的水化硅酸钙分解,不断析出CaO,并导致结石强度的降低。

2)硫酸盐侵蚀。含硫酸盐的矿物水与水泥结石中的石灰作用时,将生成石膏。在 SO_4^{2-} 离子较多的环境水中,石膏将结晶膨胀,并导致水泥结石的破坏。此外,SO_4^{2-} 还能与水泥石中的铝酸三钙(C_3A)反应生成硫铝酸钙晶体(水泥杆菌),其体积比原参加反应的固相物质的体积增大很多,也将在结石中产生内应力而使结石结构破裂。因此,水泥中的 C_3A 含量愈多,硫酸盐侵蚀性就愈大。

按注浆液材料的种类分类,从广义上讲,凡是一种流体在一定条件下可以变为固体的物质,均可作为注浆材料。随着生产的发展、工程的需要,近年来出现了不少比较理想的注浆材料,供不同地质条件下选用。原材料包括主剂(可能是一种或几种)和助剂(可能没有,也可能是一种或几种),助剂可根据它在浆液中的作用,分为固化剂、催化剂、速凝剂、缓凝剂和悬浮剂等。注浆材料品种很多，性能也各不相同，但是作为注浆材料，应有一些共同的性质。一种理想的注浆材料，应该满足以下要求：

(1) 浆液粘度低、流动性好、可注性好，能够进入细小缝隙和粉细砂层。
(2) 浆液凝固时间能够在几秒钟至几小时内任意调节，并能准确控制。
(3) 浆液固化时体积不收缩，能牢固粘结砂石。
(4) 浆液结石率高，强度大。
(5) 浆液无毒、无臭，不污染环境，对人体无害，属非易燃、易爆物品。

二、注浆液分类和设计

最早用于注浆的材料，是石灰和粘土。1864 年开始使用水泥注浆。它们均是颗粒性材料，难以充填细小裂隙和充塞砂层。水泥浆液凝结时间长。1900 年荷兰采矿工程师尤斯登发明了水玻璃-氯化钙溶液，这是化学注浆应用的开始。

注浆材料从 19 世纪初的原始材料开始到当今的有机高分子化合物浆液，前后经历了 170 多年的历史，发展了近百种浆液材料。各种浆液各有特点及其适用范围。虽然化学浆液较之水泥浆液更理想，扩大了注浆法应用范围，但无论国内或国外，化学浆液都比水泥浆液成本高、货源少。所以，现在水泥仍然是注浆的主要材料。

水泥浆主要缺点之一是颗粒大，难以注入细小裂隙和孔隙。针对此问题，应研究超细水泥和寻找新的水泥添加剂，以增加水泥浆的可注性。水泥浆的另一缺点是凝固时间长、凝固时间难以准确控制。目前，控制凝固时间，探求不析水、不沉淀、结石率高的水泥浆的研制工作已取得了进展。浆液材料的改性与创新是发展注浆材料的重要课题。美国在水泥浆中加入一种高分子物质和某些金属盐作为添加剂，使水泥具有触变性，即在搅拌或泵注条件下具有流动性，而当停止搅拌或泵注一段时间后，浆液粘度大幅度增加，变成不流动。

化学浆液方面，目前世界各国正在大力研究可注性好、强度大、价廉源广、不污染环境的注浆材料。水玻璃系列是没有污染的浆液，是配制新浆液的方向。

改善已有化学浆液性能是不可忽视的研究工作。如聚氨酯浆液配制，应克服异氰酸酯蒸汽或其气溶胶引起人们类似哮喘、呼吸困难的症状。铬木质素浆液的消铬研究，寻求新的无毒固化剂代替重铬酸钠。脲醛树脂中甲醛的刺激性气味的消除等研究，都是十分有意义的研究课题。

注浆材料分类方法很多，按浆液所处的状态分为真溶液、悬浮液和乳化液；按工艺性质，可分为单浆液和双浆液；按浆液颗粒可分为粒状浆液和化学浆液；按浆液主剂性质可分为无机系列和有机系列两大类(图 9-1)。目前，采用较稠浆液和使用增塑剂、高效减水剂已成为一种发展趋势。

选择注浆材料时，应考虑岩土性质、水文地质条件、工程要求、原料供应及施工成本诸因素，如表 9-19 所示。

(1) 在基岩裂隙含水层中注浆，需浆量大，要求浆液有较高的强度。所以一般采用水泥浆液或水泥-水玻璃浆液。

(2) 在松散含水层中注浆，粗砂可采用水泥-水玻璃浆液。对于中砂、细砂、粉砂，砂质粘土以及细小裂隙，由于水泥等颗粒性材料难以注入，应采用化学浆液，如丙烯酰胺、聚氨酯、脲醛树脂等。

表 9-19　各种注浆材料基本性能、成分、成本及适用范围

材料名称	粘度 ($\times 10^{-3}$Pa·s)	可能注入的最小粒径 (mm)	渗透系数 (cm/s)	凝胶时间	抗压强度 (MPa)	注浆方式	注入砂层有效扩散半径 (cm)	主要用途	主要成分	材料来源难易程度	浆液成本 (元/m³)	备注
纯水泥浆	15~140	1	10^{-1}~10^{-3}	2~12h	10~25	单液		基岩裂隙中地面预注浆或工作面预注浆壁后充填加固	水泥	容易	50~60	
水泥加各种附加剂	15~140	1	10^{-1}~10^{-3}	6~15h	5~25	单液	20~30	同上	水泥、一定量的附加剂	容易	50~60	
水泥-水玻璃双液注浆	15~140	1	10^{-1}~10^{-3}	十几秒钟~十几分钟	5~20	双液	20~30	基岩裂隙中堵水加固，工作面预注浆，壁后注浆，堵特大涌水中应用	水泥、水玻璃	容易	90~100	
水玻璃类	3~4	0.1	10^{-2}	瞬间~几十分钟	<3	双液	30~40	地基加固、冲积层堵水加固	水玻璃、其他添加剂	容易	150~200	有些添加剂较贵，且来源困难
铬木质素类	3~4	0.03	10^{-3}~10^{-5}	十几秒钟~几十分钟	0.4~2	单或双液	30~40	冲积层堵水，壁内或壁后注浆	亚硫酸盐废液、重铬酸钠、其他	较容易	200	重铬酸钠因污染问题产量不多
MG-646	1.2	0.01	10^{-6}	十几秒钟~几十分钟	0.4~0.6	双液	50~60	冲积层堵水防渗、壁内或壁后注浆	丙烯酰胺、NN'-亚甲基丙烯酰胺、β-二甲氨基丙腈、其他	较容易	2100~2300	β-二甲氨基丙腈尚未有定型产品
脲醛树脂类	5~6	0.06	10^{-3}	十几秒钟~几十分钟	2~8	单或双液	30~40	冲积层堵水、加固，壁内壁后注浆，钻孔堵漏	脲醛树脂、酸或酸性盐	难	600~900	
聚氨酯类（PM型浆液）	十几~几百	0.03	10^{-2}~10^{-5}	十几秒钟~几十分钟	6~10	单液	40~50	冲积层裂隙中堵水加固	甲苯二异氰酸酯、聚醚树脂、溶剂、催化剂、表面活性剂、水	较难	8000~10000	因浆液发泡膨胀，成本相应要降低
糠醛树脂类	<2	0.01	10^{-4}~10^{-5}	几~几十分钟	1~6	双液	50~60	冲积层或小裂隙中堵水加固	糠醛树脂、脲、硫酸	较易	600~800	

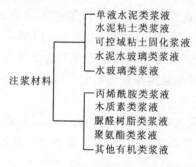

图 9-1 注浆材料分类

(3)处理岩溶、断层、破碎带或突水事故,应先充注惰性材料,如砂子、炉渣、岩粉、砾石等,后注水泥-水玻璃浆液,如此较经济合理。

(4)无机硅酸盐材料,如水泥、水玻璃等,源多价廉,是基本的注浆材料,应优先选用。

化学浆液具有粘度小、可控制凝胶时间的特点,是松散含水层不可缺少的材料,但价格昂贵,只在必须采用化学浆液条件下才采用。现将各种注浆材料的基本性能、成分、成本及适用范围列于表 9-19,各种浆液材料适用范围比较如表 9-20 所示。

表 9-20 各种浆液材料适用范围比较

分类	浆液材料名称	砾石			砂粒			粉砂	粘土
		大	中	小	粗	中	细		
水泥浆	单液水泥浆								
	水泥-水玻璃								
化学浆	水玻璃类								
	铬木质素类								
	丙烯酰胺类								
	脲醛树脂类								
	聚氨酯类								
粒径(mm)		10	4	2	0.5	0.25	0.05	0.01	0.005
渗透系数(cm/s)					10^{-1}	10^{-2}	10^{-3}	10^{-4}	10^{-5}

(5)对渗入性注浆工艺,浆液必须渗入土的孔隙,即所用浆液必须是可灌的,这是一项最基本的技术要求,不满足它就谈不上注浆;但若采用劈裂注浆工艺,则浆液不是向天然孔隙中渗入,而是向被较高注浆压力扩大了的孔隙渗入,因而对可注性的要求就不如渗入性注浆那么严格。

(6)一般情况下,浆液应具有良好的流动性和流动性维持能力,以便在不太高的注浆压力下获得尽可能大的扩散距离;但在某些地质条件下,例如地下水的流速较高和土的孔隙尺寸较大时,往往要采用流动性较小和触变性较大的浆液,以免浆液扩散至不必要的范围和防止地下水对浆液的稀释及冲刷。

(7)浆液的析水性要小,稳定性要高,以防在注浆过程中或注浆结束后发生颗粒沉淀和分离,并导致浆液的可泵性、可注性和注浆体的均匀性大大降低。

(8)对防渗注浆而言,要求浆液结石具有较高的不透水性和抗渗稳定性;若注浆目的是加固地基,则结石应具有较高的力学强度和较小的变形性。与永久性注浆工程相比,临时性工程对所述要求较低。

(9)制备浆液所用原材料及凝固体都不应具有毒性,或者毒性尽可能小,以免伤害皮肤、刺激神经和污染环境。某些碱性物质虽然没有毒性,但若流失在地下水中也会造成环境污染,故应尽量避免这种现象。

(10)有时浆材尚应具有某些特殊的性质,如微膨胀性、高亲水性、高抗冻性和低温固化性等,以适应特殊环境和专门工程的需要。

(11)不论何种注浆工程,所用原材料都应就近取材,而且价格尽可能低,以降低工程造价。

在注浆过程中要定时观测、记录注浆压力和注浆量,并绘制出 $T-P-Q$(时间-压力-注入量)曲线。在吸浆量小的孔段(一般指钻孔吸水率小于 $3L/(min·m)$,为了增加浆液注入量,应用预处理技术能取得良好的注浆效果。这种方法是在压水试验以后、正式注浆之前,先向孔内压注稀释的浆液,如稀释的水玻璃、铬木质素、苛性钠或 15%~25% 的稀盐酸溶液。稀释的水玻璃浓度应小于 30°Be(一般注浆用水玻璃浓度为 30~45°Be)。预处理注浆的作用一方面是润滑裂隙面、减少浆液在裂隙中扩散的阻力。另一方面可冲开一些压水试验时所不能冲开的细小裂隙,以疏通浆液通道。

经预处理注浆后,正式注浆时的浆液注入量得到明显的增加。

预处理注浆技术应依照"压水—注入稀水玻璃—再压水—注浆"的作业程序进行。其中,压水是指压水试验,再压水是指注完稀水玻璃以后压入一定量的水的作业过程。其目的是,由于水玻璃扩散距离小,改注水泥浆后两液在钻孔附近相遇,防止因两液混合产生凝胶而达不到增加浆液注入量的效果。

正确选择浆液材料是实现岩土改良、完成注浆工程的关键,因为它直接影响注浆工艺过程、注浆效果及注浆工程的成本和工期。一种理想的注浆材料应该是:粘度低、流动性好;具有可调节控制的凝胶时间;结石率高、强度大、抗渗透性强;稳定性好;价格低廉、来源充足,并且是不污染环境、对人体无害的物质。下面介绍几种典型的注浆液性能和原理。

(一)水泥浆液

水泥作为注浆材料,具有强度高、耐久性好、无毒、材料来源广、价格低廉等优点。它是使用最早、应用最广的注浆材料之一,一般注浆施工优先选用普通水泥。在细裂隙和微孔地层中,其可灌性虽不如化学浆材好,但若采用劈裂注浆原理,则不少弱透水地层都可用水泥浆进行有效的加固。因此,水泥浆在国内外注浆工程中一直是用途最广和用量最大的浆材。以水泥为主包括添加一定量的外加剂,用水配制成浆液,采用单液方式注入,这样的浆液称为单液水泥浆。所谓外加剂,系指水泥的早强剂、速凝早强剂、塑化剂、悬浮剂等。

1. 纯水泥浆的基本性能

所谓纯水泥浆是指不包括附加剂,只有水泥和水调制而成的浆液,在室内做有关纯水泥浆性能的试验,其结果如表 9-21 所示。从试验结果可以看出,随着水灰比的增大,水泥浆的粘度、密度、结石率、抗压强度等都有十分明显的降低,初凝、终凝时间逐步延长。

2. 外加剂

为了满足实际工程需要,一般都要加入外加剂来调节水泥浆的性能。

(1)水泥的速凝剂。它是一种能够缩短水泥凝固时间的化学药剂。水泥速凝剂的种类很多,有氯化钙、食盐、水玻璃、纯碱、石膏、硫酸钠、碳酸钾、漂白粉等。复合特效速凝剂有红星一号、阳泉Ⅰ形和"711"型速凝剂。在一般情况下,水泥浆还是采用传统的办法配制,即是在水泥浆中加入占水泥重量5%以下的氯化钙或占水泥重量3%以下的水玻璃(水玻璃也是一种常用的速凝剂,加入量为2%~3%时,凝固期可缩短30%~40%。但如果加入量少于2%,则有延长初凝时间的作用),其作用原理见前面有关章节,这里不再赘述。在此只列出几种外加剂的试验效果,如表9-22所示。

表9-21 纯水泥浆的基本性能

水灰比 (重量比)	粘度 ($\times 10^{-3}$Pa·s)	密度 (g/cm³)	凝胶时间		结石率 (%)	抗压强度($\times 0.1$MPa)			
			初凝	终凝		3d	7d	14d	28d
0.5:1	139	1.86	7h41min	12h36min	99	41.4	64.6	153.0	220.0
0.75:1	33	1.62	10h47min	20h33min	97	24.3	26.0	55.4	112.7
1:1	18	1.49	14h56min	24h27min	85	20.0	24.0	24.2	89.0
1.5:1	17	1.37	16h52min	34h47min	67	20.3	23.3	17.8	22.2
2:1	16	1.30	17h7min	48h15min	56	16.6	25.3	21.0	28.0

注:1.采用普通硅酸盐水泥;2.各种测定数据均采取平均值。

表9-22 水泥浆及外加剂效果对比表

水灰比	附加剂		初凝时间	终凝时间	抗压强度($\times 0.1$MPa)			
	名称	用量(%)			1d	2d	7d	28d
1:1		0	14h15min	25h00min	8	16	59	92
1:1	水玻璃	3	7h20min	14h30min	10	18	55	—
1:1	氯化钙	2	7h10min	15h04min	10	19	61	95
1:1	氯化钙	3	6h50min	13h08min	11	20	65	98

注:水泥为普通硅酸盐水泥。

(2)水泥的速凝早强剂。为了控制水泥浆的扩散范围,缩短注浆工程的时间和提高注浆堵水效果,加入速凝早强剂将起到很好的效果。一般水泥的速凝早强剂是复合附加剂,品种如水玻璃、三乙醇胺加氯化钠及二水石膏加氯化钙等,其对浆液的影响如表9-23所示。一般地,三乙醇胺与氯化钠推荐加量分别为0.05%和0.5%。三乙醇胺可用二乙醇胺加三乙醇胺的混合液代替,成本可大大降低。

(3)水泥的分散剂和悬浮剂。纯水泥浆由水和水泥按一定的比例混合而成,常用的水灰比变化在0.5:1~5:1之间,高水灰比仅对提高浆液的可灌性有利,而对岩土加固意义不大。为了降低水泥浆的粘度,提高浆液的流动性,增加浆液的可注性,往往要加入分散剂。另外,单液水泥浆易沉淀析水,为了使水泥颗粒能较长时间悬浮于水中,就需要加入悬浮剂。实际上分散剂跟悬浮剂很难严格区别开来,有些药剂加入水泥浆之后,既能起到分散作用,又能起到悬浮作用。悬浮剂有膨润土、高塑粘土。分散剂(塑化剂)常用亚硫酸盐纸浆废液、食糖、硫化钠等,以增加浆液的可注性。其作用机理见前面有关章节。

表 9-23 水泥速凝早强剂对初、终凝及抗压强度的影响

水灰比	附加剂 名称	用量(%)	初凝时间	终凝时间	抗压强度(×0.1MPa)				
					1d	2d	7d	14d	28d
1:1	0	0	14h15min	25h00min	8	16	59	—	92
1:1	水玻璃	3	7h20min	14h30min	10	18	55	—	—
1:1	三乙醇胺,氯化钠	0.05 0.5	6h45min	12h35min	24	39	72	130	143
1:1	三乙醇胺,氯化钠	0.1 1.0	7h23min	12h58min	23	46	98	126	152
1:1	三异丙醇,胺氯化钠	0.05 0.5	11h03min	18h22min	14	27	74	77	120
1:1	三异丙醇胺,氯化钠	0.1 1.0	9h36min	14h12min	18	35	82	75	131
1:1	二水石膏,氯化钙	1.0 2.0	7h15min	14h15min	18	28	56	—	89

(4)水泥的其他外加剂。根据工程需要,往往在水泥浆中加入其他一些外加剂,如缓凝剂、流动剂、加气剂、膨胀剂、防析水剂以及改性硅粉等(表 9-24),以满足注浆工程的特殊需要。

硅粉是从生产硅铁或其他硅金属工厂排出的废气中回收到的一种副产品,它是无定形氧化硅 SiO_2 为主要成分的超细颗粒。目前硅粉已添加于混凝土和水泥浆液,应用于建筑和注浆工程。

硅粉呈灰色,其松散密度为 $200\sim300kg/m^3$,只为普通硅酸盐水泥的 1/6～1/4。硅粉呈球形颗粒,比表面积约为 $20m^3/g$,相当于普通硅酸盐水泥的 50～70 倍。颗粒平均粒径 $0.1\mu m$,相当于硅酸盐水泥的 1/100。

硅粉在水泥浆中的作用是:

1)硅粉有很高的细度,加入水泥浆中,可减少水泥颗粒之间的摩擦力,起到活化作用,利于浆液在岩层裂隙中扩散。

2)硅粉含有大量氧化硅 SiO_2,与水混合后,立即与水泥中硅酸三钙和硅酸钙水化产生的氢氧化钙进行二次水化反应,生成水化硅酸钙凝胶,使水泥浆得到早强和高强。反应式如下:

$$3Ca(OH)_2 + 2SiO_2 \longrightarrow 2CaO \cdot 2SiO_2 \cdot 3H_2O$$

3)硅粉的细微颗粒能很好地填充在水泥颗粒之间,使注浆结石体密实度大为提高,从而结石体的抗渗性得到加强。

值得注意的是,由于具体使用的水泥品种和牌号、出厂日期以及各种添加剂的质量不尽相

同,故使用之前应根据施工条件的具体情况先进行小型试验,以确定切实可行的配方。

表 9-24 水泥浆外加剂

名称	试剂	掺量占水泥重量(%)	说明
缓凝剂	木质磺酸钙	0.2～0.5	亦增加流动性
	酒石酸	0.1～0.5	
	糖	0.1～0.5	
流动剂	木质磺酸钙	0.2～0.3	
加气剂	松香树脂	0.1～0.2	产生约10%的空气
膨胀剂	铝粉	0.005～0.02	约膨胀15%
	饱和盐水	30～60	约膨胀1%
防析水剂	纤维素	0.2～0.3	
	硫酸铝	约20	产生空气

注浆工程中常使用的是普通硅酸盐水泥,注浆材料需要根据不同的工程目的进行试验调整。如锚杆(索)注浆一般使用水泥砂浆,其灰砂比为1:1～1:2,且砂子一般用中砂,粒径不得大于 2mm,在拌料前要过筛,以免较粗的砂粒混入,并且要求砂浆的强度不小于 C30;小孔径锚杆在必要时才使用纯水泥浆。锚杆(索)的粘结强度和防腐效果在很大程度上取决于浆液拌料的成分、拌制质量及注入方式。注浆材料一般要求:

水泥应采用新鲜的不低于 325# 的普通硅酸盐水泥。水泥必须具有抵制水和土的侵蚀的化学稳定性。固定锚杆所用的灰浆最适宜的水灰比为 0.4～0.45,采用这种水灰比具有泵送所要求的流动度,也易于渗入小型开口和孔隙之中,硬化的灰浆具有足够的强度,浆体 7d 的强度一般不应低于 20MPa,28d 不应低于 30MPa,收缩也小。为了防止钢质杆体的腐蚀,氯盐的总含量不应超过 0.1%(永久锚杆)和 0.15%(临时锚杆)。必要时可采用抗硫酸盐水泥,不宜采用干缩性大的火山灰水泥和泌水性高的矿山水泥。为了改善水泥浆体在施工中和硬化后的性能,还需要加入适量的其他外加剂,如表 9-25 所示。

表 9-25 锚固工程常用外加剂

外加剂	名称	掺量占水泥重量(%)	说明
早强剂	三乙醇胺	0.05	加速凝结、硬化
缓凝剂	木质磺酸钙	0.2～0.5	缓凝并增加流动度
膨胀剂	铝粉	0.005～0.02	膨胀量可达15%
抗泌剂	纤维素醚	0.2～0.3	相当于拌和水的0.5%,起防泌作用
减水剂	UNF-5 等	0.6	增加强度并减少收缩

注浆工程中有时也采用矿渣硅酸盐水泥和火山灰质硅酸盐水泥等。火山灰与高炉矿渣一样,其本身只有很小的或者没有胶凝性质,但在细分散状态下却能与水泥浆中的游离石灰进行

化学作用,生成一种稳定的能产生强度的新化合物,但要注意,这些水泥的早期强度较低,凝结速度较慢,而且这些外加材料的比重较小,活性较低,在注浆过程中可能被分离而单独沉积在一起,从而失去上述方程的反应条件,使浆液长时间不硬结,在采用较稀浆液时更容易出现此类现象。

值得一提的是,普通的水泥浆因其颗粒相对较粗,其渗入能力受到限制。国际上一些注浆技术权威认为,对水泥浆而言,一般只能注注大于 0.2～0.3mm 的裂缝或孔隙,许多情况下不得不求助于昂贵的化学注浆材料去填充水泥浆不能灌注的微细缝隙,有些化学注浆材料还存在环境污染问题。

日本率先用干磨法制成 d_{50} 为 $4\mu m$、比表面积约 $8\,000cm^2/g$ 的 MC 超细水泥、可灌入渗透系数为 $10^{-3}cm/s$ 的中细砂层。后由我国水科院研制出水平相近的 SK 型超细水泥,并在二滩水电站坝基中试用成功。浙江大学等单位研制出更细的 CX 型超细水泥,其 d_{50} 为 $3\sim4\mu m$,已在新安江大坝等注浆工程中成功地应用。此外,日本后来又用湿磨法制成 d_{50} 为 $3\mu m$ 的超细水泥。法国则用去除水泥中较大颗粒的办法制成颗粒小于 $10\mu m$ 的"微溶胶"浆液,解决了一些工程难题。

超细水泥除生产方法比较复杂和造价较高外,在技术上还存在一个不容忽视的问题,即这种水泥由于细度高和比表面积大,配制成流动性较好的浆液需水量较大,保水性又很强,把这种浆液灌入地层后将因多余水分不易排除而使结石强度显著降低。解决这一矛盾的办法是采用较小的水灰比并用高效减水剂改善浆液的流动性。

(二)粘土水泥浆

当粘土用量占水泥量的比例较大时,该浆液称做粘土水泥浆液。这种浆液成本低,流动性与稳定性好,结石率高。由于粘土的加入,浆液的强度下降。为此,粘土水泥浆液较适用于孔洞充填注浆。如在裂隙含水岩层中注浆,则要求注入专门配制的高效粘土水泥浆。高效粘土水泥浆的成分为:高岭土 23%～26%,硅酸盐水泥 10%～12%,水玻璃 1.2% 及工业用水等。浆液中的粘土成分使注浆材料具有可塑性,受震时不开裂,而水泥则保证浆液的强度性能。该浆液具有较高的触变性,易于管路输送,并能渗入细小裂隙。

粘土是含水的铝硅酸盐,其矿物成分主要为高岭石、蒙脱石及伊利石。膨润土是一种水化能力极强、膨胀性大和分散性很高的活性粘土,在国内外工程中被广泛采用。

根据施工目的和要求的不同,粘土可看作是水泥浆的附加剂如悬浮剂,掺用量较少时,主要用来改善水泥浆的稳定性,对其他性能影响甚微;当粘土的加入量较多时,称为水泥粘土类浆液。粘土作为主材料使用则将对浆液的物理力学性质产生重大的影响。其特点为:水泥粘土类浆液较单液水泥浆液成本低,流动性好,抗渗性强,结石率高;水泥粘土类浆液其抗压强度因配方不同有所差异,一般情况下为 5～10MPa,相比单液水泥浆有所下降,只适用于充填注浆;浆液材料来源丰富,价格低廉。此种浆液属于可控域粘土固化浆液。可控域粘土固化浆液是以粘土为主剂加入一定量的添加固化剂而成的浆液,由于对粘土的要求低,一般都是就地取材,因此具有浆液成本低、应用范围大等特点。浆液以粘土为主要成分,占 10%～85%,成本低,浆液具有高分散性和高可控流变性,且其结石体不收缩,因而,浆液可轻易地渗入岩石与土层的细微裂隙孔隙中,加上其结石不收缩,堵水率可达 90% 以上;浆液可泵性好,扩散半径可控;浆液抗水稀释能力强、流变可控制,浆液结石的塑性强度高,化学稳定性好。

粘土作为注浆材料具有悠久的历史,目前仍大量用于大坝注浆。在水泥浆中加粘土或粘土中加水泥配制的粘土水泥浆流动性好,稳定性高,抗渗和抗冲刷力强,是目前大坝防渗注浆和充填注浆常用的材料。同时,水泥中加入部分粘土,使得所配置的水泥浆具有很强的触变性,称为胶质水泥。胶质水泥浆具有很大的静切力,侵入裂隙不能很深,所以是堵塞裂隙、降低注浆范围的好材料。配置胶质水泥浆时,可在水泥中加入15%以内的粘土,可以均匀加入粉状粘土,也可以用含土量相等的泥浆直接配制。

粘土水泥浆的性能取决于浆液中的水泥、粘土和水的用量。一般规律如下:粘度随水灰比的增大而降低,相同水灰比的浆液,粘土用量越多,粘度越大,凝结时间愈长,结石率越高,浆液稳定性越好,但强度降低。

1. 水泥粘土类浆液的性能

水泥粘土类浆液的配比、用量及性能如表9-26所示。

表9-26 粘土用量对浆液性能的影响

水灰比	粘土用量(占水泥%)	粘度(×10^{-3}Pa·s)	密度(g/cm^3)	凝胶时间 初凝	凝胶时间 终凝	结石率(%)	抗压强度(MPa) 3d	9d	14d	28d
0.5:1	5	滴流	1.84	2h42min	5h52min	99	11.85	—	33.2	13.6
0.75:1	5	40	1.65	7h50min	13h1min	93	4.05	6.96	7.94	7.89
1:1	5	19	1.52	8h39min	14h30min	87	2.41	5.17	4.28	8.12
1.5:1	5	16.5	1.37	11h5min	23h50min	66	1.29	3.45	3.24	7.30
2:1	5	15.8	1.28	13h53min	51h52min	57	1.25	2.58	2.58	7.85
0.5:1	10	不流动		2h24min	5h29min	100			20.3	
0.75:1	10	65	1.68	5h15min	9h38min	99	2.93	6.96	5.12	
1:1	10	21	1.56	7h24min	14h10min	91	1.68	4.55	2.88	
1.5:1	10	17	1.43	8h12min	20h25min	79	1.56	2.79	3.30	
2:1	10	16	1.32	9h16min	30h24min	58	1.25	1.58	2.52	
0.5:1	15									
0.75:1	15	71	1.70	4h35min	8h50min	99	0.40	2.40	2.95	
1:1	15	23	1.62	6h20min	14h13min	95	1.30	1.56	2.18	
1.5:1	15	19	1.51	7h45min	24h5min	80	0.85	0.97	1.40	—
2:1	15	16	1.34	9h50min	29h16min	60	0.73	1.13	2.24	

注:采用425#普通硅酸盐水泥;采用某地粘土配成50%浓度粘土浆使用。

2. 水泥粘土类浆液的配制

配制水泥粘土类浆液时,其搅拌时间不应超过半小时,如果再延长搅拌时间,会使结构强度下降,塑性强度降低。

3. 水泥粘土类浆液的特点

(1)水泥粘土类浆液较单液水泥浆液成本低,流动性好,抗渗性强,结石率高。

(2)水泥粘土类浆液的抗压强度因配方不同有所差异,一般情况下为 5~10MPa,相比单液水泥浆有所下降,只适用于充填注浆。

(3)浆液材料来源丰富,价格低廉,采用单液注入工艺,设备简单,操作方便。

(4)浆液无毒性,对地下水和环境无污染,较之使用化学药剂为添加剂的浆液更安全。

(三)水泥-水玻璃浆液

水泥-水玻璃浆液或称 CS(Cement - Sodium silicate)浆液。水泥单液和水泥-水玻璃双液注浆为常用的注浆材料。水泥浆中加入水玻璃有两个作用:一是作为速凝剂使用,掺量较少,约占水泥重量的 3%~5%;二是作为主材料使用,掺量较多,即 CS 浆液,该类浆液克服了水泥浆液凝胶时间长、难以控制、注入地层后易被地下水稀释、无法保持其原有凝胶化性能的缺陷。而且兼备化学浆液的某些优越性,如凝胶时间快,可以从几秒钟到几十分钟内准确控制,结石率高达 95%~98%,可用于防渗和加固灌浆,在地下水流速较大的地层中,采用这种混合型浆材还可达到快速堵漏的目的。水泥-水玻璃浆材的可灌性介于水泥和水玻璃之间,材料来源丰富,价格相对较低,对地下水和环境无污染。

1. 浆液材料

水泥-水玻璃浆液的强度随水泥浆浓度的增加而增加。当使用浓水泥浆时(如水灰比 0.5),随水玻璃浓度增加,抗压强度提高。在使用稀水泥浆时(如水灰比 1.5),由于水泥与水玻璃化学反应存在适宜配合比,因此相应地使用低浓度水玻璃溶液也能得到较高的抗压强度,若使用高浓度水玻璃溶液反而降低抗压强度。水泥浆与水玻璃体积比也影响抗压强度。由于两者进行化学反应时有一个适宜的配合比,在这个条件下,反应完全,凝胶时间短,抗压强度高。为了更好地满足施工需要,水泥-水玻璃浆液还可以加入速凝剂或缓凝剂来调节它的凝胶时间。白灰是一种便宜而效果显著的速凝剂,一般加入量不超过 15%。磷酸氢二钠缓凝效果也较好,试验表明,其用量低于 1%时,缓凝效果不显著,大于 3%时则明显地降低结石体强度,其用量一般不超过 3%。水泥用高标号的普通硅酸盐水泥,也可用矿渣水泥和火山灰硅酸盐水泥,但效果不如普通硅酸盐水泥好。水泥浆的水灰比一般在 0.5~2.0 之间,常用的是 0.8~1.0。

注浆用的水玻璃通常是碱性水玻璃,一般注浆要求水玻璃模数 $M=2.4$~3.4 较为适宜。水玻璃浓度,通常用波美度表示。一般使用的水玻璃浓度在 30~45°Be。综合各地的实践经验,水泥-水玻璃的适宜配方大体为:水泥浆的水灰比为 0.8:1~1:1,水泥浆与水玻璃的体积比为 1:0.6~1:0.8。这些配方的凝结时间约 1~2min,抗压强度变化在 10~20MPa 之间。

根据注浆工程的需要及水泥-水玻璃浆液的特点,凝胶时间和抗压强度是水泥-水玻璃双液注浆技术的基本性能,一般都注重浆液的凝胶时间和抗压强度这两种性能。影响这两种性能的因素很多,下面分别讨论。

(1)凝胶时间。凝胶时间是指水泥浆与水玻璃相混合时起至浆液不能流动为止的这段时间,水泥-水玻璃类浆液的凝固时间可以从几秒钟至几十分钟内准确控制,影响其凝胶时间的因素有水泥品种、水泥浆浓度、水玻璃浓度、水泥浆与水玻璃体积比及浆液温度等,一般来说,水泥浆越浓,反应越快;而水玻璃则是越稀,反应越快。当其他条件相同时,水泥浆与水玻璃的体积比从1∶0.3～1∶1的范围内亦呈直线关系,即随水玻璃用量减小,凝胶时间缩短。

(2)抗压强度。浆液结石体的强度高,尤其是早期强度高且增长快。影响结石体强度的因素基本上与影响凝胶时间的因素相同。对于这类浆材,决定结石强度大小的关键因素仍然是水泥浆的浓度,水玻璃则是促使浆液早凝的因素。但应注意,并不是所用的水玻璃越多,浆液凝结就越快,在某些情况下却呈现相反的规律。

配制水泥-水玻璃浆液时,应分别进行水泥浆的配制和水玻璃的稀释,特别是当使用缓凝剂时,必须注意加料顺序、搅拌及放置时间。加料顺序为:水→缓凝剂溶液→水泥,搅拌时间应不少于5min,放置时间不宜超过3min,灌注时将水泥、水玻璃分别配成两种浆液并按一定的比例用两台泵或一台双缸独立分开的泵同时注入,即采用双液方式注入。

2.水泥-水玻璃浆液的特点

(1)浆液可控性好,凝胶时间可准确控制在几秒钟至几十分钟的范围内。

(2)浆液结石体强度高,可达 10～20MPa。

(3)浆液的结石率高,可达 100%。

(4)结石体的渗透系数小,为 10^{-3} cm/s。

(5)该浆液适宜于0.2mm以上裂隙及1mm以上粒径的砂层使用。

(6)材料来源丰富,价格便宜,浆液对地下水和环境无污染。

水泥-水玻璃双液注浆,必须准确控制浆液浓度并保证两液按比例混合。注浆初期,孔的吸浆量大,应利用双液浆凝胶时间的可控制性和结石率高的特点,控制浆液的扩散范围,达到减少材料消耗和提高堵水效果的目的。随着注浆的进行,注浆孔的吸浆率下降。注浆后期,可采用单液水泥浆,以确保裂隙充堵的效果。

(四)水玻璃类浆液

水玻璃是水溶性的碱金属硅酸盐。向水玻璃中加入酸、酸性盐和一些有机化合物都能在体系中产生大量成胶体状态的硅酸。水玻璃类浆液反应机理可归纳如下:

$$Na_2O \cdot nSiO_2 + 2H^+ \longrightarrow 2Na^+ + nSiO_2 + H_2O$$

硅酸盐是一种重要的注浆材料,具有可灌性好、价格低廉、货源充足、无毒和凝结时间可调节到几秒钟至几小时等优点。

硅酸盐浆材以含水硅酸钠(又称水玻璃)为主剂,另加入胶凝剂反应生成凝胶。胶凝剂的品种多,大体可分为盐、酸和有机物等几类,有些胶凝剂与硅酸盐的反应速度很快,例如氧化钙、磷酸和硫酸铝等,它们和主剂必须在不同的灌浆管或不同的时间内分别灌注,故被称为双液注浆法;另一些胶凝剂如盐酸、碳酸氢钠和铝酸钠等与硅酸钠的反应速度则较缓慢,因而主剂与胶凝剂能在注浆前预先混合起来注入同一钻孔中,故被称为单液注浆法或一步法。

以水玻璃为主剂的注浆法,国际上也称为 LW 法。在水玻璃中加入酸、酸性盐及一些有机化合物,均能在体系中产生硅酸。例如磷酸二氢钠和水玻璃的反应作用:

$$Na_2O \cdot nSiO_2 + 2NaH_2PO_4 \longrightarrow 2SiO_2 + 2Na_2HPO_4 + H_2O$$

此外,多价金属离子的凝集作用,也是水玻璃类浆液起凝胶、固结作用的另一原理。

第四节 高压喷射作业浆液

高压喷射注浆法是20世纪60年代后期创始于日本,它是利用钻机把带有喷嘴的注浆管钻进至目标位置后,利用高压设备将浆液或水以高压流形式从喷嘴中喷射出来,直接用高压射流切割、搅拌地层以形成改良体。这种方法泥浆不需排出地面,同时钻杆以一定速度渐渐向上提升,将浆液与土粒强制搅拌混合,浆液凝固后,在土中形成一个固结体。目前加固体的直径可由0.3m扩至2~4m,深度达75m。固结体的形状和喷射流移动方向有关。一般分为旋转喷射(简称旋喷)、定向喷射(简称定喷)和摆动喷射(简称摆喷)三种型式。

旋喷法施工时,喷嘴一面喷射一面旋转并提升,固结体呈圆柱状。主要用于加固地基,提高地基土的抗剪强度,改善土的变形性质;也可组成封闭的帷幕,用于截阻地下水流和治理流砂。旋喷法施工后,在地基中形成的圆柱体称为旋喷桩。

定喷法施工时,喷嘴一面喷射一面提升,喷射的方向固定不变,固结体形如板状或壁状。

摆喷法施工时,喷嘴一面喷射一面提升,喷射的方向呈较小角度来回摇动,固结体形如较厚的墙板状。定喷及摆喷两种方法通常用于基坑防渗、改善地基土的水流性质和稳定边坡等工程。

一、高压喷射注浆法的工艺类型

当前高压喷射注浆法的基本工艺类型有单管法、二重管法、三重管法和多重管法四种方法,如表9-27所示。

1. 单管法

单管法是利用钻机把安装在单管底部侧面的特殊喷嘴钻至预定深度后,用高压泥浆泵把浆液以20MPa左右的压力从喷嘴中喷射出去冲击破坏土体,同时借助注浆管的旋转和提升运动,使浆液与从土体上崩落下来的土搅拌混合,经一定时间凝固,便在土中形成圆柱状的固结体。

2. 二重管法

该工法采用双通道的二重注浆管。当二重注浆管钻进到预定深度后,通过在管底部侧面的一个同轴双重喷嘴,同时喷射出高压浆液和空气两种介质的喷射流冲击破坏土体。即高速喷射出20MPa左右的浆液的同时,喷射0.7MPa左右的压缩空气。在高压浆液和它外圈环绕气流的共同作用下,破坏土体的能量显著增大,喷嘴一面喷射一面旋转和提升,最后在土中形成圆柱状固结体,固结体的直径明显增加。

3. 三重管法

使用分别输送水、气、浆三种介质的三重注浆管。在以高压泵产生20MPa左右的高压水喷射流的周围,环绕一股0.7MPa左右的圆筒状气流,进行高压水喷射流和气流同轴喷射冲切土体,形成较大的空隙,再另由泥浆泵注入压力为2~5MPa的浆液填充,喷嘴作旋转和提升动作,最后便在土中凝固为直径较大的圆柱状固结体。

4. 多重管法

多重管喷射流为高压水喷射流,这种方法首先需要在地面钻一个导孔,然后置入多重管,用逐渐向下运动的旋转超高压力水射流(压力约40MPa)切削破坏四周的土体,经高压水冲击下来的土和石成为泥浆后,立即用真空泵从多重管中抽出。如此反复地冲和抽,便在地层中形成一个较大的空间。装在喷嘴附近的超声波传感器及时测出空间的直径和形状,最后根据工程要求选用浆液、砂浆、砾石等材料进行填充,于是在地层中形成一个大直径的柱状固结体,在砂性土中最大直径可达 4m。

表 9-27 常用高压喷射注浆参数

常用高压喷射注浆的种类			单管法	二重管法	三重管法
适用的土质			砂土、粘性土、黄土、杂填土、小粒径砂砾		
浆液材料及其配方			以水泥为主要材料,加入不同外加剂后可具有速凝、早强、抗蚀、防冻等性能,常用水灰比 1:1,亦可用化学材料		
常用高压喷射注浆参数值	水	压力(MPa)	—	—	20
		流量(L/min)	—	—	80~120
		喷嘴孔径(mm)及个数	—	—	φ2~φ3(1 或 2 个)
	空气	压力(MPa)	—	0.7	0.7
		流量(L/min)	—	1~2	1~2
		喷嘴孔径(mm)及个数	—	1~2(1 或 2 个)	1~2(1 或 2 个)
	浆液	压力(MPa)	20	20	1~3
		流量(L/min)	80~120	80~120	80~120
		喷嘴孔径(mm)及个数	φ2~φ3(2 个)	φ2~φ3(1 或 2 个)	φ10(2 个)~φ14(1 个)
	工艺规程参数	注浆管外径(mm)	φ42 或 φ45	φ42、φ50、φ75	φ75 或 φ90
		提升速度(cm/min)	20~25	约 10	约 10
		旋转速度(r/min)	约 20	约 10	约 10

二、高压喷射注浆法的特征及适用范围

1. 适用范围较广

主要适用于处理淤泥、淤泥质土、粘性土、粉土、黄土、砂土、人工填土和碎石土等地基。当土中含有较多的大粒径块石、坚硬粘性土、大量植物根茎或有过多的有机质时,应根据现场试验结果确定其适用程度。对于地下水流速度过大、浆液无法在注浆管周围凝固的情况,对无填充物的岩溶地段、永冻土以及对水泥有严重腐蚀的地基,均不宜采用高压喷射注浆法。

2. 可控制固结体形状

可垂直、倾斜和水平喷射,在施工中可调整旋喷速度和提升速度、增减喷射压力或更换喷嘴孔径改变流量,使固结体形成工程设计所需要的形状。旋喷固结体的直径大小与土的种类和密实程度有较密切的关系。对粘性土地基加固,单管旋喷注浆加固体直径一般在 0.3~0.8m,三重管旋喷注浆加固体直径可达 0.7~1.8m,二重管旋喷注浆加固体直径介于以上二者之间,多重管旋喷注浆加固直径可达 2.0~4.0m。定喷和摆喷的有效长度约为旋喷桩直径的 1.0~1.6 倍。

3. 单桩承载力高

只需在土层中钻一个孔径为 Φ50～300mm 的小孔,便可在土中喷射成直径为 0.4～4.0m 的固结体,旋喷桩固结体有较高的强度,外形凸凹不平,因此有较大的承载力,固体直径愈大,承载力愈高,如表 9-28 所示。

表 9-28 高压喷射注浆固结体性能表

固结体性质 \ 喷注种类	单管法	二重管法	三重管法
单桩垂直极限荷载(kN)	500～600	1 000～1 200	2 000
单桩水平极限荷载(kN)	30～40	—	—
最大抗压强度(MPa)	砂类土 10～20,粘性土 5～10,黄土 5～10,砂砾 8～20		
干密度(g/cm³)	砂类土 1.6～2.0	粘性土 1.4～1.5	黄土 1.3～1.6
渗透系数(cm/s)	砂类土 10^{-5}～10^{-6}	粘性土 10^{-6}～10^{-7}	砂砾 10^{-6}～10^{-7}
粘聚力 c(MPa)	砂类土 0.4～0.5	粘性土 0.7～1.0	
内摩擦角 φ(°)	砂类土 30～40	粘性土 20～30	
标准贯入击数 N(击数)	砂类土 30～50	粘性土 20～30	
弹性波速(km/s) P 波	砂类土 2～3	粘性土 1.5～20	
弹性波速(km/s) S 波	砂类土 1.0～1.5	粘性土 0.8～1.0	
化学稳定性	较好		

三、浆液材料与配方

根据喷射工艺要求,浆液应具备以下特性。

1. 有良好的可喷性

目前,我国基本上采用以水泥浆为主剂、掺入少量外加剂的喷射方法,水灰比一般采用 1∶1 到 1.5∶1 就能保证较好的喷射效果。试验证明,水灰比愈大,则可喷性愈好,但过大的水灰比会影响浆液的稳定性。水泥浆可喷性还与水泥的粒径有关,水泥粒度越细则可喷性越好。

浆液的可喷性可用流动度或粘度来评定。

流动度的测试方法:用上口直径为 36mm、下口直径为 64mm、高度为 60mm、内壁光滑无接缝的铁制圆锥体一个,玻璃板一块。试验前将用湿布擦过的锥体置于水平玻璃板上,把配好的浆液均匀搅拌 3min,立即注入锥体内,刮平后将锥体迅速垂直提起,浆液即自然流开,30s 后量取两垂直方向的直径,即其平均值作为浆液的流动度。流动度大的浆液,表示具有良好的流动性和喷射性。

一般浆液的粘度是指浆液配成后的初始粘度,不是反应开始后的粘度。不同的浆液有不同的初始粘度,甚至相同的浆液可根据需要配成不同浓度和加入不同量的外掺剂就得到不同的粘度。另外,粘度也是随温度而变化的,测定时要注意施工时的温度。测定粘度可参考泥浆粘度测试方法,如旋转粘度计和漏斗粘度计等。

2. 稳定性好

水泥浆液稳定性是指浆液在初凝前析水性和分层离析的性能,水泥的沉降速度慢,分散性好以及浆液混合后经高压喷射而不改变其物理化学性质。提高水泥浆液的稳定性的措施有:

(1) 不断搅拌浆液,使浆液均匀。

(2) 水泥的细度越细表面积越大,需水量增大,析水率减小,浆液的沉降变慢,其稳定性就增加。

(3) 掺入少量外加剂能明显地提高浆液的稳定性。常用的外加剂有膨润土、纯碱、三乙醇胺等。

浆液的稳定性通过析水率评定,可参考泥浆胶体率测试方法。析水率的简易评定方法是:用 500mL 带盖量筒盛入浆液,将量筒盖紧后,来回翻转 10 次,使浆液混合均匀,然后将量筒静置于桌上,并立即测量浆液的最初体积 a。为了正确测定水泥浆的析水率,在第 1h 内每 15min 测量一次浆液体积,以后每 30min 测量一次。第一次测量浆液的时间作为试验的开始时间,最后一直到多次测得的结果完全相同为止。记下其最终体积 b,析水率可按下式计算:

$$p = \frac{a-b}{a} \times 100 \qquad (9-19)$$

式中:p——浆液的析水率;a——浆液的最初体积(cm^3);b——浆液的最终体积(cm^3)。

3. 气泡少

为了尽量减少浆液气泡,选择化学外加剂要特别注意,比较理想的外加剂是 NNO。因此不能采用起泡剂,尽量采用非加气型的外加剂。

4. 浆液的胶凝时间

胶凝时间是指从浆液开始配制起,到土体混合后逐渐失去其流动性为止的这段时间。胶凝时间与浆液的配方、外加剂的掺量、水灰比和外界温度有关。一般从几分钟到几小时。

5. 结石率高,具有良好的力学性能

固化后的固结体有一定的粘结性,能牢固地与土粒相粘结。要求固结体耐久性好,能长期耐酸、碱、盐及生物细菌等腐蚀,并且不随温度、湿度的变化而变化。

6. 无毒、无臭

浆液对环境无污染及对人体无害,凝胶体为不溶和非易燃、易爆物。

目前喷射浆液主要以水泥浆液为主,根据其注浆目的可分为以下几种类型。

(1) 普通型。一般采用 325♯ 或 425♯ 硅酸盐水泥浆,不加任何外加剂,水灰比为 1:1~1.5:1,固结体 28d 的抗压强度最大可达 1.0~20MPa,对一般无特殊要求的工程宜采用普通型。

(2) 速凝早强型。对地下水丰富的工程需要在水泥浆中掺入速凝早强剂,因纯水泥浆的凝固时间太长,浆液易被冲蚀而不固结。

常用的早强剂有氯化钙、水玻璃和三乙醇胺等,用量为水泥用量的 2%~4%。以使用氯化钙为例,纯水泥浆与土的固结体的 1d 抗压强度为 1MPa,而掺入 2% 氯化钙的水泥土固结体抗压强度为 1.6MPa,掺入 4% 氯化钙的水泥土固结体抗压强度为 2.4MPa。

(3) 高强型。喷射固结体的平均抗压强度在 20MPa 以上称为高强型。提高固结体强度的方法有选择高标号水泥,或选择高效的流动剂和无机盐组成的复合配方。表9-29为各种外加剂对抗压强度的影响。

表9-29 外加剂对抗压强度的影响

主剂		外加剂		抗压强度(MPa)				抗折强度
名称	用量	名称	掺入量(%)	28d	3月	6月	一年	(MPa)
525#普通硅酸盐水泥	100	NNO NR$_3$	0.5 0.05	11.72	16.05	17.4	18.81	3.69
		NNO NR$_3$ NaNO$_2$	0.5 0.05 1	13.59	18.62	22.8	24.68	6.27
		NF NR$_3$ Na$_2$S$_2$O$_3$	0.5 0.05 1	14.14	19.37	27.8	29.0	7.36

(4)填充剂型。把粉煤灰等材料作为填充剂加入水泥浆中会极大地降低工程造价,它的特点是早期强度较低,而后期强度增长率高,水化热低。

(5)抗冻型。在冻土带未冻前对土进行喷射注浆,并在所用的喷射浆液中加入抗冻剂,可防止土体冻胀。一般使用的抗冻剂为:

1)水泥—沸石粉浆液,沸石是以粘土、工业废渣或矿渣为原料,经过适当的工艺处理通过化学反应而得到的与陶瓷性能相似的一种新材料,沸石粉的掺量以水泥量的10%~20%为宜。

2)水泥—三乙醇胺、亚硝酸钠浆液。

3)水泥分散剂NNO浆液。

(6)抗渗型。在水泥浆中掺入2%~4%的水玻璃,其抗渗性能就有明显提高,如表9-30所示,使用的水玻璃模数要求在2.4~3.4较为合适,浓度要求30~45°Be为宜。

表9-30 纯水泥浆与掺入水玻璃的水泥浆的渗透系数

土样类别	水泥品种	水泥含量(%)	水玻璃含量(%)	28天渗透系数(cm/s)
细砂	425#硅酸盐水泥	40	0	2.3×10^{-6}
		40	2	8.5×10^{-8}
粗砂	425#硅酸盐水泥	40	0	1.4×10^{-6}
		40	2	2.1×10^{-8}

以抗渗为目的,可在水泥浆液中掺入10%~50%的膨润土(占水泥重量的百分比)。对有抗渗要求时,不宜使用矿渣水泥。目前国内用得比较多的外加剂及配方列于表9-31。

喷射作业时,要注意检查浆液初凝时间、注浆流量、风量、压力、旋转提升速度等参数是否符合设计要求,并随时做好记录,绘制作业过程曲线。如水灰比为1:1,正常初凝时间为15h左右,当浆液初凝时间超过20h,则性能产生了较大偏差。

表 9-31 国内较常用的添有外加剂的旋喷射浆液配方表

序号	外加剂	百分比(%)	浆液特性
1	氯化钙	2~4	促凝,早强,可灌性好
2	铝酸钠	2	促凝,强度增长慢,稠度大
3	水玻璃	2	初凝快,终凝时间长,成本低
4	三乙醇胺 食盐	0.03~0.05 1	有早强作用
5	三乙醇胺 食盐 氯化钙	0.03~0.05 1 2~4	促凝,早强,可喷性好
6	氯化钠(或水玻璃) "NNO"	2 0.5	促凝,早强,强度高,浆液稳定性好
7	氯化钠 亚硝酸钠 三乙醇胺	1 0.5 0.03~0.05	防腐蚀,早强,后期强度高
8	粉煤灰	25	调节强度,节约水泥
9	粉煤灰 氯化钙	25 2	促凝,节约水泥
10	粉煤灰 硫酸钠 三乙醇胺	25 1 0.03	促凝,早强,节约水泥
11	粉煤灰 硫酸钠 三乙醇胺	25 1 0.03	早强,抗冻性好
12	矿渣	25	提高固结体强度,节约水泥
13	矿渣 氯化钙	25 2	促凝,早强,节约水泥

参考文献

蔡记华,刘浩,陈宇,等.煤层气水平井可降解钻井液体系研究[J].煤炭学报,2011(10).
蔡记华,乌效鸣,谷穗,等.煤层气水平井可生物降解钻井液流变性研究[J].西南石油大学学报(自然科学版),2010(5).
蔡记华,乌效鸣,刘世锋.自动降解钻井液在水井钻进中的应用[J].煤田地质与勘探,2005(5).
蔡记华,乌效鸣,潘献义,等.暂堵型钻井液的试验研究[J].地质科技情报,2004(3).
曾祥熹,陈志超.钻孔护壁堵漏原理[M].北京:地质出版社,1986.
陈平等.钻井与完井工程[M].北京:石油工业出版社,2005.
程良奎,张作珺,杨志银.岩土加固实用技术[M].北京:地质出版社,1994.
邓敬森,等.原位化学灌浆加固材料[M].北京:中国水利水电出版社,2010.
杜嘉鸿,张崇瑞,何修仁.地下建筑注浆工程简明手册[M].北京:科学出版社,1992.
樊世忠,鄢捷年,周大晨,等.钻井液完井液及保护油气层技术[M].东营:中国石油大学出版社,1996.
高琼英.建筑材料[M].武汉:武汉工业大学出版社,1992.
葛学贵,肖寸丁,华萍.水玻璃-乙酸乙酯护壁堵漏新型化学灌浆材料的研制[J].地质科技情报,1994,13(02).
郭绍什.钻探手册[M].武汉:中国地质大学出版社,1993.
黄汉仁,杨坤鹏,罗平亚.泥浆工艺原理[M].北京:石油工业出版社,1981.
黄荣禅,陈勉,等.泥页岩井壁稳定力学与化学的耦合研究[J].钻井液与完井液,1995,12(3).
贾铎.钻井液[M].北京:石油工业出版社,1980.
蒋国盛,王达,汤凤林,等.天然气水合物的勘探与开发[M].武汉:中国地质大学出版社,2002.
解浚昌.喷射钻井工艺技术[M].北京:石油工业出版社,1987.
李诚铭,等.新编石油钻井工程实用技术手册[M].北京:中国知识出版社,2006.
李立权.实用钢筋混凝土工艺学[M].北京:中国建筑工业出版社,1988.
李世京.钻孔灌注桩施工技术[M].北京:地质出版社,1990.
李世忠.钻探工艺学:钻孔冲洗与护壁堵漏[M].北京:地质出版社,1989.
李天太,孙正义,李琪.实用钻井水力学计算与应用[M].北京:石油工业出版社,2002.
李玉柱,贺五洲.工程流体力学[M].北京:清华大学出版社,2006.
李兆敏,蔡国琰.非牛顿流体力学[M].东营:石油大学出版社,2001.
刘灿明,王日为.无机及分析化学[M].北京:中国农业出版社,1999.
刘国伟.两性絮凝剂的制备研究[D].北京化工大学学位论文,2008.
刘嘉才.化学注浆[M].北京:中国水利水电出版社,1987.
刘祥顺.建筑材料[M].北京:中国建筑工业出版社,1997.
莫成孝.钻井技术手册[M].北京:石油工业出版社,1998.
潘祖仁.高分子化学[M].北京:化学工业出版社,2011.
彭振斌.注浆工程计算与施工[M].武汉:中国地质大学出版社,1997.

瞿凌敏,王书琪,王平全,等.抗高温高密度饱和盐水聚磺钻井液的高温稳定性[J].钻井液与完井液,2011,28(4).

全国石油钻采设备和工具标准技术委员会.石油钻井液固相控制设备规范(SY/T 5612-2007)[M].北京:石油工业出版社,2008.

孙中伟,何振奎,刘霞,等.泌深1井超高温水基钻井液技术[J].钻井液与完井液,2009,23(3).

汤凤林,А.Г.加里宁,段隆臣,等.岩心钻探学[M].武汉:中国地质大学出版社,2009.

汤凤林,Б.Б.Кудряшов.俄罗斯南极冰上钻探技术[J].地质科技情报,1999,18(S1).

唐继平,等.盐膏层钻井理论与实践[M].北京:石油工业出版社,2004.

滕新荣.表面物理化学[M].北京:化学工业出版社,2009.

屠厚泽.钻探工程学[M].武汉:中国地质大学出版社,1988.

王国清,王小凤,张宗宇.化学灌浆技术的应用与发展[J].河北水利,2007(01).

王军义,王在明,王栋.甲基葡萄糖甙钻井液抑制机理研究[J].天然气勘探与开发,2006(3).

王中华,何焕杰,杨小华.油田化学实用手册[M].北京:中国石化出版社,2004.

王中华.超高温钻井液体系研究(Ⅰ)——抗高温钻井液处理剂设计思路[J].石油钻探技术,2009,37(3).

乌效鸣.煤层气井水力压裂计算原理及应用[M].武汉:中国地质大学出版社,1997.

乌效鸣,蔡记华,马贝卡,等.具有暂堵特性的钻井液的初步研究开发[J].探矿工程,2001(增刊).

乌效鸣,陈惟明,杨世忠.钻井液泡沫流动参数的技术模拟[J].探矿工程,1997,24(6).

乌效鸣,陈惟明,于长有.泡沫钻进最优孔径的理论推证[J].地球科学,1997,22(6).

乌效鸣,胡郁乐,贺冰新,等.钻井液与岩土工程浆液(第一版)[M].武汉:中国地质大学出版社,2002.

乌效鸣,胡郁乐,童红梅,等.钻井液与岩土工程浆液实验原理与方法[M].武汉:中国地质大学出版社,2010.

乌效鸣等.Optimal Design of Hydraulic Fracturing in CBM Wells,A.A.Balkema Publishers(荷兰),1996.

乌效鸣等.钻进泡沫流动特性研究[J].勘探方法与技术(俄罗斯),1996(7).

吴隆杰,杨凤霞.钻井液处理剂胶体化学原理[M].成都:成都科技大学出版社,1992.

夏俭英.钻井液有机处理剂[M].东营:石油大学出版社,1991.

熊厚金,林天健,李宁.岩土工程化学[M].北京:科学出版社,2001.

徐同台,熊友明,康毅力,等.保护油气层技术[M].北京:石油工业出版社,2010.

徐献中.石油渗流力学基础[M].武汉:中国地质大学出版社,1992.

鄢捷年.钻井液工艺学[M].东营:中国石油大学出版社,2006.

叶观宝等.地基加固新技术[M].北京:机械工业出版社,2000.

岳前声,肖稳发,向兴金,等.聚合醇处理剂JLX作用机理研究[J].油田化学,2005(1).

展嘉佳,徐会文,冯哲.低温条件下乙二醇基钻井液体系的试验研究[J].探矿工程(岩土钻掘工程),2008,35(11).

张会展,周健,方春玉,等.絮凝剂在废水处理中的应用[J].四川理工学院学报(自然科学版),2006,19(2).

张惠等.岩土钻凿设备[M].北京:人民交通出版社,2009.

张克勤.钻井技术手册:钻井液[M].北京:石油工业出版社,1998.

张乐文,邱道宏,程远方.井壁稳定的力化耦合模型研究[J].山东大学学报(工学版),2009,39(3).
张凌,蒋国盛,蔡记华,等.低温地层钻进特点及其钻井液技术现状综述[J].钻井液与完井液,2006,23(4).
张先勇,冯进.流体介质对高速涡轮钻具力学性能影响研究[J].石油机械,2012,40(10).
张孝华,罗兴树,等.现代泥浆实验技术[M].东营:中国石油大学出版社,1999.
张琰.合成基钻井液发展综述[J].钻井液与完井液,1998(3).
赵雄虎,王凤春.废弃钻井液处理研究进展[J].钻井液与完井液,2004,21(2).
赵学端,廖其奠.粘性流体力学[M].北京:机械工业出版社,1983.
周云龙,洪文鹏,孙斌.多相流体力学理论及其应用[M].北京:科学出版社,2008.
Bourgoyne A. T., Millheim K. K., Chenevert M. E. and Young F. S.. Applied Drilling Engineering. SPE Textbooks Series, Vol. 2, 1986.
Cai Jihua, Wu Xiaoming, Gu sui. Research on environmental safe temporary plugging drilling fluid in water well drilling, SPE 122437, 2009.
Cheremisinoff N. P., Encyclopedia fluid mechanics • Vol. 7: Rheology and Non-Newtonian Flows. Houston: Gulf Publishing Company. 1988.
Chilingarian G. V., Vorabutr P. V.. Drilling and Drilling Fluids, Elsevier Scientific Publishing Company, 1981.
Keedwell M. J.. Rheology and soil mechanics: with 159 illustrations. London: Elsevier Applied Science Publishers, 1984.